火箭武器发射过程的燃气射流

李　军　著

科 学 出 版 社
北　京

内 容 简 介

火箭武器发射过程产生的燃气射流对发射系统有强烈的冲击作用，其冲击载荷是武器系统结构刚强度、冲击与防护设计的重要依据。因此，如何获取和合理使用燃气射流的冲击载荷成为火箭武器研究领域的关键问题。本书通过描述和分析燃气射流的流动特性，求解了燃气射流对发射系统作用的力学行为；并结合工程实践，阐明了燃气射流与火箭发射系统的相互作用关系，给出了燃气射流流动特性的实验测量和数值仿真方法，提供了压强参量和流场信息的具体测量方法。本书研究成果有效解决了燃气射流冲击载荷的工程求解问题。

本书包括 6 章内容：第 1 章讲述流体的流动与推力的产生；第 2 章介绍火箭武器系统及其发射技术；第 3 章讨论火箭燃气的生成、流动及其特性；第 4 章讨论火箭武器发射过程中燃气射流的流动形态；第 5 章介绍燃气射流的实验测量方法；第 6 章介绍燃气射流的数值仿真方法。

本书适于火箭导弹研究领域的院校师生以及科研院所和生产企业的相关研究人员参考使用，也可作为大专院校火箭导弹等相关专业的教材。

图书在版编目（CIP）数据

火箭武器发射过程的燃气射流 / 李军著. —北京：科学出版社，2018.12
ISBN 978-7-03-058938-5

Ⅰ. ①火… Ⅱ. ①李… Ⅲ. ①火箭发射-射流技术-研究 Ⅳ. ①V554

中国版本图书馆 CIP 数据核字（2018）第 221132 号

责任编辑：胡庆家 崔慧娴 郭学雯 / 责任校对：彭珍珍
责任印制：吴兆东 / 封面设计：蓝正设计

科学出版社 出版
北京东黄城根北街 16 号
邮政编码：100717
http://www.sciencep.com
北京厚诚则铭印刷科技有限公司 印刷
科学出版社发行 各地新华书店经销
*
2018 年 12 月第 一 版 开本：720 × 1000 B5
2024 年 2 月第二次印刷 印张：18 1/4
字数：370 000

定价：99.00 元

(如有印装质量问题，我社负责调换)

序

我认识李军是在 1995 年，那时他刚完成博士学位论文答辩，陪同我一起去宜昌参加学术会议。李军的博士生导师张福祥教授是火箭导弹发射技术博士点国务院级博士生导师，与我同为哈军工校友，又都居于南京，长期从事国防科研和教学工作，时有交流。张福祥教授一生专注于火箭导弹发射技术研究，严谨治学，成果累累，为兵器科学研究和国防事业做出了突出贡献。

张福祥教授 1988 年所著《火箭燃气射流动力学》一书，对火箭燃气射流的形成原理和基本形态进行了系统研究，是关于燃气射流流场的重要专著，曾获国防科工委优秀图书奖。李军的博士阶段部分研究成果也被纳入该书 2004 年修订版中。

李军教授从本科、研究生到留校任教，30 余年来致力于火箭导弹发射技术领域科研与教学，对专业充满感情，也颇有心得。他在承接导师张福祥教授研究工作的基础上，将这些年来在火箭燃气射流理论、测量与仿真方面的研究成果撰写成书，完善和丰富了前人之作，又给出了新知识、新方法和新成果，使专业研究能够承上启下，绵延长久。对此，我甚感欣慰！

李军教授的《火箭武器发射过程的燃气射流》一书系统论述了火箭武器发射过程中燃气射流流动的基本原理，推导和建立了燃气射流流动各阶段的数学模型，这部分内容是对张教授一书的完善和拓展。实验测量和数值仿真内容，解决了困惑已久的燃气射流冲击力的求解难题，这部分内容是新知识和新方法，是对火箭武器系统现代设计方法的创新性贡献。该书的出版充实和完备了火箭武器系统燃气射流的知识体系，相信一定能在该学科领域的传承和发展中发挥重要作用。

中国工程院院士

武器系统与运用工程专家

刘怡昕

2018.10.16

前　　言

在火箭武器发射过程中，由推进剂燃烧生成的含多种气-固两相物质的混合物就是燃气。因燃气流出喷管时的速度常在 2500m/s 以上，所以又称为燃气射流。火箭导弹燃气射流既是火箭导弹发射的动力源泉，但它又会与发射系统产生复杂的相互作用，影响发射系统的结构和性能。

按照火箭武器发射的时间历程，燃气射流与发射系统间的相互作用可分为两个阶段：①火箭弹在轨(即在定向器、发射箱内)运动阶段；②火箭弹飞离定向器阶段。在第①阶段，燃气射流与发射系统间的相互作用表现为，定向器和发射箱壁面对燃气射流的约束与导流，以及燃气射流对定向器和发射箱壁面的热冲刷、黏性摩擦和冲击力作用。在第②阶段，火箭弹已运动至发射管口附近几米范围内，燃气射流对定向器和发射箱各迎气面产生大小不一且随时间变化的强烈冲击作用，对于某些大口径火箭导弹，该作用力可达 20 吨，对发射系统的结构强度及发射稳定性和安全性等均有严重影响。因此，在第②阶段，燃气射流与发射系统间的相互作用主要表现为强大的燃气射流对定向器和发射箱迎气面的冲击作用。

燃气射流冲击迎气面产生的压强是造成发射系统结构破坏的主要原因，在进行火箭武器系统总体及结构件设计时，必须以该冲击载荷为基本依据；同时，高速高温的燃气流经发射系统结构件时对其表面和管路线缆等附件都会产生热冲刷，烧蚀结构表面，破坏材料密封性能。

综上可见，火箭武器发射过程中的燃气射流对发射系统有着重要影响，研究燃气射流的流动特性及其与发射系统间的相互作用，对于火箭武器发射系统（以下简称发射系统）的结构设计及性能研究具有重要意义。

作者从事火箭武器燃气射流流场的实验测量和数值仿真研究近 30 余年。在实验测量方面，将航空领域的静压和总压测量技术拓展到火箭导弹燃气射流流场的测量研究，先后完成了发射管内部压强场测量、同心筒垂直发射排导流场测量、直升机蒙皮压强场测量、PL-12 空空导弹机弹相互作用流场测量、PL-10 燃气舵推力矢量气动特性参数测量以及 PL-90 自由射流流场测量等实验研究，取得了预期成果，实践验证了所使用测量方法的正确性和适用性。在数值仿真方面，博士期间完成了基于 Harten TVD 格式的含有限速率化学反应流动的数学推导和程序编制工作，并将其用于直升机发射环境的相容性研究。其后一直从事与火箭导弹发射环境相关的燃气射流流动及其冲击效应的数值分析研究，主持或参与完成 122mm、300mm 火箭炮的冲击流场分析、未来一代新型火箭炮的发射环境分析、隐形战机空空导弹发射机弹相容性分析等工作。

多年多项目的研究经历，帮助作者建立了关于火箭导弹燃气射流的系统知识体系，编写此书似已水到渠成。

关于火箭燃气射流的全部研究，主要涵盖三个知识框架：一是描述燃气射流特性及其流动规律的基础理论；二是燃气射流流场的实验测量；三是燃气射流流场的数值仿真。关于第一部分基础理论，《火箭燃气射流动力学》一书已给出初步描述和定义，但未叙及燃气射流对发射系统的作用和燃气绕流发射系统时的形态等。本书补充了火箭发动机和火箭炮的基础知识，结合发动机装药结构揭示了燃气的产生机理，建立了发射过程不同阶段的燃气射流流动模型，完善了前人工作。第二、三部分，即燃气射流流场实验测量和数值仿真是本书重点内容。书中汇集了作者 30 余年来的理论和实验研究成果，其中既有经验继承，又有实践创新。本书与《火箭燃气射流动力学》既相互独立，又互为彰益。期待它们能够共同构建起理论、实验和数值仿真相融合的关于火箭导弹燃气射流的完整知识体系。

2008 届博士生常见虎、2015 届研究生姜超在数值仿真方面做出卓越工作；博士生赵鑫，2017 届研究生鄢章渝、于骐瑞，2018 届研究生高功卓、杨翠东和 2020 届研究生郑然舜等在燃气射流冲击效应测量方面做出贡献；2019 届研究生张策和 2020 届研究生周悦绘制的精美插图，在严肃的学术气氛中平添了许多乐趣。夏静老师和我们共同设计测试方案并参与实验，获得许多宝贵的实验数据，在此深表谢意。

成书之际，更加怀念导师张福祥教授，谨以此书感谢已仙逝的导师曾经给予的教诲和引领。

作者在繁忙的教学、科研、指导学生之余，历经三年，集字成句，集句成书。虽尽心撰写，但仍存不足，敬请读者斧正，以便今后修改完善。

作　者

2018 年 8 月于南京

目　录

流体是怎么产生推力的?

水和空气等流体介质，在快速流出承载它的物体时，将对物体产生与其流动方向相反的推力。利用这一现象，人们发明了许多可以产生推力的装置，用于生产和生活。

那么，流体流动产生推力的原理是什么？力的方向和大小与什么有关？本章将以4个日常生活中的现象为例回答上述问题，进而引出流动与推力的概念，帮助读者直观地理解火箭发动机的工作原理和性能。

第 1 章　流体的流动与推力的产生

为叙述方便，首先给出如下定义[1]：

(1) 发动机：本书的发动机特指火箭导弹发动机，即以固体推进剂为能源的一种动力推进装置。该发动机主要由燃烧室、推进剂、点火装置和喷管等组成。发动机自身携带有推进剂，其中既有燃烧剂，又有氧化剂，无需空气中的氧助燃即可燃烧产生燃气。发动机的这一特点，决定了火箭导弹既可在含氧气的大气中飞行，又可在氧气稀薄甚至无氧的外层空间飞行。

(2) 火箭导弹：火箭弹和导弹的统称，指以发动机为动力推进装置并加装战斗部的弹药。火箭导弹以自身携带的发动机提供的动力为推动力，克服重力和空气阻力，将用于杀伤、爆破或燃烧的有效载荷运送至指定地点。火箭弹和导弹的区别是，火箭弹一般是无控或简易控制，而导弹则带有导引系统。当火箭弹加装定位导航器件及姿态调整机构后，就具备了控制飞行航迹的能力，这种火箭弹就是通常所说的简易制导火箭弹。

(3) 燃气：指固体推进剂燃烧生成的产物，为气-固两相混合物。

(4) 火箭炮：本书中的火箭炮指陆军用野战火箭炮。

(5) 发射装置：指火箭炮回转座圈以上部分，包括回转体、俯仰体和定向器(发射箱)等。

(6) 射向：指包含定向器轴线的某铅垂面所处的方位。

1.1 流动产生推力的 4 个例子

在介绍火箭发动机工作原理之前，先来分析 4 个日常生活中的现象。这样做的目的有两个。一是，火箭导弹这些辎重庞大的武器装备，本质上也是一类工业产品，但因用途特殊，它们并不常出现在日常生活中，往往带有神秘色彩。以常见的气球、窜天猴等生活中的现象为例开始讲解，能够起到由浅及深的作用，消除人们对火箭武器的神秘感;而更深的目的在于迅速调动读者对主要内容的兴趣。二是,在工作原理上,这些例子与火箭武器是完全相同的(这也许出乎我们的意料，但事实的确如此)。由此可以看到，自然现象和人类生活永远是科学创新的第一源泉，学术研究看似象牙之塔，实则源于生活，但又高于生活，最终还要服务于生活。三是，著者讲述火箭燃气射流理论与实验课程 20 多年，为了启发学生，曾尝试过多种讲解方法。经过多年课堂实践，发现借助下面 4 个例子的讲解效果最好，因而将它们编入本书，并以此开篇。

1.1.1 4 个例子

1) 气球的反冲运动

吹气球时，气球壁面受力产生变形。随着空气不断充进，气球内部的压强不断增大，气球体积也不断增大。停止充气后，气球壁面内外的空气压强达到平衡(但并不相等)，气球体积不再变化，形状也保持不变。

将充气后的气球放气，会发生什么情况呢?

我们发现，在解脱气球口部约束(如扎紧的绳子)的同时就松开气球，气球将快速飞起来。由于气球不受任何约束，其飞行轨迹杂乱无章，几乎无规律可循，如图 1.1(a)所示。如果将充满气的气球绑在一根张紧的铁丝或细棍上，再解脱约束放气会发现气球沿着铁丝做直线运动，如图 1.1(b)所示。图 1.1(a)、(b)中的现象说明，气球受到了促使它运动的力的作用。

(a) 无约束时　　(b) 有约束时

图 1.1 气球的反冲运动

问题：推动气球运动的力来自哪里？

气球放气时，并没有受到任何外力，仅是内部的气体被释放，因此，使气球运动的力只能来源于气球中的气体。

2) 通水的软管在地面上的摆动

将一段软水管置于地面，从水管的一端通入水，当水从另一端流出时，可以观察到，水管开始在地面上无规律地摆动，像蛇摆尾一样，如图 1.2 所示。通入水的流量越大，水管摆动越剧烈。

图 1.2　软管在地面上的摆动

问题：推动水管运动的力又来自于哪里？是如何产生的？

3) 水上飞板运动

水上飞板(flyboard)是一种水上运动装置，装置上的喷水器通过一个巨大的管子抽吸海水，然后再从喷嘴将水喷出，如图 1.3 所示。由图 1.3 可见，操作者用皮带将飞板系在脚上，海水从喷嘴喷出，操作者通过控制身体姿态来改变水流方向，可进行各种空中跃起或潜水动作，达到自由飞行的酷炫效果。

图 1.3　水上飞板运动

问题：飞板的飞行动力来源于水流吗？

4) 燃放窜天猴

燃放焰火是生活中常见的娱乐方式，窜天猴就是一种焰火，它的燃放过程如图 1.4 所示。燃放者手持窜天猴，点燃引线后，只见窜天猴“嗖”地升空，伴着响亮的鸣叫声疾驰而去。

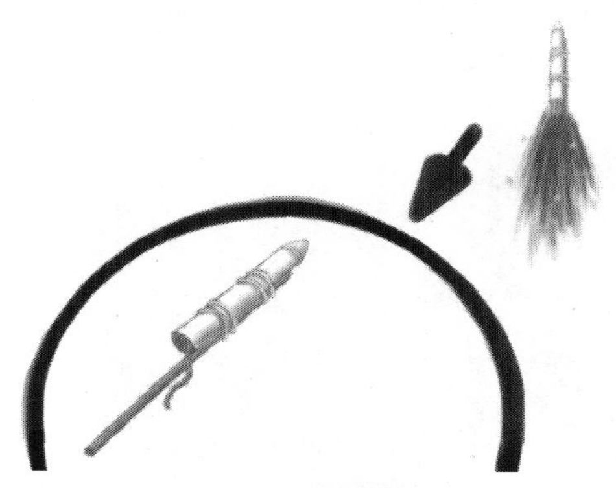

图 1.4　燃放窜天猴

问题：使窜天猴运动的如此大的能量来自于哪里？

综观上述 4 例，这些现象引起我们一个共同的疑问：推动人或物运动的力来自哪里？

分析可知，这 4 个运动例子有一个共同点：当有介质从物体中喷射或离去时，物体就开始运动。这些介质或是气态的空气(气球运动)，或是液态的水或海水(软管摆动、水上飞板运动)，或是气-固两相并存的推进剂燃烧产物(燃放窜天猴)。

1.1.2　例子的运动原理

按照物理学原理，可将 4 个例子分别描述为相应的 4 个体系：空气与气球，水与软管，人(含飞板)与海水，窜天猴与燃气，如图 1.5 中的 A、B。这种由 A、B 两两组成的体系在某个时刻开始“分离”，空气离开气球，水离开软管，海水离开飞板，燃气离开窜天猴。从动量的角度看，空气、水或海水、燃气携带的那部分动量离开了原有系统，使系统总的动量减小。为了维持动量守恒，系统剩余部分(气球、软管、人(含飞板)和窜天猴)的动量必然发生变化，也即“离开”的那部分动量应该等于体系剩余部分“得到”的动量。

以气球放气运动体系为例(图 1.5)，充气后的气球系统由空气和气球组成，假设仅考虑直线运动，气球最初静止放置于桌面。解脱气球口部约束后，气体由口部排出，空气微团携带动量离开气球。为了维持动量守恒，气球(含气球内部的剩余空气)将获得与离开的物质运动方向相反的等量动量。

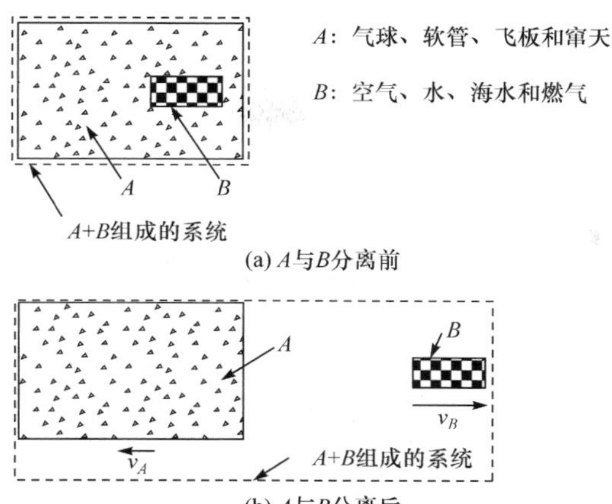

(a) A与B分离前

(b) A与B分离后

图 1.5　4 个运动体系的动量变化

按照动量守恒原理，体系中 A 与 B 的分离瞬间有

$$MV + \sum m_i v_i = 0 \tag{1.1}$$

式中：M、m 分别为气球和气体的质量，V、v 分别为气球和气体的速度，下标 i 表示空气中第 i 种气体微团。

由式(1.1)可见，动量是物质的质量和速度之积，意味着，即使流出介质的质量很小，如果流出速度足够大，那么介质仍然可以获得足够大的动量。

假设 4 个体系都遵循动量守恒原理，且剩余部分在时间 t 内即获得动量，由冲量定理，则有

$$F \cdot t = MV \tag{1.2}$$

式中：V 为运动物体沿某坐标方向的速度，F 为物体所受的作用力(如气球的受力)。

文献[1]给出了燃气流出喷管后发动机所产生的推力的计算公式

$$F = \dot{m} \cdot V_e + A_e \cdot \left(p_e + p_a\right) \tag{1.3}$$

式中：F 为发动机推力，$\dot{m}$ 为单位时间流出喷管的燃气的质量(即质量流率)，V_e 为沿推力方向的燃气的排出速度，p_e、p_a 分别为喷管出口截面处燃气的压强和环境介质的压强，A_e 为喷管出口截面的面积。式(1.3)右端第 Ⅰ 项 $\dot{m} \cdot V_e$ 表示由于燃气排出产生的推力分量，第 Ⅱ 项 $A_e \cdot \left(p_e + p_a\right)$ 表示由喷管出口截面处燃气与环境介质的压强差产生的推力分量。

由式(1.3)可以看出，物体获得的推力与流出介质的质量流量 $\dot{m}$ 和排出速度 V_e 均成正比。所以，对于质量一定的运动物体(气球、软管、飞板、窜天猴)，流出介质的质量流量 $\dot{m}$ 和排出速度越大，物体受到的推力 F 就越大，相应地其运动加速度就会越大。同理，若使质量不同的物体获得相同的运动加速度，所需要的推力

大小也不同。例如，气球的质量仅为几克，而人和飞板的质量有几十千克。可见，一个人若想在水面上飞来飞去，飞板系统排出海水的速度和质量流率应相当可观。

综上可知，利用系统流出介质的动量的减少，可达到系统剩余部分动量增加的目的，由此可以产生所需要的各种推力。火箭发动机推力的产生恰是基于这一原理。

1.2 火箭发动机推进技术

从设计概念上看，火箭导弹主要由三部分组成：被运载部分(有效载荷)、产生推力部分(发动机)、飞行稳定部分(尾翼和制导与飞行控制机构)等。结合第 1.1 节的 4 个例子，气球、软管、人和窜天猴为被运载部分，由于没有稳定飞行的机构，气球和软管的运动都是随机的；而水上飞板由操作员来调姿，窜天猴则依靠捆绑在身上的细长棍来保持飞行姿态，它们就具备了稳定飞行能力。在上述三部分组成中，产生推力的发动机是火箭导弹的关键部分。被运载物体能飞多远，飞行多久，根本上取决于发动机产生推力的能力，包括所产生的推力的大小和持续作用的时间；而这一切，又都依赖于推进剂的燃烧性能及所生成燃气的流动特性。

火箭推进剂通常是各种易燃物质按照不同配比组成的液体或固体混合物。液体推进剂用于液体火箭发射，其氧化剂与还原剂是分开储存的，发射时再同时注入燃烧室混合燃烧。固体推进剂用于固体火箭发射，其氧化剂与还原剂通过黏合剂混在一起，再制成所需药形放入燃烧室。因此，与液体推进剂相比，固体推进剂性能较稳定，方便储存运输。

1.2.1 火箭推进剂的发展历史

黑火药又称火药，是我国古代的四大发明之一，由唐代著名医药学家孙思邈发明，13 世纪传入欧洲。从公元 1230 年到 19 世纪初的近 600 年中，黑火药一直是仅有的火箭推进剂。虽然 19 世纪中叶出现了更多的弹药用高能化合物，但因各种原因都未能直接用于火箭发射。

伴随着火箭推进剂从固体(黑火药)到液体再到固体(双基、复合)的演变[2,3]，火箭的发展也先后经历了固体火箭到液体火箭、再到固体火箭的过程。可以说，推进剂的发展史就是火箭的发展史，二者相互促进，并行发展。

苏联科学家齐奥尔科夫斯基(Thiolkowsky)和德国物理学家欧伯斯(Oberth)，在第二次世界大战期间率先研制了液体火箭，并提出将液体推进剂用于航空推进的理论。进入 20 世纪，液体推进剂在航空领域和火箭发射系统的应用得以快速发展。

(1) 1926 年，以液氧和煤油二元液体为推进剂的火箭成功发射升空。

(2) 20 世纪 40 年代，德国研制出著名的 V-2 火箭，该火箭采用液氧和酒精二元推进剂。

(3) 进入 50 年代，苏联发射第一颗人造地球卫星，采用了液氧和煤油组成的二元推进剂。

(4) 60 年代，美国开始实施阿波罗土星计划，采用二元推进剂多次将宇航员送上月球。

在上述几个历史事件中，均采用了液氧、液氢、四氧化二氮或混肼(联氨)等组成的液体推进剂。可见，液体推进剂在军民两用空间运载发射中曾经发挥了巨大作用。

从液体推进剂再到双基和复合固体推进剂，又经历了漫长的发展过程。1888 年瑞典化学家诺贝尔(Alfred Bernhard Nobel)首先发明双基炸药，1890 年英国人艾贝尔和迪尤尔制得了柯达型双基炸药(其实就是早期的双基推进剂)。双基推进剂的大致发展历程为：

(1) 1930 年，英、德两国开始将双基药挤压成管状，用作战术导弹的推进剂。

(2) 1936 年，为满足短跑道或航空母舰上起飞用的喷气助飞器的需要，冯 · 卡门(Von Karman)博士研究出更高能量的固体推进剂配方。他首次将有机蔓质(沥青)和无氧化性盐组合成有机黏合剂，用在推进剂配方中。这种黏合剂不仅是燃烧物，而且能将结晶的氧化剂颗粒紧紧地包在一起，成为推进剂的核心。该黏合剂比黑火药更易于加工，组成均一，制备时更加安全可靠。

(3) 1940 年面世的第一代沥青和过氯酸钾复合推进剂为固体推进剂的发展开辟了新途径。

(4) 1944 年，美国提出双基推进剂的铸装成型法，自此，双基推进剂开始用于中程导弹。

(5) 1947 年，第二代聚硫橡胶、过氯酸铵和铝粉复合推进剂面世。

(6) 20 世纪 50 年代开始，相继采用创用高分子胶黏剂聚氯乙烯、聚氨酯、聚丁二烯—丙烯酸、聚丁二烯-丙烯酸-丙烯腈、端羧基聚丁二烯和创用端羟基聚丁二烯等制成固体推进剂，至今仍被广泛应用。

1.2.2　拉瓦尔喷管的工作原理

喷，在汉语中意为“从口子中冲出”；喷管，就是将流经其中的流体的内能转变为动能，进而提高流体流速的装置[4]。

喷管在各行各业中应用广泛。在火力发电中，为了加速排放冷却后的空气，冷却塔的形状设计为如图 1.6 所示的双曲线形。航空工业中的喷气发动机，则是利用喷管将高压的燃气(或空气)转变为动

图 1.6　双曲线形冷却塔

能，使气流在其中加速膨胀，然后高速向外喷射，以产生推力。

根据飞行器性能和发动机工作特点，喷管可设计为不同类型，如固定的或可调的收敛喷管、收敛-扩张喷管、引射喷管和塞式喷管等。高速歼击机多采用可调的收敛喷管或可调的收敛-扩张喷管或引射喷管；火箭发动机常用固定式收敛-扩张喷管；垂直或短距起落飞机多采用换向喷管。

研究发现，气体流经喷管后的状态不仅与喷管形状有关，还与气体的状态有关。状态不同的气体即使流经相同的喷管，其流动状态可能完全不同。例如，高压、低速的气体流经收敛型喷管时，速度将进一步提升；而低压、高速的气体流入同样的喷管时，则会发生拥塞，速度得不到提升反而下降。为了解决这一问题，瑞典工程师拉瓦尔(Laval)设计了一种如图 1.7 所示的先收敛后扩张的喷管。这种喷管的特点是，即使是流速接近于零的高压气体流经该喷管时，也可以在出口截面处获得超音速的气体。这种喷管被习惯称为拉瓦尔喷管(1889 年获授英国发明专利时的名称为膨胀式喷管)。

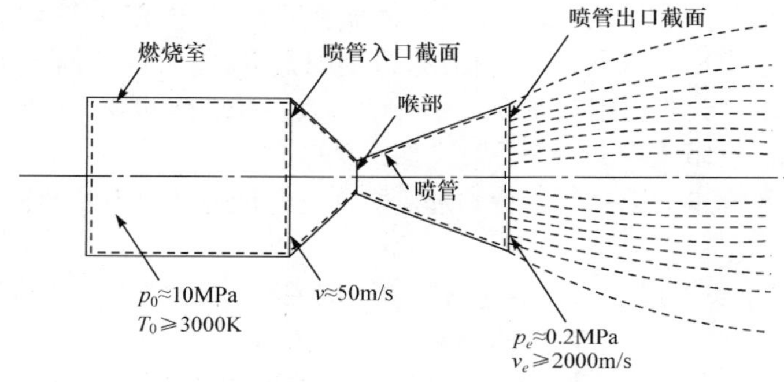

图 1.7　拉瓦尔喷管工作原理

文献[5, 6]的计算结果显示，当燃气的内部压强约为 10MPa 时，经过拉瓦尔喷管后，燃气在出口截面的压强降为约 0.2MPa，排气速度大于 2000m/s。因此，燃气流经拉瓦尔喷管后，压强可下降 95%，速度却提升 40 倍以上。这种变化，就是通常所说的以内能换动能。可见，拉瓦尔喷管的功能是将气体的内能高效地转换为动能，使气体获得速度的提升，进而产生较大的推力。

除拉瓦尔喷管外，还有其他提高流体速度的方法，例如，利用等离子体和光子介质的高流动速度，同样可以提高火箭的推力。相应地，这些火箭分别称为等离子体火箭和光子火箭。

如果说推进剂提供了发动机推力的原始能量，那么拉瓦尔喷管则通过提高燃气的流动速度巧妙地“放大”了推力，可谓“四两拨千斤”。可以说，拉瓦尔喷管的诞生，使大辎重强威力的火箭武器的发射成为现实。

1.2.3　气体压强与推力

1) 气体压强与排出速度

由前述可知，当具有一定压强的气体从喷管流出时，流速增大进而产生推力。但应注意到，在流经喷管的过程中，随着气体从出口不断流出，压强也会快速下降，也即在整个气体释放过程中压强是变化的。为方便叙述，下文中的压强均指某一时刻的气体压强；而气体的排出速度则是指气体流出喷管出口截面时的流动速度。

从气球放气和燃放窜天猴的例子可以看出，当气球和窜天猴内部的高压强(相对于外部环境的压强)气体被释放出来时，气体开始由气球内的高压强区域向环境的低压强区域流动，体积开始膨胀，流动速度增大，而原来空间中的气体压强开始下降，且很快降至与环境压强相同。这一过程既是气体的排气过程也是气体做功产生推动力的过程。

从此可以看出，只要气球等密闭容器内被充进了气体或液体(且容器未破裂)，其内部压强必然大于外部环境压强，那么，当流体流出时，就会产生推力，而推力的大小取决于流体的质量流率和排出速度。若气球壁为钢质材料，钢壳的许用压强可达几十兆帕，例如，普通氧气瓶的内部压强就达 20MPa，约为大气压强的 200 倍。由于气体具有可压缩性，当钢壳容积一定时，充入的气体(质量)越多，钢壳内的压强就越大，气体持续排放的时间也就越长，意味着推力的持续作用时间越长。

由式(1.3)可知，流体的质量流量和排出速度的乘积($\dot{m}\cdot V_e$)决定了所产生推力的大小。$\dot{m}\cdot V_e$值越大，产生的推力越大。也就是说，我们能够得到多大的推力，取决于流体有多大的$\dot{m}\cdot V_e$值(式(1.3)明确给出了二者的关系)。

那么，怎样得到所需要的排出速度？影响排出速度的因素又有哪些呢？

2) 排出速度的影响因素

由第 1.1 节的 4 个例子可以看出，气球、软管、飞板和窜天猴排出流体介质的方式基本相同，但它们产生介质压强的方式有所不同，如图 1.8 所示。图 1.8 显示，气球内气体的压强由吹气或气泵加载；软管和飞板中的水压由水泵或液压系统完成；窜天猴壳体里的压强由火药燃烧生成的气体充满容腔而产生。可见，气球内气体和软管中水的压强是通过气(水)泵消耗电能而产生的，而窜天猴内的压强则是由装药的化学能产生的。

介质压强与排出速度有何关系呢？气球的气体排出速度约为几米每秒，软管中的水和窜天猴中的燃气的排出速度约为几十米每秒。我们知道，火箭武器发射需要吨级的推力，以常规小口径火箭发动机为例，其燃气的排出质量流率约为 10kg/s，若所需的推力为 2×10^4N，那么，燃气的排出速度就要达到约 2000m/s(仅

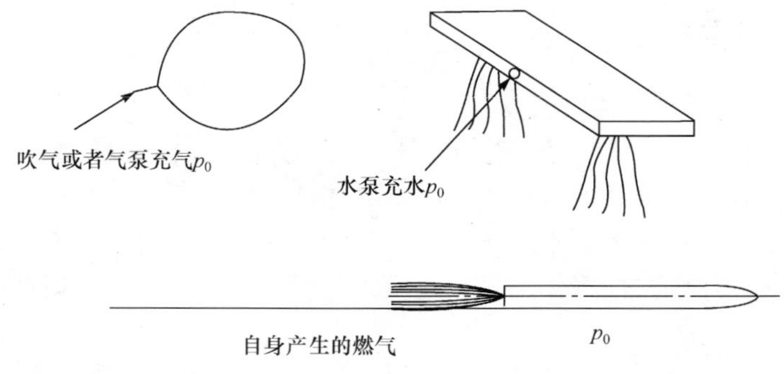

图 1.8 高压介质产生示意图

取式(1.3)的第 I 项估算)。若以气球或窜天猴等的常规排出速度来计算，产生 1t(1×10^4 N)的推力，排出气体的质量流率就要达到 2000kg/s。依据目前的科技水平这一质量流率是无法实现的。

因此，可以这样推理：要得到强大的火箭导弹飞行推力，就需要得到超大的燃烧室燃气压强、质量流率和出口截面排出速度。在这三者中，燃气的压强和质量流率在目前的技术条件下只能达到有限的量级，解决问题的办法就是提高燃气的排出速度。

1.3 流体遇阻与压强变化

1.3.1 不可压缩流体遇阻时的压强变化

下面以水介质为例介绍不可压缩流体流动遇阻时的压强变化。

我们都有这样的体验：用手掌面垂直压向喷水的水龙头时，手掌越靠近水龙头嘴部，感受到的水压(力)越大，这一情形可用图 1.9 示意。如图 1.9 所示，h 表示水流“逃逸”通道的高度，h 值越大，则逃逸的通道越大，流动就会越通畅。在保持水的排出质量流率不变的条件下，随着 h 值的减小，通道将变小，逃逸的水流速度将增大，水龙头嘴部与手掌间流水的压强也将增大。图 1.10 为水龙头嘴部与手掌间区域的局部放大图。由图 1.10 可以看到，当中心部分(水流几何中心轴线上)的水流到手掌上时，由于其流动速度垂直于手掌，这部分水将无处可逃，该点的速度将被强制降为“零” (称为“滞止”现象)，从能量角度看，该处的动能将全部转变为内能。如果作用时间较短，转换过程中的系统热量损失可忽略不计，那么这部分动能将全部转变为内能，即表现为压强的增大。

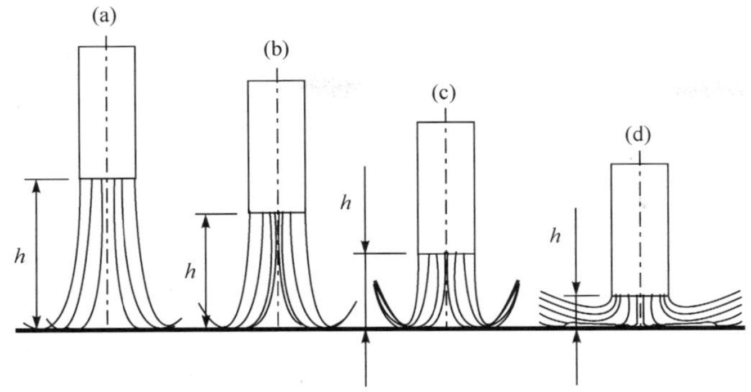

图 1.9　水龙头喷水流动遇阻现象

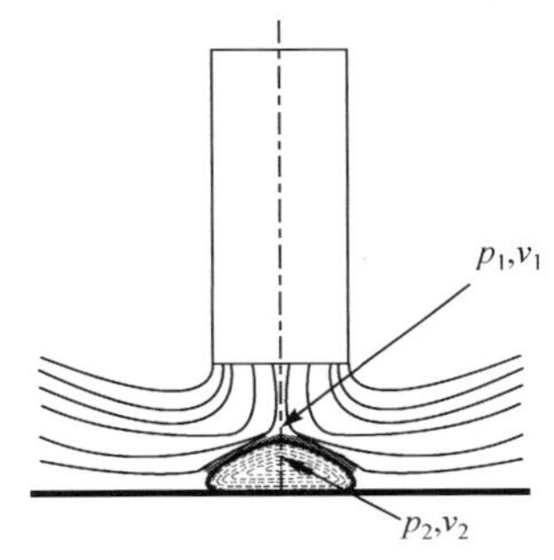

图 1.10　“滞止”现象

1.3.2　可压缩流体遇阻时的压强变化

由于气体的分子间距比液体和固体大得多，其分子间的斥力就小很多，当受到外力作用时易被压缩，这就是气体的可压缩性。一般情况下，当流动马赫数小于 0.3 时[7]，气体的可压缩性并不明显，计算和分析时可不予考虑；当马赫数大于 0.3 时，就必须考虑气体的可压缩性。图 1.11 分别为气体绕流球头体、尖锥体和平头体时的三种流动形态，其中图(a1)～(a3)均为亚声速流动，图(b1)～(b3)均为超声速流动。如图 1.11 所示，气体绕流不同物体时，亚声速和超声速流动的绕流形态是不同的。对于图 1.11 所示的亚声速流动，可以得到与图 1.10 水龙头水流相似的结论；而对于图 1.11 所示的超声速流动，我们发现，在喷嘴迫近受冲击物体(不同形状圆柱体)时，位于喷嘴和物体之间的区域会形成一非常薄的压缩层。在这一压缩层的两边，气体的压强发生了明显变化，即产生了压强梯度，其量级可达每毫米几十兆帕。

图 1.11 所示是 3 种较常见的绕流流动形态，由气体动力学知识[7,8]可知，在每种流动形态的超声速流动中，靠近绕流物体区域出现的“压缩层”就是所说的激波。为

了说明激波特性，图 1.12 给出一组 3 种绕流流动的数值仿真结果，计算条件为马赫数 Ma =3.0，来流压强 p =0.1MPa、温度 T =300K。由图 1.12 可见，球头体前端的压缩层发生弯曲，且脱离了球头体；尖锥体前端出现了极薄的压缩层，压缩波也为锥形；而平头体前端的压缩层更弯曲，脱离平头体的现象更明显。

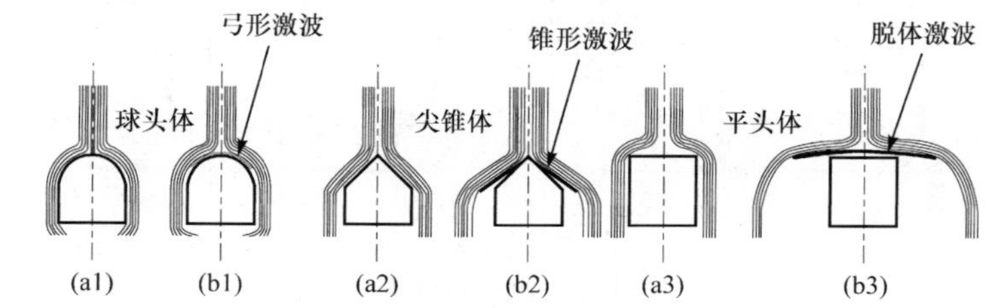

图 1.11　气体绕流不同形状物体时的流动形态

(a1)～(a3)：亚音速流动；(b1)～(b3)：超音速流动

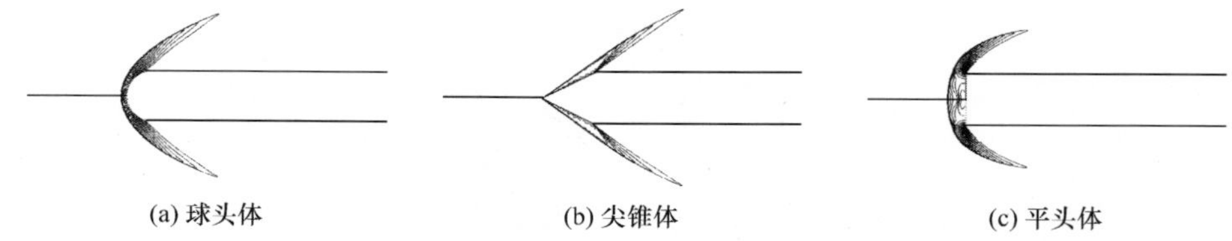

图 1.12　3 种绕流流动的数值仿真结果

再比如，在风中撑伞前行时，手上会感受到来自伞杆的作用力。那么，这个力的大小与什么相关呢?

一般情况下，若伞面上每点的压强都相等，那么，伞面受到的作用力等于压强与伞的迎气面积的乘积，力的方向与伞杆相同。风速越大，伞面上的压强越大，伞的受力就越大；伞的迎气面积越大(张开角度越大)，伞的受力也会越大。

当风速位于亚音速区域时，伞面上的压强基本不随伞的张开程度而变化，即伞的受力仅与迎气面积有关。迎气面积越大，伞的受力也越大。这时，伞全部打开时的受力大于半开，与人的感觉一致。

而当风速增大至超声速时，伞面上的压强将不再均匀分布，且同一位置的压强也会随着伞张开角度的变化而变化。可以这样理解：伞张开的角度越大，空气流动的通道就越小，气体的受压缩程度越大，伞面上的压强就会增大。此时，在一定风速下，伞面上的压强和伞的迎气面积都随着伞的张开角度而变化，伞面上的受力与迎气面积和压强变化均相关，而且压强的影响占主导地位。

1.3.3　流动遇阻与压强变化的关系

由第 1.3.1 节和 1.3.2 节可知，流动介质受到物体阻碍时，会在物体表面产生压强，进而形成作用力，力的大小与物体的形状和介质流动的马赫数相关。

流体遇阻时压强会怎样变化呢?

在未遇到阻碍物体时，流体相当于在一个等截面面积的均匀管道中流动。当流体遇阻时，实际上是流体的流动通道面积发生了改变，管道直径变大或变小。对于不可压缩的流体，在质量流率不变的情况下，依据质量守恒原则，管径变小，流速就要增大；管径变大，则流速会减小。这就是宽河道处水流得慢，窄河道处水流得急的原因。但是，当具有可压缩性的气体遇阻时，气体在绕流物体的同时，还能通过“调节”自身的压强和流动速度来保证流动的继续。

由图 1.12 可知，同样的流动遇阻不同形状(迎气面面积相同)的物体时，流动形态大不相同，物体所受的作用力也不会相同。为了减小物体所受的流体作用力，可以采取的措施有：①减小物体的迎气面积(即物体在垂直于流动方向上的投影面积)；②改变物体的形状。如图 1.11 和图 1.12 中，在超音速情况下尽量选择尖锥体。

再看雨中撑伞的情况。微风时，伞全开或半开时手的受力相差不大；当风速较大，伞的开启状态不同时，手的受力相差较大。这一现象反映了物体迎气面的几何形状与流体流动性的关系，即通过改变遇阻物体迎气面的几何形状可调整流体的流动状态，这就是通常所说的“导流”。例如，尖锥体和球头体的形状不同，对流体的“导流”效果也将不同。

“导流”对于火箭导弹发射系统燃气射流冲击效应的研究具有重要作用。例如，为了减小发射系统的受力，可以减小发射系统的迎气面积，也可以提高发射系统结构的导流能力。比较而言，减小迎气面积总是被动的，而提高导流能力则是主动的。正如汽车车身的设计，为了行驶安全，车身的迎气面积不可能无限减小。在保有一定截面积时，需采取合理的导流设计来减小风的阻力。

1.4 内 容 导 读

1.4.1 冲击载荷与结构设计关系

火箭炮的结构设计包括两方面内容：一是性能指标的设计；二是结构形式及尺寸的确定。性能指标主要由武器论证部门设计并下达，而结构形式及尺寸则需要由设计人员根据火箭炮所承受的载荷来确定。

为便于理解，图 1.13 给出了火箭炮结构设计与燃气射流冲击载荷的关系。图 1.13 显示，火箭炮发射系统的受力作用体现为弹飞离定向器(轨道)过程中燃气射流对发射系统的冲击作用，以及在轨(定向器)运动过程中弹与发射系统间的滑动摩擦作用。与燃气射流冲击作用相比，摩擦作用的量级较小。因此，可以认为，火箭炮在发射过程中所承受的主要载荷就是燃气射流对发射系统的冲击力。该冲击力源于燃气作用在发射系统上的压强，通过实验测量和数值仿真即可获得压强的大小及其分布规律，进而可得到结构设计所需的冲击载荷大小。

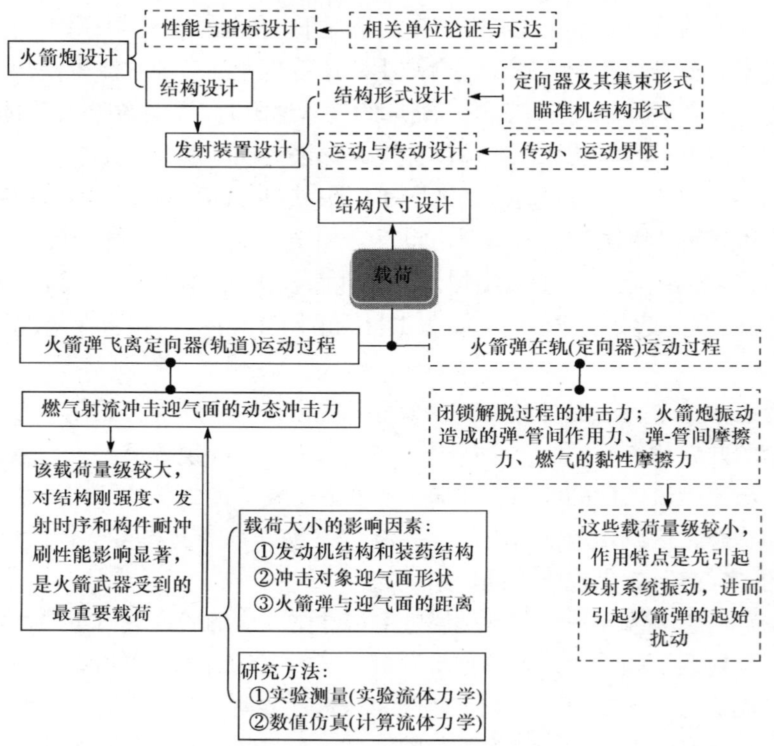

图 1.13　燃气射流冲击载荷与火箭炮结构设计关系

1.4.2　章节逻辑关系

理解燃气射流的性质和特点是实验测量和数值仿真的基础。为此，本书第 1 章特辟一个章节，以生活中的 4 个现象为例引入和阐明燃气射流的概念和特性。第 2 章通过介绍火箭武器系统组成及其发射技术，给出了燃气射流的产生过程、流动状况及对发射系统的作用特点。第 3 章介绍了火箭发动机、推进剂及其与燃气流动的关系，给出了燃气的数学描述，为数值仿真提供了基础。第 4 章分析了不同结构发射系统的燃气射流流动特征。第 5 章和第 6 章分别给出了燃气射流压强的实验测量和数值仿真方法。基于此，完成了对燃气射流压强及其分布规律的具体描述，得到了燃气射流冲击载荷的定量结果，最终为火箭炮的结构设计提供了科学依据。各章节内容的逻辑关系见图 1.14。

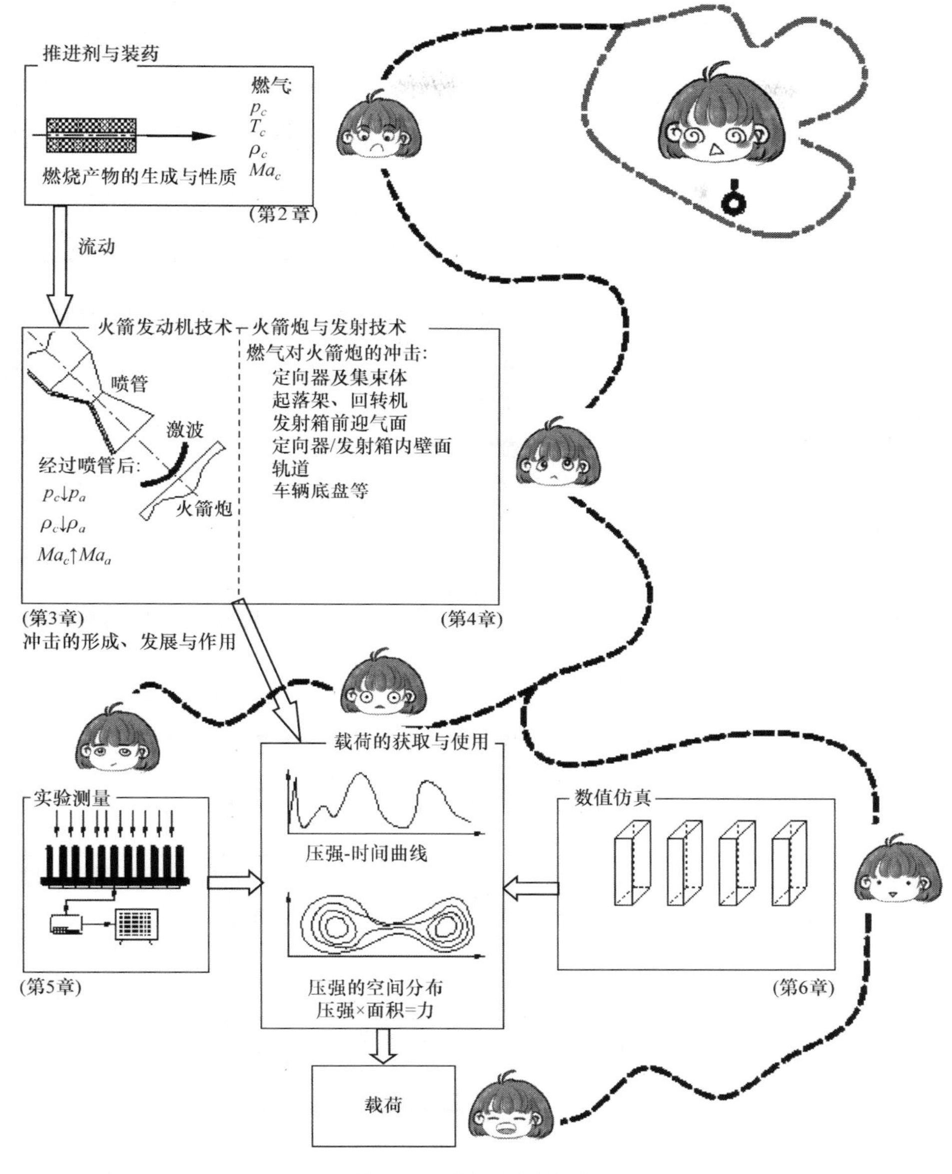

图 1.14　章节逻辑关系

本 章 小 结

(1) 通过排出流体介质，可以获得推力；

(2) 推力的大小与流体的排出速度和质量流率相关；

(3) 流体遇阻不同形状的迎气面物体时，流动形态不同，遇阻物体所受的作用力也不同。

参 考 文 献

[1] 南京理工大学. 汉英兵器科技大词典[M]. 北京: 兵器工业出版社, 2004.

[2] 周长省, 鞠玉涛, 陈雄, 等. 火箭弹设计理论[M]. 北京: 北京理工大学出版社, 2014.

[3] 庞爱民, 马新刚, 唐承志, 等. 固体火箭推进剂理论与工程[M]. 北京: 中国宇航出版社, 2014.

[4] 辞海编辑委员会. 辞海(1979 年版)[Z]. 上海: 上海辞书出版社, 1979.

[5] 武晓松, 陈军, 王栋, 等. 固体火箭发动机气体动力学[M]. 北京: 国防工业出版社, 2005.

[6] 姜超. 燃气射流冲击发射箱载荷效应研究[D]. 南京: 南京理工大学机械工程学院, 2015.

[7] 王新月. 气体动力学基础[M]. 西安: 西北工业大学出版社, 2006.

[8] 王保国, 刘淑艳, 黄伟光, 等. 气体动力学[M]. 北京: 北京理工大学出版社, 2006.

火箭武器系统是如何组成的？

火箭武器系统由火箭炮和火箭弹组成。火箭炮是火箭弹的发射装置，为火箭弹的发射提供射击条件和发射参数，如射角、射向以及弹载计算机所需信息等；火箭弹是待发射的自身具有动力的弹药，其发动机产生的燃气射流对火箭武器系统有冲击作用。虽然在学科属性上，发动机技术属于航空宇航学科，火箭炮及其发射技术属于兵器发射理论与技术学科，但考虑到火箭弹与火箭炮及其发射技术的关联性，本书将两部分内容合并在“火箭武器系统及其发射技术”一章撰写。

第 2 章　火箭武器系统及其发射技术

通常认为，火箭武器系统由发射系统和被发射对象两部分构成，如图 2.1 所示。火箭发射系统又称为火箭炮，包括发射装置、运行底盘、指挥与控制系统以及辅助系统(目前气象雷达、弹药运输车、维修检测车等辅助系统已从发射系统中独立出来，成为单独体系)；而火箭弹则是自身具有飞行动力的一种弹药，是火箭炮发射和输送的对象[1]。

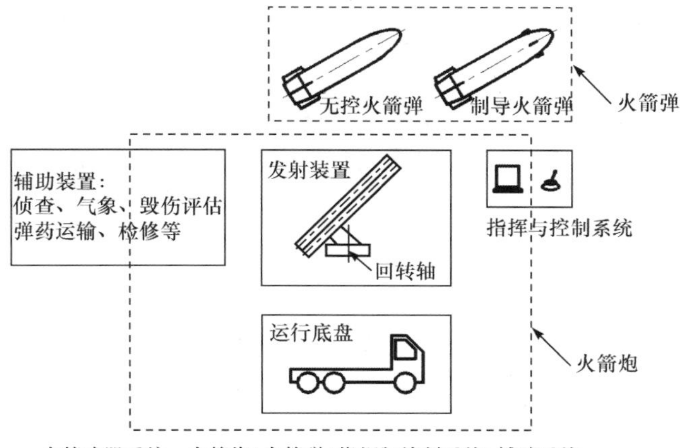

图 2.1　火箭武器系统组成

2.1　参数与坐标定义

本书涉及许多变量和参数，为叙述方便，进行统一定义。

2.1.1　坐标系

定义如下 4 个坐标系：

(1) 地面坐标系：描述火箭炮和火箭弹空间运动的绝对坐标系。该坐标系固定于大地，坐标原点为火箭炮回转部分的回转轴在地面的投影点，如图 2.2(a)所示。

OX：车头指向正北(或指定的地理方向)为正

OY：垂直大地向上为正

OZ：与 OX 和 OY 组成笛卡儿直角坐标系

(2) 俯仰坐标系：描述火箭炮起落架绕耳轴转动的坐标系。该坐标系固定于起落架，坐标原点为火箭炮耳轴连线的几何中点，如图 2.2(b)所示。

o_1x_1：指向车头方向为正(0°射角时)

o_1y_1：垂直大地向上为正(0°射角时)

o_1z_1：该轴为回转轴，与 o_1x_1 和 o_1y_1 组成笛卡儿直角坐标系

(3) 燃气流动坐标系：描述火箭发动机内燃气流动的坐标系。该坐标系固定于火箭弹的发动机，坐标原点为发动机喷喉几何中心点，如图 2.2(c)所示。

ox：该轴为火箭弹的自转轴，燃气流出喷管方向为正

oy：在发动机某纵切面内，0°射角时垂直大地向上为正

oz：该轴为火箭弹的俯仰轴，与 ox 和 oy 组成笛卡儿直角坐标系

在描述燃气射流流动时，不考虑火箭弹在空中的姿态变化，假设发动机水平放置，且不旋转，则 oy 轴总是垂直向上。

(4) 射击平面坐标系：描述火箭弹在射击平面内飞行的坐标系。该坐标系与地面坐标系关联，坐标原点位于地面坐标系原点之上的 Z_0 处(OZ_0 为耳轴距离地面的高度)，固定于大地，如图 2.2(d)所示。

o_2x_2：该轴为射击方向指向轴，水平面内指向目标点方向为正

o_2y_2：与 OX 共轴，垂直大地向上为正

o_2z_2：该轴与 ox 和 oy 组成笛卡儿直角坐标系，绕该轴的角度为射角

2.1.2　参数的含义、符号及单位

(1) 描述燃气的参数：

(a) 压强，p，Pa

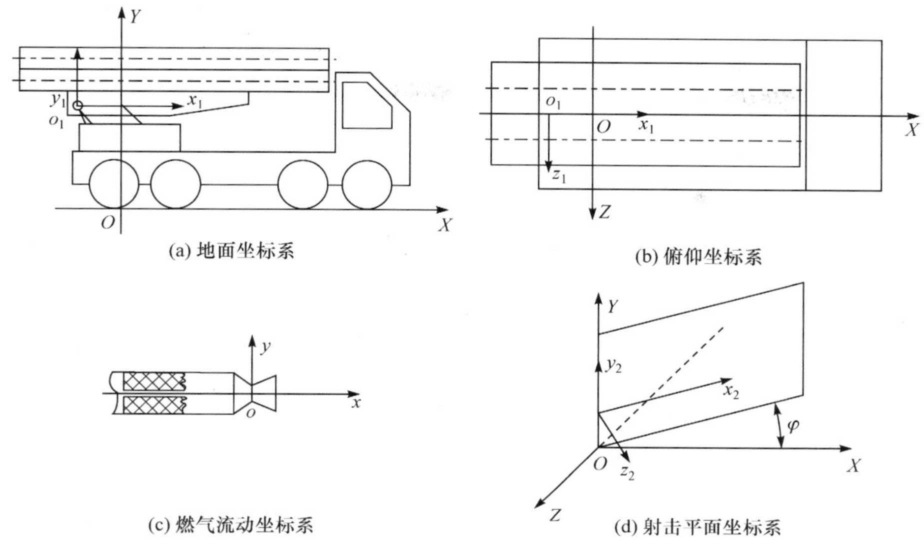

图 2.2　坐标系示意图

(b) 温度，T，K

(c) 密度，ρ，kg/m^3

(d) 普适气体常数，R_u，8314.34J/(mol · K)

(e) 流动速度，$\boldsymbol{v}$，m/s

(f) 位置坐标，x，y，z，m

(g) 分子量，W，kg/mol

(h) 比热比，$\gamma = c_v/c_p$

(i) 晗，h，kJ/mol

(j) 定压比热，c_p，J/(kg · K)

(k) 定容比热，c_v，J/(kg · K)

(l) 气体常数，$R = R_u/W$，J/(kg · K)

(2) 描述火箭弹的参数：

(a) 弹径，D，m

(b) 弹长，l，m

(c) 质心，x_c，y_c，z_c，m

(d) 质量，m，kg

(e) 转动惯量，I，$kg \cdot m^2$

(f) 推力，F_p，N

(3) 下标含义：

(a) i：组分
(b) a：大气环境
(c) c：发动机燃烧室
(d) e：喷管出口截面
(e) o：滞止状态
(f) 1，2：状态 1，2
(g) g：燃气
(h) x，y，z：坐标

2.2 火箭弹的构成与性能

火箭弹是一种杀伤性弹药，由火箭炮发射并飞行到指定地点，对目标实施摧毁和打击。表征火箭弹性能优劣的主要技术指标是威力，威力是一个反映火箭弹射程、战斗部质量和精度的综合指标[1]。射程代表火箭弹能飞多远，精度表示火箭弹对准指定目标的能力，战斗部质量则代表火箭弹对目标的摧毁能力。虽然在设计时会对威力的各项指标进行严格考核，但在发射点至目标点的长距离飞行过程中，自然环境和武器自身的调适能力都会对飞行产生影响，导致火箭弹的威力达不到预期效果。因此，如何使火箭弹飞得又远又准，一直是火箭武器领域的研究重点。

在火箭弹发射飞抵目标点的过程中，弹载机构和外部人员已无法对其飞行实施干预。图 2.3 给出了火箭弹与导弹的飞行弹道示意图。由图 2.3(a)可知，对于火箭弹，随着飞行距离的增大，发射初期很小的起始扰动都会被比例放大。为了使火箭弹飞得更远更准，火箭弹中不断地引进惯性导航、卫星(GPS、北斗)导航、红外探测、雷达等技术和器件，使其在飞行过程能感知自身的位置，发现和跟踪目标。在获取自身位置与理想弹道间的位置偏差后，通过空气舵或燃气舵产生的外部作用力来修正火箭弹的飞行轨迹，消除偏差。

舵，其实就是具有一定面积的物体，当气流绕过舵时，可在特定方向产生气动力。气动力的大小与绕流速度和舵面积有关，绕流舵面流体的流动速度越大，气动力就会越大；舵面积越大，气动力也越大。空气舵一般安放在弹身上，其气动力的大小取决于火箭弹的飞行速度。由于燃气射流的流动速度数倍于火箭弹的飞行速度，当舵放置在发动机的燃气射流流场中，在舵面积相同的情况下，产生的气动力将比空气舵大很多。所以，借助于燃气射流，面积很小的燃气舵就可以产生满足火箭弹姿态控制所需的气动力。

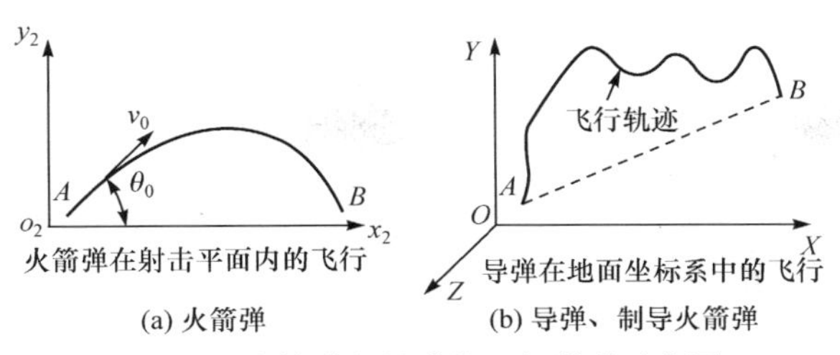

(a) 火箭弹　(b) 导弹、制导火箭弹

图 2.3　火箭弹与导弹的飞行弹道示意图

A：发射点；v_0：初速；B：落点；θ_0：射角

下面将就火箭弹的各部分组成进行一一描述。

2.2.1　火箭弹组成部件及其功能

火箭弹的主要组成部件有：发动机(含燃烧室、推进剂、点火装置和喷管)、尾翼(或导旋装置)、舵和翼、战斗部、引信、制导与控制部件。图 2.4 为两类典型的火箭弹结构组成，(a)为靠尾翼稳定的 122mm 火箭弹；(b)为靠陀螺稳定的涡轮式 130mm 火箭弹。图 2.5 是简易制导火箭弹的结构组成示意图。

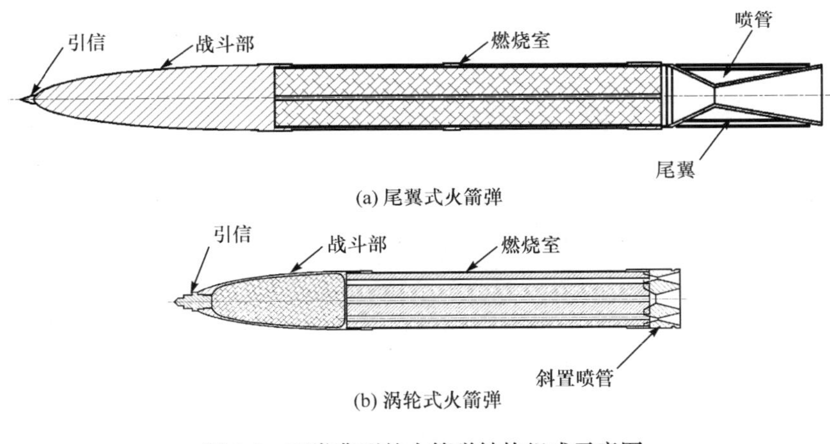

(a) 尾翼式火箭弹

(b) 涡轮式火箭弹

图 2.4　两类典型的火箭弹结构组成示意图

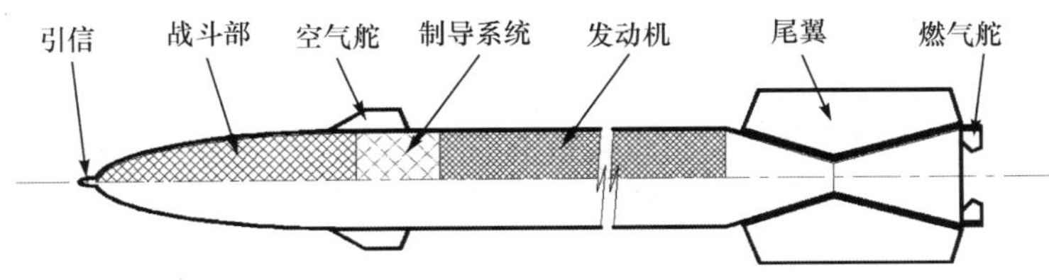

图 2.5　简易制导火箭弹的结构组成示意图

火箭弹各部件的主要功能简述如下：

1) 发动机

作为动力推进装置，发动机的主要功能是产生推力。发动机的燃烧室用于加装推进剂，同时也是推进剂的燃烧产物燃气的排放空间；喷管的作用是导流燃气，并通过其收敛-扩张通道提升燃气的流动速度，以产生推力。

2) 尾翼(或导旋装置)

尾翼(或导旋装置)的作用是保证火箭弹的飞行稳定性。低速旋转的尾翼式火箭弹的稳定作用由尾翼来实现，就像鸟的翅膀；而涡轮弹则通过斜置的发动机喷管或弹身上的侧喷发动机等导旋装置，迫使火箭弹绕弹轴高速旋转，以产生陀螺效应来稳定火箭弹飞行。

3) 舵和翼

舵和翼的作用是通过气体绕流舵面为火箭弹提供气动力。翼面的气动力起到稳定飞行的作用；而舵面的气动力则是为火箭弹提供机动所需的力，如船桨的作用。按照所处介质环境，火箭弹中的舵分为空气舵和燃气舵，处于空气介质环境中的舵即为空气舵，它位于弹身的前部和后部；处于燃气环境介质中的舵即为燃气舵，它位于喷管出口截面附近[2,3]。

4) 战斗部

战斗部是发动机输运的有效载荷，根据作战目的可采用不同类型的战斗部，对不同目标实施打击和毁伤。

5) 引信

又称信管，是安装在火箭弹、炮弹、炸弹、地雷等上的一种引爆装置。引信的作用是利用目标信息和环境信息，在预定条件下引爆或引燃弹药战斗部装药的控制装置，根据弹种和打击目标的需要可选择不同的引信。爆竹的火药捻子就是最早的引信。

6) 制导与控制部件

制导与控制部件是火箭弹的核心部件。对于无控火箭弹，制导与控制部件的功能相对单一，仅负责指令引信工作；对于简易控制或制导火箭弹，制导与控制部件负责计算飞行弹道与理想弹道之间的偏差，并实时指令舵和翼产生气动力，使火箭弹能够机动飞行，修正偏差。

2.2.2 火箭弹的飞行稳定性

火箭弹在空中运动时，需要依靠力或力矩来维持其稳定飞行。

对于尾翼弹，通过设计弹体的气动外形和合适的尾翼位置及面积，飞行时即可在弹体周围形成空气动力，保证弹体的稳定飞行，如图 2.6 所示。图 2.6 中，c 为质心，c_p 为气动力压力中心，ox 为弹轴方向，oy 为升力方向，$\boldsymbol{v}$ 为弹体运动速度，δ 为攻角，F_x 为弹轴方向的受力，F_y 为升力(与 F_x 垂直)，M_z 为稳定力矩。

如图 2.6 所示，攻角为正时，弹体抬头，稳定力矩使弹轴下压靠近速度方向；攻角为负时，弹体低头，稳定力矩使弹轴上抬靠近速度方向。两种情况下，稳定力矩都是使攻角减小，维持弹体稳定飞行。

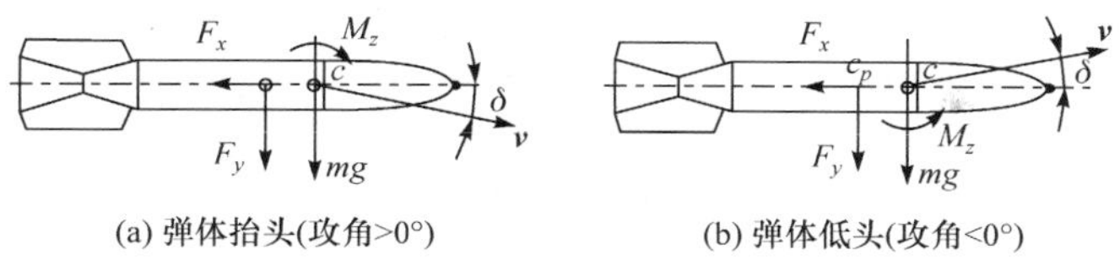

(a) 弹体抬头(攻角>0°)　(b) 弹体低头(攻角<0°)

图 2.6　尾翼弹稳定原理

对于不带尾翼的涡轮弹，则需利用弹体旋转所产生的陀螺效应来实现稳定飞行。陀螺效应的基本原理是，在重力偶作用下，陀螺高速自转时不沿力偶方向翻倒，而是绕着支点垂直轴做圆锥运动。按照这一原理，人们设计了无尾翼的弹体，其稳定原理如图 2.7 所示。图 2.7 中，$\boldsymbol{v}$ 为弹体运动速度，δ 为攻角，ω_v 为弹体绕 $\boldsymbol{v}$ 的转动角速度，ω_d 为弹体绕弹轴的转动角速度。

图 2.7　涡轮弹稳定原理

由图 2.7 可以看到，涡轮弹的弹体就像一个陀螺，它在围绕自身轴线转动的同时，还围绕一个速度矢量轴做锥形运动。也就是说，弹体一边绕自身轴线以 ω_d “自转”，一边绕速度矢量以 ω_v “公转”。“自转”速度的大小决定了弹轴摆动角 δ 的大小。弹体转得越慢，摆动角 δ 越大，弹体稳定性越差；弹体转得越快，摆动角 δ 越小，弹体稳定性也就越好。由此可见，弹体绕自身旋转的速度是使弹体稳定的关键。涡轮弹正是利用陀螺效应原理保证了弹体的稳定飞行。

2.2.3　火箭发动机的分类

火箭推进剂分为液体推进剂和固体推进剂，两种推进剂都是通过燃烧产生的化学能来推动火箭发射。使用液体推进剂的发动机称为液体火箭发动机，而使用固体推进剂的发动机称为固体火箭发动机，它们是目前最常用的两种火箭发动机。此外，还有以气体电离产生的电场力来推动火箭发射的离子发动机，以及采用惰性气体推进剂和液固混合型推进剂的发动机，这些发动机或尚待进一步研究，或应用范围有限，故不详述。

由于所使用推进剂的状态不同，发动机的结构也不尽相同，图 2.8 为液体火箭发动机和固体火箭发动机的结构示意图。由图 2.8 可见，两种发动机各有其特点：

(1) 液体火箭发动机推进剂的燃料和氧化剂平时分开储存，使用时由各自的储液罐通过管道分别注入燃烧室，二者混合后发生燃烧反应，产生燃气。液体燃料的性质不同，存储条件也不同，例如，混肼-50(类似煤油)和四氧化氮组合燃料可常温储存；而沸点很低的液氢/液氧组合则必须超低温储存。液体火箭推进剂的这些特点给加注、日常维护以及野战环境使用带来诸多不便，因而使用机动性不强。

(2) 固体火箭发动机推进剂是将按比例混合后的燃料和氧化剂预先储存在燃烧室中，点火即可燃烧生成燃气。发动机的燃烧室同时也是推进剂的储存室，因此，固体火箭发动机无需背负两个重重的储液罐，减少了辎重，便于使用、储存和维护。

由此可见，两类发动机的本质区别就在于推进剂的储存和使用方式不同。二者的结构和产生推力的方式均相同，都是通过喷管流出的燃气来产生推力。

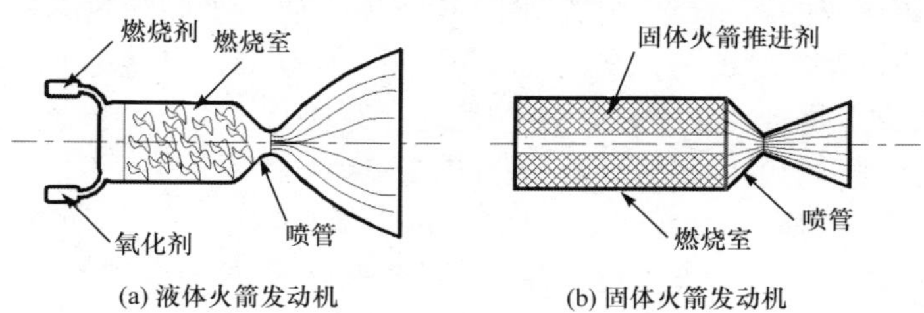

图 2.8　液体火箭发动机和固体火箭发动机结构示意图

综合来看，液体火箭由于储液结构和预先加注燃料等特点，造成其维护和保养烦琐，使用机动性弱；但其比冲高，推力大，适于用作卫星和航天等的空中运载器；固体火箭结构简单，易于保养维护，机动性强，更适于快速反应的战术和战略火箭弹与导弹。基于上述原因，目前我国陆军用野战火箭炮多采用固体火箭弹，因此，本书亦以固体火箭燃气射流为主要研究对象。考虑到液体和固体火箭燃烧产物的基本流动特征相同(区别仅在于二者的燃气组分不同)，所遵循的流动方程、动量方程和能量方程也相同，因此，本书内容对液体火箭燃气射流的研究同样具有参考意义。

2.2.4　固体火箭发动机的装药与燃烧

火箭推进剂的状态决定了其发动机结构，进而也决定了其装药结构形式。本节主要介绍固体火箭发动机的装药结构。文献[4]给出了简化后的固体火箭发动机结构，如图 2.9 所示。

由图 2.9 可见，固体火箭发动机主要由点火具、燃烧室、药柱、挡药板和喷管组成。燃烧室用于装填推进剂，也是生成燃气的反应室；药柱就是制作成形的推进剂(因其形状多为柱状，故称为药柱或推进剂药柱)；挡药板的作用是阻挡较大颗粒的推进剂被流动的燃气带入喷管，造成堵塞喷管；喷管是供燃气流动和提升速度的通道；点火具的作用就是点燃推进剂。点火具一般由发热元件和助燃药组成，发热元件是短接的两根电线或由电阻片组成的半导体电桥，助燃药一般是燃速较大的火炸药，如黑索金。

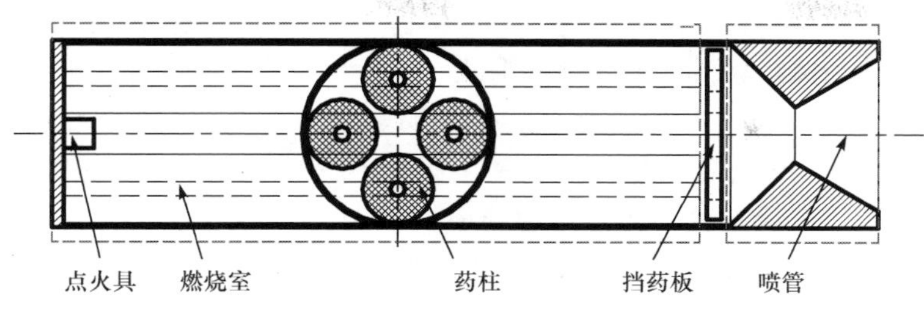

图 2.9　固体火箭发动机结构组成及其功能

1. 药柱的截面形状

固体火箭推进剂虽然多是由各种火炸药配比组成，但由于事先按照发动机结构加工成型，其形状已不再是原始火炸药的散状颗粒，而是通过切削和压力加工制成的各种截面形状的药柱，如“肥皂”一样，其长度可根据需要截取。图 2.10 给出各种固体火箭推进剂药柱截面形状。由图 2.10 可见，最简单的推进剂药柱形状是圆柱形(图 2.10(h))，截面为圆。图 2.10(a)所示为圆柱形无芯药柱，截面为圆环，这是较常用的一种药柱形式。图 2.10 给出了常见的 12 种药柱截面形状，每种截面形状的药柱都对应着不同的燃烧规律。药柱截面形状的设计目的是使药柱燃烧更稳定，燃烧规律更易于控制。

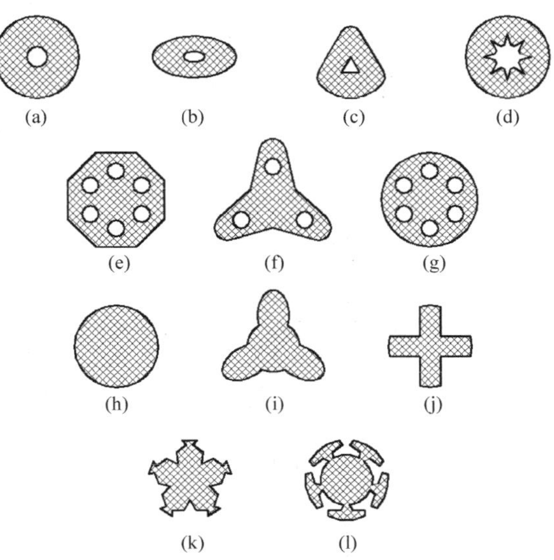

图 2.10　常见固体火箭推进剂药柱截面形状

(a)～(d):中心孔结构；(e)～(g):多孔结构；(h):实心结构；(i)～(l):外廓异形结构

我们知道，燃气的质量流率和流动速度决定了发动机的推力大小，而质量流率的大小又取决于推进剂药柱的燃烧规律。采用不同的截面形状和点火方式时，药柱的燃烧规律是不相同的，因此，可以根据火箭发射所需要的推力大小和作用形式，来设计和选择相应的药柱截面形状、长度以及点火方式。

仍以图 2.10(a)所示的截面形状为例说明药柱的燃烧规律。当从端面点燃该药柱时，燃烧过程中药柱的燃面面积基本保持不变，即推力是恒定的；当从中心孔点燃药柱时，燃烧过程中药柱的燃面逐渐增大，燃气的质量生成率不断增大，推力也不断增大。而图 2.10(d)所示的药柱则是在中心孔点燃，由于预制的中心孔为多角形，燃烧沿半径方向推进时，燃面增大的速率比图 2.10(a)大得多，因此，所产生的推力能够迅速提升。可见，装药结构对推力的大小和作用形式有重要影响。

2. 药柱的装填与燃烧

推进剂药柱在发动机燃烧室内的装填方式主要分为两种：自由装填方式和贴壁浇注装填方式。自由装填是将已加工成型的药柱按照设计确定的长度剪裁后直接放入燃烧室，此时，受燃烧室内径和药柱外径的匹配程度限制，会呈现出紧密型和松散型两种装填状态，如图 2.11(a)和(b)所示。我们发现，无论是紧密型还是松散型装填，有限的燃烧室容积都没有充分利用，药柱与燃烧室容腔之间总存在空隙，即药柱总体积和燃烧室体积之比(容积比，也称装填密度)小于 1。容积比越小，意味着发动机燃烧室的利用率就越低。从设计的角度，总是希望容积比尽可能大，最好接近于 1，即发动机燃烧室完全被充满，以使燃烧室的利用率最大，但这对于已加工成型的药柱来说是不可能的。于是，研究人员又设计了贴壁浇注装填方式，即将混合好的推进剂直接灌注在燃烧室内，这样图 2.11(a)和(b)中的空隙就被完全“填充”，燃烧室的有效容积被完全利用，如图 2.11(c)所示。

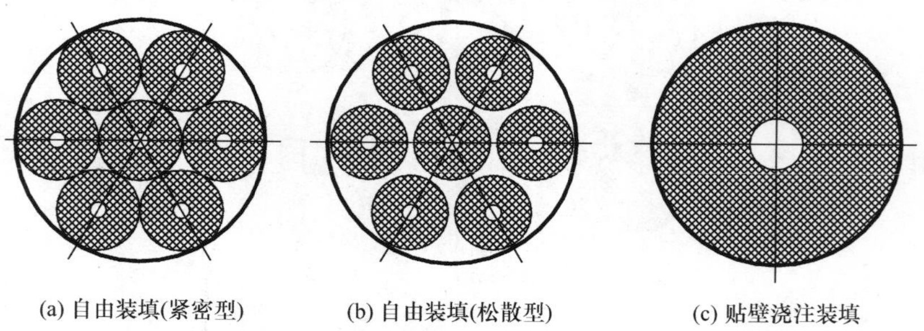

(a) 自由装填(紧密型)　(b) 自由装填(松散型)　(c) 贴壁浇注装填

图 2.11　发动机燃烧室推进剂药柱装填方式

设计的药柱截面形状与药柱在燃烧室内的装填方式并无关系，它主要用于控制燃烧规律。无论是自由装填还是贴壁浇注装填，装药的截面形状完全可以根据燃烧需要设计为任意形状。如图 2.12 所示，药柱的截面形状可由图 2.11 的孔形改变为星形。

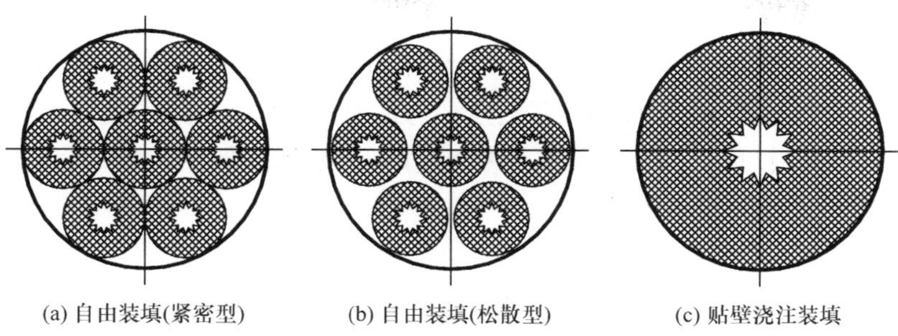

(a) 自由装填(紧密型)　(b) 自由装填(松散型)　(c) 贴壁浇注装填

图 2.12　推进剂药柱截面形状变化

火箭发动机的工作流程为：首先给点火具施加能量(如通电流)使其发热元件发热，包覆在发热元件周围的助燃药就会被引燃，助燃药的燃烧速度快，烈度强，可瞬间引燃燃烧室内的推进剂。推进剂快速燃烧后，在几毫秒内就可使燃烧室内的燃气压强升高，迅速达到维持燃烧所需的平衡状态。与燃烧室连接的喷管是发动机通向外界的唯一流动通道。随着燃烧的继续，产生的大量燃气(每秒几千克～几十千克)被迫由喷管流出并随之产生推力。

对于中小口径的火箭发动机而言，推进剂稳定燃烧时，燃烧室的压强约为十几兆帕，燃气流出喷管时的流动速度大于 2000m/s。

2.2.5　燃气在喷管中的流动特征

推进剂开始燃烧后，逐渐有燃烧产物(燃气)“剥离”燃烧表面层，并以一定速度离开，此时的燃气尚未形成流动，因此这一速度并不是燃气的流动速度，而是其向外自由扩散的速度，如同取暖炉向外辐射热量。由于这一速度仅为每秒几十米，并不足以使燃气迅速从喷管流出，而推进剂的燃烧速度又很快，这样，持续“剥离”的燃气迅速地充满燃烧室的有效空间，于是燃气被压缩进而导致压强升高，燃烧室反应达到平衡状态。

需要说明的是，虽然燃烧室与喷管是连通的，理论上燃烧室内的燃气从开始生成就可以进入喷管，但燃气的流动是基于一定设计状态和条件的，只有当燃气满足设计状态时才会形成流动，例如，燃烧室压强达到稳定燃烧平衡压强、燃气的质量生成率与流出率相等。当燃烧和流动都达到平衡，即单位时间内推进剂产生的燃气量等于经由喷管流出的燃气量时，意味着发动机进入稳定状态，开始产生稳定推力(关于此点详见第 3.2 节推进剂燃烧模型)。

如第 1 章所述，燃气由高压强、低流动速度状态向低压强、高流动速度状态转变靠的是拉瓦尔喷管。拉瓦尔喷管包含收敛段、扩张段和喉部。收敛段和扩张段的作用均是提升燃气流动速度，而喉部则是一个非常特殊的区域。其特殊性在于，在喉部之前的收敛段以亚音速流动的燃气流经喉部进入扩张段时，其流动速度转而发展为超音速。

虽然一定条件的燃气经过先收敛后扩张的喷管都会产生速度的提升，但考虑到喷管壁面附近的流动分离、喉部烧蚀、与其他机构的安装协调等因素，喷管的收敛段和扩张段可设计为不同的几何形状。图 2.13 为 3 种常见的拉瓦尔喷管几何形状示意图，其中(a)为结构简单的基本型喷管；(b)为基于基本型的改进型，该型收敛段分为两段，即第 1 收敛段和第 2 收敛段，二者之间是一段长长的直线段，因此又称为长尾型喷管。这样设计的目的是，利用这一直线段的外侧来安装尾翼等其他部件。增加的这一段长度并不会改变燃气的流动规律，仅产生轻微的壁面黏性摩擦，在有限的长度下，这点儿摩擦对流动的影响几乎可以忽略；(c)的收敛段和扩张段均为曲面形状，因此称为曲面型喷管。其设计目的是使流动在壁面附近更加贴合，避免出现流动分离，同时也可控制燃气流出喷管的膨胀效果。例如，基本型和长尾型喷管在出口截面处均有一定的扩张角度，这样就可使燃气产生向外(半径方向)流动的趋势；而曲面型喷管的燃气在出口截面处将沿射流轴线方向流动，可有效控制流动与外界环境之间的相互作用。

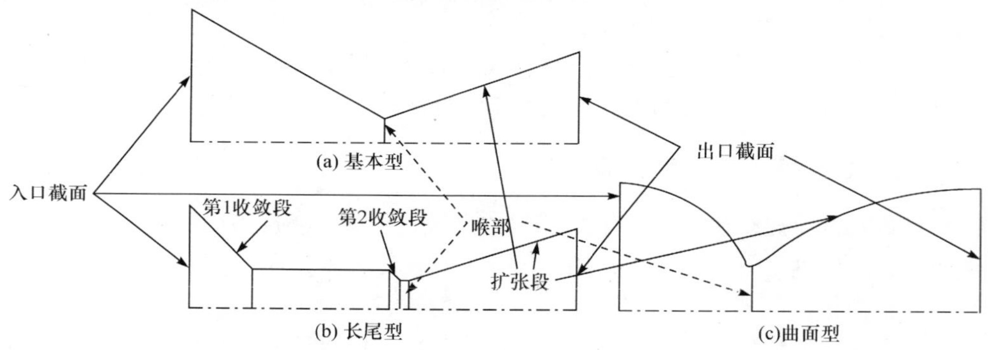

图 2.13　3 种常见的拉瓦尔喷管几何形状

拉瓦尔喷管的作用可以解释为：当亚音速、高内能的气体流进截面积逐渐减小的通道时，随着通道的收敛，气体的流动速度不断增大，但无限持续的收敛最终并不能将气体的流动速度提升至超音速。于是，当气体收敛到一定程度时(第 3 章将给出拉瓦尔喷管的喉部直径与气体压力和流速的关系)便停止收敛，接着经过喉部区域，转而进入截面积逐渐增大的扩张通道，这样，喉部之前音速状态气体的流动速度将进一步提高，最后达到超音速流动状态。可以说，拉瓦尔喷管完成了气体内能到动能的转换，以及气体流动速度从亚音速到超音速的提升。经过这样的收敛-扩张过程后，由燃烧室进入喷管入口端面的高压低速(压强为十几兆帕，流速为每秒几十米)燃气，在到达喷管出口端面时，就变为低压、高速(压强为 0.1～0.3MPa，流速高达 2000m/s 以上)的超声速气体，这种超声速燃气能够产生足够强大的推力推动火箭发射。由此可见，只有火箭发动机的燃烧室和喷管系统组合在一起共同作用，才能完成产生火箭推力的任务。

图 2.14 所示为发动机燃气射流流场的近场区域结构，流场最外部的线表示燃气射流流场的外边界，它是燃气与外部介质(如空气)的分界线(考虑空间情形时，就是一个面)。若图 2.14 所示的流场结构的参数为压强(也可为温度、密度、马赫数等)，则各条细实线就是等压强线，即在同一条线上每处的压强均相等。等压强线的密集程度体现的是压强变化的剧烈程度。由图 2.14 可见，整个压强场(或温度场、密度场和马赫数场)就是一个含压缩波、膨胀波以及波与波之间交叉与反射的复杂波系。

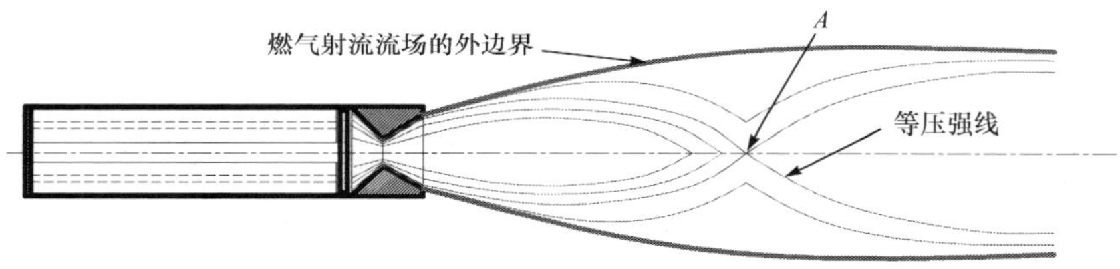

图 2.14　发动机燃气射流流场的近场区域结构

图 2.15 给出了长尾型喷管中燃气射流在管内、外沿射流轴线方向的压强和马赫数分布。其中(a)为喷管内燃气压强与流动马赫数关系，横坐标为沿喷管轴线方向，坐标零点为图 2.13 中的入口截面中心点，喉部位置在 x=0.158m 处；左侧纵坐标为压强，右侧纵坐标为对应点的马赫数。(b)为燃气离开喷管后燃气压强变化曲线，横坐标为沿射流轴线方向，坐标零点为图 2.13 中的出口截面中心点，纵坐标为压强。

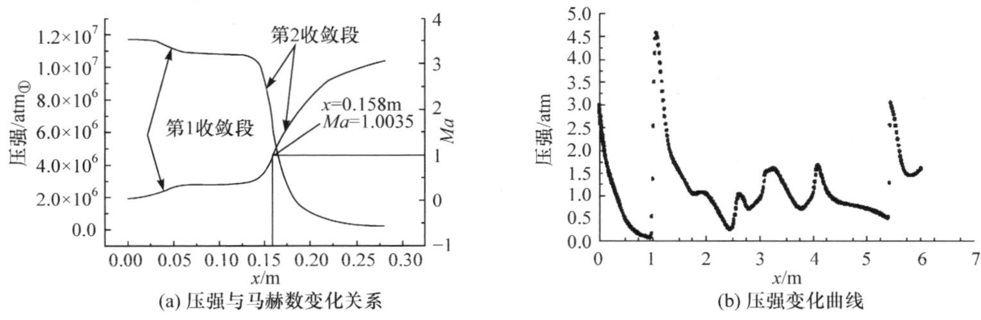

图 2.15　长尾型喷管中燃气压强和马赫数沿射流轴线分布

① 1atm=1.01325×10^{5}Pa。

由图 2.15(a)可知，燃气压强在第 1 和第 2 收敛段连续降低，再经由扩张段流动到出口截面时，压强已由燃烧室的 12MPa 迅速降至约 0.3MPa，马赫数则由 0 增至 3。由图 2.15(b)可见，压强在流出喷管出口截面后迅速降低，在图 2.14 所示的 A 点达到最低(该值已远小于环境压强)，然后快速反弹，甚至可能大于出口截面压强。造成压强变化的因素是燃气的压缩即激波现象。随后，压强沿射流轴线的变化不断重复这一过程，不过变化幅值越来越小，这一不断重复的过程称为燃气射流流场的“波节”效应(具体描述见第 4 章)。

上述例子反映了常见的野战火箭弹燃气射流情况。关于燃气及其流动规律将在第 3.3 节详述，发动机内的燃气流动特性可参阅文献[5]。

2.3 火箭炮发展历史、构成及功能

火箭炮是火箭弹的发射装置，具有多管联装、密集持续发射、面杀伤等特点，是炮兵武器中射程最远的装备。

世界上第一门现代火箭炮是 1933 年苏联研制的 БМ-13 型自行式火箭炮。该炮安装在汽车底盘上，其轨式定向器可联装 16 枚 132mm 尾翼火箭弹，最大射程约 8500m，1939 年正式装备苏军，1941 年 8 月在斯摩棱斯克的奥尔沙地区首次投入实战应用。20 世纪 60 年代，苏制 БМ-21 “冰雹” 122mm 火箭炮因远射程、高精度等多项优越性能而居世界领先地位。10 多年后，“冰雹” 的领先地位被美国 M270 式 277mm 火箭炮取代；之后不久，БМ-22 “飓风” 220mm 火箭炮又成为 M270 的威胁。1991 年的海湾战争中，M270 A1 式火箭炮显示了巨大威力，对国际火箭炮市场造成冲击。于是，俄罗斯瞄准时机迅速推出了 БМ-30 式 “旋风” 新型火箭炮。

中国的火箭炮研制工作起步较晚。1948 年，武器专家钟林在河北组建了第一个火箭技术室，开始研制 A3 式 6 管 102mm 野战火箭炮。中华人民共和国诞生的第 3 天，该炮在北京卢沟桥地区进行汇报表演，获得朱德总司令的大力赞赏。1951 年，中国研制成功 427 式和 488 式 102mm 火箭弹，最大射程 5km。后由于中国统一采用苏制装备，该野战火箭炮没有列入装备序列而转交越军，但它是中国火箭炮研究的一个良好开端。

随着我国工业技术水平的不断进步，近 60 年内先后研制出一系列火箭炮，满足了陆军火力打击需要，主要有：107mm 火箭炮，被称为火箭炮中的 AK47，目前仍是机动作战的王牌；参加过对越自卫反击战的 130mm19 管火箭炮；122mm 系列火箭炮和 300mm 远程火箭炮等。

图 2.1 曾给出火箭炮系统的主要组成：发射装置、运行底盘、指挥与控制系统以及辅助装置等。为清楚起见，图 2.16 给出更详细的火箭炮组成示意图。由图 2.16 不难看出，火箭炮其实就是一个由相互连接的金属和非金属构件组成，通过电动、液压或气动等动力来调整射击方向并发射火箭弹的机电一体化产品。按照火箭炮的工作原理，系统每个构件都被赋予了特定的功能，以下将逐一介绍。

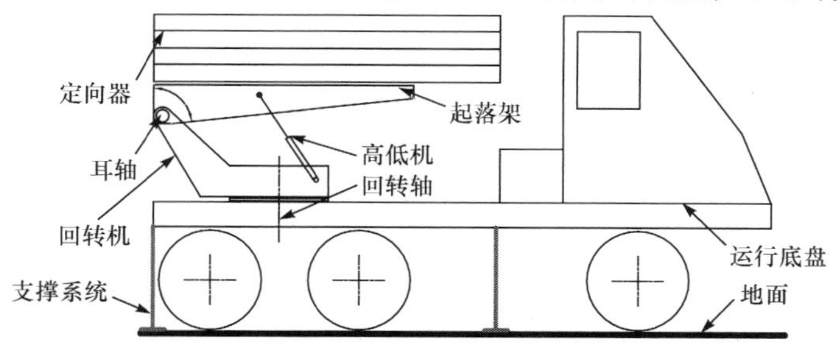

图 2.16　火箭炮组成示意图

2.3.1　发射装置

火箭炮所属学科为兵器发射理论与技术，该学科由原火箭导弹发射技术和弹道学两门学科合并而来。在火箭导弹发射技术学科中，火箭炮曾被称为火箭发射架、火箭发射装置。称为火箭发射装置的原因是，当时的火箭炮多由机械结构组成，动力输入以人力为主，系统整体仍属于一个机械装置。直至 20 世纪 80 年代，火箭炮开始应用电动机作为高低机和方向机的驱动输入。世界上第一门用于实战的火箭炮是苏联研制的“喀秋莎”。其实，“喀秋莎”的研制初衷并不是为了装备陆军而是空军，后来才逐渐演变为畜力拉动和汽车牵引混合动力的陆军用火箭炮。所以，按照动力来源，火箭炮又分为牵引式和自行式。随着火箭炮的快速发展和功能的强大，曾经作为火箭炮名称的“火箭发射装置”一词，已不能完全反映出火箭炮的全部内涵。故此，本书中的“火箭发射装置”仅指火箭炮回转座圈以上部分，包括定向器(集束体、发射箱、导轨等)、起落架、高低机和回转机等，这部分装置的主要功能是盛装火箭弹和调整高低角及方向角。

1. 定向器

根据所发射的火箭弹的结构、质量和装填方式，定向器的结构可设计为笼式、滑轨式、筒式和箱式等结构形式。

作为火箭发射装置的主要部件之一，定向器的作用是：①行军时和发射前盛装和固定火箭弹；②发射时点燃火箭发动机；③赋予火箭弹起始运动方位(射角和射向)以及合适的离轨运行速度和转速。定向器是火箭发射系统中对火箭射击密集度影响较大的部件。

1) 笼式定向器

受加工技术所限，早期火箭弹的尾翼并不能折叠(即直尾翼火箭弹)，因此尾翼翼展的直径往往比弹径还大。为了方便尾翼弹的盛装和发射，人们研制出一种由金属导杆和套箍焊接组合而成的定向器，火箭弹在导杆上滑动前行，套箍则用于连接固定导杆，这就是笼式定向器。图 2.17 为两款笼式定向器外观图。由图 2.17 可见，因笼式定向器是由金属杆或套箍焊接而成的“镂空”结构，其单位长度的质量较小，负荷低，生产工艺简单，采用焊接工艺即可。但由于没有闭合的壁面，笼式定向器也存在不足：

(1) 由燃气射流冲击引起的发射系统的振动较大；

(2) 火箭弹与导杆的撞击程度剧烈，故其发射密集度不高。为此，曾用薄钢板将笼式定向器封闭起来，以减小发射系统的振动，提高发射密集度；

(3) 由于焊缝较多，且分布复杂，因此焊接工作量较大，生产率低；

(4) 结构刚度较差，机械加工的精度不高。

随着火箭弹尾翼折叠技术的出现，笼式定向器已较少使用。

(a) 某破障火箭炮定向器

(b) 火箭布线发射系统定向器

图 2.17　两款笼式定向器外观图

图 2.18 为笼式定向器结构示意图。由图 2.18 可见，由于尾翼的翼展直径大于弹体直径，为了留出尾翼空间，采用了导杆与弹体接触的设计方式。火箭弹在定向器内运动时，弹的定心部在导杆上滑动。采用笼式定向器时，可视尾翼结构形式将尾翼布置为“十”字或“X”形，导杆数量视结构情况而定。

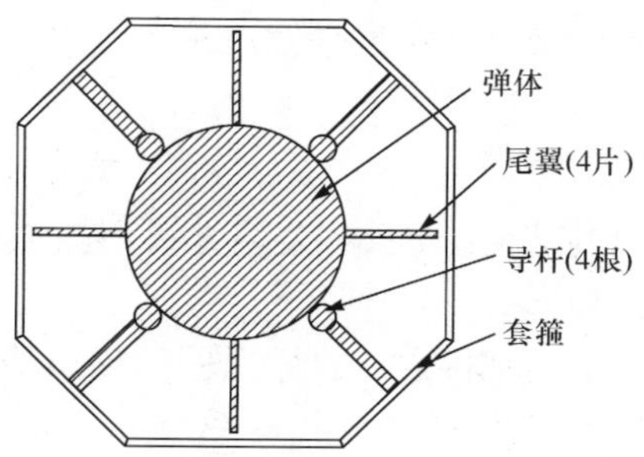

图 2.18　笼式定向器结构示意图

2) 滑轨式定向器

滑轨式定向器一般由型钢加工而成，图 2.19 为滑轨式定向器外观图。由图 2.19 可见，滑轨式定向器的横断面较小，因此所受燃气射流的作用力较小；但由于滑轨仅从一个方向(上面或下面)反射燃气射流，发射系统的振动仍较大，不利于射击密集度的提高。滑轨式定向器一般用于发射各种口径的不可折叠尾翼弹，尤其适于尾翼较大的重型火箭弹。

图 2.19　滑轨式定向器外观图

3) 筒式定向器

筒式定向器一般为薄壁圆柱筒型结构，用于发射涡轮弹或可折叠尾翼弹，如 107mm、130mm 涡轮弹和 122mm、300mm 可折叠尾翼弹。筒式定向器的内径与火箭弹的外径相同，因此，筒式定向器的结构体积可尽量小，以保证集束程度的最大化。

筒式定向器一般由无缝钢管制成或由钢板卷制焊接而成，也可采用整体旋压、冷挤压和冷拔等方式生成毛坯，然后再精加工而成。图 2.20 给出了两种常见的筒式定向器外观示意，其中(a)为发射涡轮弹的筒式定向器，(b)为发射低速旋转尾翼弹的带螺旋导槽的筒式定向器。两个定向器的差别仅在于(b)含有螺旋导槽，其作用是对火箭弹强制赋旋，使火箭弹在离轨时具有一定的初始转速(122mm 火箭弹的初始转速约为 8r/min)，以减小推力偏心和质量分布不均衡对射击密集度的影响。

(a) 发射涡轮弹的筒式定向器

(b) 发射低速旋转尾翼弹的筒式定向器

图 2.20　两种常见的筒式定向器外观示意图

筒式定向器因具有闭合的圆柱内表面结构，具有如下优点：

(1) 导流性能好，燃气射流冲击载荷小，由此引起的发射系统振动和起始扰动较小，射击密集度较高；

(2) 可保护火箭弹不受外界损害；

(3) 制造工艺性较好，检查、涂油便捷。

但是，筒式定向器在发射直径较大的火箭弹时，为了保证其整体刚度，往往需要较大的单位长度质量，因此造成系统的无效质量占比较大。

4) 箱式定向器

火箭炮是一种齐射武器，必须采用多根定向器同时集中使用的方式，才能保证多发火箭弹齐射。将多根定向器通过夹板固定在起落架上成为一个整体的机构，就是定向器集束，或夹板集束式定向器，如图 2.21(a)所示。从技术和使用角度来看，通过夹板将多根定向器固连在起落架上，可使定向器管不易脱落，又能确保管间的位置公差，这样的结构利于保证射击精度。因此，长期以来夹板集束式定向器获得广泛使用。但随着现代战争的日益多变，对武器装备的诸多性能也提出越来越高的要求，这种集束形式的火箭炮在弹药装填时间、勤务保养、尤其是一炮多用共架发射方面，已经显得越来越不适应。

鉴于此，美国 M270 火箭炮采用了一种发射箱式定向器技术：将 6 枚 227mm 口径的火箭弹或 1 枚导弹装填在同一个箱中，在同一门火箭炮上发射使用，这项技术称为共用发射平台技术或共架发射技术，这种定向器形式即箱式定向器，如图 2.21(b)所示。与集束式定向器相比，箱式定向器确实体现出明显优势：

(1) 集束式定向器采用金属材质制成，可多次使用，但维护保养不便；箱式定向器多由非金属材料制成，一次性使用，避免了维护和保养的烦琐；

(2) 采用箱式定向器后，弹药的装填由原来的单枚火箭弹装填变为整箱吊装，快捷迅速，机动性强；

(3) 箱式定向器的火箭弹可直接储存在发射箱内，实现了生命周期内的免维护；

(4) 箱式定向器可实现不同射程、不同弹种的火箭弹共架发射。

(a) 夹板集束式定向器

(b) 箱式定向器

图 2.21　夹板集束式定向器与箱式定向器

某国产火箭炮采用箱式定向器技术实现了 70km、150km 和 300km 射程普通火箭弹、制导火箭弹和战术导弹的共架发射，极大地提高了作为发射系统的火箭炮的使用效率。目前，我国陆军 122mm 和 300mm 火箭炮经过改进，采用箱式定向器技术同样实现了火箭弹的储存、运输和发射共箱技术，即储运发一体化技术。弹药在生产单位装箱后进入库房储存，需要时直接将箱子整体吊装在火箭炮上，可即刻投入使用。

2. 起落架

在火箭炮系统中，起落架位于定向器和回转机之间，在它的上方安放有集束式定向器或箱式定向器；下方则通过耳轴和高低机与回转机相连(图 2.20)。起落架主要有两个作用：

(1) 在高低机的支撑和作用下，通过绕耳轴转动来调整射角；

(2) 安放定向器和发射箱。

常见的起落架类型有框体式、桁架式和箱体式等，如图 2.22～图 2.24 所示。

图 2.22 为 107 火箭炮起落架示意，它采用了框架式起落架结构，其独特之处在于，中间的 4 管定向器模块既是发射管也是起落架，在它的上、下方通过 T 形槽各“挂装”2 个 2 管模块，耳轴也设置在该模块上，作为起落架的回转轴。107mm 火箭炮就采用了框体式起落架。

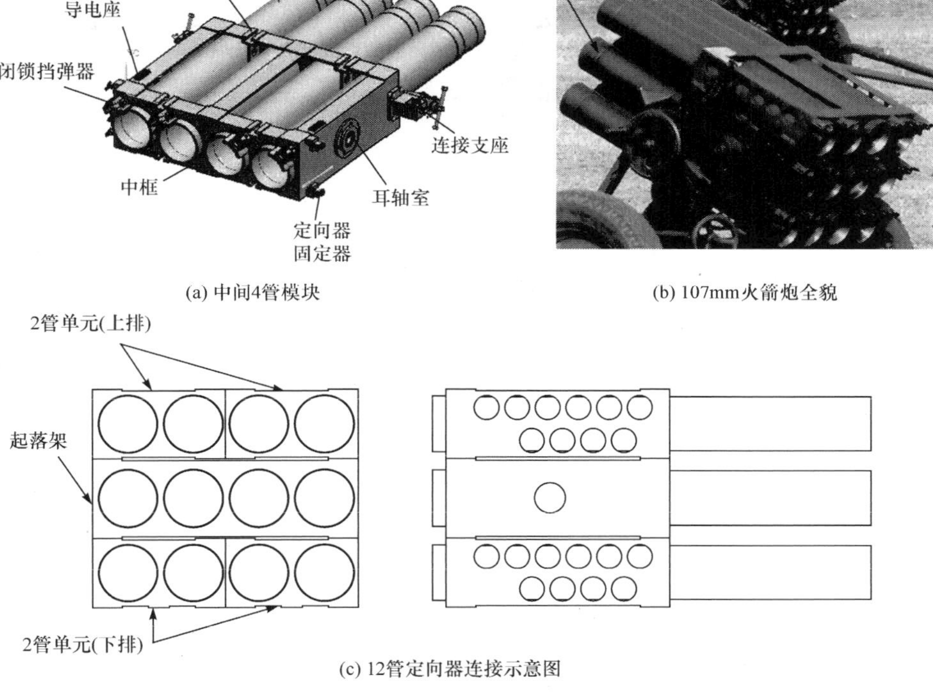

(a) 中间4管模块　(b) 107mm火箭炮全貌

(c) 12管定向器连接示意图

图 2.22　框体式起落架示意图

图 2.23 为桁架式起落架示意。桁架是一种由铰链连接起来且具有三角形单元的平面或空间杆件结构。桁架杆件主要承受轴向拉力或压力，因此能充分利用材料的强度，在跨度较大时比实腹梁节省材料，且自重小，刚度大。利用桁架的结构和力学特点，人们设计出火箭炮桁架式起落架。

桁架式起落架一般由钢管(圆管、方管、工字钢或槽钢等)型材焊接而成，结构较其他起落架简单(图 2.23(a))，但刚性良好。第一、二次世界大战期间，由于机械加工水平较低，缺少大型工件的精密切削方法，而桁架的结构较简单，采用焊接技术即可实现，对技术工人的要求也相对较低，易于大批量生产，因此，当时及以后相当一段时间，火箭炮多采用桁架式起落架。图 2.23(b)为基于先进制造技术的桁架式起落架，其结构形式更优化，加工精度更高。

(a) “喀秋莎”火箭炮　　(b) 某国产导弹发射系统

图 2.23　桁架式起落架示意图

图 2.24 为箱体式起落架示意。由于箱体类零件的质量刚度值(即单位质量的刚度)较高，因此，常被用作机床等设备的基座。而起落架作为火箭炮的重要部件，同样需要具有良好的刚度来保证瞄准精度和射击精度。于是，受箱体类零件高质量刚度的启发，人们设计了火箭炮箱体式起落架。

如图 2.24(a)所示，罗马尼亚 122mm 火箭炮就采用了扁平箱型结构起落架，40 根定向器由夹板禁锢在起落架上，依靠起落架和 40 根定向器形成的整体刚性，可确保定向器集束后的管间平行度和瞄准基线的精度。300mm PHL03 火箭炮(图 2.24(b))也采用了结构小巧的箱式起落架。近年来出现的储运发一体化箱式火箭炮，正是采用了箱式结构起落架，才确保了多弹种共架发射。另外，从图 2.21 给出的美国 M270 火箭炮箱体式起落架可以发现，该起落架在功能上完全实现了发射箱和起落架的合二为一。

(a) 罗马尼亚122mm火箭炮

(b) 我国自行研制300mm PHL03火箭炮

图 2.24　箱体式起落架示意

3. 高低机

由于火箭弹是按照预定弹道飞行的，理论上，发射点与目标点间仅存在一条弹道，保证火箭弹准确飞行至目标点的必要条件就是发射时的高低角和方位角。高低角又称为射角，是火箭弹轴线与水平大地之间的夹角；方位角是发射点与目标点之间的连线在地面坐标系中与 OX 轴形成的夹角。为此，火箭炮系统中设计了高低机和回转机，高低机用于调整射角，回转机用于调整方位角，二者配合赋予定向器发射时的射角和方位角，因此它们又称为瞄准机。

由图 2.25 所示高低机的结构可以看出，起落架及其上部质量 G_q 的质心 C_q 与耳轴 o_r 之间有一个距离 s_q，这样 G_q 相对 o_r 就存在一个力矩，起落架必须首先克服这个力矩才能围绕耳轴转动(考虑到转动加速度，还会附加一个惯性力矩)。设图 2.25 中的 F_p 为高低机产生的推力，理论上，在忽略摩擦的情况下，当 $F_p \cdot h > G_q \cdot s_q \cdot \cos\gamma_0$ 时，起落架绕耳轴的转动方程为

$$F_p \cdot h - G_q \cdot s_q \cdot \cos\gamma_0 = I_{o_r} \cdot \varepsilon \tag{2.1}$$

式中：I_{o_r} 为质量 G_q 绕 o_r 的转动惯量，ε 为起落架的转动角加速度，其余变量含义见图 2.25。

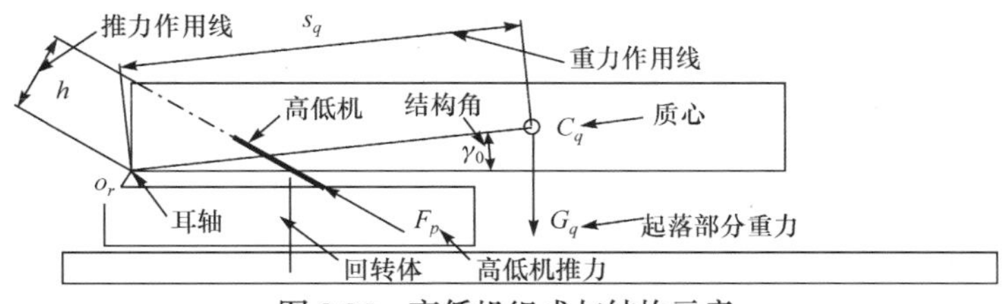

图 2.25　高低机组成与结构示意

由上述条件可以看出，只要符合传动原理，满足瞄准精度和瞄准速度，高低机可以设计为纯机械式、液(气)压式和组合式等多种形式：

(1) 螺母-丝杆副、丝杠副传动；

(2) 齿轮副、涡轮蜗杆副传动；

(3) 液(气)压传动；

(4) 曲柄滑块副、连杆机构传动；

(5) 电动推缸(电机、减速器和滚珠丝杠一体化)。

4. 回转机

火箭炮进入发射阵地后，为了不限制武器的使用范围，车头方向一般并不固定指向某个地理坐标方向。通过车载或指挥系统设备，可以将火箭炮定位定向在地理坐标系中，这样，目标点和发射点就处于同一地理坐标系，例如，地球大地坐标系中，可用经、纬度和高程表示地球上任意一点的坐标。

图 2.26 表达了发射点、目标点和火箭炮基准指向间的关系，其中发射点与目标点间的连线与火箭炮基准指向间的夹角设为φ，φ代表了目标点相对于发射点的方位，火箭炮必须具备将定向器由基准指向调整到该方位的能力。负责调整火箭炮方位指向的机构即火箭炮回转机。

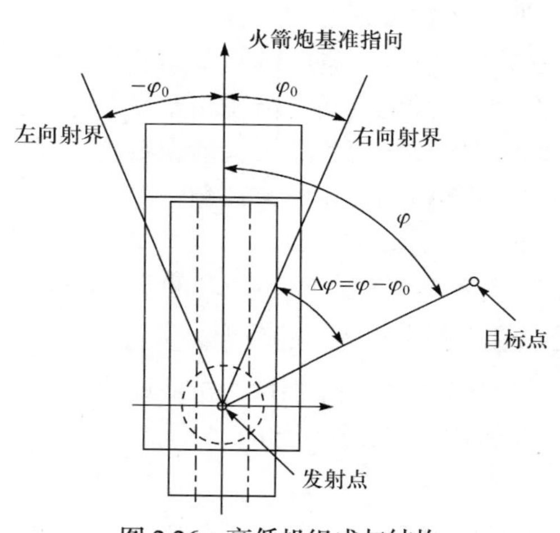

图 2.26　高低机组成与结构

回转机的回转轴与车辆底盘固连，相对大地是静止的，因此，回转机绕回转轴转动就是相对于大地的转动。回转机的方位调整通常有 3 种情况：①当回转机的方位角调整能力为 360°时，火箭炮进入阵地定位定向后，即可驱动回转机至指定方位角；②若回转机的调整角度范围有限，如$\varphi_0=30°$，那么当$|\Delta\varphi|=|\varphi-\varphi_0|\geqslant 30°$时，就需要通过火箭炮的整体调整来实现方位角的调整；③对于自身具备调姿能力的垂直发射火箭弹系统，由于垂直升空后可自主转向目标方位，因此，火箭炮本身无需方位调整功能。

回转机在传动方式和动力选择上与高低机完全相同。回转运动需要克服的力或力矩主要来自于摩擦和回转惯性，通过配置质心可得到理想的回转机受力状态，使回转轴仅受到沿轴线方向力的作用。

回转机的回转轴有立轴式和座圈式，立轴式又包括长立轴和短立轴。立轴式回转轴适于小质量(含弹重约几百公斤)火箭炮发射；而中型(20 吨级)和大型火箭炮(40 吨以上)由于发射时燃气射流的冲击载荷很大，立轴式回转机的结构强度很难满足设计需要，故多采用回转座圈式回转机。在国产火箭炮中，107mm 和 300mm 火箭炮多采用短立轴，130mm 火箭炮采用长立轴；122mm 火箭炮则采用回转座圈式回转机。

一般来说，瞄准机应具备以下性能：

(1) 具有足够的射界[1]，即足够的射角和方位角调节范围。在野战火箭中，无控火箭弹的射角一般为 0°～56°，制导火箭弹射角为 0°～70°。

(2) 较高的瞄准精度。静态的瞄准精度为±2mil①，动态为±4mil。

(3) 一定的瞄准速度。瞄准速度与瞄准精度共同体现了火箭炮的火力机动性。野战火箭炮不必像防空火箭弹一样快速机动，平均瞄准速度约为 2°/s 即可。

(4) 操作轻便。虽然目前的火箭炮都已采用电动或液压传动，但为防止电力或液压失效，仍保留有手动操瞄功能，这就要求手动操瞄时应动作轻巧，按照国军标规定，炮手操作力应不大于 70N[6]。

(5) 良好的刚强度。

2.3.2　运行底盘与地面支撑系统

(1) 运行底盘。运行底盘是火箭武器系统的载运车辆，是火箭发射系统的基础和运行体。运行底盘的性能不仅对火箭炮的安全性、可靠性、射击密集度和机动性均有影响，还关系到发射系统的机动性、生存能力和战斗能力(即经济性)，以及发射系统的结构形式和使用情况，是发射系统总体方案设计时必须慎重考虑的重要设备。因此，进行运行体选择时，必须考虑火箭武器系统的战术技术要求和火箭弹的具体结构特点，还要结合相应的路面和气候情况，在综合考查所有影响因素后，筛选出合适的载运车辆。

选择运行底盘的基本原则是：尽量选用已定型生产的基本型或发展型车辆，或对基本型车辆稍加改动即可满足使用要求的车辆。按照这样的选择原则，既可缩短研制周期，节约成本，又便于车辆的维护和保养。

(2) 地面支撑系统。多管联装火箭炮前一发火箭弹发射后产生的后效应，例如，弹管间相互作用力、燃气射流冲击力和闭锁解脱过程的动态作用力等，都会引起发射系统的振动。这种振动将对下一发火箭弹产生扰动，如起始扰动，进而影响下一发弹的发射，使其散布增大，射击密集度降低。为了减小起始扰动，需要设计合适的发射间隔，以尽量降低前一发火箭弹带来的影响。但另一方面，为了保证火力和毁伤效果，确保射击不间断，发射间隔又不能无限延长。基于两方面考虑，通常将发射系统甚至运行底盘通过某个机构支撑于地面，以增强发射系统的总体刚性，有效改善发射系统的振动规律，降低火箭弹的初始扰动，提高射击密集度。这种支撑机构就是火箭炮的地面支撑系统。

可见，地面支撑系统的作用就是将运行底盘的底架和上部结构件与地面建立几乎完全的刚性连接，以增强系统的整体刚性。同时，地面支撑系统还具有辅助发射系统调平的功能。由于火箭弹属于弹道飞行，在不计飞行偏差的情况下，其全弹道飞行轨迹均在某铅垂面内(也称为射击平面)。对于常规的野战火箭武器，

---

① 1mil ≈ 10^{-3}rad。

按照目标距离和气象条件，查阅射表即可得到发射所需的各射击诸元，如高低射角和方位角等。其中，方位角是在水平面内计算得到，高低射角是在射击平面内计算得到，即发射系统的耳轴必须在与水平面平行的某平面内。这就意味着武器系统使用前必须先修整阵地，以保证地面平整，这将极大地降低武器系统的快速反应能力。为了克服这一缺陷，目前，越来越多的火箭武器系统均采用手动或自动调平的方式，保证了武器系统的快速反应能力。

图 2.27 给出了 3 种火箭炮支撑方式。由图 2.27 可知，牵引式和自行式火箭炮的发射系统与车辆底盘都是刚性连接，但它们与地面之间还有轮胎这一环节。实心轮胎和充气轮胎受到外力作用时的变化比较复杂，既不是全刚性，也不是全弹性。因此，在现代设计理论中，常将轮胎和减振系统简化为一个弹性-阻尼组合体，例如，可假设为弹簧阻尼器。通过大量分析发现[7,8]，弹性-阻尼组合体的简化参数(刚度系数和阻尼系数)对发射系统射击密集度的模拟结果影响较大。可以说，受运行底盘自身结构组成复杂、发射系统结构多变等因素制约，运行底盘减振系统和轮胎对发射的总体效果的确有严重且无规律的影响。

(a) PHL03火箭炮两点半支撑

(b) “卫士”火箭炮四点全支撑

(c) 107mm火箭炮四点全支撑

图 2.27　3 种火箭炮支撑方式

早期的 107mm 和 130mm 火箭炮的车体调平基本依靠战士观测水泡平行尺实现，瞄准则通过手动加瞄准镜。近 10 年来，随着电子技术、控制原理、动作部件、传感器件等技术水平的快速提升以及现代新军事形势的需要，火箭炮已经演变为一个集机械、电子、液(气)压与自动控制技术于一体的复杂体系。绝大多数的操作、计算(以前为查表)、判断和决策都可由计算机完成，全炮系统也逐步引入了 CAN 总线和网络信息技术。火箭炮智能化和信息化能力的迅速提升，已使其成为国家防御与作战体系单元点，也为将来纳入网络化作战奠定了基础。

为发射系统选择合适的地面支撑系统，其目的是保证良好的射击密集度。选择什么样的支撑方式，需要支撑到什么程度，支撑位置如何选定，都需要依据发射系统的结构形式和发射过程系统的振动特性，以及大量的实验数据和动力学分析数据综合确定。

2.3.3　指挥与控制系统

火箭武器系统中的控制分为发射系统自身的控制(称为炮控)和火力控制(称为火控)。炮控是指火箭炮车体调平与支撑、高低角和方位角调整、系统传感与测量、故障检测、火箭炮姿态调整以及动力分配等的控制；火控是指射击诸元计算、弹种选择、引信装定和点火控制等。

2.3.4　辅助系统

随着现代战争越来越复杂多样，对武器装备自主功能的要求也越来越高，例如，要求火箭武器能够自动定位定向和一键式发射。武器的自动化和自主化功能就是通过辅助系统来完成的。常见的辅助系统有地面场坪感知系统、气象数据采集系统、驾驶室乘员生命保障系统以及故障监测系统等。传感技术是辅助系统的核心，各辅助系统基于传感元器件获取大量数据，然后进行决策与支持。

2.4　火箭弹发射技术

火箭发动机点火后即产生推力，推力的方向与火箭弹轴线方向基本一致(推力偏心会造成二者有些许偏差)，于是火箭弹得到弹轴方向的加速度，并开始向前运动。此时若有一个机构来约束火箭弹的运动方向，如滑轨或管子，火箭弹将只能沿约束方向运动，如图 2.28 所示，这一过程其实就是火箭弹的发射过程。因此，火箭弹的发射就是指火箭弹在定向器或导轨上运动获得初速的过程。

由图 2.29 中所列参数，可建立火箭弹 ox 方向的运动方程

$$F_p - mg\sin\theta_0 - mg\cos\theta_0 \cdot f = ma_x$$

$$a_x = \frac{F_p}{m} - g\left(\sin\theta_0 + \cos\theta_0 \cdot f\right) \tag{2.2}$$

式中：a_x 为火箭弹沿推力方向的加速度；s_0 为火箭弹实际滑行长度；m 为火箭弹质量；F_p 为发动机推力；θ_0 为射角；f 为火箭弹和定向器之间的摩擦系数；g 为重力加速度。

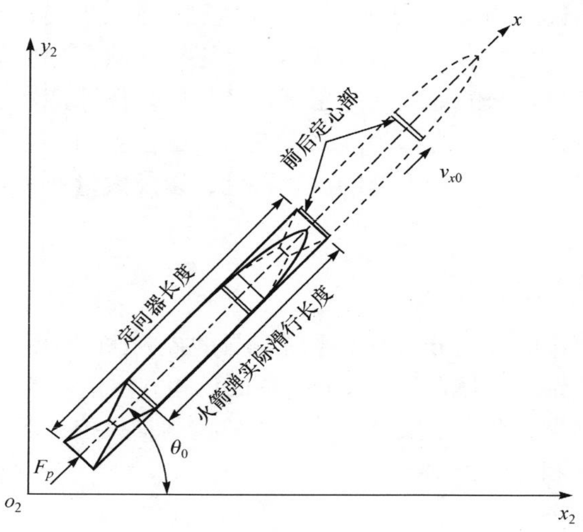

图 2.28　火箭弹发射过程

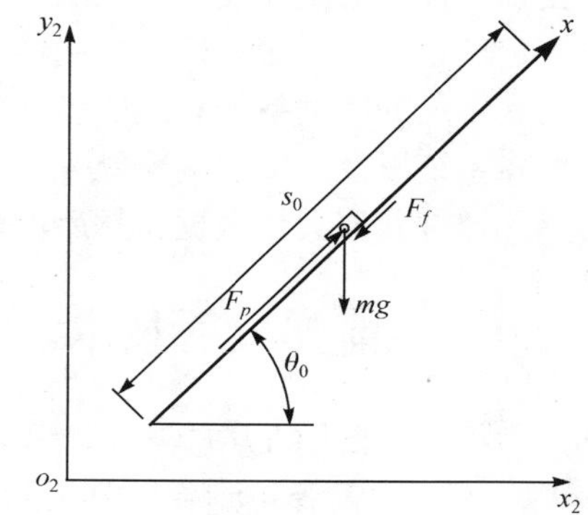

图 2.29　火箭弹发射过程参数与初始速度

假设火箭弹为匀加速运动，则滑行 s_0 距离后其速度 v_{x0} 为

$$v_{x0} = \sqrt{2a_x s_0} \tag{2.3}$$

当 $F_p = 25000\text{N}$，$m = 70\text{kg}$，$\theta_0 = 45°$，$s_0 = 3.5\text{m}$，$f = 0.15$ 时，由式(2.3)计算得 $v_{x0} \approx 49.5\ \text{m/s}$。这就是 122mm 火箭炮发射时火箭弹的初速，也是野战火箭炮

的常见初速值。

为了避免火箭弹在定向器内滑动时弹体与管壁接触造成的摩擦损伤，以及加工误差、圆柱度和同轴度公差等引起的火箭弹通过性问题，火箭弹的弹身上一般都设有 2 或 3 个定心部，定心部的直径比火箭弹弹身直径略大。这样，当火箭弹在定向器上滑行时，弹身与定向器管壁并不接触，只有定心部与定向器保持接触，因此，火箭弹初速 v_{x0} 的值即为后定心部离开定向器管口时火箭弹质心的速度。初速是火箭弹发射的关键指标之一，尤其对于无控火箭弹，其飞行距离完全由初速 v_{x0} 和射角 θ_0 决定，因此，必须保证在任何射角下，火箭弹的初速都能满足飞行(射程)需要。

但是，并非满足了射角和初速，就可实现火箭弹的成功发射。正如运动员投掷标枪一样，力气大不一定能投出好成绩，还存在许多影响飞行的因素，如标枪出手时的稳定性，标枪的飞行姿态，标枪在飞行过程中对自然条件(如风力)的调节能力等。在满足射角和初速的基本条件后，还要综合考虑其他因素，才能使标枪保持最佳姿态，到达最远距离。火箭弹的飞行过程中也存在类似的干扰因素，如起始扰动和飞行稳定性(抗干扰能力)。

提高火箭弹稳定飞行能力的办法有很多，例如，可通过气动外形设计使火箭弹飞行时具有一定的静稳定度(指火箭弹的气动压心与质心间的距离，即图 2.6 中 c_p 与 c 间的距离)。静稳定度越大，意味着火箭弹的抗干扰能力越强，飞行越稳定，但同时火箭弹也越不易操控。

在火箭弹沿定向器滑动的过程中，二者组成的系统存在各类载荷[9]，主要有推力偏心力、闭锁解脱力、弹管间撞击力和摩擦力，以及火箭弹移动时质心变化引起的对耳轴重力矩的变化，这些力形成发射系统的动态载荷。在各种动态载荷作用下，火箭弹的运动必然受到干扰，相应的运动参数和姿态随之发生改变。若以火箭弹后定心部离开定向器的瞬间为起始时刻，自起始时刻起，受载荷干扰的火箭弹弹轴将在俯仰、偏航和滚转 3 个方向分别产生角度、角速度和角加速度 3 个变化量(共 9 个，相对于理想弹道值)。上述载荷引起的发射系统振动对火箭弹的干扰即为起始扰动，3 个方向上的共 9 个扰动量即火箭弹的起始扰动量[7]。

由理论力学知识可知[10]，当忽略空气阻力时，火箭弹的发射过程与物体的斜上抛运动相似，区别在于火箭弹不仅有初速还有推力，且推力会持续作用一段时间。与火箭弹发射过程相关的主要参数有：

(1) 火箭弹的质量(形成火箭弹开始运动时需克服的质量惯性力)；

(2) 发动机的推力(做功的动力)；

(3) 初(转)速(影响火箭弹的实际飞行距离)；

(4) 射角(决定无控火箭弹的射程)；

(5) 火箭弹的起始扰动(影响射击密集度)。

2.4.1　火箭弹发射过程

按照战术技术要求，火箭炮由行军转入战斗的一般流程如下：

(1) 进入发射阵地，行军转战斗操作，进行车体调平与支撑和各类安全流程检测；

(2) 通过上级或火箭炮自身获取火箭炮的地理位置信息，即定位和定向；

(3) 获得作战指令和目标点位置信息，如弹药和引信类型、目标点地理坐标等；

(4) 指挥与控制系统计算射击诸元，包括各类修正参数；

(5) 指挥与控制系统指令高低机、方向机工作，设定射角和方位角；

(6) 获得发射指令，采用有线或无线方式将数据传递给火箭弹；

(7) 发动机点火，火箭弹开始运动并离轨；

(8) 战斗转行军，撤离阵地。

本书主要研究对象为火箭发射过程中的燃气射流流场，因此，将主要介绍流程(7)即发动机点火、火箭弹开始运动并离轨的过程。这一过程可分为两个阶段。

(1) 闭锁解脱过程。

火箭弹盛装在定向器(发射箱)内，火箭炮内一般都设有闭锁挡弹机构，可将弹固定在定向器内，防止其运动或行军颠簸时脱落[1,7]。

发动机点火后，闭锁机构必须在要求时刻解脱，以保证火箭弹被发射出去。不同的闭锁机构解脱方式也不同，大多闭锁机构都是依靠火箭发动机的推力来完成解脱，如 107mm、130mm 火箭弹的弹簧式闭锁机构，以及 122mm、300mm 火箭弹的卡簧式闭锁机构，都是由元件的弹性来产生闭锁力。还有一些火箭炮的闭锁机构在发动机点火瞬间，依靠机构动作实现闭锁解脱，此时的闭锁力基本为零，例如，镁带在燃气射流作用下燃烧，释放闭锁机构；由燃气压强驱动的辅助解锁机构是利用燃气压强对机构的作用力来解脱闭锁的。

闭锁解脱过程中，火箭弹在挣脱闭锁机构约束的同时，将对火箭炮产生动态冲击，冲击过程产生的载荷将造成发射系统的振动[11]。

(2) 全约束期和半约束期。

图 2.30 给出的火箭弹与定向器的运动关系图，显示出火箭弹挣脱闭锁后即将运动的状态。图 2.30 中，火箭弹的前、后定心部距离定向器管口的距离分别为 x_f 和 x_r， l_1 和 l_2 为结构参数， c 为火箭弹的质心位置， G 为火箭弹重力。

由图 2.30 可知，火箭弹与定向器之间的接触位于前、后定心部位置，说明定向器对火箭弹的约束是靠定心部的约束来实现的。按照定向器对火箭弹的约束关系，将火箭弹这一运动过程划分为两个阶段：全约束期和半约束期。为方便叙述，假设这两个约束阶段发生在射击平面，即 $o_2x_2y_2$ 内。

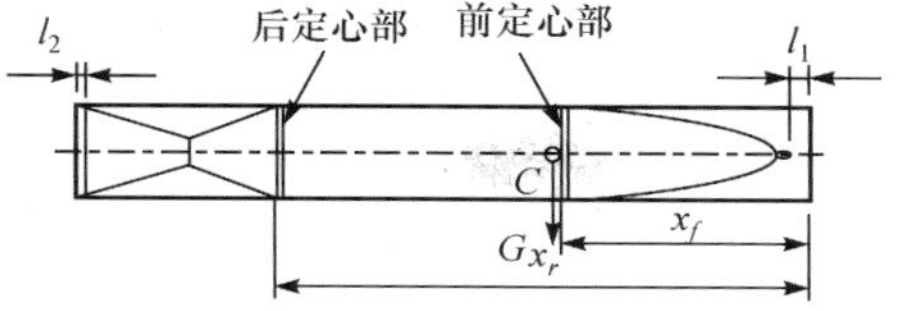

图 2.30　火箭弹与定向器的运动关系图

(a) 全约束期：火箭弹运动距离小于 x_f 的时期。在全约束期，前、后定心部均与定向器接触，火箭弹的运动为沿弹轴方向的直线运动。

(b) 半约束期：火箭弹运动距离大于 x_f 但小于 x_r 的时期。在半约束期，前定心部与定向器脱离接触，后定心部仍与定向器保持接触，火箭弹的运动转变为在射击平面内的平动，即射击坐标系内沿 o_2x_2 的直线运动和绕 o_2z_2 轴的转动。

图 2.31 描述了全约束期和半约束期内火箭弹的运动姿态。直线运动和平动的运动方程可通过牛顿力学建立，这里不再赘述。

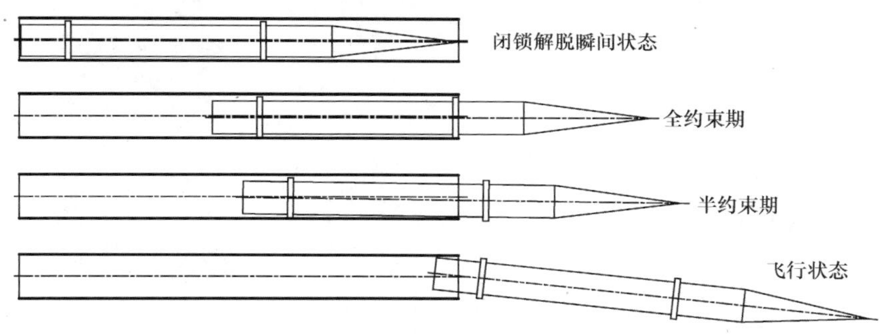

图 2.31　全约束期和半约束期内火箭弹的运动姿态

2.4.2　燃气射流对发射系统的冲击

在火箭弹发射过程中，弹在定向器内的运行约持续 400ms(对于野战火箭炮)，此时发动机燃气射流的主要冲击对象是定向器内壁面。随着火箭弹尾部离开定向器管口，燃气射流开始冲击定向器和发射箱的迎气面(图 2.32)，不同火箭弹在这一过程的作用时间不同，一般为 300～500ms，此时火箭弹距定向器管口 10～20m。燃气射流流出喷管出口截面时的速度 v_e 约为 2000m/s，出口温度 T_e 为 1500～2800K，呈现出明显的高温高速气体射流特征。这一过程中燃气射流对发射系统的冲击效应强，冲击力大，使火箭炮产生受迫振动，进而造成火箭弹的起始扰动，降低火箭炮射击密集度。

由图 2.32(a)可知，在 300mm 口径火箭弹的燃气射流中，具有显著火焰特征区域的长度约为 20m，是弹径的 70 倍左右；射流区域的半径约为 1500mm，约为弹径的 5 倍。由文献[12]可知，在显著火焰区域边界，燃气流动速度为每秒几百米，温度大于 500K。对火箭炮来说，此时的燃气可谓是“高速冲刷的火海”。图 2.33 为某箱式火箭炮前端盖和前迎气面受燃气射流冲击后的结果，可见沉积现象明显。

(a) 300mm火箭炮

(b) 122mm火箭炮

图 2.32　燃气射流对火箭炮的冲击作用效果图

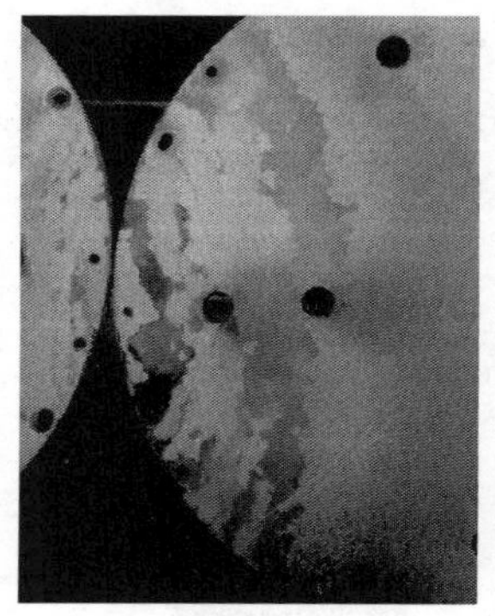

(a) 前端盖

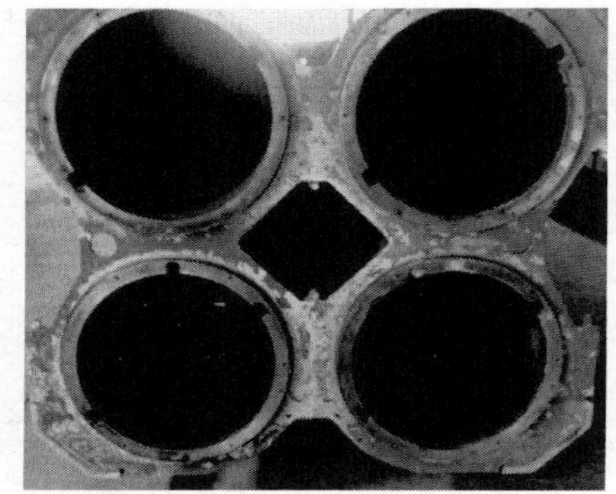

(b) 前迎气面

图 2.33　某箱式火箭炮燃气射流冲击效应

双基和复合固体火箭推进剂的燃烧产物主要为碳氧化物和氮氧化物，由于添加了铝、镁或硼等增加燃速的物质，燃烧产物中还会有部分金属氧化物和硫化氢气体等酸性产物。因此，与固体推进剂相比，双基和复合固体推进剂的燃气射流对火箭炮(发射装置)的冲击效应又具有不同特点：

(1) 对发射系统产生冲击力，即力载荷。当燃气射流遇到定向器壁面、导轨面以及笼式框架体等迎气面时会受到阻碍，燃烧产生“滞止”，进而引起迎气面上的压强增大，并产生作用力，破坏结构，造成发射系统振动。在进行结构尺寸和振动设计时，必须加以考虑。

(2) 对发射系统产生高温冲刷效应，即温度载荷。在定向器管口附近区域，燃气射流的流动静温可达 1000～2000K，虽然其作用时间较短(不到 500ms)，但较高温度的热冲刷仍不可忽视。

(3) 对密封结构产生侵蚀破坏。由于燃气射流具有大流速、高压强的特点，当它遇到缝隙时，压强急剧增大，可能瞬间就将缝隙“扯开”，造成密封舱、盖子等机构的密封性能破坏。

(4) 对运动部件的活动表面造成冲刷和锈蚀破坏。

为了获知燃气流场对发射系统冲击作用的大小，就必须得到燃气流场的各项参数(如流速、温度、压力等)以及流场分布规律。根据气体动力学知识，即使在燃气自由射流流场中，也存在许多激波、膨胀波以及它们的相交波系，因此，燃气射流的流场参数不再是线性变化，而是存在“突变”。

2.4.3　倾斜发射与垂直发射技术

火箭弹和导弹的飞行都是“点”到“点”的运动，二者的区别仅在于，火箭弹是按照由初速和射角决定的既定弹道飞行，而导弹则可按照预先规划好的线路飞行，并可根据需要进行机动。

有趣的是，火箭弹和导弹的发射和飞行很像自然现象中的抛石子和放鸽子。图 2.34 为射击平面内的火箭弹运动轨迹示意。将一枚石子抛向空中时，石子只能以抛出时的初速和角度(射角)决定的路线飞行，在无意外干扰时，石子在空中是不会改变飞行轨迹的，并且石子的飞行路线一定在某一铅垂面内，如图 2.34(a)中的 F 面。当以同样的速度和角度将鸽子抛出后，由于鸽子具有空中“自由”飞行的能力，有无数条至目的地的飞行路径可供其选择(图 2.34(b)中的 B 点)，也即鸽子的飞行并不受发射时的方位角和射角控制。投掷石子正如发射火箭弹，而放飞鸽子就像发射导弹。

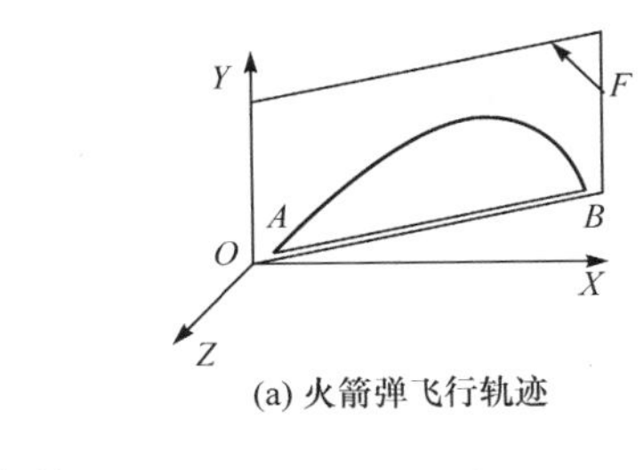

(a) 火箭弹飞行轨迹

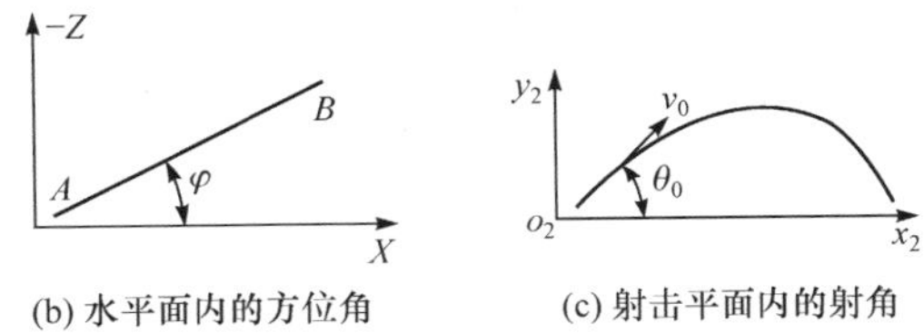

(b) 水平面内的方位角　　(c) 射击平面内的射角

图 2.34　射击平面内的火箭弹运动轨迹示意

F：射击平面；A：发射点；B：落点；φ：方位角；θ_0：射角；v_0：初速

理论上，无控火箭弹的射程与射角之间存在一一对应关系。为方便查阅，人们通过飞行弹道计算得到火箭弹射程与射角的对应数据，并编制为数表(称为射表)。射表可为火箭武器发射提供基础数据。由于空气阻力、气温、气压和风力等对火箭弹的飞行均有影响，在理论射表(不考虑影响因素)的基础上，又编制了各种影响因素的修正量。使用时，依据发射点和目标点的位置坐标信息，以及气温、气压和风速等自然环境因素，查阅理论射表和修正量，即可得到发射所需射角。

忽略空气阻力时，若以大于 45°的射角发射无控火箭弹，情况会怎样呢？随着射角的进一步增大，射程将逐渐缩短，而此时火箭弹的运动轨迹始终在射击平面内，即图 2.34 的 F 面内。火箭弹的特性决定了它必须在射击平面内发射，因此，就需要依靠回转机来实现发射时的射向调整。

由于无控火箭弹的射程由射角决定，无法像导弹那样机动转弯，所以必须采用倾斜发射技术。倾斜发射技术依靠高低机和回转机来调整射角和方位，射角和方位角的瞄准精度对射击精度和密集度都有影响，一个密位(360°/6000 ≈ 1/16.6667°)的方位角偏差，意味着 100km 的飞行距离就会产生 100m 的方位偏差。因此，人们曾经认为，随着射程的不断提高，无控火箭弹的射击精度将极度发散，火箭武器将失去使用价值。幸运的是，近 20 年来，火箭弹的简易控制和制导化技术得到长足进步。在采纳惯性和卫星导航等技术的基础上，我国现有陆军用火箭弹基本实现了简易控制和制导。

火箭弹飞行控制与制导所需的控制力同样由空气舵、燃气舵或姿态发动机等机构提供。空气舵产生的气动力受飞行速度控制，在初速很低的火箭弹飞行初期，空气舵的气动力很小，仅可进行小幅度的姿态修正和调整，完全无法满足火箭弹快速机动的需要。而燃气舵和姿态调整发动机控制力的来源分别是燃气射流的流动速度和小型火箭发动机的推力，其量级是空气舵的几十到几百倍，足以满足火箭弹快速机动的需要，尤其是在火箭弹飞行速度较小的发射初期。

受火箭弹快速姿态调整技术的启发，人们考虑，可否将火箭弹垂直向上发射，然后根据需要快速“转弯”到所需的方位？这就是发射导弹时常用的垂直发射技术。

垂直发射技术是指射角接近 90°、使火箭弹垂直于水平面向上运动的发射技术。火箭弹升空后，依靠空气舵或燃气舵实现向既定方位的转向，如图 2.35 所示。如图 2.35 可见，导弹升空后，可根据需要选择 1, 2, 3…任一路径抵达目标点 B 点。目前，战术和战略导弹多采用垂直发射方式。

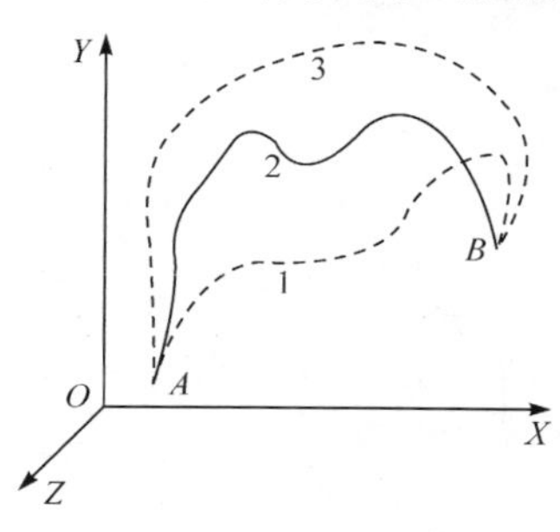

图 2.35 垂直发射飞行轨迹

倾斜发射与垂直发射的主要区别为：①射角不同。垂直发射的射角接近 90°(与水平面相垂直)，而倾斜发射的射角多在 0°～70°范围；②垂直发射不需要回转机。

倾斜发射与垂直发射各有其特点，应根据不同发射对象和目的选择合适的发射方式。表 2.1 给出了两种发射方式的性能比较。

表 2.1　倾斜发射与垂直发射的性能比较

性能指标	倾斜发射	垂直发射
火力机动能力	弱 仅能在射击平面内机动	强 不依赖方向机，可 360°机动
初速	需达到一定初速 考虑弹管相撞问题	不要求
发射离轨方式	发动机推进	弹射或助推发动机推进
关联技术	发射系统振动控制技术 发动机微推力偏心技术	发动机空中点火技术 燃气舵等推力矢量技术(或姿态发动机技术)
缺点	对火箭炮起始扰动和火箭弹质量较敏感	增加了火箭弹的设计复杂度
适用对象	中小口径、小质量火箭弹	大口径、大质量火箭弹

2.4.4　同时离轨发射技术

采用倾斜发射技术时，火箭弹在定向器半约束期内运动时，其支撑点只有一个，即后定心部，这样，火箭弹在重力作用下就会产生俯仰运动。重力首先产生绕后定心部的力矩，进而生成俯仰角加速度、角速度和角度。从角加速度到角度的形成需要一定时间。若半约束期时间较短，俯仰角加速度尚未发展为角速度和角度，起始扰动就很小；若半约束期时间较长，俯仰角加速度已发展为角速度和角度，就会影响火箭弹的初始姿态，带来较大的初始扰动量。因此，火箭弹在定向器内运动的半约束期时长对起始扰动有重要影响。

我们知道，当发动机推力、火箭弹质量以及定向器内滑行长度均确定时，其实火箭弹的半约束期时间也是确定的，这一参数并不能通过设计来解决。于是，人们改变思路，通过“消灭”半约束期巧妙地解决了这一难题，这就是同时离轨发射技术的设计初衷，如图 2.36 所示。由图 2.36 可见，同时离轨发射技术将定向器或轨道设计为具有一定的高度差(可用适配器来弥补)，当前定心部离开低轨时，后定心部也同时离开高轨，即全约束期结束时火箭弹已经“腾空”运行。由于失去了转动力臂，也就没有了重力矩，从根本上消除了产生俯仰角加速度等的来源，极大降低了发射初期的起始扰动。正因为如此，同时离轨发射技术尤其适于发射初速较小的火箭弹。

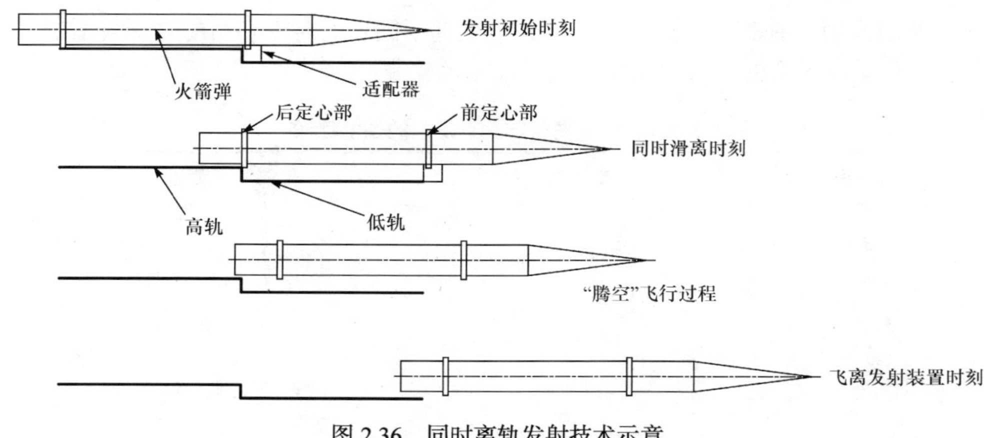

图 2.36 同时离轨发射技术示意

当然，还有其他一些火箭弹发射技术，如弹射发射等，由于与本书内容关联度不大，不再细述。

本 章 小 结

(1) 固体火箭发动机是一种可产生推力的动力装置；火箭和导弹都是在火箭发动机的推力作用下产生运动，二者的区别在于导弹具有控制与制导能力。

(2) 火箭炮是用于发射火箭弹的装置；发射过程中火箭炮与火箭弹之间存在相互作用；火箭弹受到的起始扰动越小，火箭炮的射击密集度越高。

(3) 火箭发动机的燃气射流具有高温、高压和大流动速度特征，对火箭炮有强烈的力冲击和热冲击效应，对结构件和密封件的破坏性大。

(4) 研究燃气射流对火箭炮的冲击效应对火箭武器系统具有重要意义，应从研究燃气射流的流动性质着手。

参 考 文 献

[1] 李军. 火箭发射系统设计[M]. 北京: 国防工业出版社, 2008.

[2] 李军, 刘献伟, 赵瑞学. 推力矢量发动机燃气舵绕流场数值分析[J]. 南京理工大学学报, 2005, 29(5): 532-535.

[3] 李军. 推力矢量发动机燃气舵气动性能分析[J]. 航空学报, 2006, 27(6): 1005-1008.

[4] 鲍福廷, 侯晓. 固体火箭发动机设计[M]. 北京: 中国宇航出版社, 2016.

[5] 武晓松, 陈军, 王栋, 等. 固体火箭发动机气体动力学[M]. 北京: 国防工业出版社, 2008.

[6] 国军标 GJB703-89.炮手操作力[S].

[7] 陈四春, 赵鑫, 李军, 等. 火箭武器系统的起始扰动与合理刚度[J]. 南京理工大学学报,

2017, 41(05): 550-555.
[8] 裴胤, 胡光宇, 乐贵高, 等. 多管火箭炮系统发射动力学仿真研究[J]. 南京理工大学学报, 2003, 27(01): 40-43.
[9] 刘志明, 韩珺礼, 高敏. 火箭炮发射过程中火箭弹沿定向管运动分析[J]. 火炮发射与控制学报, 2003, (02): 7-11, 36.
[10] 哈尔滨工业大学理论力学教研室. 理论力学[M]. 第 8 版. 北京:高等教育出版社, 2017.
[11] 陈四春, 李军, 张伟, 等. 火箭炮闭锁机构工作过程瞬态动力学分析[J]. 南京理工大学学报, 2014, 38(05): 608-614.
[12] 陈四春, 姜超, 李军. 固体火箭燃气射流冲击载荷的数值与实验研究[J]. 南京理工大学学报, 2015, 39(06): 698-703.

燃气是如何生成的？拉瓦尔喷管有什么特点？

与普通火炸药相比，火箭发动机的装药—推进剂有着不同特点：释放能量缓慢，燃烧速度小，持续燃烧时间长，稳定燃烧所需的压强小，生成的燃气经拉瓦尔喷管流动后能量从内能转变为动能。

本章通过介绍火箭导弹推进剂的组成与性能、燃气的生成与流动，描述燃气的特性和拉瓦尔喷管的特点，分析推力产生的原理，给出火箭武器燃气流动的规律性描述和流动模型。

第 3 章　燃气的生成、流动及其特性

燃气来源于多种物质组成的固体推进剂的燃烧，燃气的生成过程本质上是一个燃烧化学反应过程，其中推进剂是多组分的反应物，而燃气则是气-固两相多组分生成物。随着燃烧反应的快速进行，产生的燃气越来越多，于是，在容积一定的燃烧室空间内，燃气的压强和温度急速升高，并继续保持高温高压状态；在这样的高压持续作用下，燃气遵循喷管流动特性被迫开始向喷管流动，经喷管流入外部空间。由于外部环境对喷管内的流动具有强烈作用，燃气在进入外部环境后呈现出不同的流动状态。由推进剂燃烧至推力形成的整个过程可用图 3.1 所示的流程描述。

图 3.1　推进剂燃烧与燃气流动和推力形成

3.1　固体火箭推进剂组成与特性

固体推进剂是固体火箭发动机的动力源材料，在火箭导弹和航天技术中有着重要作用。

古代的火箭使用的火药其实就发挥了固体推进剂的作用。不过，由于火药在能量、制造与加工、燃烧效率等方面都存在不足，人们逐渐开始研制出各种新型火箭推进剂。20 世纪 50 年代后，固体推进剂的研究与发展步伐加快，出现了性能更加优良的复合固体推进剂。

按照组成固体推进剂的基本能量成分和种类，固体推进剂分为双基推进剂、复合推进剂和复合双基推进剂。常用比冲(亦称比冲量、比推力)这一物理量来衡量推进剂的能量特性，比冲的定义为：单位质量推进剂所产生的冲量(即动量的改变)。比冲越大，意味着推进剂的性能越好，亦即相同质量的燃料产生的动量更多。

由于使用习惯，许多场合仍以重量来表示推进剂的量，此时比冲的量纲为时间，单位为 s：

$$I_s = \frac{F \cdot t}{m \cdot g} = \frac{F}{\dot{m} \cdot g} \quad (\text{单位重量，s}) \tag{3.1}$$

以质量来表示推进剂的量似乎更符合标准，此时比冲的量纲为速度，单位为 m/s：

$$I_s = \frac{F \cdot t}{m} = \frac{F}{\dot{m}} \quad (\text{单位质量，m/s}) \tag{3.2}$$

式中：I_s为比冲，F 为推力，t 为时间，m 为质量，g 为重力加速度。若火箭弹的总质量为 M，设推力作用平均，那么，将具有一定比冲和质量的推进剂点燃后，其产生的推力赋予火箭弹的速度 v 可由下式计算

$$I_s \cdot (m \cdot g) = F \cdot t = (M - m) \cdot v \tag{3.3}$$

当 $M = 66\text{kg}$，$m = 15\text{kg}$，$I_s = 250\text{s}$ 时，由式(3.3)，则有 $v \approx 817\ \text{m/s}$。这个结果的意义是，比冲为 250s 的 15kg 推进剂可将总质量为 66kg 的火箭弹推动至最大速度 817m/s。

式(3.3)中的比冲为理论比冲，即为推进剂在一定工作条件下所能达到的最大比冲。但是，固体火箭发动机的实际比冲除了与推进剂本身的性能有关外，还受发动机工作状态、燃气的两相流性质、喷管几何形状以及推进剂燃烧效率等多种因素的影响[1-4]，因此推进剂的实际比冲值往往小于理论值。一般的固体火箭发动机的实际比冲为 250～300s，液体火箭发动机为 250～500s，而电火箭发动机的比冲较大，为 700～2500s。各种发动机推进系统比冲情况列于表 3.1[1]。

表 3.1　发动机推进系统比冲比较

发动机类型	有效排气速度/(m/s)	比冲/s	能量/(MJ/kg)
涡轮风扇发动机	29000	3000	0.05
固态火箭	2500	250	3.0
液态发动机	4400	450	9.7
离子推进器	29000	3000	430
等离子火箭	30000～120000	3000～12000	1400

3.1.1　双基推进剂

双基推进剂是由硝化棉(硝化纤维素)和硝化甘油(多元醇硝酸酯)两种基本能量成分组成(故而称为“双基”)的均质推进剂，它具有以下特点：

(1) 成分均匀，各批次性能波动小，储存寿命长，性能稳定；

(2) 通过调整燃烧催化剂，可获得燃速基本不随压力改变的平台燃烧特性(局部压力范围内)；

(3) 燃烧产物对电磁波的衰减作用小，是一种性能优良的无烟推进剂；

(4) 抗拉强度和抗压强度均较大，但伸长率较低，适于自由装填的战术导弹和火箭发动机。

根据推进剂的成型工艺、燃烧性能、溶剂和添加助剂等具体情况，双基推进剂又有不同分类方法，如：

(1) 按燃烧催化剂类型分类。

为了提高供双基推进剂的燃烧效率，通常会在其中加入不同类型的燃烧催化剂。按照加入的燃烧催化剂类型，双基推进剂可分为：双石推进剂(加入石墨，SS)，双铅推进剂(加入氧化铅，SQ)，双钴推进剂(加入氧化钴，SG)和双芳镁推进剂(加入氧化镁，SFM)。这些推进剂又称为普通双基推进剂。

(2) 按成型工艺分类。

双基推进剂的成型工艺主要采用柱塞式压伸机和螺旋式压伸机的压伸(挤压)成型工艺和浇铸成型工艺。压伸成型的推进剂称为压伸双基推进剂，浇铸成型的推进剂称为浇铸双基推进剂。3 种压伸双基推进剂的配方见表 3.2。

(3) 按燃烧速度分类。

在常温和 6.68MPa 压力条件下，燃烧速度大于 25mm/s 的推进剂称为高燃烧速度推进剂，燃烧速度小于 5mm/s 的推进剂称为低燃烧速度推进剂。

表 3.2　3 种压伸双基推进剂配方

配方	组分	用量/g	组分	用量/g
1	硝化纤维素(含氮 12.6%)	60.0～60.2	水解纤维素	1.5
	硝化二乙二醇	35.4	蜡 E	0.35
	乙基苯基脲烷	1.4	凡士林	0.25
	二苯基脲烷	1.0	氧化镁	0.25
	硫酸钾	0.8		
2	硝化纤维素(含氮 12.6%)	59.05	乙基苯基脲烷	1.9
	硝化二乙二醇	34.8	水解纤维素	3.0
	二苯脲	0.5	凡士林	0.5

续表

配方	组分	用量/g	组分	用量/g
2	氧化镁	0.25		
3	硝化纤维素(含氮 12.2%)	64.5	中定剂	3.5
	硝化二乙二醇	29.0	小烛树蜡	1.0
	二硝基甲苯	11.0	炭黑	0.35
	水分	0.5		

3.1.2 复合推进剂

复合推进剂是在粉碎的无机氧化剂(如过氯酸铵、硝酸铵等)颗粒上均匀包覆高分子胶黏剂燃料，并添加少量附加物的异相聚集态固体推进剂，又称复合火药。由于含有增塑剂、防老剂、润滑剂、燃速调节剂等各种附加的功能材料，所以被称为复合推进剂。复合推进剂多采用铸装法制备，可制成各种内孔形状，直径可达 3～5m，主要用于中远程导弹。

3.1.3 复合双基推进剂

复合双基推进剂又称复合双基火药、复合改性双基推进剂或改性双基推进剂。它利用双基火药胶包覆固体粒子，如固体炸药、固体氧化剂、金属粉等组成推进剂主体，并含有催化剂和安定剂等少量附加物，形成异相聚集态固体推进剂。复合双基推进剂的主要组分是硝化棉、硝化甘油、过氯酸铵和铝粉等，它多用于军事和民用航空火箭发动机。

双基推进剂的实际比冲仅为 200～220s，密度为 1600kg/m^3，采用自由装填式装药，适用于常规武器；复合推进剂的性能较好，实际比冲可达 245～250s，密度为 1800kg/m^3，力学性能良好，采用壳体黏结式装药，广泛应用于导弹和运载火箭发动机。

3.1.4 推进剂的组成与燃烧成分

固体推进剂的组成元素和主要燃烧产物见表 3.3 和表 3.4。由表 3.3 和表 3.4 可见，推进剂的主要元素有 C、H、O、N 等，因此，其生成产物也主要是碳氧化物 CO 和 CO_2、氮气 N_2、氢气 H_2 和水等。为了提高推进剂的比冲和密度，人们常在推进剂中添加 Al、Pb、M 等金属燃烧剂，这样，推进剂的燃烧产物中还会有相应的金属氧化(也可生成金属氮化物)，如加铝后生成 Al_2O_3，加铅后生成 PbO，加镁后生成 MgO 等。

表 3.3　固体推进剂组成元素

推进剂	推进剂中各元素的量/(mol/kg)							
	C	H	O	N	Pb	Al		
双铅-1，3	23.45	29.82	33.71	9.82	0.04		0.09 Ca	
双铅-2	23.07	29.94	33.88	9.62	0.05		0.13 Ca	
双石-2	23.62	29.91	33.88	9.93	0.02			
双芳镁-1	22.87	26.47	34.29	9.64			0.49 Mg	
双钴-1	21.96	28.21	33.59	9.47	0.13		0.06 Co	0.15 Ti
改性双基药	12.82	25.29	28.81	11.72		5.56	1.28 Cl	
响尾蛇装药	21.33	26.66	34.97	10.43			0.20 K	0.10 S
陶式装药	21.613	28.89	34.93	9.32	0.06		0.09 K	0.04 S

表 3.4　固体推进剂主要燃烧产物

推进剂		燃烧产物中各组分的量/(mol/kg)						
		CO	CO_2	H_2	H_2O	N_2	PbO(气)	CH_4
双铅-1，3	燃烧室	0.467	0.074	0.184	0.160	0.113	0.00093	
	喷管出口	0.367	0.174	0.260	0.073	0.116	0.00095	0.00920
双铅-2	燃烧室	0.460	0.078	0.178	0.169	0.113	0.00126	
	喷管出口	0.358	0.180	0.259	0.079	0.115	0.00128	0.00760
双石-2	燃烧室	0.468	0.075	0.182	0.161	0.114	0.00056	
	喷管出口	0.367	0.176	0.258	0.073	0.116	0.00057	0.00915
双芳镁-1	燃烧室	0.451	0.081	0.170	0.173	0.112	0.01140	
	喷管出口	0.353	0.180	0.255	0.082	0.113	0.01168	0.00511
双钴-1	燃烧室	0.44390	0.09095	0.15788	0.18729	0.11597	0.00320	
	喷管出口	0.34487	0.19039	0.24961	0.09242	0.11666	0.00322	0.00277

续表

推进剂		燃烧产物中各组分的量/(mol/kg)						
		CO	CO_2	H_2	H_2O	N_2	PbO(气)	CH_4
改性双基药	燃烧室	0.31922	0.03749	0.15740	0.15212	0.16151	0.02947(HCl)	0.07541 (Al_2O_3 液)
	喷管出口	0.31427	0.05414	0.17831	0.16498	0.16830	0.03621 (HCl)	0.07982 (Al_2O_3 液)
响尾蛇装药	燃烧室	0.41281	0.11875	0.11314	0.21462	0.13000	0.00088 (H_2S)	0.00379 (Al_2O_3 液)
	喷管出口	0.33114	0.20226	0.19424	0.13429	0.13050	0.00242 (H_2S)	0.00439 (Al_2O_3 液)
陶式装药	燃烧室	0.41731	0.11294	0.13526	0.21553	0.11441	0.00148	0.00113 (Al_2O_3 液)
	喷管出口	0.31634	0.21444	0.23398	0.11601	0.11472	0.00149	0.00116 (Al_2O_3 液)

注：表 3.3、表 3.4 中所列数据的计算条件为：燃烧室压强 10MPa，喷管出口压强 0.101325MPa。

3.2　推进剂的燃烧与燃气的生成

本节将按推进剂类型讨论其燃烧规律、燃烧模型以及相应的燃气生成过程。

3.2.1　双基推进剂的燃烧模型

图 3.2 给出了双基推进剂的稳态燃烧过程，其中 t 为时间历程，x 为燃面运动坐标。由图 3.2 可见，双基推进剂的稳态燃烧过程大致可分为 5 个燃烧区(或阶段)：固相加热区、凝聚相反应区、混合相区、暗区和火焰区。在稳态燃烧情况下，推进剂的表面笼罩着高温燃烧产物，这些产物以对流和辐射方式将热量传递给推进剂。

(1) 固相加热区：随着推进剂燃烧表面及其附近的温度迅速升高，在表面一定厚度范围内形成的一个区域即固相加热区。固相加热区是推进剂的预加热区，该区尚没有化学反应发生。

(2) 凝聚相反应区：当推进剂表面温度继续上升达到某些组分的熔点、沸点和热分解温度时，推进剂的固相组分就会发生熔化、蒸发、升华和最活泼组分的初始分解，由此形成的一个区域即凝聚相(化学)反应区。关于凝聚相化学反应，进一步说明如下：

凝聚相间的化学反应通常指固态或液态爆炸物引起的爆轰[5]。在爆炸物产生的爆轰波的传播中，爆炸物首先受到其前沿冲击波的冲击压缩作用，导致压力和温度突然升高，高温高压的爆炸物继而被引发，发生极快的化学反应。一般凝聚炸药的化学反应可在 10^{-6}～10^{-8}s 完成。

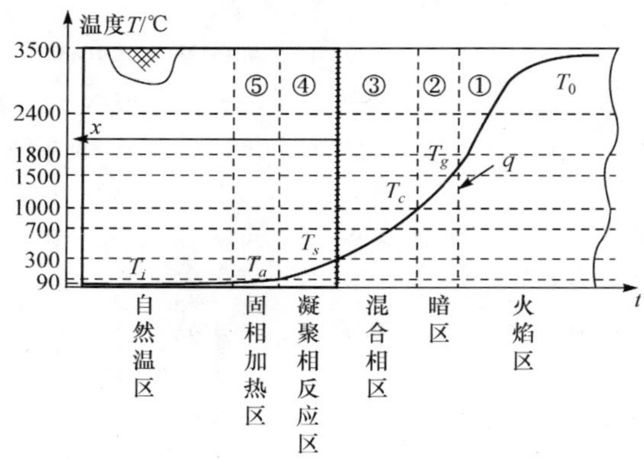

图 3.2　双基推进剂的稳态燃烧过程

爆炸物的分子结构以及物理状态不同，爆轰反应的机理也不相同，其机理主要可分为 3 种类型：

(a) 整体反应。在强冲击波作用下，波阵面上的爆炸物受到强烈的绝热压缩，受压缩的物层各处均匀升至高温，化学反应在整个反应区内进行。能进行这类反应的炸药一般为均质炸药，即炸药任何部位的成分和密度都是相同的，且不含气泡，如液体爆炸物或结构致密的固体单体爆炸物等。可以看出，整体反应主要是依靠冲击波压缩使均质爆炸物的压缩层均匀升温，一般需升至 1000℃以上才能引起迅速的化学反应。

(b) 表面反应。在冲击波作用下，波阵面上的爆炸物受到强烈压缩，物层中温升不均匀，化学反应首先从“起爆中心”开始，进而传到整个炸药层。固体粉状爆炸物、晶体炸药、含有大量气泡的液体爆炸物和胶体爆炸物等，在爆轰时多按表面反应机理进行。当受到冲击波压缩时，爆炸物颗粒之间的摩擦和变形、气泡的绝热压缩以及流向颗粒之间的气态反应气物等，都可使颗粒和气泡接触表面处炸药的局部温度升得很高。爆炸物颗粒表面首先发生高速的化学反应，然后以一定的速度向颗粒内部扩展。

(c) 混合机理。混合爆炸物的物性不均匀是固体混合爆炸物所特有的。这种反应不是在爆炸物的化学反应区的整个体积内进行，而是在一些分界面上进行。单体炸药组成的混合爆炸物爆轰时，首先是各组分发生分解反应放出大部分热量，然后反应产物互相混合，进一步反应生成最终产物。由反应能力相差较大的成分(如氧化剂与可燃物或炸药与非爆炸成分)组成的混合炸药可能是某些成分(如氧化剂或炸药)先分解，其分解产物渗透和扩散到其他组分质点的表面，并与之反应，也可能是不同组分的分解产物之间的反应。例如，硝酸铵的反应首先是分解成氧化剂(如 NO)，然后，炸药的可燃成分或该成分的分解产物与 NO 作用，放出大部分化学能。

(3) 混合相区：当生成的气态物质夹杂着固体和液体微粒由凝聚相逸出时，在燃烧表面形成的气、液、固三态物质共存的相区。

(4) 暗区：固态和液态微粒继续汽化，直至完全转变为气态物质，并且在可燃气态混合物中发生各种燃烧反应的一个新区。由于此区域尚未充分达到燃烧反应条件，反应速度较慢，释放出的热量还不足以使气体温度达到发光的程度，故称为暗区。

(5) 火焰区：当反应条件趋于成熟，燃烧反应将迅速进行，生成最终产物并释放出全部化学潜热。一旦燃烧产物的温度达到能够发光的程度，就会产生光亮的火焰，因此这一区域称为火焰区。整个燃烧过程在火焰区结束。

为了深入了解各区的燃烧模型，下面分别介绍各燃烧区的燃烧模型及特征：

1) 固相加热区燃烧模型

在固相加热区，推进剂的化学组成与物理结构均无变化，唯一的变化是受到来自气相的反向热流的加热而导致的温度升高。固相加热区的界面温度 T_a 即该区最活泼组分的分解温度，对于双基推进剂来说，T_a 约为 90℃。固相加热区在稳态燃烧过程中的主要作用是聚集热量，以促进推进剂组分的最初热分解，保证燃烧的持续进行。实验和理论分析表明[6]，推进剂的燃烧速度 r 与固相加热区的温度 T 及距离 x 之间存在如下关系

$$T = T_i + \left(T_s - T_i\right)\mathrm{e}^{-\frac{r}{\alpha_p}x} \tag{3.4}$$

式中：T 为固相加热区内 x 处的温度；x 为距推进剂燃烧表面的距离；T_i 为推进剂初温(自然温度)；T_s 为推进剂燃烧表面温度(约为 300℃)；r 为推进剂的燃烧速度；α_p 为推进剂的扩散系数(导热系数)。

由式(3.4)可以得到固相加热区厚度 δ_1 的计算公式

$$\delta_1 = \frac{\alpha_p}{r}\ln\left(\frac{T_s - T_i}{T_a - T_i}\right) \tag{3.5}$$

式中：T_a 为固相加热区最活跃组分的分解温度(约为 90℃)。由式(3.5)可知，推进剂的燃速 r 越大，固相加热区内的温度梯度 $\frac{T_s - T_i}{T_a - T_i}$ 越大，其厚度 δ_1 越薄。

2) 凝聚相反应区燃烧模型

由于固相加热区和凝聚相反应区都位于推进剂的表面和近表面层，有时，这两个区域又合称为亚表面及表面反应区。在凝聚相反应区中，主要发生各组分的熔化、蒸发和升华等物理变化，以及以硝化棉、硝酸酯等大分子的解聚(热分解)为主的化学反应：

(1) 硝化棉大分子的解聚反应：

$$\left[C_6H_7O_2\left(ONO_2\right)_3\right]_n \rightarrow nC_6H_7O_2\left(ONO_2\right)_3 - q$$

(2) 硝酸酯的热分解反应：

$$R - ONO_2 \rightarrow R' - CHO + NO_2 - q$$

在凝聚相反应区温度较高的地方，最初的分解产物 NO_2 和醛类之间将进一步反应，放出热量，并生成 NO

$$NO_2 + CH_2O \rightarrow H_2O + CO + NO + q$$

在稳态燃烧的情况下，该化学反应的放热量大于吸热量，故总的热效应是放热。经测定，该区的界面温度 T_s 约为 300℃，且随压力增大而升高。

3) 混合相区燃烧模型

混合相区是一个气、液、固三态物质共存的区域。其中的固态微粒主要是推进剂(二硝基甲苯等)，液态物质主要是中间产物(醛类等)，气态物质主要是 NO、NO、CO 等。

混合相区的化学反应主要是由 NO_2 生成 NO 的反应

$$NO_2 + CH_2O \rightarrow H_2O + CO + NO + q$$

$$NO_2 + H_2 \rightarrow H_2O + NO + q$$

$$NO_2 + CO \rightarrow CO_2 + NO + q$$

在稳定燃烧情况下，双基推进剂在该区放出的热量为 30～40kcal①/kg，不及总放热量的 50%。在该区结束处，推进剂各组分和燃烧中间产物均已汽化，一个大气压下测得混合相区的平均温度 $T_c \approx 700～1000$℃。

4) 暗区燃烧模型

当推进剂完全汽化后，其气相化学反应主要是 NO 还原成 NO_2 的反应。由于该反应需在温度高于 1500℃、压强大于 10MPa 时才能迅速进行，因此，在反应条件尚未完全成熟的暗区，反应进行缓慢，放热量很少，温度也不够高，气体尚未达到发光的程度。暗区是火焰区之前的预备区，也可以说是反应组分能够进行显著燃烧放热反应前的一个感应期。暗区的一个重要特点是温度梯度很小(图 3.2)，平均温度 T_g 在 1500℃以上。

---

① 1cal = 4.1868J。

由于 NO 到 NO_2 的还原反应对压强较敏感，因此，当压强增加时，化学反应迅速加剧，放热量急速增加，温度梯度也随之增大。当温度升高至气体可发光的程度时，暗区的厚度就开始减小。甚至在压强并不很高时，暗区的厚度就已减小到肉眼难以观察的程度。

5) 火焰区燃烧模型

火焰区即燃气的发光部分。它的出现与气体的温升密切相关。根据实验测定[5]，普通双基推进剂燃烧产物的气体成分被加热至 1800℃时即开始发光。

火焰区的化学反应类型与暗区基本相同，是暗区反应的继续，所以又将这两个区合称为气相反应区。火焰区的主要反应是 NO 还原为 N_2 的放热反应

$$2NO + 2CO \rightarrow 2CO_2 + N_2 + q$$

$$2NO + 2H_2 \rightarrow 2H_2O + N_2 + q$$

在火焰区，化学反应放出的热量约占推进剂全部热量的 50%。反应完成后，全部燃烧过程在该区即告结束，生成最终燃烧产物，温度也升至最高温度即燃烧温度 T_0，一般双基推进剂的 T_0 为 2400～3500℃。

综上所述，可将双基推进剂的多阶段燃烧模型特点归纳如下：

(1) 双基推进剂的燃烧是一个包含物理变化和化学反应的复杂过程，根据所呈现的物态和化学反应特点，可将整个燃烧过程大致分成 5 个燃烧区(或阶段)。这 5 个燃烧区各有其明显特征，但各区之间并无明显界限，而是相互关联，互为因果，共同形成一个连续变化的全燃烧过程。

(2) 除固相加热区外，其他 4 个燃烧区均有化学反应发生。反应物和生成物数量多，反应式复杂，且反应在各区之间连续渗透地进行。以氮的还原反应为例：①区无化学反应；②区主要是生成 NO 的反应；③区主要是 NO_2 还原为 NO 的反应；④区主要是 NO 部分还原为 N_2 的反应；⑤区则是大量 NO 还原为 N_2 的反应。同时，C、H 等元素氧化为 CO_2 和 H_2O 等燃烧产物。随着燃烧反应的深入，产物的温度也逐渐升高。在火焰区内生成的最终燃烧产物，其温度最高可达燃烧温度 T_0。

(3) 在混合相区中，气相反应区向固相的传热是使固相气化、分解和保持燃烧稳定进行的基本条件。在固相和凝聚相内以热传导为主；在气相主要靠对流换热；同时，高温火焰区也向其他各区辐射传热。

(4) 燃气压力对燃烧过程有重要影响。在压力较大时，气相燃烧反应起主导作用，推进剂能正常燃烧并充分释放出化学能。压力增大时，气相燃烧反应加快，各气相反应区的厚度减小，火焰区对燃烧表面的传热增加，从而使凝聚相区的反

应加快，燃速增大；反之，压力降低会减缓气相反应，使燃速降低。当压力降低到一定程度时，甚至不会出现火焰区，整个燃烧过程成为不完全的燃烧反应。此时只能靠混合相区和凝聚相反应区的放热反应来维持燃烧过程的进行。当压力更低时，混合相区和凝聚相区放出的热量也不足以维持燃烧过程，燃烧就会熄灭。

3.2.2 复合推进剂的燃烧模型

复合推进剂是一种异质推进剂，其基本特点在于结构的不均匀性。在复合推进剂的燃烧过程中，既有多种化学反应，又有传热、扩散等物理过程。由于复合推进剂的组成成分较多，各组分的构成比例差异又大，因此，复合推进剂的燃烧过程比双基推进剂复杂得多，很难用统一的燃烧模型来描述。20 世纪 60 年代以来，以高氯酸铵为氧化剂的复合固体推进剂燃烧被广泛研究，先后出现了粒状扩散火焰模型(GDF)、非均相反应模型(HR)、多重火焰燃烧模型(BDP)和小总体模型(PEM)等[7]，这些模型各有其优点和局限，还没有一种模型是普遍适用的。

若按照物质的存在状态，可将复合推进剂燃烧模型分为气相稳态燃烧模型和凝聚相稳态燃烧模型。

20 世纪 50 年代末期，萨默菲尔德(Summerifeld)等通过研究高氯酸钾复合推进剂燃烧机理，提出了粒状扩散火焰模型，该模型就是一种气相稳态燃烧模型[8]。他指出，凝聚相没有放热的化学反应，只有吸热的分解反应，分解反应所需的热量全部由气相反应供给。气相稳态燃烧模型提出较早，发展较为完整；但其燃面干燥的假设与事实不符，因此无法真正用于燃烧性能计算。库玛(Kumar)于 1973 年在美国喷气推进实验室工作期间，提出了高氯酸钾复合推进剂的凝聚相稳态燃烧模型，认为凝聚相也有放热化学反应。凝聚相分解反应所需的热量部分甚至全部由凝聚相放热反应供给。在多种高氯酸钾复合推进剂燃烧模型中，该模型的计算结果与实测燃速值符合程度较好，证实了模型的合理性。但该模型对气相燃烧反应如何影响推进剂燃速未予重视，结果难免产生偏颇。

下面详细介绍一种典型的气相稳态燃烧模型——粒状扩散火焰模型。萨默菲尔德认为，过氯酸铵复合推进剂的稳态燃烧过程分为 3 个阶段：

(1) 推进剂表面受热升温阶段，氧化剂和黏合剂开始热分解和升华，由固相转化为气体。二者在推进剂表面并未预先混合，而是各自以“气囊”的方式从燃烧表面“逃逸”出去。同时，推进剂中的金属颗粒成分在氧化剂“气囊”和黏合剂“气囊”的共同作用下，也被“裹挟”着离开燃烧表面，三者随之形成混合气体。

作为氧化剂的过氯酸铵实际上是一种单组元推进剂，它受热后分解

$$NH_4ClO_4(s) \rightarrow NH_3(g) + HClO_4(g) - q$$

(2) 过氯酸铵的分解产物在推进剂燃烧表面附近的气相中发生放热反应，形成过氯酸铵火焰(即预混火焰)和富氧气流。

(3) 在远离燃烧表面的气相中，过氯酸铵的分解气体和黏合剂的热解气体之间相互扩散并燃烧，形成扩散火焰，生成最终燃烧产物，放出大量热量。

复合推进剂粒状扩散火焰模型的燃烧过程及各阶段温度分布见图 3.3。

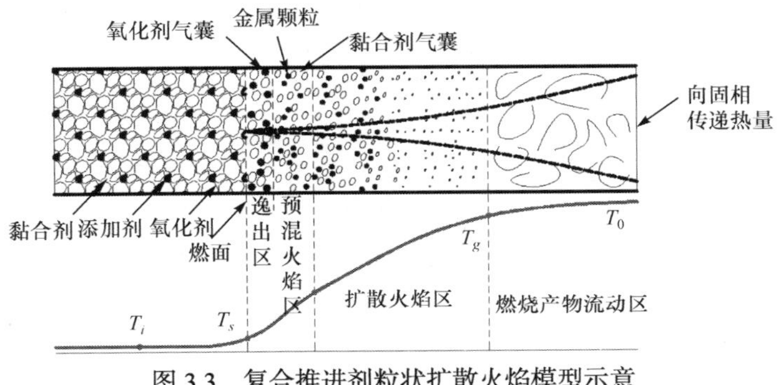

图 3.3 复合推进剂粒状扩散火焰模型示意

通过上述分析，可将粒状扩散火焰模型特点归纳如下：

(1) 氧化剂和黏合剂均不熔化，燃烧表面是干燥的。根据过氯酸铵及不同的黏合剂的热分解特性，过氯酸铵晶粒可能凸出也可能凹入黏合剂表面，因而燃烧表面相当粗糙。氧化剂和黏合剂未在燃烧表面预先混合，二者受热后的分解和气化过程是独立的。

(2) 在推进剂的固相内部并没有化学反应，而在燃烧表面存在过氯酸铵的两个分解过程，一是吸热的分解升华过程，该过程与压力无关；二是在表面附近气相中进行的放热预混反应过程，该过程与压力有关。总的过氯酸铵分解过程为净放热过程，且与压力有关。

(3) 在过氯酸铵和黏合剂的热分解表面上，黏合剂热解气体向过氯酸铵分解气体扩散，形成扩散火焰。凝聚相分解反应所需的全部热量，均由该扩散火焰与过氯酸铵预混火焰共同提供。

(4) 扩散火焰至推进剂燃烧表面的距离比过氯酸铵预混火焰的厚度大得多，所以，扩散火焰在复合推进剂的燃烧过程中起主要作用。而且该距离的大小与扩散火焰中的扩散混合速度和化学反应速度相关，扩散混合速度和化学反应速度越大，这一段距离越大。因而，粒状扩散火焰模型认为，复合推进剂的整个燃烧过程实质上由扩散混合过程和化学反应速度控制。

在高压条件下(即火箭发动机的燃烧室工作压力范围，一般大于 10MPa)，与扩散火焰至推进剂燃烧表面的距离相比，预混火焰的厚度很小，通常可不予考虑。而在相对较低的压强下，扩散火焰至推进剂燃烧表面的距离与预混火焰厚度相比并没有明显优势，因而不能忽略预混火焰。此时就存在着两段火焰，故粒状扩散火焰模型又称为“两段粒状扩散火焰模型”。

采用粒状扩散火焰模型可解释许多燃烧现象，但近来的实验结果表明，过氯酸铵复合推进剂的燃烧表面并不是干燥的[6]，而是存在着过氯酸铵和黏合剂的熔化液。这一实验结果彻底否定了粒状扩散火焰模型的基本观点，即各组分的热解气化是由固相直接分解为气体的。由此可见，粒状扩散火焰模型还存在某些缺陷，需进一步完善。

以上是从化学反应微观角度描述的固体火箭推进剂的燃烧过程。那么，宏观上应如何理解固体火箭推进剂在燃烧室中的燃烧和喷管内的流动呢？图 3.4 给出了固体火箭推进剂燃烧面运动与燃气流动示意。由图 3.4 可见，从燃烧室和喷管的结构形式看，无论固体火箭推进剂的装药结构(图 2.14)设计为中心孔燃烧还是端面燃烧，其装药均是“一层层”被“燃烧”，由固体转化为相对于燃烧面具有一定速度的气体(燃气)，燃气即以该速度离开推进剂。

以端面燃烧为例。图 3.4 中，自上开始推进剂的右端面被点燃，瞬间即达到稳定燃烧状态，燃烧产物以速度 $\boldsymbol{v}_g$ 脱离燃烧面流入喷管中，燃面则以速度 $\boldsymbol{v}$ 向右推进，并迅速占满喷管空间，随之有燃气从喷管流出。从点火器中的火药燃烧产物点燃推进剂主装药燃面，到主装药全部燃面被点燃，发动机开始非稳态工作，这一过程的持续时间(即非稳态时间)通常不足 1s。当推进剂燃烧产物充满燃烧室的自由空腔(未装填固体推进剂的空间，如喷管的流动通道)后，进入燃烧室的燃烧产物的质量生成率开始大于其经由喷管的流出率(单位时间的流出质量)，因此，在充满燃烧产物的燃烧室中，燃烧产物的密度应是渐渐增加的，燃烧室压力也随之增大。随着燃烧过程的进行，燃烧室中燃烧产物的压力和密度继续提高。当推进剂燃烧产物的质量生成率等于经由喷管的流出率与填充推进剂燃烧空出的容积所需每秒燃烧产物量之和时，燃烧室中燃烧产物的压力和密度就不再增大，自此时起，发动机进入准稳态工作状态。

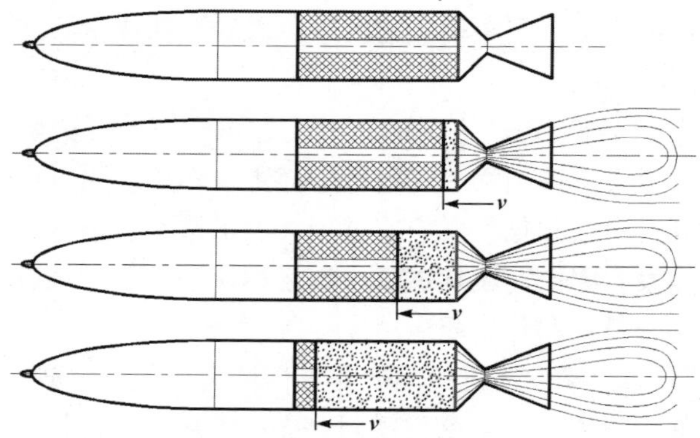

图 3.4　固体火箭推进剂燃烧面运动与燃气流动示意

图 3.5 所示为典型的固体火箭发动机推力-时间曲线。由图 3.5 可见，随着燃烧进行，发动机推力经历了一个迅速上升—持续平稳—迅速下降的过程，这一点与燃烧室压强的变化规律相同。

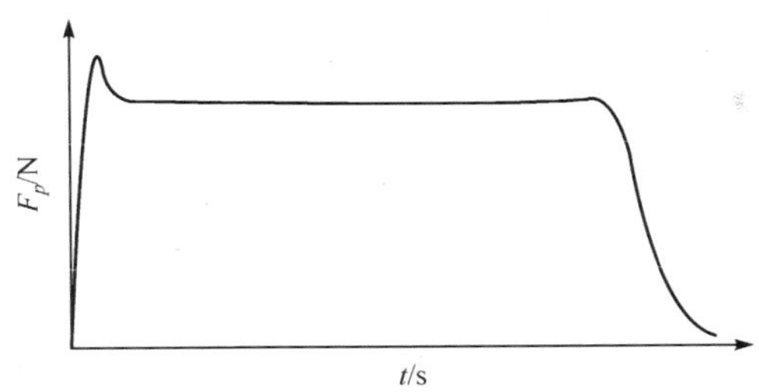

图 3.5　典型的固体火箭发动机推力-时间变化曲线

3.3　燃气流动与推力的产生

在固体火箭发动机的燃烧过程中，推进剂燃烧后产生具有一定速度的燃气，燃气经过喷管流动产生推力，推动火箭弹发射。这一过程可分为两个阶段：一是推进剂燃烧生成燃气；二是燃气产生推力。第 3.2 节已经介绍了推进剂燃烧生成燃气的过程，本节将介绍燃气是如何产生推力的。

3.3.1　燃气的排出与推力的产生

固体火箭的发射与日常生活中气球等的运动相比，既相同又不同。相同之处在于，二者的发射原理都是依靠气体产生推力来推动物体运动；不同之处在于，推动两个系统运动的力的量级相差甚远。固体火箭发射所需要的推力高达几吨甚至几十吨，仅依靠日常生活中力推动运动的基本原理，不可能产生如此大的推力。因此，还必须设计一种机构(如喷管)来提升推力的产生效率，从而实现固体火箭的发射。

推力的产生经历两个过程：一是推进剂燃烧生成燃气的过程；二是燃气产生推力的过程。推力的大小取决于燃气的排出速度，只有燃气的排出速度达到某个量级，才能产生足以推动火箭弹飞行的推力。也就是说，所设计的推进剂燃烧结构不仅能产生足够多的燃气，还要保证燃气排放得足够快。这样的结构应该怎样设计呢?

先来观察图 3.6、图 3.7 所示的一定质量的推进剂在容器内的燃烧情况，分别给出Ⅰ、Ⅱ和Ⅲ三种燃烧状况。其中状况Ⅰ为密闭容器条件；状况Ⅱ和Ⅲ均为开口容器条件，其中Ⅱ为缺口状况，Ⅲ为带喷管状况。

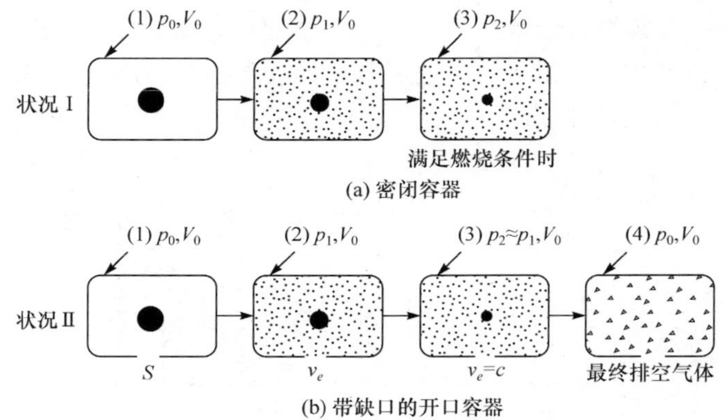

图 3.6　密闭容器与带缺口的开口容器中推进剂的燃烧状况

(1) 状况Ⅰ(图 3.6(a))：密闭容器(可以想象为边长为 1 的立方体)内推进剂的燃烧。

Ⅰ-(1)燃烧起始状态，假设起始状态容器的内部压强为 p_0 ，容器的容积为 V_0 (假定容器不破裂)，推进剂质量为 m 。

Ⅰ-(2)燃烧过程，容器容积仍为 V_0 。随着燃烧的进行，密闭容器内的压强逐渐升高至 p_1 ，此时燃气生成量为 $\dot{m}t$ ($\dot{m}$ 为单位时间内推进剂的消耗量)，t 为燃烧持续的时间(平均值)，则推进剂剩余质量 $\Delta m = m - \dot{m}t$ 。

Ⅰ-(3)燃烧过程至终止状态，容器体积仍为 V_0 。随着燃烧的继续进行，容器内部的压强继续升高，达到 p_2 。假定燃烧条件一直满足，那么燃烧可以持续进行，直至推进剂完全燃烧(应注意，这是一个动态化学平衡，混合气体间的反应仍在进行)。在燃烧完成后，推进剂剩余质量为 0，燃气生成量为 m (质量守恒)。

(2) 状况Ⅱ(图 3.6(b))，即在图 3.6(a)的容器壁面上开一个面积为 S 的圆洞形缺口。

Ⅱ-(1)燃烧开始时刻，推进剂质量为 m ，容器的容积为 V_0 ，容器的内部压强为 p_0 。

Ⅱ-(2)燃烧过程，容器容积仍为 V_0 。随着燃烧的进行，部分燃气从容器的缺口流出，单位时间内燃气的流出质量为 $\Delta m = \rho_e \boldsymbol{v}_e S$ ，ρ_e 和 $\boldsymbol{v}_e$ 分别为流出燃气的密度和速度。则：

(a) 当单位时间内燃气生成量(即推进剂的消耗量) $\dot{m}$ 等于燃气的流出质量，即 $\Delta m = \dot{m}$ 时，容器的内部压强并没有增大，仍为 p_0 。这一现象可以解释为，有多少燃气生成，就有多少燃气通过缺口泄漏到外界，容器内的燃气总量并不增加，因此，容器的内部压强保持不变。

(b) 当单位时间内燃气生成量 $\dot{m}$ 大于燃气的流出质量，即 $\Delta m < \dot{m}$ 时，容器的内部压强逐渐升高达到 p_1。这一现象可以解释为，由于燃气的生成速度大于其从容器缺口流出的速度，生成的燃气部分通过缺口泄漏到外界，部分留在容器内。因此，随着燃烧的进行，容器内的燃气越来越多，容器的内部压强逐渐增大至 p_1。

Ⅱ-(3)燃烧过程。随着燃烧的继续进行，内部压强将继续升高至 p_2，并且缺口处有燃气持续流出，如果容器设计合理，可维持燃气的流出速度基本不变。

Ⅱ-(4)燃烧终止。Ⅱ-(3)状态继续下去，至固体推进剂燃烧完成，容器内燃气将在压强的作用下继续经缺口排放出去，内部压强又转而逐渐下降，并随着燃气排放完毕而回到 p_0。

由动量定理可知，经由缺口排放出去的燃气在单位时间内的动量改变，等于其反作用在容器上的冲量，若假设推进剂生成的燃气全部用来产生推力，可得推力 $\boldsymbol{F}_p$ 的计算公式

$$\boldsymbol{F}_p \Delta t = \Delta m \cdot \boldsymbol{v}_e \Rightarrow \boldsymbol{F}_p = \frac{\Delta m \cdot \boldsymbol{v}_e}{\Delta t} = \dot{m} \cdot \boldsymbol{v}_e \tag{3.6}$$

(3) 状况Ⅲ(图 3.7)：在图 3.6(b)容器的圆洞缺口上加装一个喷管，如图 3.7 所示，目的是通过喷管改变气流的排出规律，如提升排气速度。这样，在相同的推进剂质量和燃烧状况下，将会获得更大的排放速度和推力。

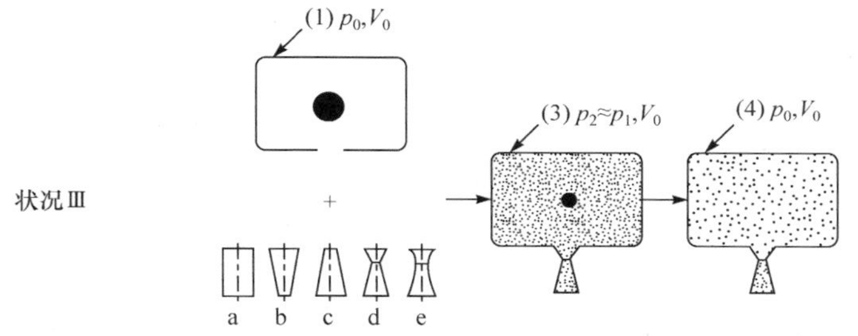

图 3.7　加装喷管的容器内推进剂的燃烧状况

由于喷管的作用是提升燃气的排放速度，不同结构形式的喷管具有不同的特性。即使是相同状态的气体，在流经不同形式的喷管后，其流出状态也会差异很大。因此，必须根据气体的流动特性来设计喷管。为此，图 3.7 还给出了 5 种喷管形式：直通型 a、收敛型 b、扩张型 c、收敛型 d 和扩张型 e。下面将建立燃气流经喷管的流动模型，并在此基础上设计适于固体火箭发动机的喷管。

3.3.2　燃气的一维流动

喷管是火箭发动机中的一个重要组件，目前火箭发动机中最常用的是几何喷管，它的主要功能有：①控制燃气的流量，使燃烧室的压强稳定在设计状态，以

维持推进剂的正常燃烧；②使推进剂的燃烧产物通过喷管后膨胀加速，将其热能转化为定向流动的动能，从而使发动机获得所需要的推力。几何喷管依靠自身通道截面积的变化来实现上述两个功能。

实践证明[11]，可将燃气在喷管中的流动假设为完全气体的一维定常等熵流动，于是，燃气的流动问题大大简化；重要的是，基于该假设可导出与实际情况基本吻合的理论公式。以下为喷管内一维流动基本方程的推导过程。

图 3.8 所示为喷管内一维流动的定义描述。在图 3.8 的喷管流动通道上截取一微元体 Δx，其流动方向沿 ox 向；组成微元段的两个截面分别为 x 和 $x+\Delta x$；各参量均为坐标 x 和时间 t 的函数。

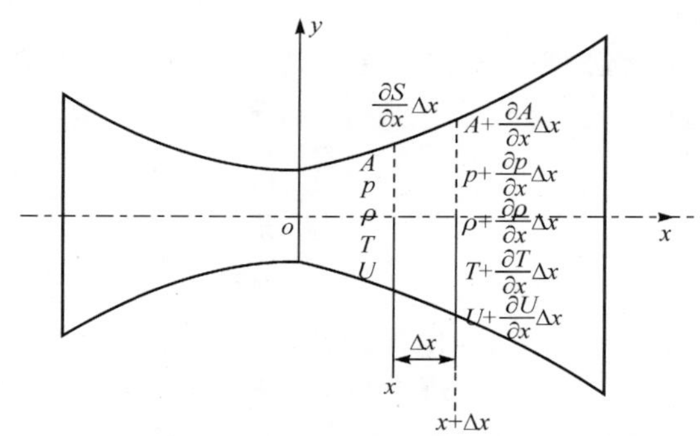

图 3.8　喷管内一维流动的定义描述

在 x 截面上 t 时刻，流动参数为：燃气压强 p；密度 ρ；温度 T；速度 U；截面积 A。

在 $x+\Delta x$ 截面上 t 时刻，流动参数为：燃气压强 $p+\dfrac{\partial p}{\partial x}\Delta x$；密度 $\rho+\dfrac{\partial \rho}{\partial x}\Delta x$；温度 $T+\dfrac{\partial T}{\partial x}\Delta x$；速度 $U+\dfrac{\partial U}{\partial x}\Delta x$。

1. 流动的质量方程

在时间 Δt 内流体从截面 x 流动至截面 $x+\Delta x$ 时，微元段 Δx 内产生的质量变化(以流入微元体的质量为正)为

$$\frac{\partial(\rho A)}{\partial t}\Delta x\Delta t \tag{3.7-1}$$

则有

$$\rho UA\Delta t-\left(\rho+\frac{\partial \rho}{\partial x}\Delta x\right)\left(U+\frac{\partial U}{\partial x}\Delta x\right)\left(A+\frac{\partial A}{\partial x}\Delta x\right)\Delta t\approx-\frac{\partial(\rho UA)}{\partial x}\Delta x\Delta t \tag{3.7-2}$$

在式(3.7-2)的推导过程中忽略了各项二阶小量，如 $\dfrac{\partial \rho}{\partial x}\dfrac{\partial U}{\partial x}\cdots$。

联合式(3.7-1)和式(3.7-2)，有

$$\frac{\partial(\rho A)}{\partial t}\Delta x\Delta t=-\frac{\partial(\rho UA)}{\partial x}\Delta x\Delta t$$

即

$$\frac{\partial(\rho A)}{\partial t}+\frac{\partial(\rho UA)}{\partial x}=0 \tag{3.7-3}$$

当流动是定常的，截面上某点的流动参数就与时间无关，且喷管内无燃气生成，即经过两个截面的流动是质量守恒的，故有

$$\frac{\mathrm{d}(\rho UA)}{\mathrm{d}x}=0 \quad 或 \quad \dot{m}=\rho UA=C \tag{3.7-4}$$

式中：$\dot{m}$ 为通道内流动燃气的质量流率，kg/s；C 为常数。

式(3.7-3)和式(3.7-4)称为质量方程。该方程适于所有满足一维定常流条件的流动(无论是否有能量(热和功)交换和摩擦、是否可逆、是否是完全气体、是否可压缩)。

2. 流动的动量方程

在时间 Δt 内流体从截面 x 流动至 $x+\Delta x$ 时，Δx 内产生的动量变化为

$$\frac{\partial(\rho UA)}{\partial t}\Delta x\Delta t \tag{3.7-5}$$

则有

$$\rho UA\cdot U\Delta t-\left(\rho+\frac{\partial\rho}{\partial x}\Delta x\right)\left(U+\frac{\partial U}{\partial x}\Delta x\right)\left(A+\frac{\partial A}{\partial x}\Delta x\right)\cdot\left(U+\frac{\partial U}{\partial x}\Delta x\right)\Delta t\approx-\frac{\partial\left(\rho U^2A\right)}{\partial x}\Delta x\Delta t \tag{3.7-6}$$

同样，式(3.7-6)的推导过程忽略了各项二阶小量，如 $\frac{\partial\rho}{\partial x}\frac{\partial U}{\partial x}\cdots$。

在时间 Δt 内，由压强产生的对截面 x 和 $x+\Delta x$ 的面作用力的冲量为

$$\left[-\left(\rho+\frac{\partial\rho}{\partial x}\Delta x\right)\left(A+\frac{\partial A}{\partial x}\Delta x\right)+\rho A\right]\Delta t\Rightarrow-\rho\frac{\partial A}{\partial x}\Delta x-A\frac{\partial\rho}{\partial x}\Delta x\Rightarrow-\frac{\partial(\rho A)}{\partial x}\Delta x \tag{3.7-7}$$

由压强产生的对微元体侧壁面的面作用力的冲量在 x 方向的分量为

$$p\frac{\partial S}{\partial x}\Delta x\Delta t=p\frac{\partial A}{\partial x}\Delta x\Delta t \tag{3.7-8}$$

联合式(3.7-5)～式(3.7-8)，有

$$\frac{\partial(\rho UA)}{\partial t}\Delta x\Delta t=-\frac{\partial\left(\rho U^2 A\right)}{\partial x}\Delta x\Delta t-\frac{\partial(\rho A)}{\partial x}\Delta x\Delta t+p\frac{\partial A}{\partial x}\Delta x\Delta t$$

那么

$$\frac{\partial(\rho UA)}{\partial t}+\frac{\partial\left(\rho U^2 A\right)}{\partial x}+\frac{\partial(\rho A)}{\partial x}=p\frac{\partial A}{\partial x}\Delta x\Delta t$$

即

$$\frac{\partial(\rho UA)}{\partial t}+\frac{\partial\left(\rho U^2 A+\rho A\right)}{\partial x}=p\frac{\partial A}{\partial x}\Delta x\Delta t \tag{3.7-9a}$$

当流动是定常的，截面上某点的流动参数就与时间无关，故流体流过两个截面时的动量方程为

$$\frac{\partial\left(\rho U^2 A+\rho A\right)}{\partial x}=p\frac{\partial A}{\partial x} \tag{3.7-9b}$$

3. 流动的能量方程

在时间 Δt 内，微元体 Δx 内发生的能量变化可表示为

$$\frac{\partial\left[\rho A\left(E+\frac{U^2}{2}\right)\right]}{\partial t}\Delta x\Delta t \tag{3.7-10}$$

式中：E 为单位质量燃烧产物的总内能，包括化学能 E_c 和热内能 E_h。

内能是物质内部所有微观粒子各种运动形式所具有的能量总和，对于由热力学系统构成的物质体系，其内能即所有分子热运动的动能和势能的总和。根据热力学第一定律，内能是一个状态函数；同时，内能也是一个广延量，意即两个系统的总内能等于它们各自的内能之和。

化学能是一种形式"隐蔽"的能量，它不能直接用来做功，只有物质发生化学反应时其化学能才被释放出来，转变为热能或其他形式的能量。如石油和煤的燃烧，炸药爆炸以及食物在体内发生化学变化时所产生的能量，都属于化学能。

虽然在喷管内流动的燃气是多组分的，但它是推进剂充分燃烧达到平衡后的产物，故燃气组分之间不再发生反应，组分的数量及各组分的量比都不再改变。因此，可以认为燃气是一种多组分平衡态混合流。与此同时，燃烧室内部却仍在进行剧烈的化学反应，大量化学能持续产生，并不断转换为热能释放到燃气中。

在时间 Δt 内，流体从截面 x 流动迁移至 $x+\Delta x$ 时，微元体 Δx 内产生的能量变化可表示为

$$-\frac{\partial\left[\rho UA\left(E+\frac{U^2}{2}\right)\right]}{\partial x}\Delta x\Delta t \tag{3.7-11}$$

因此，在时间 Δt 内，作用在截面 x 和 $x+\Delta x$ 上的总压力功为

$$-\frac{\partial(pUA)}{\partial x}\Delta x\Delta t \tag{3.7-12}$$

联合式(3.7-10)～式(3.7-12)，有

$$\frac{\partial\left[\rho A\left(E+\frac{U^2}{2}\right)\right]}{\partial t}\Delta x\Delta t=-\frac{\partial\left[\rho UA\left(E+\frac{U^2}{2}\right)\right]}{\partial x}\Delta x\Delta t-\frac{\partial(\rho UA)}{\partial x}\Delta x\Delta t$$

即

$$\frac{\partial\left[\rho A\left(E+\frac{U^2}{2}\right)\right]}{\partial t}+\frac{\partial\left[\rho UA\left(E+\frac{U^2}{2}\right)\right]}{\partial x}+\frac{\partial(pUA)}{\partial x}=0 \tag{3.7-13a}$$

此处引入总焓概念。总焓 H 为物质的总内能 E 与压力势能 p/ρ 之和，即

$$H=E+\frac{p}{\rho}=E_c+E_h+\frac{p}{\rho}=E_c+H_0$$

式中：$H_0=E_h+\frac{p}{\rho}$ 为物理焓。由此看出，总焓就是物质的化学能与物理焓之和。于是，能量方程变为

$$\frac{\partial\left[\rho A\left(E+\frac{U^2}{2}\right)\right]}{\partial t}+\frac{\partial\left[\rho UA\left(H+\frac{U^2}{2}\right)\right]}{\partial x}=0 \tag{3.7-13b}$$

当流动是定常的，截面上某点的流动参数就与时间无关，故流动经过两个截面时的能量方程为

$$\frac{\partial\left[\rho UA\left(H+\frac{U^2}{2}\right)\right]}{\partial x}=0\Rightarrow d\left(H+\frac{U^2}{2}\right)=0 \tag{3.7-13c}$$

对于组分和比热恒定的完全气体，其化学能也不再变化，因此可用物理焓 H_0 代替总焓 H，能量方程可写为

$$d\left(H+\frac{U^2}{2}\right)=0 \tag{3.7-13d}$$

或

$$H+\frac{U^2}{2}=C \tag{3.7-13e}$$

式(3.7-13)表明，在一维定常绝能流中，气体的焓与动能可互相转化，但二者之和保持不变。需要指出的是，虽然式(3.7-13)中各式的推导均未考虑摩擦，但因摩擦所消耗的动能在绝热条件下又会转化为热能，该部分热能会被系统全部吸收，使系统的焓增加，焓的增量和动能的减量恰好相等，因而有摩擦时式(3.7-13)仍然成立。

为便于使用，将一维流动求解的各方程组列于表 3.5。

表 3.5　一维流动方程组

	非定常流	定常流
① 质量方程	$\frac{\partial(\rho A)}{\partial t}+\frac{\partial(\rho UA)}{\partial x}=0$	$\frac{\mathrm{d}(\rho UA)}{\mathrm{d}x}=0$ 或 $\dot{m}=\rho UA$
② 动量方程	$\frac{\partial(\rho UA)}{\partial t}+\frac{\partial(\rho U^2A+\rho A)}{\partial x}=p\frac{\partial A}{\partial x}\Delta x\Delta t$	$\frac{\partial(\rho U^2A+\rho A)}{\partial x}=p\frac{\partial A}{\partial x}$
③ 能量方程	$\frac{\partial\left[\rho A\left(E+\frac{U^2}{2}\right)\right]}{\partial t}+\frac{\partial\left[\rho UA\left(H+\frac{U^2}{2}\right)\right]}{\partial x}=0$	$H+\frac{U^2}{2}=$ 常数
④ 状态方程	$p=\rho RT$	
⑤ 焓与能量关系	$H=E+\frac{p}{\rho}=E_c+\left(E_h+\frac{p}{\rho}\right)=E_c+H_0$ 总焓=内能+ $\frac{p}{\rho}$ =化学能内能+(热内能+ $\frac{p}{\rho}$)	
⑥ 热力学关系	$H=E+\frac{p}{\rho}$ ， $c_v=\frac{1}{\gamma-1}R$ ， $c_p=\frac{\gamma}{\gamma-1}R$ ， $\gamma=\frac{c_p}{c_v}$	
⑦ 几何关系	坐标 x、截面面积 A，有 $A=f(x)$	
待求解变量	压强 p、密度 ρ 、温度 T、内能 E、速度 U、截面积 A、焓 H	

表 3.5 中，热力学关系式中有两个变量 c_v 和 c_p ，它们分别是燃气的定容比热容和定压比热容。比热容(又称比热或比热容量)是一个热力学物理量，即单位质量的物质温度升高或降低 1K 时吸收或放出的热量，单位为 J/(kg · K)，它表示物体吸热或放热的能力。比热容越大，物体的吸热或放热能力越强。按照物质所处的物理状态，比热容又包括定压比热容、定容比热容和饱和状态比热容。

定压比热容 c_p 是单位质量的物质在压力不变的条件下温度升高或降低 1K 时

吸收或放出的能量。

定容比热容 c_v 是单位质量的物质在容积(体积)不变的条件下温度升高或降低 1K 时吸收或放出的能量。

饱和状态比热容是单位质量的物质在某饱和状态时温度升高或降低 1K 时吸收或放出的热量。

定压比热容 c_p 与定容比热容 c_v 之比 γ 称为比热比。

3.3.3 喷管形状对流动的影响

燃气在喷管中流动特性的主要影响因素有两个：一是喷管截面的几何形状(称为几何条件)；二是喷管入口与出口截面的压力差(称为力学条件)。

1) 喷管截面的几何形状对燃气流动特性的影响

发动机作为火箭的推力产生及推进装置，其推力特性尤其是推力-时间曲线的平台部分特性对燃气流动有重要影响。发动机平台部分对应喷管的稳定流动阶段，即定常流动阶段。根据定常流的质量方程和动量方程，可推导下列各式。

对质量流率 $\dot{m} = \rho UA$ 取对数并微分，可得

$$\frac{\mathrm{d}\rho}{\rho} + \frac{\mathrm{d}U}{U} + \frac{\mathrm{d}A}{A} = 0 \tag{3.8-1}$$

动量方程 $\dfrac{\partial\left(\rho U^2 A + \rho A\right)}{\partial x} = p\dfrac{\partial A}{\partial x}$，可简化为 $\dot{m} = \rho UA$=常数时的形式

$$\rho U\mathrm{d}U + \mathrm{d}p = 0 \tag{3.8-2}$$

可写成

$$\frac{\mathrm{d}p}{\mathrm{d}\rho}\frac{\mathrm{d}\rho}{\rho} + U^2\frac{\mathrm{d}U}{U} = 0$$

引入音速公式

$$c = \sqrt{\frac{\mathrm{d}p}{\mathrm{d}\rho}} = \sqrt{\gamma\frac{p}{\rho}}$$

以及马赫数计算式

$$Ma = \frac{U}{c}$$

可得

$$\frac{\mathrm{d}\rho}{\rho} + Ma^2\frac{\mathrm{d}U}{U} = 0 \tag{3.8-3}$$

将式(3.8-3)代入式(3.7-1)，可得

$$\left(Ma^2-1\right)\frac{\mathrm{d}U}{U}=\frac{\mathrm{d}A}{A} \tag{3.8-4}$$

式(3.8-4)说明，若使喷管中的气流速度从几乎为零不断加速至超音速(始终保持 $\mathrm{d}U>0$)，必须满足以下条件：①当流速为亚音速时，由于 $Ma<1$，故要求 $\mathrm{d}A<0$，即喷管截面应是收敛形状；②当气流速度大于音速时，由于 $Ma>0$，则需 $\mathrm{d}A>0$，即喷管截面应是扩张形状。可见，将气流由亚音速变为超音速时喷管的截面形状应先收敛而后扩张。瑞典科学家拉瓦尔首先发现了这一流体现象，并据此设计出了符合这一特征的拉瓦尔喷管，如图 3.9 所示。

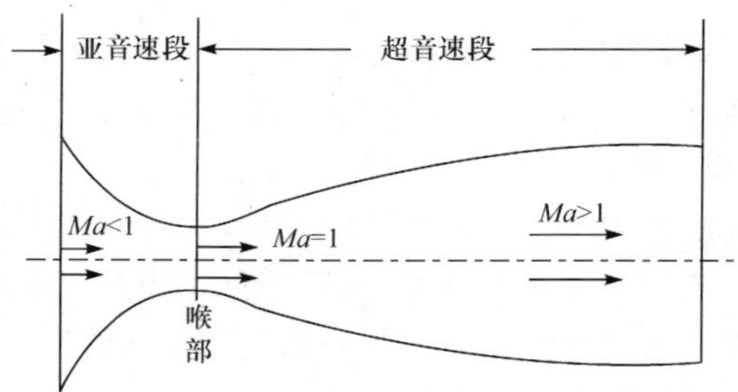

图 3.9　拉瓦尔喷管

拉瓦尔喷管的截面形状由收敛到扩展的渐进变化，反映在结构上是其截面积 A 的不断变化。为进一步说明两种气流的流动参数随喷管形状即喷管截面积的变化规律，将式(3.8-2)代入式(3.8-3)，消去 $\mathrm{d}U/U$ 得

$$\left(1-Ma^2\right)\mathrm{d}p=\rho U^2\frac{\mathrm{d}A}{A} \tag{3.8-5}$$

将 $c^2=\gamma p/\rho$ 代入式(3.8-5)可得

$$\frac{\mathrm{d}p}{p}=\frac{\gamma Ma^2}{\left(1-Ma^2\right)}\frac{\mathrm{d}A}{A} \tag{3.8-6}$$

由式(3.8-3)和式(3.8-4)消去 $\mathrm{d}U/U$ 可得

$$\frac{\mathrm{d}\rho}{\rho}=\frac{Ma^2}{\left(1-Ma^2\right)}\frac{\mathrm{d}A}{A} \tag{3.8-7}$$

由式(3.8-6)和式(3.8-6)及图 3.9 可知，在拉瓦尔喷管的亚音速段，$Ma<1$，$\mathrm{d}A<0$，必然有 $\mathrm{d}p<0$ 和 $\mathrm{d}\rho<0$；在拉瓦尔喷管的超音速段，$Ma>1$，$\mathrm{d}A>0$，也仍然有 $\mathrm{d}p<0$ 和 $\mathrm{d}\rho<0$。这说明在整个拉瓦尔喷管中，压力和密度一直在减小，即气流的加速和膨胀是同时发生的。

反之，当超音速流通过先收敛后扩张的管道时，若能保持无摩擦、无激波的等熵流动，则该气流经过压缩过程后将减速为亚音速流。超音速扩压器中的流动就属于这种情况。

由此可见，即使喷管截面积的变化相同，亚音速流和超音速流的表现也不相同，喷管对两种气流流动参数的影响正好相反，表明亚音速流和超音速流具有完全不同的流动特性。通常认为，气流速度等于当地音速的临界状态($Ma = 1$)为这两种气流的分界线。气流速度小于当地音速($Ma < 1$)时，为亚音速流；气流速度大于当地音速($Ma > 1$)时，为超音速流。

为什么同样的喷管截面积变化(收敛或者扩张)，对超音速流和亚音速流的影响却不同甚至相反呢?

对于定常管流来说，通过其任一截面的流量是相等的，即满足质量方程(3.7-4)中的 $\dot{m} = \rho UA$=常数。由于定常流的加速和膨胀是同时发生的，依据式(3.7-4)，若保持流量 $\dot{m}$ 不变，则喷管截面积 A 的变化与两个因素相关：一方面，定常气流的加速特性要求速度 U 不断增大，这就要求截面积 A 不断减小；而同时，定常气流的膨胀特性又要求密度 ρ 不断减小，即要求截面积 A 不断增大。在气流的加速和膨胀过程中，喷管截面形状应该如何设计才能解决上述矛盾呢？经验所知，需视气流的速度和密度的变化速度而定，根据二者之中变化更快的因素进行喷管截面形状设计。

由此可见，拉瓦尔喷管先收敛后扩张的设计特点是由亚音速流加速为超音速流的流动特征决定的，这就是获得超音速流的几何条件。但几何条件仅是必要条件之一，并非所有的亚音速流通过拉瓦尔喷管后都能变为超音速，还需另一个必要条件，即喷管的入口截面与出口截面之间存在压力差，这就是获得超音速流的力学条件。

2) 喷管入口与出口截面的压力差对燃气流动特性的影响

喷管的出口截面是发动机与外部的几何分界面。在出口截面内，燃气被封闭在燃烧室和喷管中，气体的流动与变形受壁面限制，也即燃气与壁面之间存在热量传递和热应力作用，但壁面并不改变燃气的流动规律。为叙述方便，定义与发动机有关的几何尺寸，如图 3.10 所示。其中，D_t 为喷管出口截面的直径；D_c 为燃烧室内部直径；D_t 为喷管喉部直径；β 为喷管收敛段半角；α 为喷管扩张段半角。

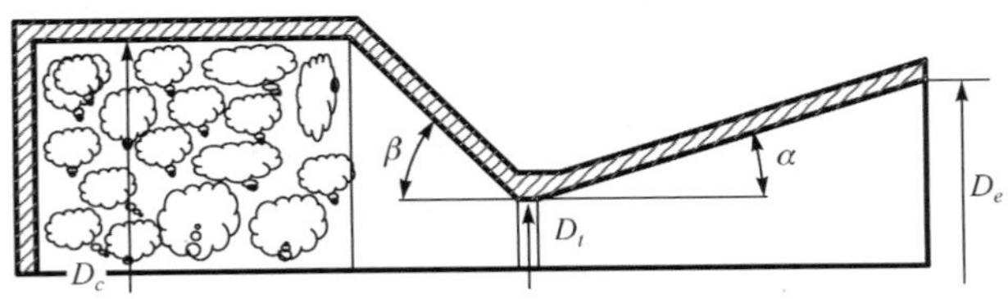

图 3.10　发动机几何尺寸定义

同时定义：

(1) 燃烧室内燃气的流动参数：压强 p_0、温度 T_0 和马赫数 Ma_0；

(2) 喷管出口截面处的流动参数：压强 p_e、温度 T_e、密度 ρ_e 和马赫数 Ma_e；

(3) 与喷管出口截面接壤的外部环境参数：压强 p_a、密度 ρ_a 和马赫数 Ma。

燃烧室内部燃气的流动参数以“滞止”状态量给出，其余参数则以“静”态量给出，有关静压、静温、总压、总温等参数的意义将在后续章节中解释。

在喷管几何尺寸和入口截面的气流参数一定的条件下，改变外部环境压强 p_a（即外界反压）将会改变喷管内气流的流动状况。

当外界反压 p_a 小于喷管出口截面处的压力 p_e 时，喷管中的气流将不断膨胀和加速，在喉部即可达到临界状态，从而在出口截面就成为超音速流，压强随之变为 p_e。显然，这一过程只有在 $p_a \leqslant p_e$ 时才能实现。图 3.11 给出了燃气在喷管中流动时可能出现的状态 a～h，分述如下：

(1) 设计状态。通常称 $p_a = p_e$ 的工作状态为最佳膨胀状态或设计状态，如图 3.11(a)所示，喷口截面外为均匀的超音速流场。

(2) 欠膨胀状态。当 $p_a < p_e$ 时，超音速流到达喷管截面时仍有继续膨胀的能力，因而称此状态为膨胀不足状态或欠膨胀状态。火箭发动机喷管流动多为欠膨胀流动状态。由于膨胀波是以音速传播的微弱扰动波，它不会逆向传至超音速流的上游，因此，在燃气到达喷管截面时，其压力和流速分布、质量流率等均保持不变，不会受外界反压的影响，如图 3.11 中的状态 b 所示。

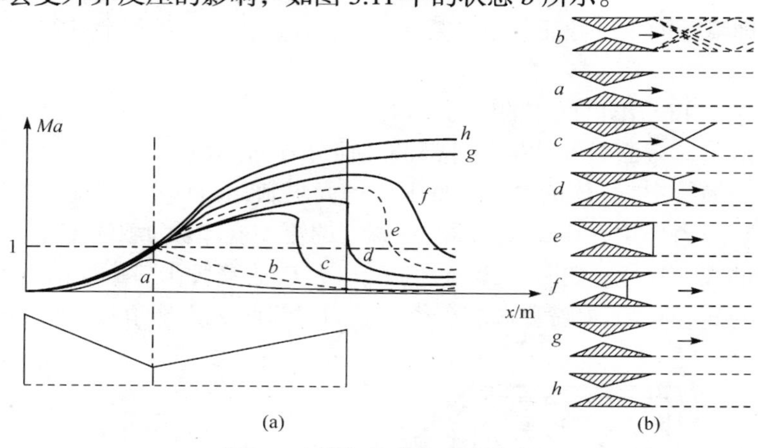

图 3.11　燃气的喷管流动状态

(3) 过膨胀状态。当 $p_a > p_e$ 时，燃气流动到喷管出口截面时将受到外部环境的阻挡而被压缩，这是由于燃气在喷管中已经历过分膨胀，因而称此状态为过膨胀状态。依据过膨胀的程度大小，过膨胀状态又分为如下几种情况：

当 p_a 稍大于燃气压力 p_e 时，喷管出口截面外将形成较弱的斜激波，燃气将依靠激波提升自身的压力，最终燃气的压力达到 p_a ，如图 3.11 中的状态 c 所示。

随着 p_a 的增大，管口激波的强度逐渐增强，激波角不断增大，如图 3.11 中的状态 d 所示。

当 p_a 达到某个临界值 p_{a1} 时，喷管口的斜激波将变为正激波(正激波提升压力的能力更强)，且激波出现在喷管出口截面，喷管内的气流流动状态不受影响，如图 3.11 中的状态 e 所示。

当 $p_a > p_{a1}$ 时，正激波将从管口退缩进入扩张段内，处于扩张段的某个截面上。燃气通过正激波后，超音速流就变为亚音速流。随后流动速度进一步降低，压力升高，在出口界面上达到 $p_e = p_a$ ，如图 3.11 中的状态 f 所示。此时，出口截面处仍得不到超音速排气速度。在激波退缩到喉部之前，喉部均能达到音速状态。

随着 p_a 继续升高，激波不断深入喷管内部。当 p_a 达到另一个临界值 p_{a2} 时，激波正好退缩到喉部。这时喷管内形成由亚音速到音速，又回到亚音速的流动状态，如图 3.11 中的状态 g 所示。

当 $p_a > p_{a2}$ 后，喷管中的流动就不能达到音速状态了，如图 3.11 中的状态 g、h 之间的曲线所示。此时喷管内全部为亚音速流动，其压力、流速和质量流率均受外部反压 p_a 的控制。

通常，将喉部达到音速流动状态的流动称为过临界流动，将喉部不能达到音速流动状态的流动称为亚临界流动。

由此可见，若使亚音速流变为超音速流，除要求喷管截面形状必须是先收敛后扩张外，还必须保证喷管的入口和出口截面处存在一定的压力差，即 $(p_0 - p_a) > 0$ ，且 $p_a < p_{a1}$ 。对于火箭发动机来说，这个条件通常是容易满足的，所以，燃气通过拉瓦尔喷管后，一定可得到超音速的流动气流。

3.4　燃气及其流动的基本属性

燃气是一种由固体火箭推进剂燃烧产生的多组分混合气体。因此，燃气是一种流体，遵循流体流动的普遍规律；它又是一种气相流体，具备气体的一般特性，符合气体动力学的相关理论。从流体的大范畴来看，气体动力学也是流体力学的一个分支，是研究气体的基本属性、气体的可压缩、气体的运动规律及与其他物体相互作用的一门经典学科。

固体火箭的燃气射流及其流动具有气体的典型特征，如连续性、可压缩性和黏性等；同时，又具有多组分、含有限速率化学反应等特殊性。下面将针对燃气的这些属性分而述之。

3.4.1 关于气体流动的假设与基本定义

1. 连续介质假设

虽然从分子物理学观点来看，任何真实流体都是由微小的分子或原子构成的，分子和原子处于无规则的热运动状态。由于我们所关心的是流体的宏观运动规律，所以，一般不考虑流体的微观粒子结构，而是将流体作为连续介质，采用流体动力学方法来研究其宏观运动行为，这就是瑞士物理学家欧拉于 1753 年提出的流体连续性假设。连续性假设的本质是，认为流体充满一个容积时既无真空也无粒子的微观运动，而是连绵不断不留任何自由空隙的连续介质。

连续介质假设为研究流体运动带来的最大便利是，不必研究大量分子的微观瞬时状态，而只需关心描述流体宏观状态的物理量，如速度、压强和密度等。在连续介质中，将这些物理量看做是坐标和时间的连续函数，就可以充分地应用连续函数和场论等数学工具来求解流体的运动问题。

由于气体分子的平均自由行程仅为几十纳米，它与本书的研究对象火箭炮的特征尺寸(例如，火箭炮箱体型框架的壁厚就超过 3mm)相比微乎其微，即使采用微米尺度来计量流体的特性，得到的仍然是大量分子的统计平均结果，因此，连续性假设在一般情况下都是适用的。例外的情况可能是，在空气稀薄的地球外层空间，如海拔 120～150km 处，空气的分子平均自由行程与飞行器的特征尺寸接近或为同一数量级，此时连续介质模型将不再适用(通常以研究对象尺度与分子自由行程之比>0.01 为界限)。例如，当航天器在空气十分稀薄的外层空间运行时，空气分子运动的平均自由行程可达几米，这时围绕航天器的流动空气就不能作为连续介质考虑。而对于射程超过 300km 的远程火箭弹而言，其射高最大可至 80km。连续性假设是否适于高空飞行的火箭弹的气动特性研究，也值得商榷。

2. 连续性假设下流场中某点参数的定义

以流体密度为例，说明连续介质中某点流体参数的定义。

在充满连续介质的空间任取一点 P，Δv 是包含点 P 的一个体积微元，如图 3.12 所示。

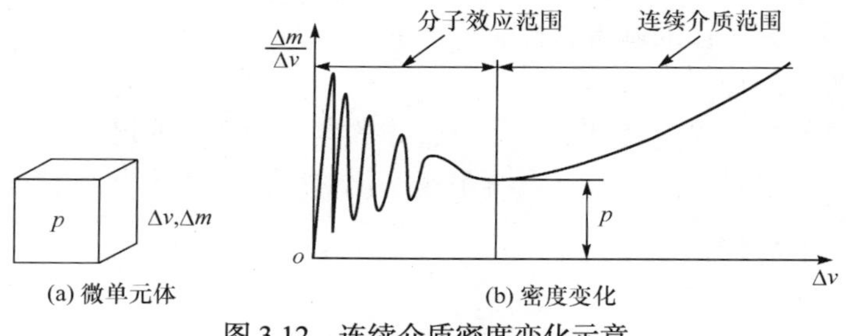

(a) 微单元体　　(b) 密度变化

图 3.12　连续介质密度变化示意

体积元 Δv 内流体分子的总质量为 Δm ，$\Delta m / \Delta v$ 即 Δv 内流体的平均密度，用 ρ 表示。平均密度 ρ 随微小体积元 Δv 的变化曲线如图 3.12(b)所示。由图 3.12(b)可以看出，随着 Δv 的不断减小，Δv 内所包含的流体越来越均匀，于是，ρ 随 Δv 的缩小趋近于一个渐近值。但是，当 Δv 进一步缩小至仅包含几个分子时，分子流入或流出微小体积元的行为就显得格外显著，以致流体平均密度呈现忽大忽小的剧烈变化，因而 Δv 就不再有确定的值。

设想有这样一个最小的体积微元 Δv_0 ，它与所研究物体的特征尺寸相比十分微小，可以将其视为一个流体性质均匀的空间点；但它与分子的平均自由行程相比又大得多，包含足够多的分子数目，能使流体密度的统计平均值具有确切意义。该体积微元 Δv_0 内的平均密度即连续介质中某点(如 P 点)的密度，即

$$\rho = \lim_{\Delta v \to \Delta v_0} \frac{\Delta m}{\Delta v}$$

如果说流体质点是一个流体性质均匀的空间点，那么连续介质就是由无限个连续分布的这样的流体质点组成的。

连续介质中某点的温度就是某瞬时与该点重合的微小流体团中所包含的无规则运动的大量分子的平均移动动能的量度；而连续介质中某点的速度则是指某瞬时与该点重合的流体质点的质心速度，显然，它不同于流体分子的运动速度。

需要注意的是，连续介质某点的密度和温度均是标量，而速度则是一个矢量。

3. 作用在流体上的力和压强

采用流体静平衡微分方程描述流体静止或相对静止状态时的平衡规律。当只受重力作用时，流体遵循相对静止(平衡)规律。实际上，当流动速度(或相对速度)不再为零时，流体将呈现出与静止或相对静止状态不一样的特性，且不再符合平衡规律，力和压强项都将存在一个分项[12]。

力作用于流体使其产生运动。在研究流体的运动规律时，应首先研究作用在流体上的力。

作用在流体上的力可分为两类：质量力和表面力。

1) 质量力

质量力又称体积力，是指作用在体积微元 Δv 内每个流体质点上的力，其大小与体积微元 Δv 的大小或质量成正比，而与体积微元 Δv 以外的流体无关。最常见的质量力是重力，对于非惯性坐标系，质量力还包括惯性力。例如，研究压气机或涡轮内的气体运动时，所取的动坐标系以与转子相同的角速度旋转，此时就要考虑惯性力和科里奥利力(简称哥氏力)。

以 R 表示作用在单位质量流体上的质量力，X，Y，Z 分别表示 R 在坐标轴 x，y，z 方向上的分量，则

$$\boldsymbol{R} = X\boldsymbol{i} + Y\boldsymbol{j} + Z\boldsymbol{k}$$

式中：$\boldsymbol{i}, \boldsymbol{j}, \boldsymbol{k}$ 分别表示沿坐标轴 x，y，z 方向的单位向量，则作用在体积微元 Δv 上的质量力为

$$\Delta \boldsymbol{F} = \rho \boldsymbol{R} \Delta v$$

作用在流体体积 v 上的质量力为

$$\boldsymbol{F} = \int \rho \boldsymbol{R} \mathrm{d} v$$

2) 表面力

表面力又称为表面应力，是指作用于流体中任一微小表面上的力，又可分为垂直于表面的力和平行于表面的力；前者为压力，后者为剪力(切力)。静止流体只受到压力的作用，而流动流体则同时受到两类表面力的作用。根据连续介质的概念，在所取流体表面上的表面力是连续分布的(图 3.13)。由图 3.13 可见，在所取流体表面 S 上一点 C 的附近划出一微元面积 ΔA，若作用在 ΔA 上的表面力为 $\Delta \boldsymbol{F}$，当微元面积 ΔA 无限减小时，比值 $\Delta \boldsymbol{F} / \Delta A$ 的极限值为

$$\boldsymbol{P}_n = \lim_{\Delta A \to \Delta A_0} \frac{\Delta \boldsymbol{F}}{\Delta A} \tag{3.9}$$

式中：$\boldsymbol{P}_n$ 表示以 $\boldsymbol{n}$ 为法向的单位面积上的表面力。$\boldsymbol{P}_n$ 的方向一般与作用面的外法向 $\boldsymbol{n}$ 并不重合，它是空间点和坐标的函数，且与作用面在空间的方位有关。通常 $\boldsymbol{P}_n$ 可以分解为垂直于表面的法向应力(称为正应力)和平行于表面的切向应力(称为切应力)。

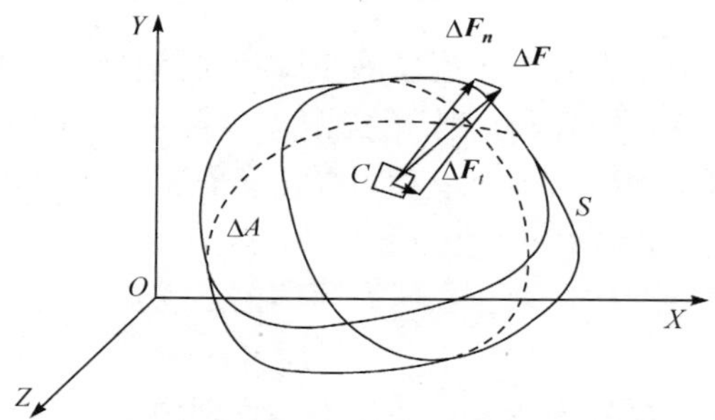

图 3.13　表面力变化示意图

将式(3.9)所得的 $\boldsymbol{P}_n$ 在所取流体表面上积分，即可得到作用于整个流体表面的表面力

$$\boldsymbol{F} = \int \boldsymbol{P}_n \mathrm{d} A$$

4. 流体静压强及其特性

在没有相对运动的静止流体或运动的无黏性流体(忽略黏度系数 μ)中，切向力等于零，流体内部仅存在法向力。这时，作用在某点附近单位面积上的法向力

就定义为该点流体的压强(法向应力)，以符号 p 表示，单位是 Pa 或 N/m^2。

静止流体的压强具有两个重要特性：

(1) 由于流体分子间的距离比固体大得多，流体的抗拉伸能力较小，故流体压强的方向永远沿着作用面的内法线方向，即压强的方向永远指向作用面；

(2) 在静止流体或运动的无黏性流体中，某一点的压强值与所取的过该点的作用面在空间的方位无关，即压强是各向同性的。

非静止状态流体的压强具有不同的特性，将在第 5.1.4 节介绍。

3.4.2　气体状态方程

任何状态下，气体的压强、密度和温度之间都存在着如下关系

$$p = p(\rho, T) \tag{3.10}$$

这就是气体状态方程。

完全气体(理想气体)是指满足克拉珀龙状态方程且比热为常数的气体，这是气体分子运动论中采用的一种假设模型气体，因此，克拉珀龙状态方程又称为理想气体状态方程。可以看出，完全气体必须满足两个条件：一是满足克拉珀龙状态方程；二是比热为常数。按照该假设，完全气体分子是一种完全弹性的微小球粒，其内聚力很小可忽略不计；分子只有碰撞时才发生作用，分子的实际体积与气体所占空间相比也可忽略不计。远离液态的气体(如蒸发出来的水蒸气)以及空气都符合完全气体假设。完全气体状态方程为

$$p = \frac{R_u}{M_r} \rho T \tag{3.11}$$

式中：M_r 为气体的相对分子质量；T 为热力学温度；R_u 为普适气体常数，其值为 8315.14m^2/(s^2 · K)。如果用 R 表示 R_u / M_r，则式(3.11)可写为 $p = \rho RT$，R 即为与气体相对分子质量相关的气体常数。空气是多组分气体构成的混合物，按各组分的相对分子质量及其组成比例，计算得空气的气体常数约为 287.053m^2/(s^2 · K)。

由于完全气体的状态方程形式简单，计算方便，在可能的情况下，空气动力学中都习惯将实际气体简化为完全气体处理。一般来说，对于常温常压下的实际气体，若忽略气体的分子体积和分子间的相互作用，其状态参量都可满足克拉珀龙方程：

(1) 在低速空气动力学中，空气被视为比热为常数的完全气体；在高速空气动力学中，由于气流的温度较高，空气中气体分子的转动能和振动能随着温度的升高相继受到激发，比热不再是常数。

(2) 对于高超音速流动，如远程导弹重返大气层时，导弹弹体头部将产生超强激波，激波后(激波与弹头之间)的气体温度可达 6000～8000K，甚至更高。如

此高温下空气可能发生离解、电离等多种复杂的物理和化学变化，这时的空气与具有常比热的完全气体有本质的不同，其成分、平均摩尔质量和比热都发生了显著变化，且随温度和压力而改变。即使在平衡态下(外界条件不变，气体的状态也不改变的状态)，气体的状态参量也不再满足克拉珀龙方程，这种气体称为实际气体。

(3) 对于分子间平均距离较小的低温高压气体，虽然分子间的相互作用已不可忽略，但仍可将其视为实际气体，不过需根据具体的温度和压力范围，采用不同形式的近似状态方程来描述实际气体。

(4) 关于高超音速流动实际气体的状态方程，可参见文献[14]。

3.4.3 气体的可压缩性与黏性

1) 可压缩性

对气体施加一定的压强，气体的体积会发生变化。一定质量的气体的体积随外界压强的变化而改变的性质，即气体的可压缩性。

气体可压缩性的大小以体积弹性模量来衡量。气体的体积弹性模量定义为：使气体产生单位体积变化(减小或增大)所需的压强变化(增大或减小)，即

$$E = -\frac{\mathrm{d}p}{\mathrm{d}V / V} \tag{3.12}$$

式中：E 为体积弹性模量，V 为气体的体积。

对于一定质量的气体，其体积与密度的关系成反比，即

$$\frac{\mathrm{d}\rho}{\rho} = \frac{\mathrm{d}V}{V}$$

因此，气体的体积弹性模量又可用密度表示为

$$E = \rho\frac{\mathrm{d}p}{\mathrm{d}\rho} \tag{3.13}$$

式(3.12)和式(3.13)表明，气体的体积弹性模量与外界压强的变化、气体密度以及密度的相对变化有关。体积弹性模量不同，物质的可压缩性也不相同。在相同的压强增量作用下，气体密度的变化与其体积弹性模量成反比，体积弹性模量越大，气体密度的变化就越小。例如，常温下水的体积弹性模量约为 $2.1 \times 109\ \mathrm{N/m^2}$，当压强增大一个大气压时，由式(3.12)可得，对应的密度变化为

$$\frac{\Delta\rho}{\rho} = \frac{\Delta p}{E} \approx 0.5 \times 10^{-4}$$

这说明，一个大气压的压强变化可引起的水的密度的改变仅为 0.005‰。因此，通常情况下，可将水视为不可压缩流体。类似地，由于液体的体积弹性模量都较大，在大多数工程问题中，都可将液体视为不可压缩流体。

对于气体，压缩系数和体积弹性模量的定义同样适用；而且，弹性气体的密

度随压强的变化规律还与经历的热力学过程有关。

对于等熵过程：$\dfrac{p}{\rho^{\gamma}}=c$，可得

$$\frac{\mathrm{d}p}{\mathrm{d}\rho}=\gamma\frac{p}{\rho},\quad E=\gamma p$$

对于等温过程：$p=\rho RT$，可得

$$E=p$$

对于空气，当 $\gamma=1.4$，$p=1.01325\times10^5\mathrm{Pa}$ 时，其等熵过程和等温过程的体积弹性模量分别约为 $1.4\times10^5\mathrm{Pa}$ 和 $1\times10^5\mathrm{Pa}$。这一量级仅为常压下水的体积弹性模量的 1/20000，因此，空气密度对压强的改变将非常敏感，即空气具有了可压缩性。

何时应考虑空气的可压缩性，应视气体的流动情况而定。具体来说，应以流动过程中所产生的压强变化是否引起了气体密度的显著变化为判断依据。若空气的流动速度较小(如 $Ma<0.3$)，则压强的变化引起的密度变化就很小，这时就可以忽略空气压缩对流动特性的影响。

2) 黏性

当物质受到应力作用时会产生变形。固体变形时结晶格子间产生的摩擦以及运动的流体分子间产生的摩擦均称为内摩擦。内摩擦是物质的微观属性，宏观上表现为物质的黏性，因此，物质的内摩擦性又称为黏性。流体的黏性表现为，当流体受到应力作用时速率会发生改变。流体分子之间的内摩擦力越大，其黏性越大。常用黏度来表征流体流动时内摩擦力的大小，也称为内摩擦系数、黏性系数，用 μ 表示。通常情况下，液体的黏度随温度的升高而减小，而气体的黏度则随温度的升高而增大。黏性是一种耗能作用，在无外界能量补充的情况下，黏性将使运动的流体逐渐静止下来。

流体为何具有黏性呢？或流体的黏性是如何产生的？

以气体为例，气体分子的速度是平均速度和热运动速度的加和。平均速度是气体团的宏观速度，而热运动速度则决定了气体的温度。气体黏性的形成过程大致可以描述为：相邻的两个气团 a 和 b(图 3.14)以不同的宏观速度运动时，由于两个气团中的分子彼此发生相互作用(吸引或排斥)，由动量定理可知，不同气团中的分子将发生动量交换，这种作用使两个气团的宏观速度有“平均化”的趋势，快速的气团被“拉”慢，而慢速的气团则被“拉”快。宏观的感觉是，相互作用使两个气团的运动似乎被“黏滞”，这种使气体产生“黏滞”的性质就是气体的黏性。

根据这一现象，可利用玻尔兹曼方程求得气体黏度 μ 的表达式

$$\mu=0.1723kT\sqrt{m/C}\tag{3.14}$$

式中：k 为玻尔兹曼常量；m 为气体分子质量；C 为表征气体分子间作用力大小的比例常数。式(3.14)说明，气体的黏性系数仅与温度成正比，而与密度无关。

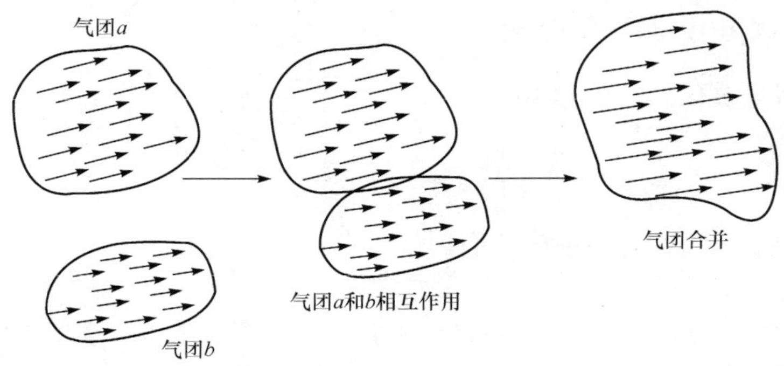

图 3.14　气团间相互作用描述

黏性在日常生活中处处可见，空气和水都有黏性，但因其黏性不大，不易引起注意。若仔细观察河水的流动，就可以发现，岸边的水流比河心的水流缓慢(水上漂浮物的运动可说明这一点)。造成河水流速产生差异的正是水的黏性，与河岸接触的水流被其黏性所阻滞，从而流速被减缓。牛顿认为，流体运动所产生的摩擦阻力与接触面积及沿接触面法线方向的速度梯度均成正比，这一研究成果称为牛顿黏性定律

$$\tau = \mu \frac{\mathrm{d}\boldsymbol{v}}{\mathrm{d}n} \tag{3.15}$$

式中：τ 为摩阻应力，即单位面积上的摩擦阻力；μ 为流体的黏度，$\mathrm{N \cdot s/m^2}$；$\boldsymbol{v}$ 为沿法向 $\boldsymbol{n}$ 的流体速度。

不同的流体介质具有不同的黏度，黏度随温度变化，但与压强无关。气体和液体的黏度具有以下特性[14]：

(1) 气体的黏度随温度的升高而增大。当温度升高时，气体的无规则热运动速度加大，导致以不同速度运动的相邻气团间的质量交换和动量交换加剧，因而黏度增大。

(2) 液体的黏度随温度的升高而减小。这是因为液体的黏性主要来自于分子间的内聚力，内聚力就是当同一物质的分子间距小于 10nm 时，分子之间产生的将物质聚集成液体或固体的分子力。当温度升高时，液体分子的活动能力更强，分子的自由行程随温度的升高而变大，分子间的距离同时增大，内聚力随之减小，造成液体的黏度降低。

温度为 288.15K 时，空气的黏度为 $1.78 \times 10^{-5}\mathrm{N \cdot s/m^2}$(空气黏度随温度的变化数据可查标准大气表)；少数液体(如甘油)的黏度可达 $15\mathrm{N \cdot s/m^2}$；橄榄油的黏度接近于 $1\mathrm{N \cdot s/m^2}$。20℃时，水的黏度为 $1.00\times10^{-3}\mathrm{N \cdot s/m^2}$；再看气体的黏度，从最大的氩的黏度 $2.1\times10^{-4}\mathrm{N \cdot s/m^2}$，到最小的氢的黏度 $0.8\times10^{-4}\mathrm{N \cdot s/m^2}$，数量级均为 $10^{-4}\mathrm{N \cdot s/m^2}$。为方便比较，将常见物质的黏度值列于表 3.6。

表 3.6　常见物质的黏度值

物质	黏度/(×10⁻³N · s/m²)	温度/℃	物质	黏度/(×10⁻³N · s/m²)	温度/℃
水	1	20	梨浆	4000	70
空气	0.0178	20	浓缩橘汁	630(30Brix)	21
酒精	1.2	20	甘油	1500	20
啤酒	1.1	4.5	食用油	65	21
牛奶	3	18	色拉酱	1300～2600	19
酸奶	152	40	番茄酱	1000	29
鸡蛋	150	4	香波	3000	35
巧克力奶	280	49	皂液	82	60
葡萄糖	4300～8600	80	纸胶水	3000	22
止咳糖浆	190	29	蜂蜜	3000	20
果汁	60	19	糖蜜	1760	20

空气黏度随温度的变化关系可采用许多近似公式描述，其中较常用的是萨瑟兰公式

$$\frac{\mu}{\mu_0}=\left(\frac{T}{288.15}\right)^{3/2}\frac{288.15+C}{T+C} \tag{3.16}$$

式中：μ 为温度为 T 时空气的黏度；μ_0 为 288.15K 时空气的黏度；C 为温度常数，其值为 110.4K。

在许多空气动力学问题中，气体的惯性力总是与黏性力同时存在。因此，有时用二者的比值 υ 来表示气体的黏性更为方便，即

$$\upsilon=\frac{\mu}{\rho} \tag{3.17}$$

式中：υ 又称为运动黏度，m^2/s。当温度为 288.15K，密度为 $1.225kg/m^3$ 时，空气的运动黏度为 $1.4607\times105m^2/s$。

虽然火箭燃气射流中含少量金属化合物，但其主要成分仍为多种气体的混合物，因此，火箭燃气射流的黏性遵循一般气体的规律。燃气射流中的黏性主要发生于流场内部流体之间、射流边界上燃气与空气之间，以及燃气与被冲击物表面之间。尤其在燃气射流与发射管管壁、发射箱迎气面和发射系统结构等部位，存在显著的黏性及由此产生的摩擦力。

3.4.4　高温气体的热力学特性

气体的热力学特性与温度密切相关。在不同的温度区间，气体呈现出不同的物理化学特性。

例如，当温度低于 600K 时，空气的主要成分氮气分子和氧气分子的运动只有平动和转动。由统计热力学可知，此时可将空气的定容比热容 c_v、定压比热容 c_p 和比热比 γ (也称绝热指数)视为常数，即对于空气有

$$c_v = \frac{5}{2}R, \quad c_p = \frac{7}{2}R, \quad \gamma = \frac{c_p}{c_v} = 1.4$$

式中：R 为气体常数，J/(kg · K)。可见，当温度低于 600K 时，可以将空气视为完全气体。当温度升高至 600～2500K 时，氮气分子和氧气分子的振动自由度开始被激发，但二者尚未发生化学反应，由热力学知识可得[15]：

$$c_v = c_v(T), \quad \gamma = \gamma(T), \quad c_p = c_v + R = c_p(T) \tag{3.18}$$

此时，理想气体的状态方程 $p = \rho RT$ 仍是适用的，但显然 c_v 和 c_p 以及对应的比热比不再是常数，而是随温度变化，如图 3.15 所示。

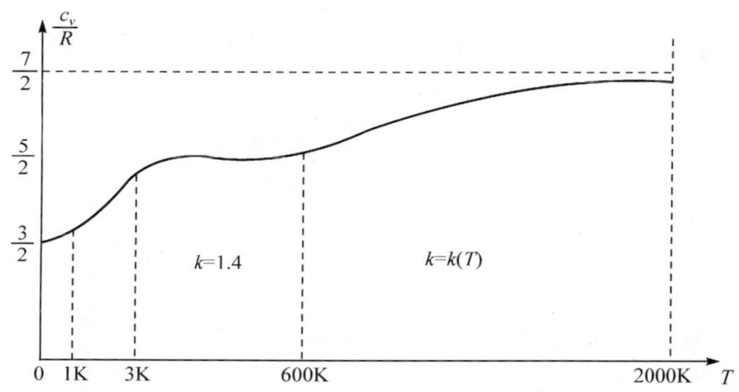

图 3.15　空气的定容比热容随温度的变化

当温度继续升高至 2500～9000K 时，空气中的氧气分子和氮气分子先后离解(当空气温度达到 2500K 时，氧气分子开始分解，生成少量的一氧化氮；当温度升至 4000K 时，氮气分子开始大量分解)，当温度升至 9000K，空气开始电离。

总之，当温度大于 2500K 时，空气就慢慢变为一种组分多元且不断变化，并含有化学反应的混合气体。此时，各组分在混合气体总质量中所占的比例不仅与混合系统的压力和温度有关，还与各化学反应的速率有关，空气不再具有完全气体的特征。

3.4.5　多组分混合气体

多组分气体就是含多种气体成分的混合气体。与成分单一的气体相比，含多种气体成分的混合气体具有不同的性质，例如，分子质量的平均随混合成分不断

变化，组分之间会发生化学反应、扩散、物理聚合等。这些性质均为混合气体的多组分性质。

多组分气体的压强服从道尔顿分压原理，即 $p=\sum_{i=1}^{N}p_i$，其中 i 为某组分，N 为组分数量。由于温度是分子热力学行为的统计宏观量，因此，多组分气体的温度并不随其组分数量的变化而变化。随着混合气体中化学反应、浓度扩散、物理聚合等过程的进行，单位体积内多组分气体中某组分的质量可能随之发生少许变化(假定燃烧充分)，但总体上混合气体的质量仍是守恒的。对于多组分混合气体，式(3.11)可以写为

$$p=\sum_{i=1}^{N}\frac{R_u}{M_{r,i}}\rho_i T \tag{3.19}$$

式中：$M_{r,i}$ 和 ρ_i 分别为组分 i 的相对分子量和质量密度。

固体火箭推进剂的燃烧产物燃气是一类典型的多组分混合气体。推进剂的种类、配方和燃烧状态不同，生成的混合气体的成分及质量比也不同。由于推进剂大多由 C 、H 、O 和 N 等元素组成，因此，燃气基本上以 CO 、CO_2 、NO 、NO_2 、H_2O(汽)、HCl 、H_2 、N_2 、PbO 、Al_2O_3 等为主要成分。由于多组分气体具有与单组分气体不同的性质，那么，多组分的固体火箭燃气的流动又有什么特征呢？

如图 3.16 所示，若视燃气射流流场为众多微单元体构成，这些微单元体的特点为：①每个微单元体所含的气体组分相同；②微单元体的组分间会发生化学反应；③各微单元体之间存在组分的扩散。当燃气射流流动时，不同的微单元体位于不同的流场区域，因流场特性不同，各区域的压强和温度可能差异巨大。例如，位于激波发生区域的燃气的压强会因激波的产生而急剧增大，高温高压的环境甚至可能使燃气组分之间发生“二次”反应[1-4]。不过，二次反应的发生条件较高，所以，燃气中发生此类反应的概率并不大，仍可认为推进剂燃烧(一次反应)生成的组分为燃气的主要成分。

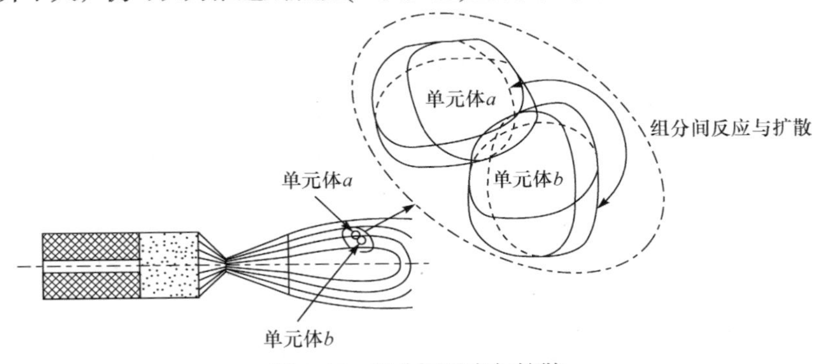

图 3.16　组分间反应与扩散

由于燃气射流流场中存在大量的激波和膨胀波，当跨过这些波时，压强、温

度和密度等参数不仅随时间快速变化，在空间坐标上也存在很大的梯度变化。因此，这些波使流场特性呈现出强烈的非线性特点，即使在相邻的流场区域，燃气的流动状态、流动参数的分布规律以及组分的浓度等都可能产生较大差异。当组分的浓度在空间分布不均一时，组分就会在区域间扩散流动(在不发生化学反应的情况下)，造成流动区域内组分质量浓度的波动，进而影响燃气的流动特性。这种扩散流动现象在燃气与环境介质(空气)的分界面上尤为突出，例如，在燃气射流流场的外包络面附近，空气的组分 O_2 和 N_2 与燃气的组分 CO 、CO_2 、NO 、NO_2 、H_2O (汽)等之间的扩散现象非常明显。因此，在燃气与空气分界面附近的区域内，燃气的组分及其分布情况极其复杂，不能一概而论。

3.5 燃气流动模型的选择

实际流体有多种物理属性，每种属性对流体的流动特性都有不同程度的影响。在研究具体的流动问题时，如果将流体所有的物理属性都考虑在内，所研究的问题将会变得极其复杂，某些问题甚至得不到合理的解。为了求出理论解，经常需要根据具体问题提出一些既符合实际，又可使问题得到有效简化的理论模型和基本假设。例如，基于完全气体的假设建立了完全气体模型，该模型既满足了完全气体的状态方程，又方便了对实际气体的求解。

由此可见，在面对特定的实际问题时，并非流体的所有物理属性都同等重要。可以关注与所研究问题关联较大的主要属性，忽略或简化某些关联较弱的物理属性，据此设计出既能反映流体的本质和主要特征，又能使问题得以简化的合理的理论模型。如何建立理论模型是求解流体力学问题的关键。

下面简要介绍几种常见的流动模型。

3.5.1 绝热流动与等熵流动模型

在流体的流动过程中常伴有传热现象，传递的热量可能来自于流体与外界的交换(如管道流动中通过壁面的传热)，也可能是流体内组分间化学反应的放(吸)热。在工程热力学中有一种完全不同的流动，流动过程中没有任何热量交换(既无热量输入和输出，也无热量生成)且流体内部的导热系数近似为零，这就是绝热流动。由于黏性作用或激波，流体介质会产生机械能损耗，转变为热，虽然这样也能使流体介质的热量增加，但热量不是自流体外部进入，因此是绝热流动允许的。严格的绝热流动是不允许任何热传导存在的。尽管实际的流体介质在温度分布不均匀时总有少许传热，但只要热传导程度不大，就可以忽略，仍可将流动看成是绝热的。

根据流动中有无机械能耗散，绝热流动分为：①无机械能耗散的绝热流动，称为可逆的绝热流动或等熵流动；②有机械能耗散的绝热流动，称为不可逆绝热流动。

严格来讲，在流动过程中，即使没有热量交换或生成，流场中的不均匀温度分布也会引起不同程度的热传导，因此，完全的绝热流动其实是不存在的。只是在传入或生成的热量非常小，且热传导的影响可忽略不计时，才可以近似地认为是绝热流动；只有忽略流体的黏性(即忽略无内摩擦产生的内耗散和损失)和热传导的绝热流动，才可以近似为等熵流动。在实际中，应根据具体情况和条件选择合适的流动模型。

3.5.2　理想流体(无黏性流体)流动模型

根据牛顿内摩擦定理[16]，在流体的厚度足够小且流动的速度梯度不大的情况下，流动的剪切应力较小，可以忽略，此时可将流体视为理想流体或无黏性流体，这就是理想流体(无黏性流体)模型。在理想流体模型中，流体微团不受黏性力的作用。

实际生活中，任何流体都是有黏性的，只是在某些情况下，可将黏度较小的流体(如水、空气等)作为理想流体来对待。例如，在远离物体表面及其附面层(此处速度梯度较大)的区域内，流体的速度梯度和空气黏度都较小，因而相应的黏性应力可忽略不计，这种流动即可视为理想流动。而在速度梯度较大的附面层内，黏性的影响是不可忽视的。

3.5.3　不可压缩流体流动模型

实际上，任何一种真实流体都是可压缩的。比较而言，气体的可压缩性较强，而液体的可压缩性较弱。

在求解可压缩性的流体问题时，不仅需考虑流体力学关系，还要考虑热力学关系，计算十分复杂。为此，在解决某些实际问题时，为了简化问题，方便计算，有时将流体密度近似认为不变，即按照不可压缩流动模型来处理。通常将体积弹性模量为无穷大或流体密度为常数的流体称为不可压缩流体。有时密度相对变化量 $\Delta\rho/\rho$ 很小的流体也认为是不可压缩流动。不可压缩流动模型的本质就是不考虑流体的可压缩性。求解不可压缩流体时，可仅考虑力学关系而无需考虑热力学关系，因此使问题的求解和数学分析大大简化。

液体的可压缩性较弱，密度随压强的变化较小，所以对液体进行不可压缩的近似处理较易于理解。不过，对于水下爆炸等问题，由于爆炸引起的水压强变化过程非常迅速，又必须考虑液体的可压缩性。由于气体的可压缩性较强，其可压缩性的影响一般都不可忽略。只有当气体的流动速度较小，所引起的 $\Delta\rho/\rho$ 也较小时，低速流动才可以看做是不可压缩流。判断气体流动是否可压缩的依据是，当流速与当地音速之比 $V/c<0.3$ 时，认为是不可压缩的；$V/c>0.3$ 时，流动的可压缩性不能忽略。

3.5.4　湍流效应

湍流是大雷诺数下流体的一种高度复杂的带旋转的三维非稳态不规则流动。湍流中每一点的速度随时间和空间都是随机变化的，因此其结构十分复杂。现代湍流理论认为：湍流是由各种不同尺度的涡构成的，大涡的作用是从平均流动中获得能量，是湍流的生成因素，但这种大涡是不稳定的，它不断地破碎成小涡。换句话说，从低频的大涡到高频的小涡是一个能量级联过程，这一过程一直持续到湍动能的耗散。如果没有持续的外部能量供给，湍流将逐渐衰退直至消失。

从物理结构上，可以将湍流视为由各种不同尺度的涡旋叠合而成的流动，这些漩涡的大小及其旋转轴的方向随机分布。大尺度的涡旋主要由流动的边界条件所决定，其尺寸量级可与流场的大小相当，是造成流体低频脉动的因素；小尺度的涡旋主要由流体的黏性力决定，其尺寸只有流场尺度的千分之一量级，是造成流体高频脉动的因素。

流体在形成湍流前，先后经历几种流动状态。当流速很小时，流体分层流动，互不混合，称为层流(也称为稳流或片流)；随着流速逐渐增加，流体的流线开始出现波浪状的摆动，摆动的频率及振幅随流速的增加而增加，这种流动状况称为过渡流；当流速继续增加至流线不再清楚可辨时，流场中有许多小涡旋，层流被破坏，相邻流层间不仅有滑动，还有混合，此时才形成了湍流(又称乱流、扰流或紊流)。

湍流只有在大雷诺数下才会形成。这是因为，雷诺数较小时，流体的黏滞力对流场的影响大于惯性力，流场中流速的扰动会因黏滞力而衰减，于是流体趋于流动稳定，呈现为层流状态；而当雷诺数较大时，惯性力对流场的影响大于黏滞力，流动不稳定，从而形成紊乱、不规则的湍流流场。

自然界中的江河急流、空气流动、烟囱排烟等，都是湍流现象。

3.5.5　有限速率化学反应

任何化学反应都是由一系列的基元反应(由反应物直接转化为产物的反应，又称为简单反应)所组成，而基元反应的发生需要一定的反应条件，如反应的活化能和反应温度。燃气射流中的化学反应主要表现为多组分间的有限速率化学反应[17-19]。第 6 章将基于有限速率化学反应流动仿真，详细讨论有限速率化学反应的基本概念，此处不再赘述。

本 章 小 结

(1) 固体火箭推进剂的装药都具有一定结构，不同的装药结构具有不同的燃烧规律；燃气的生成过程就是推进剂由固体状态转化为气体状态的过程；在推进剂表面开始复杂的化学反应后，燃气逐渐在固体表面产生并流入燃烧室。

(2) 随着膨胀的燃气迅速占据燃烧室空间，燃烧室内的压强急剧升高。当压强达到燃烧室的承受极限时，必须设置一个供燃气流出的通道，一是防止燃烧室爆炸或损伤；更重要的是，流出的燃气可以生成推力，实现火箭发射。完成这一功能的装置就是拉瓦尔喷管。

(3) 本质上，拉瓦尔喷管就是一个先收敛后扩张的使气体膨胀的流动通道。喷管的收敛/扩张角度、长度及壁面形状不同，流动的扩张程度也不同。本章通过将喷管内的流动简化为一维变截面管流流动，研究了燃气的拉瓦尔喷管流动规律，总结了喷管出口截面环境对流动的影响。

(4) 黏性、湍流以及燃气组成，都是燃气流动的主要研究内容。这些内容与燃气自由流动及其外部物体的冲击绕流都有重要关联。

参考文献

[1] 万少文, 赵志敏, 胡昌宇. 工作压强对战术固体火箭发动机比冲的影响分析[J]. 固体火箭技术, 2003, 26(2): 4-7.

[2] 郑朝民. 略论两相流对火箭发动机比冲的影响[J]. 火炸药, 1997, (2): 25-27.

[3] 方国尧, 王庆. 火箭发动机喷管内型面优化设计[J]. 推进技术, 1993, 14(3):16-21.

[4] 胡润芝, 张小平, 郑剑, 等. 高能推进剂燃烧效率研究和实测比冲预估[J]. 推进技术, 2001, (05): 415-417, 436.

[5] 朱文涛. 物理化学(上册)[M]. 北京: 清华大学出版社, 1995.

[6] 唐金兰, 刘佩进. 固体火箭发动机原理[M]. 北京: 国防工业出版社, 2013.

[7] 李荣钧, 费玉周. 复合固体推进剂稳态燃烧模型(综述)[J]. 国外固体火箭技术, 1985,(4):1-10.

[8] 张炜, 朱慧. Ap 复合固体推进剂稳态燃烧模型综述[J]. 固体火箭技术, 1994, (1): 38-46.

[9] Kumar R N. Condensed phase details in the time-independent combustion of AP/composite propellants[J]. Combustion Science and Technology, 1973, 8(3): 133-148.

[10] Kumar R N. Composite propellants combustion modeling studies. 12th(inter) Symp. Space Technol. Sei., 1977, 543-544.

[11] 武晓松, 陈军, 王栋, 等. 固体火箭发动机气体动力学[M]. 北京: 国防工业出版社, 2008.

[12] 本尼迪克特 R. P. 温度、压力、流量测量基础[M]. 北京:国防工业出版社, 1985.

[13] 王保国, 刘淑艳, 黄伟光. 气体动力学[M]. 北京: 北京理工大学出版社, 2005.

[14] 王新月. 气体动力学基础[M]. 西安: 西北工业大学出版社, 2006.

[15] 高执棣. 化学热力学基础[M]. 北京: 北京大学出版社, 2006.

[16] 邹高万, 贺征, 顾璇. 黏性流体力学[M]. 北京: 国防工业出版社, 2013.

[17] 李军. 含化学反应流动的 TVD 格式及其在燃气射流中的应用(英文)[J]. 南京航空航天大学学报(英文版), 2005, 22(1):64-70.

[18] 李军, 李志刚, 曹从咏, 等. 多组分含化学反应火箭燃气射流流场的数值模拟[J].宇航学报, 1998, 19(2): 49-55.

[19] 李军, 张福祥, 曹从咏. 含有限速率化学反应火箭燃气射流流场的数值模拟[J]. 南京理工大学学报, 1996, 20(3): 213-216.

燃气射流是怎样冲击发射系统的?

火箭武器的燃气射流与发射系统间的相互作用，其实质就是燃气射流绕流发射系统时对各迎气面产生作用载荷。这些载荷是火箭炮结构设计的重要参数。由于燃气具有可压缩性，燃气射流与发射系统的相互作用不仅与燃气自身的能量有关，还受发射系统迎气面结构的影响。即使是同一发动机产生的燃气射流，冲击对象不同，形成的冲击载荷也不同。本章将讨论不同迎气面结构的定向器，包括同口径、异口径、同时离轨、滑轨和箱式定向器的燃气射流冲击形态。

第 4 章　燃气射流的流动形态

野战火箭发射的火箭弹多为无控弹，其飞行轨迹为典型的抛物线形弹道。当质量、推力作用规律和气动外形等参数一定时，火箭弹飞行的距离主要取决于发射时的初速 $\boldsymbol{v}_0$ 和射角 θ_0，如图 4.1 所示。为了约束火箭弹的飞行，火箭炮上设有定向器装置。火箭弹发射后先在定向器上滑行一段时间，直至后定心部离开定向器，本书定义后定心部离开定向器的时刻为起始时刻或时间零点，对应的火箭弹速度即为初速 $\boldsymbol{v}_0$。

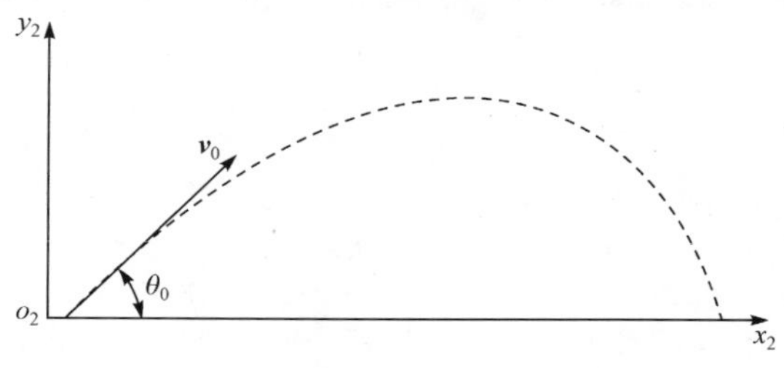

图 4.1　飞行弹道与初始时刻

发动机点火后，燃气经由喷管流出即开始产生推力。在克服重力和惯性后，推力迫使火箭弹运动，同时，燃气与定向器和发射系统开始发生相互作用。为便于描述分析，将从发动机点火至火箭弹离开定向器这一过程按照时间历程分为 5 个阶段：点火阶段、闭锁解脱阶段、定向器内运动阶段、燃气射流冲击管口阶段和火箭弹远离定向器阶段，如图 4.2 所示。在每一阶段，燃气射流与发射系统的作用都有不同的规律。本章将结合 5 个阶段的特点，分别讨论燃气射流与发射系统间相互作用的形式和原理。

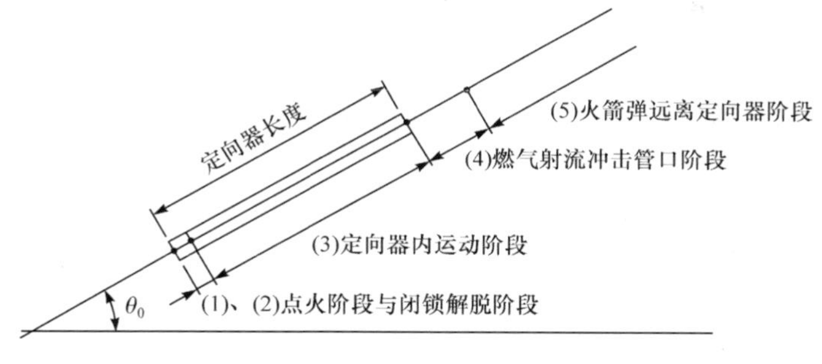

图 4.2　燃气射流与定向器作用过程

4.1　火箭弹发射过程的 5 个阶段

在火箭炮的使用过程中，火箭弹安放在定向器内随系统一起移动。为了保证火箭弹在运动过程中的稳定性，防止意外滑脱或被外部物体损坏，在采用定向器内闭锁机构约束的同时，还在定向器的前、后端各设计了一个封盖(称为定向器的前盖和后盖，又合并称为前后盖)，定向器、火箭弹和前后盖就组成了一个结构整体。

在火箭炮发射时，前后盖应该如何打开，才能保证火箭弹成功“冲出”定向器而实现发射？在介绍火箭弹发射过程的 5 个阶段之前，有必要先讨论定向器的前后盖开启问题。

4.1.1　定向器前后盖的开启方式

由第 3 章内容可知，定向器的主要结构形式有笼式、滑轨式、筒式和箱式。其中笼式和滑轨式定向器一般不设置前后盖，火箭弹处于“裸露”状态。筒式和箱式定向器的盖子开启包括前盖开启和后盖开启。

筒式定向器多用于中小口径火箭弹的发射，如 122mm、300mm 和 370mm 系列。由于筒式定向器的前盖面积不大，又常采用轻质易碎材料制作，因此，它们的前盖多由火箭弹的弹头直接撞开，撞击产生的对火箭弹弹头部位的冲击载荷一般小于 5kN，这样的载荷量级在引信等部件的承受范围内。因此，弹头直接撞击的开盖方式对于筒式定向器是适用的。

对于箱式定向器而言，箱盖的面积往往大于 $1m^2$。为保证前盖的结构刚度，前盖壁厚常大于 10mm，还含有加强筋等辅助结构，弹头直接撞击造成的冲击载荷将达到几万牛量级，极大地超出了引信和弹体等部件的载荷承受能力，可能对其造成严重损伤。为此，箱式定向器前盖的开启主要采用爆破式、开关式和激波破碎式[1]。爆破式箱盖利用爆炸螺栓或爆炸索等产生的火药气体开盖，开盖时间短，但仅可单次使用，且存在火工品安全隐患[2,3]；开关式箱盖通常由金属材料制作，发射时利用液压、气压或电力驱动机械结构完成开盖动作，但其机械结构易受燃气射流冲击烧蚀而产生损伤[4,5]；激波破碎式箱盖由脆性材料制成，发射时可被后盖反射过来的激波撞击而破碎[6-8]。激波破碎式的箱盖结构简单、质量小，但箱盖制造工艺有一定难度[9-11]。

定向器的后盖多采用燃气“吹”破或发动机堵塞撞破的开启方式。发动机扩张段的堵塞设置如图 4.3 所示。堵塞的作用是使燃烧室“憋气”，以使燃气压强迅速升高至设计值。发动机的堵塞常由非金属材料(如胶木)制成，在设计上不要求堵塞破碎后喷出，因此往往是整个堵塞一起运动离开喷管。所以，在有堵塞的情况下，后盖基本上都是被堵塞撞破。

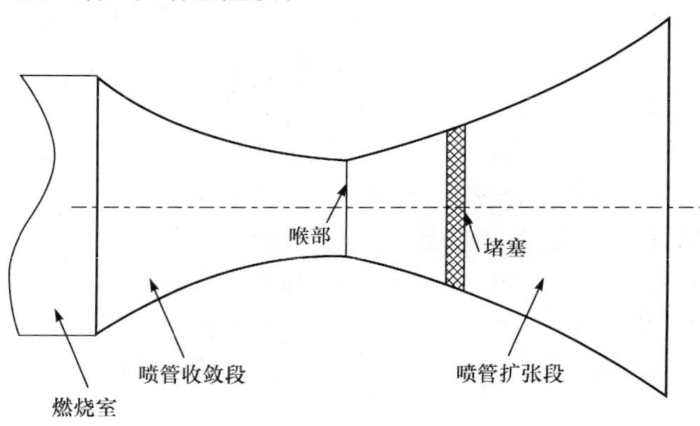

图 4.3　发动机堵塞结构

在采用激波破碎式开盖技术时，可通过对后盖结构强度的设计来控制其抵抗燃气射流冲击的能力(如 10ms)，以使燃气能够被后盖反射回来，形成向管口方向运动的激波，用于前盖的开启。

4.1.2　点火阶段

发动机点火后，燃烧室内的压强在几毫秒内就迅速达到稳定燃烧状态；之后燃气冲破堵塞、流经喷管，形成稳定的燃气射流，这一过程即点火阶段，如图 4.4 所示。在点火阶段，从喷管流出的稳定的燃气射流首先遭遇到的结构部件就是后盖，二者相遇会发生什么作用呢?

在燃气射流冲击定向器后盖的过程中有两个时间历程：一是燃气射流对后盖的冲击时长；二是后盖结构件的破裂时长。经验所知，无论是筒式还是箱式定向器，后盖结构件达到破裂的时长总会大于燃气射流的冲击时长。也就是说，在定向器后盖破裂之前，燃气有一段时间被封闭在定向器(主要是喷管与定向器的连接部位)内。虽然被封闭的时间很短(几毫秒～十几毫秒)，但由于燃气的生成和聚集很快，这一现象对发射系统造成的影响不可忽视[12]。在这一阶段，被封闭的燃气射流可能向喷管和定向器的缝隙流动，也可能向弹管间隙(定向器与火箭弹之间的缝隙，见图 4.4)流动，当这些流入缝隙的燃气射流从定向器管口流出时，形成又一种燃气射流，称之为二次射流[13]。

火箭弹与定向器间的弹管间隙不同，二次射流的表现也不一样。对于图 4.5(a)所示的折叠尾翼火箭弹，其弹管间隙(即火箭弹定心部直径与定向器内径的差值)较小，二次射流流动通道小，流动较弱；对于图 4.5(b)所示的非折叠尾翼火箭弹，其定向器的内径远大于火箭弹直径，较大的弹管间隙使燃气的二次射流现象较为突出。因此，为了减小二次射流对火箭弹运动的干扰，非折叠尾翼火箭弹的定向器后盖多采用人工或机械开启方法，即在发动机点火前就打开后盖；考虑到机械开盖可能失败的情况，此时就要借助燃气射流的冲击来打开后盖，因此后盖的设计强度不宜过大，以确保可被燃气射流安全及时打开，避免形成的二次射流干扰发动机燃烧和火箭弹运动。

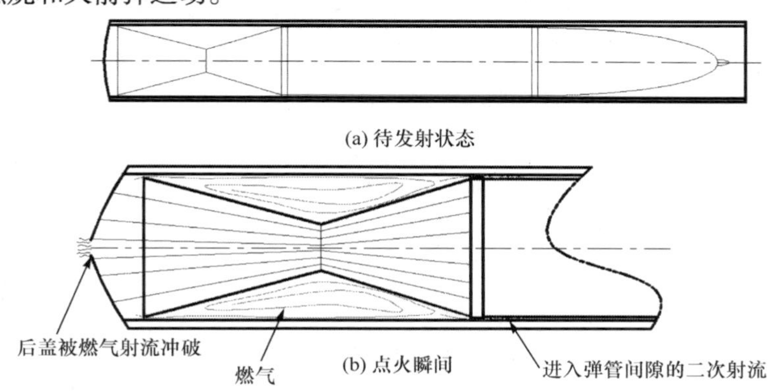

图 4.4　发动机点火瞬间燃气射流流动示意

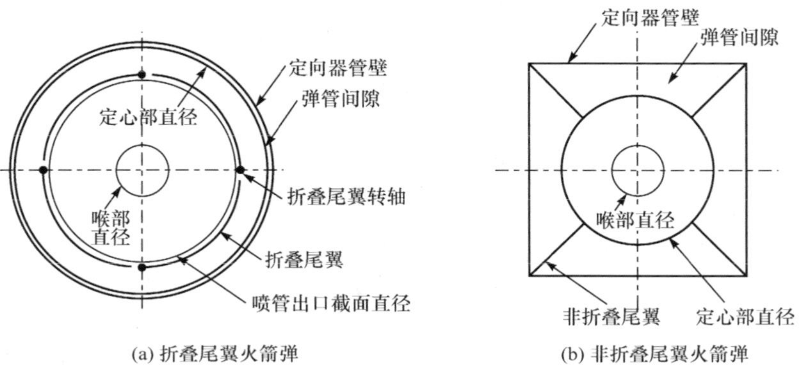

图 4.5　弹管间隙示意

4.1.3　闭锁解脱阶段

在火箭弹发射初期，最复杂的技术问题就是火箭弹的闭锁及解脱。闭锁机构一般位于定向器的尾部区域，具体位置因定向器和火箭弹结构而异，不尽相同。闭锁机构的主要作用是约束火箭弹，提供闭锁力以确保每发火箭弹的初始参数一致。由于闭锁机构工作在强瞬态冲击环境中，该冲击载荷对闭锁机构产生起始扰动，从而降低火箭弹离轨速度的一致性和发射精度，因此闭锁机构和闭锁力的瞬态冲击特性对火箭发射系统具有重要影响。随着火箭炮的不断发展和性能提升，闭锁机构先后经历了无闭锁、有闭锁和大闭锁力挡弹、零闭锁力发射等发展阶段。

火箭炮发展初期，在火箭弹上只有一个与火箭炮相连接的机构，用于避免弹在行军过程中从定向器中脱落，但这个机构并不具备闭锁的功能，火箭弹处于无闭锁约束状态，这就是火箭弹的无闭锁阶段。

在火箭武器系统的使用过程中，人们发现，由于点传火时间和燃烧室压强等的波动，常常使火箭发动机推力不稳定，造成每发火箭弹的管内运动规律及其初速都可能发生变化，严重时还会引起火箭弹起始扰动的随机散布，最终降低火箭弹的射击密集度。于是，人们开始思考如何对火箭弹施加闭锁约束的问题。自 20 世纪五六十年代，火箭炮的闭锁机构得以快速发展。不同类型的火箭炮所需要提供的闭锁力的大小也不同，因此与之匹配的闭锁机构也不同。但无论何种形式的闭锁机构，其目的都是对火箭弹施加闭锁约束，使其初速散布得以控制，以降低初速对射击密集度的影响，这一阶段是火箭弹的有闭锁阶段。

随着现代战争对武器系统大威力的要求，火箭弹的质量越来越大。为了满足闭锁与挡弹功能，闭锁力值通常需达几十万牛量级，闭锁解脱过程中就会产生强大的冲击力，由此引起的发射系统的振动将对火箭弹产生巨大的起始扰动，严重影响发射系统的正常工作。因此，研究人员继而转变思路，采用了平时大闭锁力挡弹、发射时零闭锁力释放火箭弹的闭锁方式[14,15]。

在发射初期阶段，闭锁机构的存在对火箭弹的受力与振动影响较大，以卡瓣式闭锁机构为例，从发动机开始产生推力，到闭锁机构彻底解脱闭锁，这一过程可持续 100ms 以上[16]，而发动机推力从产生到稳定的时间往往只有几毫秒到十几毫秒。因此，可以认为，闭锁解脱时发动机已经完全发展至稳定推力阶段，此时燃气对后盖的冲击开启作用也应达到最强状态。而对于大闭锁力挡弹、零闭锁力发射的机构，燃气一旦流出喷管，闭锁即已解脱，此时燃气射流仍处于发展时期，其冲击强度还不足以开启后盖。这时，就要借助外力或某种机构来帮助开启后盖。文献[14]和[15]中的燃气解脱式闭锁机构，就是依靠燃气和发动机堵塞的共同作用来完成开盖任务的。

火箭弹受推力作用至开始运动这一过程就是闭锁解脱阶段。

闭锁解脱后，火箭弹即开始运动。闭锁解脱阶段燃气射流在定向器管内外的流动状况如图 4.6 所示。由图 4.6 可见，由于此时定向器管尾外的燃气射流流场已发展完全，流动的黏性使向后喷射的燃气射流具有强大的“引射”作用，定向器管尾外的空气被“抽吸”进来，管尾附近形成局部的低压强区域。以集束式定向器为例，这种“抽吸”作用造成的局部负压极有可能将邻近定向器的后盖“误”打开，扰乱发射计划，甚至影响发射安全性。对于单兵火箭武器来说，“抽吸”作用会在使用者耳部附近形成令人烦躁的噪声场，严重干扰射击效果。

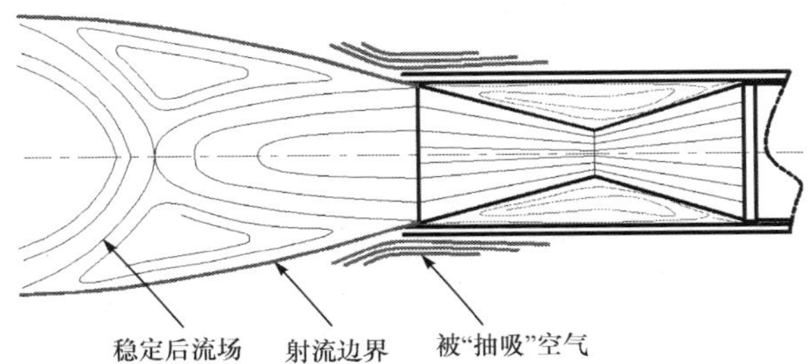

图 4.6　闭锁解脱阶段燃气射流在定向器管内外的流动状况

4.1.4　定向器内运动阶段

燃气射流流场是一个含激波、膨胀波等多种波系的复杂场，在流动的全流域，其流动参数和热力学参数是完全非线性的。沿射流轴线方向流场的流动形态不断地被“复制”，如图 4.7 所示，这一现象称为“波节”效应。“波节”效应使流场的压强、密度和温度等流动参数呈周期性分布，它是燃气射流在定向器管内流动阶段的显著特征。由于“波节”的存在，燃气射流在定向器壁面上的压强和温度分布也将不断重复(见图 4.8 压强分布)。理解“波节”效应对定向器壁面的刚强度计算有助。

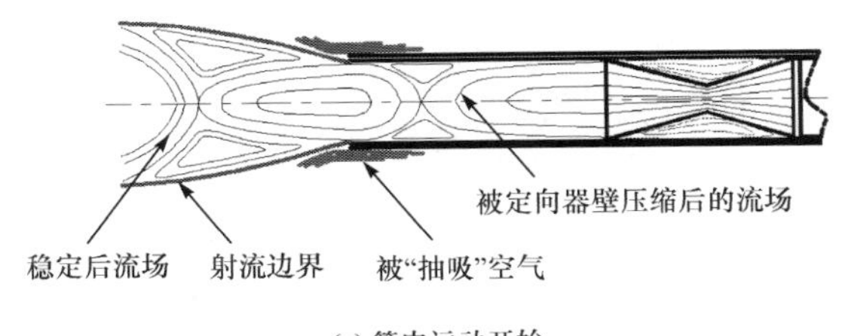

(a) 管内运动开始

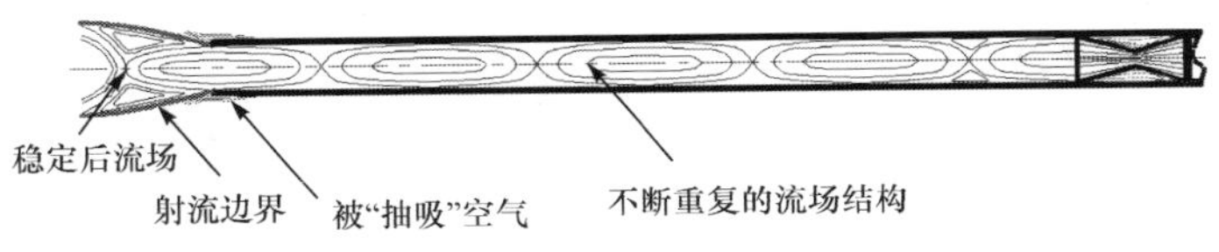

(b) 管内持续运动

图 4.7　燃气射流流场定向器管内流动阶段的“波节”效应

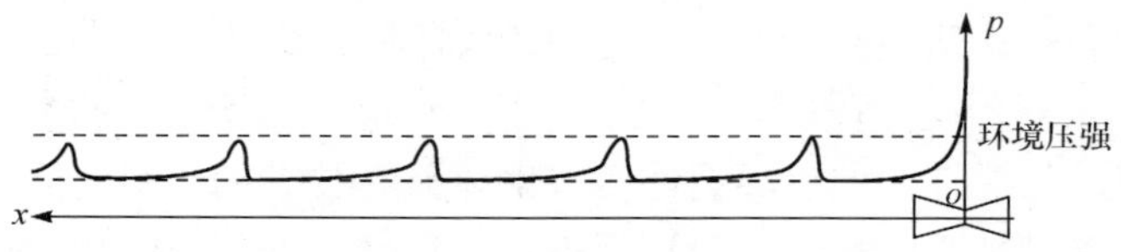

图 4.8　定向器内壁面压强分布

在定向器内运动阶段，由于受到定向器管壁的约束，燃气只能在定向器内流动，定向器成为燃气的导流器。当燃气在定向器管尾流出时，由于流速较大，同样会对外部空气造成“引射”效应。“引射”效应是定向器管内流动阶段的又一特点。

不同结构的定向器，“引射”效应具有不同的作用方式。由于筒式和箱式定向器具有导流功能，可在燃气射流对邻近定向器形成冲击扰动之前，就将其迅速排走，因此这两种定向器的“引射”效应较弱。而对于无蒙皮保护的笼式和滑轨式定向器，发射时火箭弹燃气射流对邻近轨道及其他机构形成强烈冲击，射流冲击时又产生反溅，转而对其形成发射扰动，影响火箭弹的运动。因此，“引射”效应对火箭发射系统的干扰不容忽视。

4.1.5　燃气射流冲击管口阶段

当火箭弹发动机的尾部运动至定向器的前端管口时，含波节效应的燃气射流流场将被“拉”出管口，原来被约束在定向器内的射流流场突然获得更大的流动通道，它不再仅沿定向器内通道流动，而是与定向器前端管口附近区域的外部环境发生冲击，流场随之变得紊乱，这一过程即燃气射流冲击管口阶段。图 4.9 给出了燃气射流近距离冲击定向器管口示意。由图 4.9 可见，在此阶段，射流与定向器管口存在明显的相互作用，一方面射流流场的流动规律与管口迎气面的结构密切相关；同时，作用在管口迎气面上的压强分布变得复杂，主要体现在气体可压缩性造成压强在空间和时间上的非线性变化，这一现象已被理论和实验验证[17]。为了保证定向器的刚度和强度，定向器管壁都具有一定厚度，例如，内径为 122mm 的 122 火箭炮定向器的管口处壁厚约为 15mm，15mm 厚度的圆环就是受到燃气射流直接作用的迎气面，燃气射流在迎气面上产生压强。若流场作用在管壁口的压强为 1MPa，则迎气面就会受到约 6100N 的作用力，该力直接作用于定向器，并传递至发射系统，是引起发射系统振动的外部载荷之一。

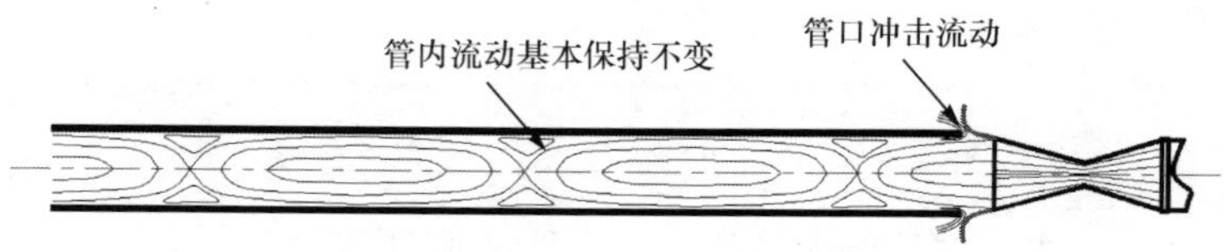

图 4.9　燃气射流近距离冲击定向器管口示意

4.1.6　火箭弹远离定向器阶段

随着火箭弹逐渐远离定向器管口，燃气射流流场如“幕帘”一样被拉出定向器(图 4.8)，燃气射流作用于定向器内壁的压强呈不均匀分布，当压强的峰值或低谷依次离开定向器时，燃气射流对定向器管口的冲击也必然呈波动状态。

火箭弹逐渐远离定向器时，火箭弹、定向器和燃气射流流场呈现如图 4.10 所示的形态。由图 4.10 可见，此时燃气射流仍然呈现出“波节”效应；同时，管口区域还存在燃气射流与管口迎气面的相互作用，管内剩余的燃气射流继续被导流。通常情况下，野战火箭武器燃气射流的影响区域范围约为射流方向 50 倍定向器口径、垂直弹轴线(径向)方向 5～8 倍定向器口径。

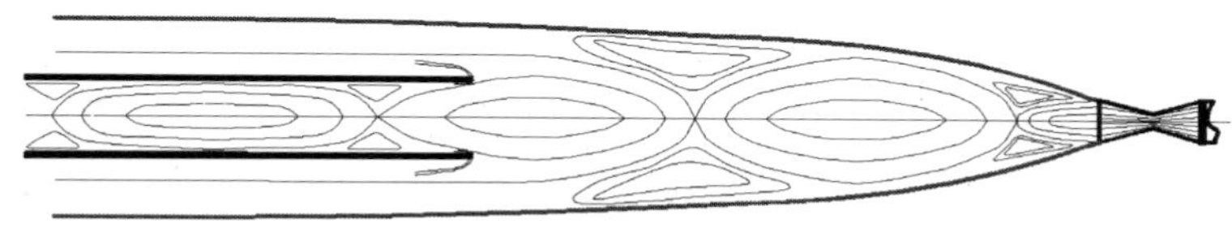

图 4.10　定向器管口外一定距离处燃气射流对管口的冲击情况

由于火箭武器的集束性特点，某定向器发射火箭弹时产生的燃气射流将对其他定向器产生影响。若相邻的定向器装有前后盖，则整个定向器集束都将遭遇强大的燃气射流冲击。图 4.11 给出了燃气射流对定向器迎气面的冲击效应。由图 4.11(a)可以看出，在燃气射流的影响区域，压强和温度基本呈同心圆状分布，即在以发射管中心为圆心的同一半径的圆环上压强和温度相等，沿半径方向则迅速衰减(图 4.11(b))。因此，在火箭弹远离定向器这一阶段，燃气射流的冲击影响区域有限，火焰对迎气面影响区域的半径约为 4 倍定向器口径。

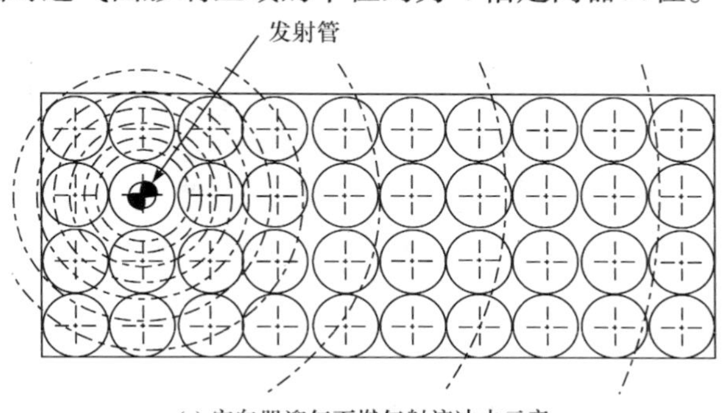

(a) 定向器迎气面燃气射流冲击示意

(b) 122m火箭炮发射时的燃气射流

图 4.11　燃气射流对定向器迎气面的冲击效应

由上述分析可见，在火箭弹发射过程的 5 个阶段，燃气射流对发射系统冲击效应的表现是不同的。考虑到燃气射流对迎气面的作用主要表现为压强，因此，在研究燃气射流对发射系统冲击作用时，我们重点关注压强参数的变化规律。燃气射流的可压缩性使压强呈强烈的非线性变化，即在空间坐标压强的梯度很大；在时间坐标压强的变化率很大。

4.2　燃烧室与喷管内的流动形态

在建立和分析燃气射流在燃烧室和喷管区域的流动形态之前，先介绍描述流动的相关基本知识。

4.2.1　流动的维数

在固体火箭系统中，发动机的燃烧室、喷管、定向器的内壁面和后盖等构件都是三维结构，在其中流动的燃气射流必然也是三维流动。因此，严格地说，燃气射流模型必须按照三维流动来建立。但在实际研究中，真实的三维模型将带来巨大的计算量甚至不可解。为了提高计算效率，需要综合考虑网格数量与计算时间的关系，很多情况下不得不对研究对象进行必要的简化，如将流动降维至二维甚至一维模型来计算。

几何空间由点、线、面、体等基本元素构成，而一维、二维和三维几何空间则分别由线(一个变量)、面(两个变量)和体(三个变量)来描述。那么，如何用数学方法来描述运动的流体呢？

描述流体状态的参数有流动速度、温度、压强、黏度等，常用这些参数的变化来描述流体的运动规律。一维流动是指流动参数仅在一个坐标方向发生变化的流动，如不考虑壁面黏性的沿管道的流动，如图 4.12(a)所示。相应地，二维流动或三维流动则分别指流动参数在两个或三个方向都在变化的流动，流体沿无限长狭缝的流动就是二维流动，如图 4.12(b)所示；而带攻角弹体的绕流则属于三维流动，如图 4.12(c)所示。

在进行流动分析时，如何依据实际流动情况，通过合理假设确定流动维数(有时甚至进行降维处理)，是数值仿真的关键步骤。例如，图 4.12(a)所示的管道流动为何可视为一维流动？由图 4.12(a)可以看出，流动管道呈弯曲状，但因管道内无激波，且管道直径远小于流体流动距离，在忽略壁面摩擦的情况下，垂直于管道截面上的流动参数处处相等，仅在管道流动方向(x 向)发生变化，这样的流动完全符合一维流动的特征；又如 4.12(b)所示无限长狭缝中的流动，流动(速度)不仅在流动方向上变化，在沿狭缝方向也变化，但在高度 z 向近似不变，因此可将其视为二维流动(x、y 向)；再如图 4.12(c)所示的带攻角弹体(包括无尾翼弹丸)的绕流运动，弹体在飞行过程中，既有铅垂面内攻角的变化，又有弹道切平面内偏航角的变化，即绕弹体的流体流动参数在三个坐标方向(x、y、z 向)都是变化的。这是三维流动的典型实例。

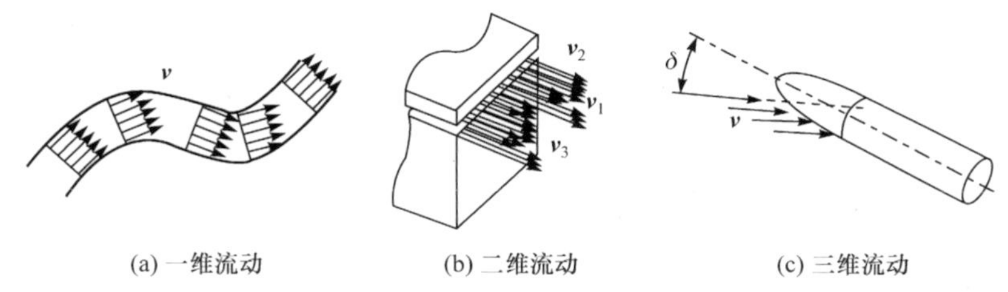

(a) 一维流动　(b) 二维流动　(c) 三维流动

图 4.12　流动维数表达

4.2.2　燃烧室及喷管内流动的特点

火箭弹主要由战斗部(含引信)、燃烧室和喷管等组成，如图 2.5 所示。火箭弹的燃烧室既是装填推进剂的容器，也是生成燃烧的空间。固体推进剂产生燃气的过程非常迅速，几乎可在瞬间完成。相对于迅速产生的大量燃气，燃烧室的体积及燃气可流动的通道(喷喉面积)就显得十分狭小，导致燃气无法及时排解流出，这就是燃烧室内的燃气在流入喷管之前呈现高温高压静止状态的原因(流入喷管的流动形态可参见图 3.4)。

燃气流动进入喷管后，速度得以提升，实现了内能到动能的能量转化，具备了流出喷管后产生推力的条件。拉瓦尔喷管内的燃气由收敛段的亚音速流至扩张段则变为超音速，达到了迅速膨胀的效果，流动速度得以持续提升。超音速的燃气射流一旦流出喷管，便遇到与其压力和温度相差巨大的外部环境介质，对环境造成反压。燃气与环境压强之间的差异使刚流出喷管的燃气迅速膨胀，在膨胀过程中还伴有激波、膨胀波等复杂波系，流场不再均匀，流动参数呈现强烈的非线性。那么，喷管内的流动形态又是怎样的，是否也有激波和膨胀波？我们知道，燃气射流流场中激波等复杂波系的存在，将严重阻碍流体速度的提升，甚至可能将流动降为亚音速。所以，在喷管设计时应依据流动特点，对喷管的几何参数进行设计，确保流动在喷管内不会产生激波，具体设计方法可参见文献[18]。

实际上，固体火箭发动机的喷管横截面多为圆形，如收敛段、喉部及扩张段的横截面等。如图 4.13 所示，过喷管轴线做喷管的纵切面，在轴线与喷管壁面组成的面，如切面 1 和切面 2 内，如果喷管内的流动是沿轴线方向(设计状态)，则切面 1 和切面 2 内的流动完全相同；同理，沿圆周 360°内任一切面上的流动均与切面 1 相同，也即绕喷管轴线的流动遵循轴对称规律。轴对称图形就是平面图形沿一条直线折叠后，直线两边的部分能够完全重合的图形，称此图形关于这条直线对称，该直线称为对称轴。图 4.13 中的切面 1 和切面 2 就是沿轴线折叠后的面。因此，喷管流动最适合采用轴对称模型，当三维流动模型简化为某切面内的二维流动后，计算量大大减小。

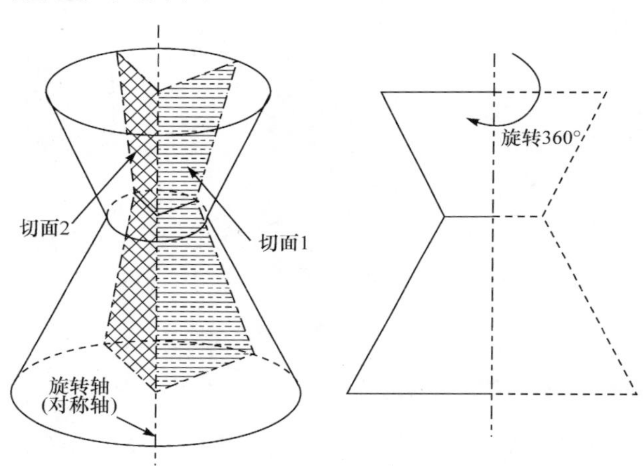

图 4.13　喷管流动轴对称性几何描述

在描述流动时，轴对称模型的坐标是二维的。若在模型的半径方向进行数学修正(详见第 6.2.1 节)，该模型也可用于模拟三维流动。在用于模拟满足轴对称特性的三维流动时，轴对称模型与实际三维模型的模拟精度是一样的，但计算网格少，程序编制简单，因而计算量大大减小。实践证明[19]，轴对称模型是一个实用的数值分析模型，其计算精度可以满足工程需要，因而在工程实际中具有广泛应用。它也是火箭燃气射流流动中常采用的模型之一(应用实例见第 6.2 节)。

燃气射流在燃烧室和喷管内的流动是整个流动过程的起始阶段，始于固体火箭推进剂的点火燃烧，止于燃气流出喷管出口截面。推进剂开始燃烧时，燃气不断“剥离”推进剂，同时又有燃气流出喷管。二者相比，燃气“剥离”的速度远小于流出喷管的速度。因此，在研究燃烧室特性时，我们主要关注的是推进剂达到稳定燃烧状态时的压强和温度。正是由于燃烧室内的燃气流动速度较小，整个燃烧室的压力和温度才可视为均匀恒定，称为总温和总压。

与燃烧室内的准静止状态不同，燃气射流在喷管内的流动则是以流动速度的提升和压强的降低为主。由于喷管的特殊结构，喷管内燃气参数的获得方式与燃烧室内不同。在喷管内燃气由准静止流迅速变为超音速流的过程中，喷管内的静压也急速降低，增加了实验测试的难度；而且，喷管收敛段和扩张段的几何空间并不大，无法容纳测量传感器按照测试标准连续布设，也相应增大了测量误差。因此，在研究喷管流动时，通常采用二维轴对称模型进行数值仿真。

4.3　同口径筒式定向器内及管口流动形态

在第 2.4.1 节曾介绍了定向器的结构和种类。由于盛装的火箭弹不同，定向器的结构会有很大差别。涡轮火箭弹的最大直径就是定心部处的直径，它与定向器内径的设计名义尺寸相同(考虑弹管间隙，最大直径实际上略小于定向器内径)，火箭弹可以直接装填在定向器中；尾翼式火箭弹分为：①尾翼可折叠火箭弹，其尾翼折叠后的尺寸与火箭弹定心部的直径相同，仍然可以装填进同口径定向器内；②尾翼不可折叠火箭弹，无论采用“十”字型还是“X”型布局尾翼，均不能使用同口径定向器。为此，定义内径(即口径)与火箭弹最大直径相同的定向器为同口径定向器，内径大于火箭弹最大直径的定向器为异口径定向器。筒式定向器为同口径定向器，箱式或笼式定向器为异口径定向器。

4.3.1　发射初期燃气流动区域几何构型

发射初期阶段的主要特征是，火箭弹发动机虽已点火，但火箭弹并未开始运动，燃气射流开始冲击定向器后盖但尚未冲破。这一过程仅持续几毫秒，随后后盖被燃气射流冲破并部分烧毁。图 4.14 是定向器内涡轮式火箭弹装填示意图。由图 4.14 可见，火箭弹装填于定向器后，弹的定心部与定向器内壁面接触，但其间存在弹管间隙，所以此处的燃气流动通道并未封闭。同时，由于结构件安装的需要，尾翼处(即喷管外部)也留有空间，这些区域都可成为燃气射流的流动通道。

燃气沿喷管流出后，由于受到后盖约束，在后盖被冲破之前可能沿弹管间隙流动，从而形成二次流。定向器内尾翼弹装填结构如图 4.15 所示。由图 4.15 可见，由于尾翼等机构占据了发动机段喷管外的区域，燃气流动空间相对狭小，所以，同口径管式发射时形成的二次流相对较弱，对发射系统的影响可以忽略，点火后燃气冲破后盖的过程同样可采用轴对称模型研究。

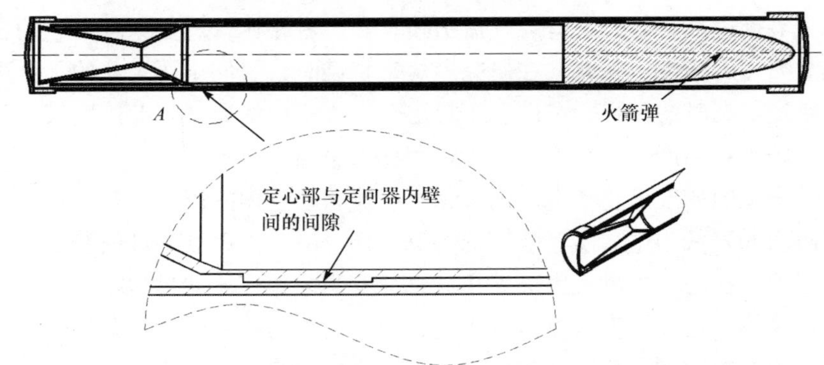

图 4.14　定向器内涡轮式火箭弹装填示意图

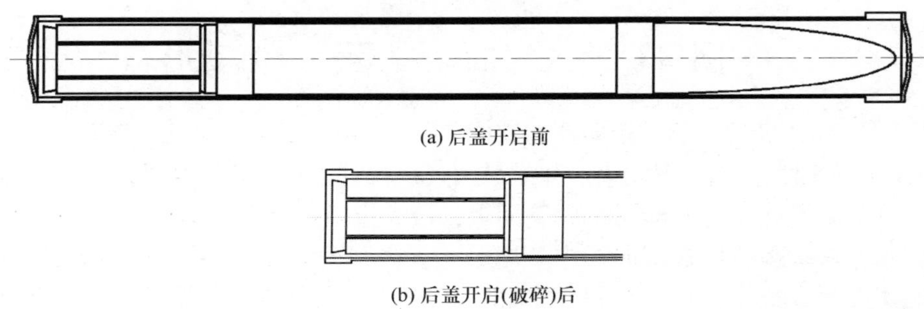

(a) 后盖开启前

(b) 后盖开启(破碎)后

图 4.15　定向器内尾翼弹装填结构

由上可见，在发射初期，对于不同结构形式的发动机和定向器，燃气射流与定向器和发射系统之间的相互作用形式也不同，主要表现为以下 3 种情况。

(1) 有堵塞的发动机。堵塞是发动机设计中常见的结构，它安装在发动机的扩张段，平时用于密封喷管，避免杂质物体进入；发动机工作时则起到密闭燃烧室和喷管空间区域的作用，使燃烧室内的燃气压强迅速升高并达到稳定燃烧状态。堵塞的一般结构形式如图 4.3 所示，堵塞一般由胶木等硬质非金属材料制成，以黏结剂与喷管发动机扩张段内壁面黏结。当燃烧室压强达到一定值后，堵塞受到燃气压强的作用，黏结部位的强度被破坏，燃气就会迫使堵塞以整体或破裂状向喷管外运动。堵塞以一定的动能撞击后盖，使其破裂或与整体定向器分离。后盖受撞击破裂的过程属于结构强度问题，可采用非线性计算软件来仿真。

(2) 对于未带堵塞或堵塞由轻质材料制成的发动机，则是依靠燃气射流作用于后盖的压强完成后盖开启。这一开启过程是典型的流固耦合问题，同样可采用数值仿真来模拟。流固耦合(如气球充气膨胀)的特征是，内部压强作用于壁面，壁面受力膨胀。内部压强变化和壁面膨胀此消彼长，压强增大壁面膨胀；壁面膨胀又带来压强降低(体积增大)。因此，这一作用过程非常复杂，目前燃气射流的流固耦合求解依然比较困难。现有软件虽带有流固耦合求解计算模块，但计算精度和效率都较低。而且，非金属材质的后盖很可能在高温下被部分或完全烧蚀，此时，若仅考虑结构的刚强度变化，必然导致计算误差增大。

(3) 对于多管联装发射装置，各发射管后盖破裂时会产生相互影响。主要表现在：当一个发射管后盖破裂时，燃气向后流动产生的“抽吸”作用会在相邻发射管后盖附近形成负压区域，该负压值达到一定程度就会将相邻发射管的后盖“误”打开。对于多管联装发射装置燃气与后盖的相互作用，既可采用流固耦合数值仿真方法，也可通过实验测量后盖压强分布，然后计算出作用于后盖的作用力，再由结构有限元进行计算分析。

4.3.2　定向器内燃气流动形态和规律

火箭发动机的推力建立后，火箭弹在推力加速度的作用下克服重力分量和弹管静摩擦力，几毫秒后即开始运动。此时的燃气射流已发展为稳定流动状态，且随着火箭弹的运动被“拉”入定向器，在定向器内形成如图 4.7 所示的流场形态。随着火箭弹在管内运动，喷管出口截面逐渐远离定向器管尾，燃气射流在管内的流场分布呈现周期性“反复”,“波节”效应较为明显。这一过程中，燃气射流与定向器管壁间的作用主要表现为对沿壁面切向的黏性摩擦力和法向压强的影响。黏性摩擦力的大小与气体成分和燃气的流动速度有关；而沿管壁面法向压强则随流场分布的变化而变化，其分布规律如图 4.8 所示。图 4.8 中，纵坐标表示法向压强的超压值(即燃气造成的壁面压强与环境压强的差)，该值与作用面积的乘积即为作用于管壁面上的力。通过计算可获得定向器和发射箱壁面上的压强分布及其变化规律，为刚强度设计提供依据。

对于同口径定向器，在发射初期及定向器内运动期间，燃气在喷管、定向器和管尾外空间的流动均可认为是轴对称流动。另外，为了核算定向器壁面的结构刚强度值，需要获取定向器内壁面上的压强分布。由于同口径定向器的弹管间隙较小，无法布设压强传感器进行实验测量，所以，一般通过数值计算方法得到该压强值，数值求解时选用二维轴对称模型较为适宜。

4.3.3　管口冲击时燃气流动形态和规律

火箭武器与火炮及自动武器不同，火炮系统自身没有推进装置，它需借助于药室气体的压强来推动弹丸运动，因此，火炮弹丸离开身管的瞬间就是发射系统所受最大作用力的时刻。而火箭弹自身带有推进装置——发动机，在火箭武器发射时，燃气排出发动机时即产生推力，火箭弹与定向器之间仅存在黏性摩擦力和振动带来的动载，因此，发射系统受到的最大作用力不是在弹体飞离定向器的瞬间，而是飞离定向器一定距离 A 后，如图 4.16(a)所示。图 4.16(a)中飞离距离 A 的大小因发动机不同而有所变化[19]。通常情况下，最大作用力出现在火箭弹飞离定向器 100～200ms 的时间范围，若弹的飞行初速为 40m/s，则 A 应为 4～8m。

由图 4.16(a)还可见，火箭弹飞离定向器管口后，燃气射流将对迎气面产生冲击，而且随着火箭弹的运动，迎气面上每一点的压强都在变化，因此，几乎无法通过实验测量获得准确的迎气面压强分布。在实验测量时，只能将压强传感器布设在冲击较为剧烈的部位，测得断断续续的测点压强后，再通过数学方法计算得到燃气射流冲击力。虽然可采用数值仿真方法来模拟该流场，但计算网格量大，非定常计算模型调试困难，收敛尺度也难以把握。

因此，对于多管联装定向器发射系统，有必要通过合理的结构设计对燃气射流施以引导，以降低邻近管间的相互作用。通常会对定向器口部结构与集束形式，包括定向器管口结构(壁厚)、各种电连接器位置和迎气面形状、第 1 道夹板的位置以及定向器前盖形状等进行导流设计，如图 4.16(b)所示。

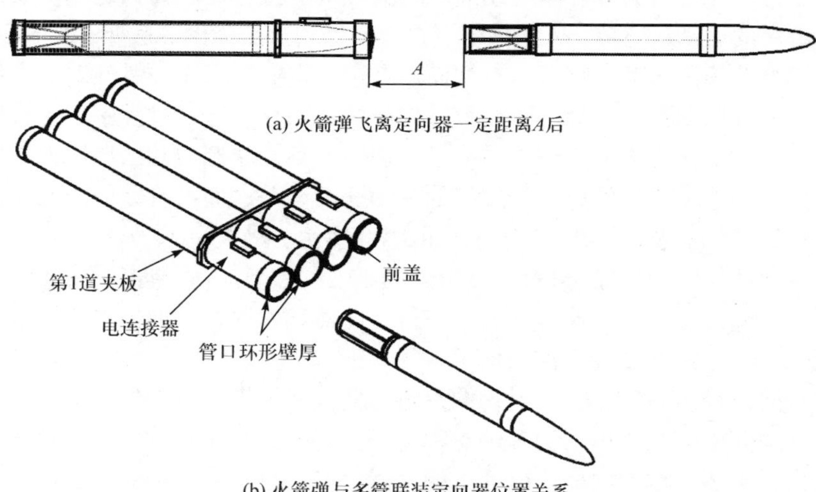

(a) 火箭弹飞离定向器一定距离A后

(b) 火箭弹与多管联装定向器位置关系

图 4.16　同口径定向器管口冲击燃气流动区域几何构型

4.4　异口径筒式定向器流动与冲击形态

由于尾翼不能折叠，异口径定向器的弹管空隙比同口径定向器要大得多，燃气射流在其中的流动空间更大，因此，在发射初期和管内流动阶段的流动形态与同口径定向器差异较大。

4.4.1 发射初期燃气流动区域及形态

大口径火箭弹由于质量大、弹径长，其尾翼多不能折叠，只能装填在内径远大于弹体直径的异口径定向器内。异口径定向器也有筒式和箱式两种结构。筒式定向器具有圆柱形内壁面，燃气作用于圆形内壁各个方向上的压强均相等，圆柱形状易于保持；箱式异口径定向器则具有易加工成型、内部可安放滑轨设施等优点。

图 4.17 为箱式异口径定向器火箭弹装填示意。图 4.17 采用了矩形截面发射箱，火箭弹占据的空间尚不足整个发射箱容积的 1/3，火箭弹与发射箱间留有很大空隙。因此，在发动机点火燃气流出喷管至后盖开启前这一阶段，将有大量燃气射流迅速占据弹管间的空隙，甚至由尾部向前流动。

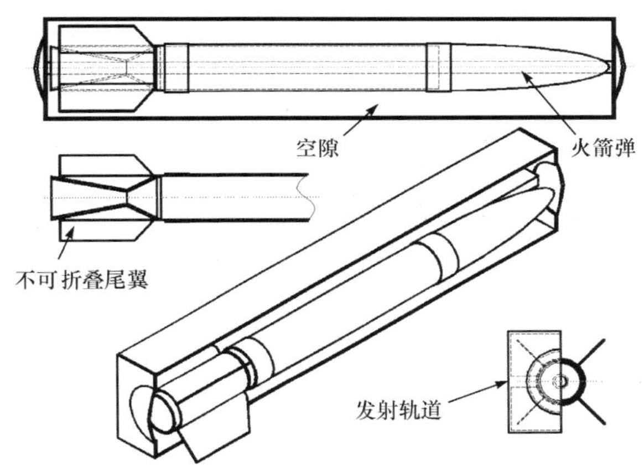

图 4.17　箱式异口径定向器火箭弹装填示意

发射初期异口径定向器的燃气流动主要有以下特征。

(1) 由于异口径定向器可供燃气流动的空间较大，二次流现象也较显著，不可忽略。因异口径定向器的结构尺寸较大，无论是圆环(筒式)截面还是矩形(箱式)截面，其刚强度设计尤其是刚度设计都较同口径困难，设计所需的基础数据均来源于定向器或发射箱壁面上的压强。研究异口径定向器发射初期的流动规律及其相互作用时，可采用数值仿真方法计算二次流流动；也可采用壁面布设传感器方式测量壁面压强及其传递规律。

(2) 由于异口径定向器的弹管间隙较大，燃气射流从尾部运动至管口的通道就更为顺畅，于是，人们开始研究如何对发射初期燃气射流的这一特点加以利用。例如，通过设计后盖强度，将发射初期的燃气射流依靠后盖反射回去，燃气射流由后盖折返向前盖的运动过程中，积聚达到类激波状态级的能量，利用这一能量撞击前盖，即可完成前盖开启。这就是激波开(前)盖技术的原理[20,21]。由于激波开盖技术巧妙地利用了发射系统自身的“富余”能量来完成前盖开启，使定向器和发射箱的结构设计趋于简单，目前越来越多的战术战略导弹倾向于采用激波开盖技术。但也应看到，由于燃气具有可压缩性，若使其按照设计路径和强度运行至前盖，后盖结构与强度、弹管之间的流动通道结构及前盖结构等各个环节都需精心设计，实现过程十分复杂，结果不易掌控。因此，我们认为，激波开盖技术在火箭武器系统中的成熟应用有待进一步研究。

4.4.2　定向器内运动过程燃气射流流动形态

异口径火箭弹管内运动时，燃气的流动形态与同口径定向器相似，如图 4.18 所示。当火箭弹运动至定向器中间位置时，定向器内燃气的流动情形与同口径时大致相同。燃气向后的流动则受到管壁的约束，可见管壁仍具有很好的导流作用；由于尾翼前弹体部分的直径小于定向器的内径，因此向前流动的二次流比同口径强烈。

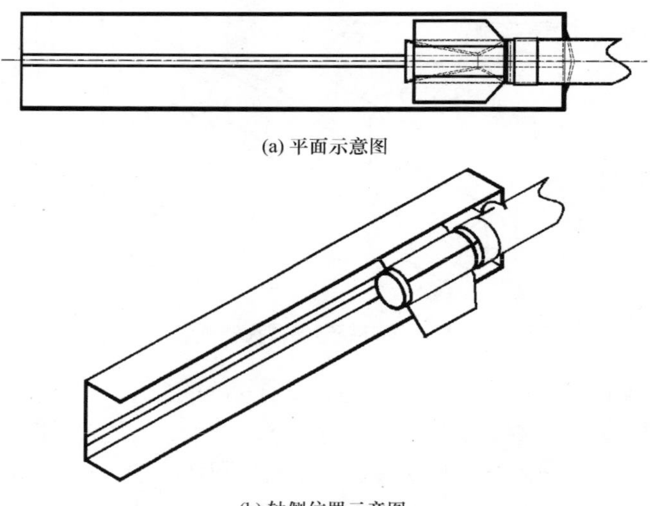

(a) 平面示意图

(b) 轴侧位置示意图

图 4.18　异口径火箭弹管内运动时燃气流动区域

异口径定向器的结构尺寸较大，其刚度设计要求更严。异口径定向器管内流动的研究方法与发射初期相同，可采用数值仿真方法；但由于燃气射流在矩形或圆形截面通道内的流动完全是三维的，数值分析时必须采用三维流动模型；也可采用实验方法，在壁面上布设传感器测量发射过程的壁面压强(实际上测量的是压强随时间的变化规律)。

4.4.3　管口冲击时流动几何构型

当火箭弹位于定向器管口外时，异口径定向器的管口冲击与同口径定向器基本相同，如图 4.19 所示。由图 4.19 可见，异口径定向器的迎气面明显较同口径大，管口的燃气射流冲击发射系统时，其流动形态是三维的。同时，定向器内所有迎气面都将承受燃气的冲击，这些冲击都将转化为对发射系统的作用载荷。

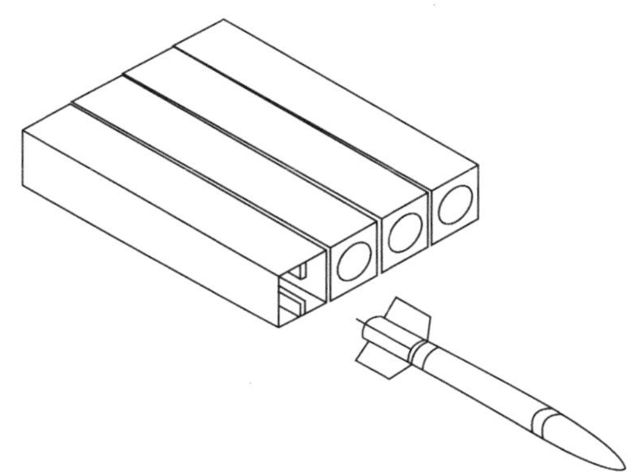

图 4.19　管口冲击时燃气射流冲击区域

4.5　同时离轨定向器燃气流动与冲击形态

无论采用同口径定向器还是异口径定向器，在倾斜发射时，火箭弹在滑离定向器时都会在射击平面(某铅垂平面)内发生转动(即低头现象)，重力分量是火箭弹低头力矩的主要来源(图 2.35 描述过倾斜发射时重力分量作用于火箭弹后定心部形成力矩的过程)。重力力矩将使火箭弹产生射击平面内的转动角加速度，造成起始扰动。大型火箭弹在发射初始时刻重力产生的惯性力过大，为了减少不必要的推进剂消耗，火箭弹的初速往往较中、小型火箭弹小，例如，122mm 火箭弹的初速约为 49m/s，弹径大于 500mm 的火箭弹的初速往往不足 30m/s，初速低使火箭弹保持直线运动的惯性小，俯仰运动的时间长，造成俯仰角速度和角度偏大。为了防止低头现象的发生，减小发射初期火箭弹的起始扰动，大型火箭弹的发射通常采用同时离轨技术。在同时离轨技术中引入适配器(更为常用)或折转发射架，就可实现前后定心部的同时滑离。

4.5.1　发射初期燃气流动区域的几何构型

基于异口径定向器的同时离轨发射方式，解决了火箭弹滑行过程中的低头问题。采用适配器方式的同时离轨定向器火箭弹装填示意如图 4.20 所示。由图 4.20

可见，在同时离轨定向器内有一高一低两条发射导轨(称为高轨和低轨)，火箭弹后定心部在高轨上滑行，前定心部借助适配器在低轨上滑动。在高轨和低轨的结合部位存在一个高度落差。

由图 4.20 可知，在发射初期和燃气冲破后盖阶段，同时离轨定向器的燃气流动情况与异口径定向器类似，即燃气流动通道较大，定向器内的燃气射流流场波系复杂。

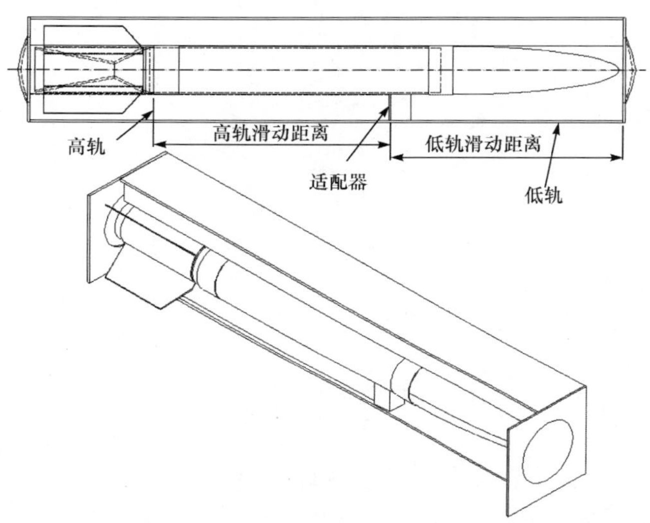

图 4.20　采用适配器方式的同时离轨定向器火箭弹装填示意

4.5.2　定向器内燃气流动形态与规律

采用同时离轨发射技术时，火箭弹在定向器内运动时燃气的流动形态如图 4.21 所示。由图 4.21 可见，高低轨结合部位的落差造成燃气流动通道突然减小，而迎气面积突然增大，这种变化不利于燃气的导流。当超音速状态的燃气射流受到阻碍后，在高低轨结合附近将形成强烈的激波，使迎气面上的压强增大，对发射系统的作用力随之增大(第 6.4 节将有详述)。

可见，在定向器内沿火箭弹运动方向突然出现的一个台阶，将使燃气流动突然遇阻进而被压缩；与此同时，燃气射流中的激波和膨胀波等受到壁面作用又会产生反射波。多种效应作用下，定向器内的流动将变得异常复杂，甚至燃气射流的典型形态(图 4.7)都被“破坏”，“波节”效应也将变化甚至消失。激波经壁面反射后压强可达兆帕量级。

针对上述情况，研究同时离轨定向器中的燃气流动及其与发射系统的相互作用时，同样可采用第 4.4.2 节的三维流动仿真和实验测量方法。考虑到此时定向器内的流动比第 4.4.2 节更为复杂，实验测量的精度和可靠性会有所降低。

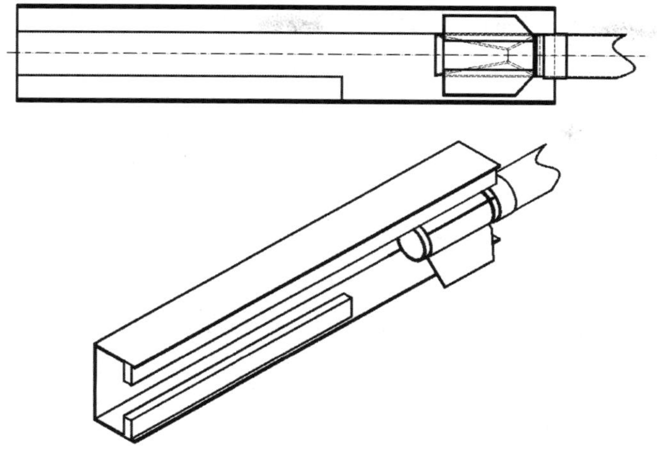

图 4.21　同时离轨技术火箭弹在定向器内运动时燃气的流动形态

4.6　滑轨式和笼式定向器内燃气射流流动与冲击形态

滑轨式定向器和笼式定向器是火箭炮中使用较早的两种定向器形式，它们的共同之处就是，在集束式发射装置中每个定向器间没有隔离，当某一根定向器发射时，其燃气射流将直接对相邻定向器的火箭弹发射产生干扰。因此，目前这两种定向器更多地用于非集束式发射。为了避免燃气射流对相邻火箭弹的干扰，也可将滑轨安放在发射箱中。图 4.22 为滑轨式定向器结构与火箭弹装填方式。

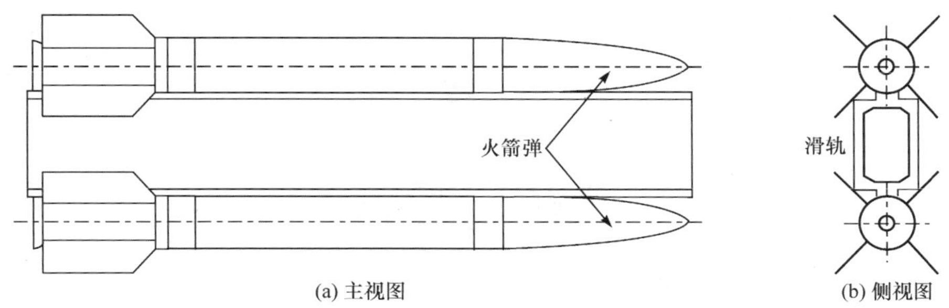

图 4.22　滑轨式定向器结构与火箭弹装填方式

4.6.1　发射初期燃气射流流动区域几何构型

对于不可折叠尾翼火箭弹，除了采用异口径定向器发射外，还可采用滑轨式和笼式定向器。滑轨式定向器内火箭弹的安装方式如图 4.22 所示。由图 4.22 可见，火箭弹通过悬挂钩与滑轨相连，滑轨的上下方均可挂载火箭弹，极大地增加了弹的装填数量。火箭弹与滑轨式定向器的连接除悬挂钩外，还有前后两个定心部，火箭弹完全处于裸露状态。

采用滑轨式定向器发射时，燃气射流从发动机喷管喷出后就进入了毫无导流约束的外部环境开始自由流动，对滑轨或相邻火箭弹产生冲击。因此，滑轨式发射方式的导流功能很弱，只能依靠燃气射流本身的黏性来“引射”与其接触的环境空气，所以在发射初期，发射系统附近的环境空气可能会向后流动。

4.6.2　在轨运动时燃气流动区域几何构型

采用滑轨式定向器发射时，火箭弹在轨运动时燃气流动区域几何构型如图 4.23 所示。图 4.23 显示，由于没有筒式和箱式定向器的导流功能，当火箭弹运行至滑轨中部时，燃气射流将冲击和绕流其所遇到的任何物体和结构件，与发射系统的

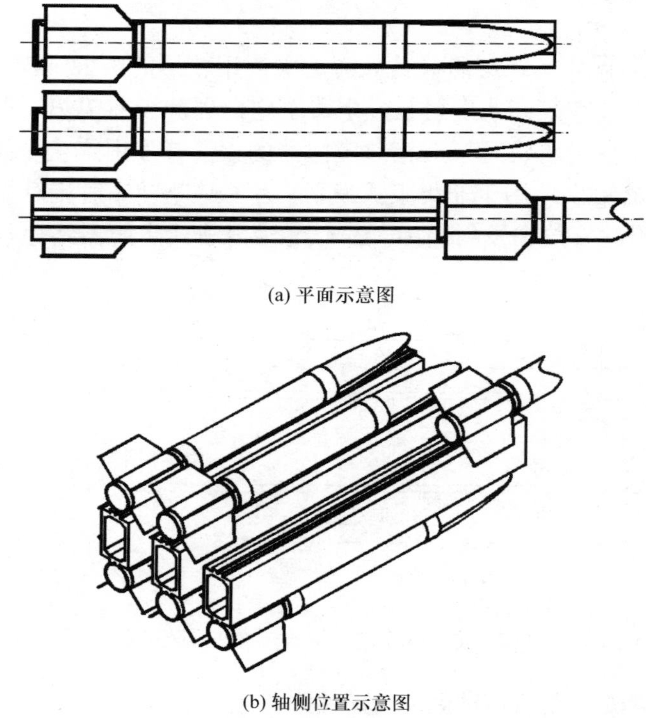

(a) 平面示意图

(b) 轴侧位置示意图

图 4.23　滑轨式定向器在轨运动时燃气流动区域几何构型

相互作用将非常复杂且无规律可循，相邻的火箭弹及其发射系统等都将受到冲击。在连续射击的情况下，若前序火箭弹的燃气射流不能及时被导流，将造成发射系统振动，严重干扰后续火箭弹的发射。由于燃气射流的流动很不规则，每发火箭弹的燃气射流对发射系统的冲击载荷都可能不同，对后续火箭弹的干扰程度也不同，因而极不利于发射控制，如发射间隔的确定等。

由于缺少了导流功能，滑轨式和笼式定向器发射火箭弹时，即使火箭弹静止不动，燃气射流流场的分布也是非定常的；而火箭弹运动引起的燃气射流流场的改变更使流场具备了完全的非定常性。可以说，滑轨式和笼式定向器的燃气射流流动形态在所有定向器中最复杂，因此，其燃气射流冲击和绕流发射系统的数值仿真难度最大，需要采用最复杂的非定常三维模型模拟(详见第 6.4 节)。

随着火箭弹逐渐远离发射系统，燃气射流对发射系统的前部(类似于定向器的管口)开始产生冲击作用，形成复杂流场，如图 4.24 所示。燃气射流不仅对自身所在滑轨产生冲击，对邻近火箭弹也将产生不同程度的冲击；发射位置不同，冲击效应也不尽相同。

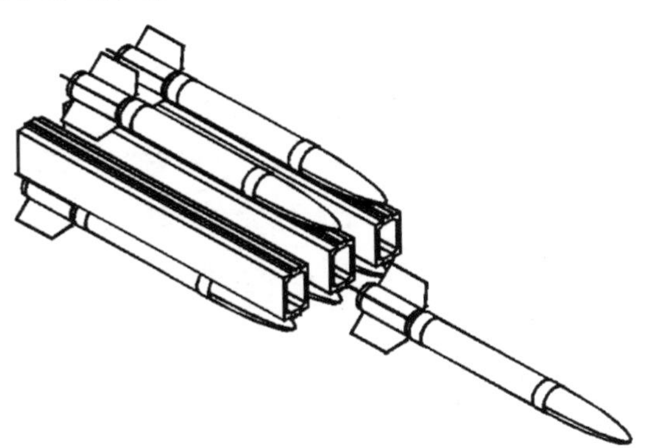

图 4.24　火箭弹飞离管口后的燃气冲击作用

4.7　迎气面面积与燃气冲击力

燃气射流对发射系统产生冲击作用是火箭武器系统的典型特征。冲击作用的强弱可以所产生冲击力的大小来衡量，该冲击力是发射系统设计、结构刚强度验证与计算及系统振动分析时必须参照的重要载荷。如何计算燃气射流对发射系统管口迎气面的冲击力呢?

为了叙述方便，给出如下定义：迎气面的面积(沿射流冲击方向的投影面积)

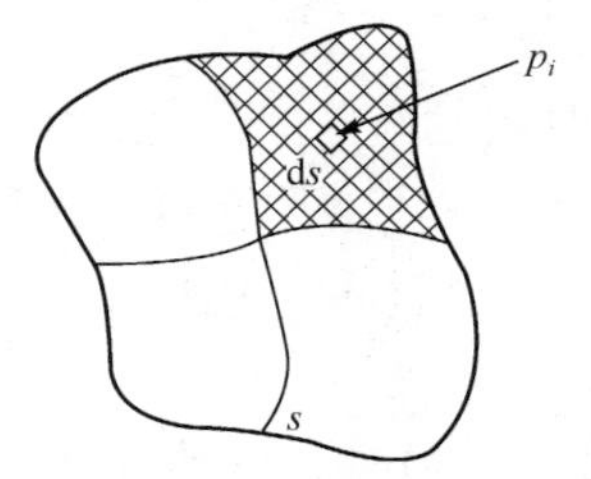

图 4.25　迎气面上力的定义

与作用于迎气面上的压强的乘积之和即为燃气射流对发射系统迎气面的冲击载荷 $\boldsymbol{F}$ (图 4.25)

$$\boldsymbol{F}=\int_S p_i \mathrm{d}s \tag{4.1}$$

式中：p_i 为作用在单元面积 ds 上的压强，s 为发射系统迎气面面积之和。

多管集束式火箭炮的迎气面主要包括：发射管的管口壁厚环(环状面积)、邻近已发射管的管口壁厚环及待发射管的前盖、集束体第一道夹板、电连接器和插拔机构等。

由式(4.1)可知，燃气射流作用于发射系统的冲击力的大小取决于作用压强和迎气面面积的大小。燃气的作用压强越大，冲击力越大；迎气面面积越大，冲击力也越大。因此，在进行发射系统结构设计时，定向器迎气面导流型面的设计成为关键。形状优良的迎气面不但可以减小迎气面积，还可以有效地导流燃气，以降低压强作用。

低速流流场或静态流场中的迎气面仅起到阻碍流动的作用，并不能改变流动压强；若相同截面积的迎气面处于超音速燃气射流流场，情况则截然不同，作用在迎气面上的冲击力随燃气流动马赫数的增大将显著增大，如图 4.26 所示(与图 1.12 和图 1.13 给出的亚音速和超音速下钝头体和尖锥体的流动表现一致)。由图 4.26(a)可见，在低速流场或静态流场中，燃气绕流迎气面后作用压强基本不变；而在图 4.26(b)的超音速流场中，燃气绕流迎气面后作用压强由 p_a 迅速增至 p。图 4.26(b)还反映出，在低速流和超音速流中，即使所处流场和迎气面截面积都相同，头部形状不同的迎气面所受到的作用压强也不同，说明在超音速流场中，迎气面的头部形状对其受力情况影响很大。

在进行结构设计时，仅减小迎气面面积并不能有效降低燃气射流对发射系统的冲击力，还必须结合具体的流动进行导流设计，通过疏导燃气来降低迎气面上的压强，达到最终减小燃气射流冲击力的目的。Fluent 和 CFX 软件适于求解这类问题。

迎气面的形状和结构设计完成后，采用数值仿真或实验测量方法就可获得燃气射流作用于迎气面上的压强，并据此可得到作用于火箭发射系统的冲击力(详细求解见第 5、6 章)。

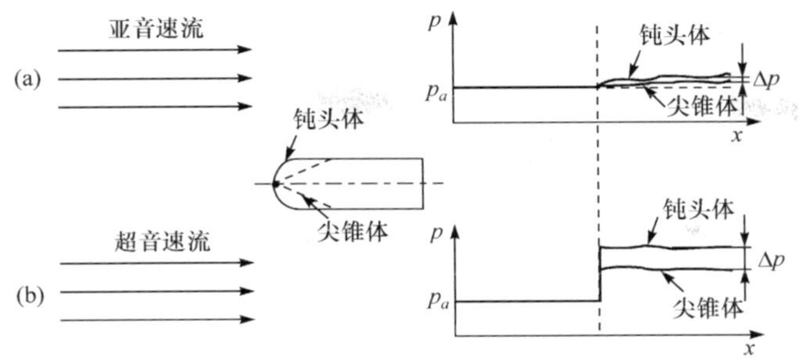

图 4.26　相同迎气面不同压强作用示意

本 章 小 结

在火箭弹发射过程中，燃气射流在不同结构形式的发射系统以及同一发射系统的不同阶段，都具有不同的流动与冲击形态，主要有：喷管内流动、后盖破裂后的自由射流流动、定向器内(发射箱内)的约束与导流流动、管口(箱口)的冲击流动。本章通过分析这些流动形态，给出了每种流动形态对应的典型特征及研究方法，为数值仿真和实验测量提供模型基础。

参 考 文 献

[1] 于存贵, 李志刚. 火箭发射系统分析[M]. 北京: 国防工业出版社, 2012: 67-70.

[2] Copeland R L, Greene R F, Beeler D R, et al. Protective cover for a missile nose cone[P]. US 3970006 A, 1976.

[3] Boeglin P H, Chigot C R. Plate-glass fitted with an explosion-cutting device[P]. US, US 4333381 A, 1982.

[4] 王汉平, 罗勇, 张伯生. 某导弹贮运发射筒前开盖机构的故障复现及结构改进[J]. 导弹与航天运载技术, 2002, (1): 36-40.

[5] 叶大水, 吴博文, 余文成, 等. 发射箱箱盖机构故障分析及解决措施[J]. 导弹与航天运载技术, 2015, (4): 20-23.

[6] 潘登, 赵修平. 导流机构对激波开盖后盖压强的影响仿真分析[J]. 兵工自动化, 2016, 35(3):16-19.

[7] 党海燕, 贺卫东, 鲁志刚, 等. 激波开盖中后盖开盖压力对前盖压力的影响研究[J]. 战术导弹技术, 2012, (1): 54-57, 68.

[8] 牛钰森, 姜毅, 史少岩, 等. 与燃气射流耦合的易裂后盖开启过程数值分析[J]. 兵工学报, 2015, 36(01): 87-93.

[9] 张中利, 于存贵, 马大为, 等. 冲击作用下易碎式密封盖数值仿真及实验分析[J]. 爆炸与冲击, 2008, 28(1): 62-66.

[10] 周光明, 袁卓伟, 王新峰. 整体冲破式复合材料薄膜盖的设计与实验研究[J]. 宇航学报,

2007, 28(3): 707-712.
[11] 钱元. 冲破式复合材料发射箱盖结构设计和实验研究[D]. 南京: 南京航空航天大学航空宇航学院, 2013.
[12] 张福祥. 火箭燃气射流动力学[M]. 北京: 国防工业出版社, 1988.
[13] 曹从咏, 方毅, 张福祥. 火箭炮同时离轨发射管二次流实验研究[J]. 兵工学报, 1994, 15(2): 75-77.
[14] 于思淼. 某火箭炮闭锁机构力学特性实验与仿真分析[D]. 南京: 南京理工大学机械工程学院, 2016.
[15] 鲁霄光. 燃气解脱式闭锁机构动力学分析与优化[D]. 南京: 南京理工大学机械工程学院, 2015.
[16] 陈四春, 李军, 张伟, 等. 火箭炮闭锁机构工作过程瞬态动力学分析[J]. 南京理工大学学报, 2014, 38(5):608-614.
[17] 陈四春, 姜超, 李军. 固体火箭燃气射流冲击载荷的数值与实验研究[J]. 南京理工大学学报, 2015, 39(6):698-703.
[18] 武晓松, 陈军, 王栋, 等. 固体火箭发动机气体动力学[M]. 北京: 国防工业出版社, 2008.
[19] 朱孙科, 陈二云, 马大为, 等. 燃气自由射流的正格式数值模拟[J]. 空气动力学学报, 2011, 29(03): 380-384.
[20] 姜超. 燃气射流冲击发射箱载荷效应研究[D]. 南京: 南京理工大学机械工程学院, 2015.
[21] 周光明, 袁卓伟, 王新峰. 整体冲破式复合材料薄膜盖的设计与实验研究[J]. 宇航学报, 2007, 28(3):707-712.

如何测量射流流场和迎气面上的压强？

虽然气体压强的实验测量已是较成熟的技术，由于燃气射流高温高压的特殊性，其压强测量方法又不同于普通气体。那么，火箭武器燃气射流的压强测量有什么特点呢？在什么位置、采取什么方式测量？测得的压强如何回归成所需要的载荷？针对这些问题，本章将介绍火箭武器系统中燃气射流自由射流和冲击射流流场的压强测量原理，并给出被测流场的预估和压强实验数据回归方法。

火箭武器燃气射流压强测量不仅要关注压强本身，更要研究由压强引起的燃气射流对发射系统的作用，包括作用力的峰值、持续时间及其变化规律。

第 5 章　燃气射流的实验测量

在研究火箭燃气射流流场时，常用以下 3 个词语来描述流场：自由射流、伴随射流和冲击射流。

(1) 自由射流：指无任何约束的燃气射流。在发动机实验台静止实验中，发动机点火后，燃气射流进入静止大气环境，忽略地面对流动的影响，此时燃气射流的流动状态即为自由射流，该射流形成的流场为自由射流流场。

(2) 伴随射流：发动机随火箭弹飞行时的自由射流称为伴随射流，对应的流场为伴随射流流场。伴随射流可以认为是飞行中火箭发动机的燃气射流。

(3) 冲击射流：当流出喷管出口截面的燃气射流在流动通道上遇到物体时，燃气射流绕流和冲击该物体，这种状态的燃气射流即为燃气冲击射流，该射流形成的流场为冲击流场。

固体火箭发动机的燃气射流多为冲击射流。燃气射流流场的实验测量过程为，利用传感器件和信号调理与数据采集等仪器设备组成的测量系统，将传感器(敏感元件)在压强作用下发生的变形以及压电效应转换为电信号，信号经放大和滤波处理，记录曲线被打印出来或采用数字信号方式书写为文本数据文件。

流场的实验测量和数值仿真是目前常用的两种获取流动参数的方法。实验测量是以实物为对象的仪器测量手段，数值仿真则是以虚拟的模型为对象的计算手段。实验测量强烈依赖于传感器、测试记录与信号处理设备和计算机等硬件设备，硬件设备的技术水平对实验结果有重要影响。

在火箭燃气射流流场的各流动参数中，我们关心的是压强和温度。压强是计算燃气射流对发射系统冲击力的基础；而由温度可探知热效应对结构及元器件的烧蚀情况，据此选择应采取的防护措施。因此，压强和温度参数是火箭武器系统结构设计和性能确定的根本依据。

国内燃气射流流场的实验测量起步于 20 世纪 70 年代，张福祥[1]等针对当时火箭炮发射过程振动大、起始扰动严重的问题，对某型笼式火箭炮开展了燃气射流冲击效应的测量，并采用激光摩尔干涉技术对固体火箭发动机实验台点火产生的流场进行了测量，第一次获取了火箭炮燃气射流流场的密度场摩尔干涉条纹照片[2-7]。

燃气由喷管喷出口后迅速进入环境大气，燃气射流流场所占据的环境空间区域形状一般如图 5.1 所示。由于该空间在视觉上像一根羽毛，因此又形象地称之为羽流，相应的射流流场称为羽流场。由图 5.1 可见，流场中的每个气体微团都沿着一定的“线”流动，线与线之间不相交。每条线上的压强、马赫数和密度等流动参数都具有相应的特性，众多的参数线最终形成一个分布，称之为“场”。这些线称为等值线，如等压强线、等密度线、等温度线，它们形成的场分别称为压强场、密度场和温度场。

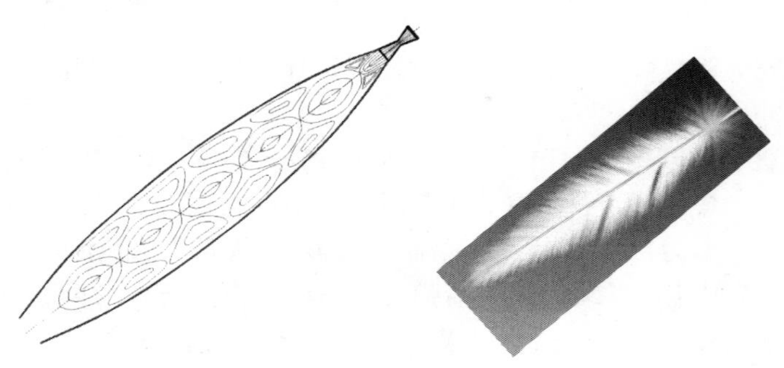

图 5.1　燃气射流流场示意图

由图 5.1 可知，得到流场参数的场分布一般有两个途径：一是得到等值线的分布；二是得到场中每一点的参数值。由于流场参数的非线性分布和需要的测点数量较多，上述两种途径都不可能通过实验测量实现(数值仿真获取场信息的方法将在第 6 章介绍)。但是，应认识到，获得燃气射流流场压强的目的是计算燃气射流冲击发射系统的作用力，也就是说，所需要的燃气射流流场的压强实际上是作用在发射系统迎气面上的压强，而非流场中某一点的压强。

清楚起见，下面举例说明如何获取流场参数。

生活中我们常遇到刮风的天气，风也是一种空气流动形式。当风吹到“树干”时，平稳的气流被迫改变流动路径，绕过“树干”继续前行。风绕流“树干”时，流动速度和流动方向都随之改变，作用在“树干”上的压强及其分布也发生变化，“树干”迎风面上的压强增大，而背风面上的压强减小，如图 5.2 所示。

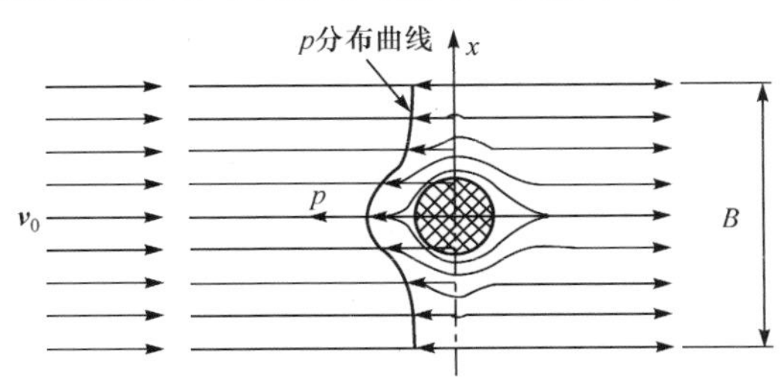

图 5.2　风绕流“树干”的流动示意

由图 5.2 可见，前方来流的速度为 $\boldsymbol{v}_0$，静压强为 p，当气流绕流“树干”后，“树干”周围气流的压强分布与原流场相比发生变化。由于空气的可压缩性，越靠近树干，空气被压缩程度越强，气流的压强越大；离“树干”越远，气流压强的变化越小。当离“树干”一定距离 B 后，气流又逐渐恢复为原状。

空气流场中的任意一点都有确定的流动参数；当绕流物体时，空气对物体表面又产生压强和温度作用。一个是流场自身的压强，另一个是绕流物体表面的压强，二者虽都为压强参数，但获取方法并不相同。风绕流“树干”时的压强测量分为如下两种情况。

(1) 风场中某点压强的测量。

当测量流场中某点压强时，若采用将传感器直接放置在流场中待测点位置的接触式方法，这时的传感器就如同“树干”，即使尺寸很小，也会对流动产生干扰。因此，传感器测量到的并非测点位置的压强，而是被扰动后的压强，这是接触式测量方法的不足。流场中某点温度和流速的测量，在采用接触式方法测量时，也会发生类似情况，所以，通常需对测量结果进行修正。为此，常借助设计探头来辅助测量，获得被扰动后的流动参数后，再采用某种方法进行修正，间接得到该点的真实压强。

(2) 风绕流“树干”迎气面上的压强的测量。

如图 5.3 所示，当测量“树干”表面的压强分布时，由于不再关注流场是否被扰动，只需获取“树干”绕流面的压强，测量就简单许多。由图 5.3 可见，在“树干”上布设压强传感器，传感器的敏感面与“树干”表面平齐，传感器感受到的压强就是气流在该点形成的压强。通过数据采集与记录，就可获得风在绕流“树干”时绕流迎气面上的压强。在火箭武器燃气射流冲击效应研究中，经常采用这种测量方法。

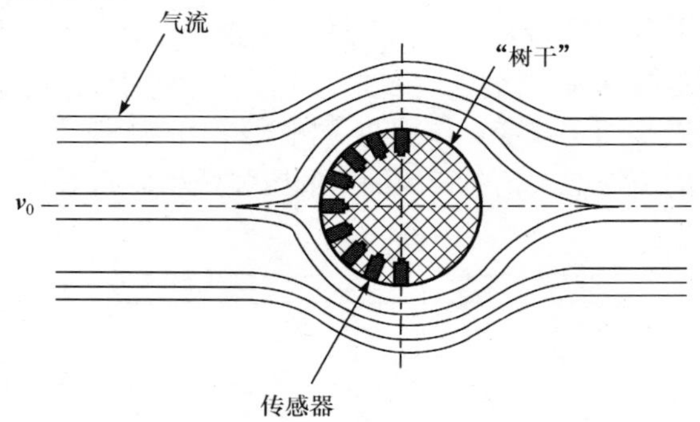

图 5.3　“树干”绕流面上压强测量示意图

显然，与流场中某点压强相比，迎气面上的压强更易测得。

与风绕流“树干”情况类似，火箭武器燃气射流的压强测量也分为两种情况，即流场中某点的压强测量和被绕流迎气面上的压强测量。

测量迎气面上作用压强的目的是计算冲击力，那么，测量流场中某点的压强的目的呢？我们知道，空射导弹的燃气射流流场有可能被载机的发动机进气道吸入，一旦射流进入发动机进气道，就会严重影响发动机正常工作。通过测量燃气射流流动参数的分布规律，可以了解射流流场的结构及其对发射空射导弹载机的影响，为空射火箭与导弹的发射方式和发射系统设计提供参考。

自由射流与伴随射流的区别在于是否存在外部来流。如图 5.4 所示，自由射流流场的边界在外部来流 $\boldsymbol{v}_0$ 作用下，流场边界被压缩，流场外形变小，但流场的内部结构并未变化。

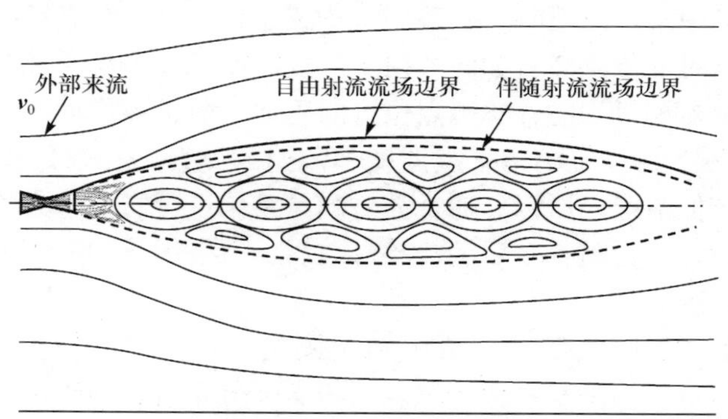

图 5.4　自由/伴随射流流场示意图

树的表面、飞机的外表面、火箭弹的弹身以及火箭发射系统的外表面等，凡是空气或燃气流动通道上遇到的物体的表面，都可视为燃气射流的冲击面，也称为迎气面。该面或与气流相垂直，或与气流成一定夹角。气流流过后，流动介质与这些面发生相互作用，流动因受到面的阻碍和扰动而发生改变，迎气面上的压强及其分布也会改变，如图 5.5 所示。图 5.5 显示，来流流经一段壁面的 3 个监测点 1、2 和 3，实验测量和理论计算可以发现，点 1 的压强不变，点 2 的压强增大，而点 3 的压强则变小。分析原因可知：点 1 位置的流动速度与壁流相切，壁面对流动无任何扰动；点 2 位置的流动通道减小，气流被压缩；而点 3 位置的流动通道扩大，气流产生膨胀。由此造成 3 个点的压强变化不同。

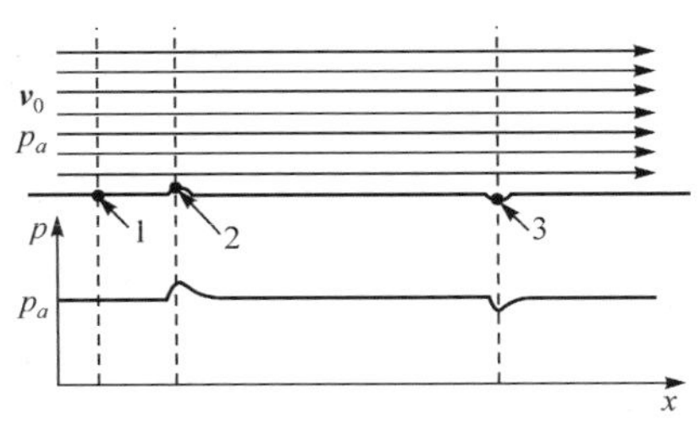

图 5.5　绕流面上压强分布示意图

下面将分别详述流场中点的压强和绕流面上的压强测量。

5.1　燃气射流流场参数的定义

在工程设计中，压强是基本的输入参数。压强是物体表面所受压力与受力面积之比，它反映了压力的作用效果。如何准确地测量和监控压强，是研究设计人员必须掌握的一门技术。

压强对工程设计的意义是什么呢？

以椅子的设计为例。设计椅子时首先需要确定椅腿截面积的大小。椅腿截面积的大小由其需要承载的人的体重和椅子的材料性质共同决定。强度极限 σ_b (单位 MPa)是反映材料强度的参数，椅腿截面面积所受的应力不能超过 σ_b 。在已知人的体重和材料的强度极限 σ_b 时，设计流程为：①根据使用人员的体重确定椅子的受力大小；②根据椅子受力大小确定材料的强度极限值，选择材料；③考虑到使用环境和条件，设置合适的安全系数 n，防止意外情况发生；④根据 $S=G\Big/\left(\sigma_b/n\right)$ 求得截面积 S。这里的人体体重就相当于外部作用载荷(冲击力)，固体力学中的应力就相当于流体力学中的压强。由此例可以看出，作用于物体的压强和冲击力是物体结构设计的根本依据。

人的身体受到压强会有感知，可是，物体受到压强时我们如何感知呢？即使感觉到了压强，又如何标定其大小呢？感受并标定压强，在今天已易如反掌。然而，从人们认识到大气有压强，通过实验证明其存在，又从理论上成功解释了压强，直至标定出压强的大小，期间经历了几百年艰辛的科学探索。

科学家通过反复的实验和实物演示，证实了压强的确存在于生活的各个角落[8]。从三百多年前托里拆利(Evagelista Torricelli)发明第一只水银气压计开始，测量压强的仪器仪表及测试技术迅速发展。利用这些仪器设备，人们可以方便地获得环境或特定场合的压强量值，开始了解和认知压强，并逐渐掌握了在生活和科学研究中如何利用压强，又如何预防压强造成的危害。

无论是利用压强或规避压强，第一步首先要捕获和感受到压强。由于标准压强测量仪器体积庞大，使用环境复杂严苛，并不适于某些场合的压强测量，如飞机机翼表面、火箭炮迎气面等。为此，除标准压强测量仪器外，人们利用材料和器件的物理性能，如电阻、电容、光-电-磁及其感应特性等，研制了各种测量传感器。将这些传感器与相应的转换设备、调理设备以及记录设备等组合起来，就可形成适用于不同环境、不同被测量对象的测量系统，如压强测量系统、温度测量系统和位移速度测量系统等。

为某一特定环境选择和设计合适的测量系统，不仅需要掌握传感技术，还需通晓每种测试手段及其性能特点。下面介绍压强的基本定义、压强标准装置、运动流体的静压和总压及其测量方法等。

5.1.1 压强的测量历史

今天，人们耳熟能详的许多自然科学领域的基本概念，大多经过了漫长的岁月检验才趋于完善，压强概念的形成也是如此。回顾压强理论的发展历史，可以从中领略到自然科学的发展规律，了解科学家们认识和测量压强的有趣故事。

1644 年，意大利科学家托里拆利用水银管进行大气压强实验。他把一根充满水银的玻璃管倒置在一个装有水银的浅碟中，结果发现，管内水银面下降到碟内水银面以上约 30in①的位置。由此，托里拆利认识到，大气对地球施加了压强，才使它维持了水银柱的平衡。他进一步推论说，水银柱高每天都在变化，且柱高随地理高度的增加而减小。

托里拆利在给他的朋友的信中，这样描述他的第一次大气压强测量实验："我们制作了许多玻璃容器，当这些容器充满水银时，用手指堵住管口，然后，把它倒置在装有水银的瓶中，结果发现充满水银的容器自动空出一截，而没有东西填补这个空间…… 不过在容器的颈部始终保持充满$1\frac{1}{4}$厄尔(1 ell =45 in =1.143m)又一个指头肚多高的水银柱。"

1647 年，法国物理学家帕斯卡(Blaise Pascal)在多姆山(法国中部地区)山顶和山脚分别进行了倒置水银柱的压强测量实验。关于这个实验，他写道："……

① 1in = 2.54cm。

在山顶和山脚这两次实验中，水银柱高度相差 3.15in，这使我们全都感到惊讶……”也就是说，在两地高度相差 3200ft①的情况下，相应的水银柱高度相差为 3in 左右这个事实被记录了下来，这正是表示大气压强随高度变化的普遍经验规律“1in/1000ft”的依据。于是，帕斯卡将测量大气压强用的水银-真空式仪表命名为“气压计”。

1660 年，英国化学家玻意耳(Robert Boyle)认识到：“当温度不变时，一定质量的空气的压强与体积的乘积为一个常数”。

英国科学家胡克(Robert Hooke)认为，密闭容器内气体的压强是由大量快速、激烈、自由运动的粒子对容器壁不断碰撞的结果。这个观点一直持续到 1738 年，直到瑞士物理学家和数学家伯努利(Daniel Bernoulli)采用解析法推导出玻意耳定律，气体压强的碰撞理论才就此结束使命。伯努利还指出，保持气体体积不变时，加热可使气体压强增加。这一观点其实就预示了查理-盖吕萨克定律的出现。

1811 年，意大利物理学家和化学家阿伏伽德罗(Amedeo Avogadro)断言：“在相同的温度和压强下，相同体积的纯净气体，不论它是元素或化合物，都含有相同的分子数目”。实验测定表明[9]，在 0℃和一个大气压条件下，该分子数为 2.69×10^{19} 个 / cm^3。这一结果充分佐证了胡克和伯努利的观点，即“通常条件下任一气体样品中都含有大量粒子”。

1847～1859 年，英国物理学家焦耳(James Prescott Joule)、德国物理学家和数学家克劳修斯(Rudolf Julius Emanuel Clausius)以及英国物理学家和数学家麦克斯韦(James Clerk Maxwell)先后研究了气体压强的动力学理论。他们认为，压强是所有分子总动能的度量，即

$$p=\frac{2}{3}\frac{E_k}{V}=\frac{1}{3}\rho\cdot C^2=N\cdot R\cdot T \tag{5.1}$$

式中：p 为压强，E_k 为动能，V 为体积，C^2 为分子速度平方的平均值，N 为单位体积的分子数量，R 为气体常数，T 为热力学温度。

由于动能可以相加，压强也可以相加。于是，由式(5.1)可推论出下面几个定律：①道尔顿定律，混合气体的压强等于组成该混合物的各种气体分别施加的分压强之和；②玻意耳定律，当保持动能(即温度)不变时，压强的变化与体积成反比；③查理定律，当保持压强不变时，温度的变化与体积成正比。这些定律都是气体压强动力学理论的演绎结果。

5.1.2　测量压强的标准装置

测量压强就是将压强这一物理量转换为仪器可测量的参量，对转化后的参

① $1\text{ft}=3.048\times10^{-1}\text{m}$。

量进行测量，再将测量结果转换为压强的过程。标准压强测量装置是所有压强测量手段的基础，这些装置的测量精度高，可用作其他传感器的标定装置。在讨论压强测量技术之前，有必要先介绍几种标准压强测量装置。常见的标准装置有活塞式压强计、气压计和麦克劳德压强计。本节将简要分析这些装置的工作原理、适用范围以及关键修正数据等。

1) 活塞式压强计

1893 年，法国物理学家阿马伽(Amagat)利用砝码自由活塞式压强计(图 5.6)精密测定了稳态压强。

由图 5.6 可见，活塞式压强计由砝码托盘、活塞和油缸等构成，其中一组已知截面积的活塞和油缸是主要部件，活塞加工精密(公差范围可研磨至微英寸级)，可插入与之配合的油缸中。活塞式压强计的工作原理是：通过唧筒抽吸将油箱中的油吸进油缸，单向阀可阻止油流回油箱。将已知重量的砝码加到活塞的一端，即砝码托盘上，于是，砝码作用力就由活塞杆传递到活塞的另一端，并对油缸中的油产生流体压强。当流体的压强所产生的力举起活塞和砝码时(活塞在油缸中两个限位点之间自由漂浮)，停止加载砝码，此时活塞式压强计与系统的未知压强相平衡，根据式(5.2)即可求得流体的压强 p_{DW}

$$p_{DW}=\frac{F_E}{A_E} \tag{5.2}$$

式中：F_E 为活塞-砝码组的等效作用力，与当地的重力和空气的浮力有关；A_E 为活塞-油缸组合的等效面积，与活塞-油缸的间隙、压强的量级和温度等因素有关，下标 DW 表示活塞砝码组。

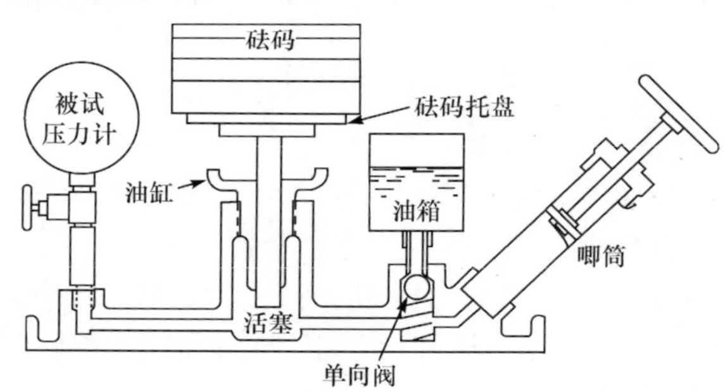

图 5.6　活塞式压强计

活塞式压强计的测量量程为 0.01～10000lb①/in^2(表压)，档级下限可至量程的 0.01%，校准误差为读数的 0.01%～0.05%。

2) 气压计

气压计分为水银气压计和无液气压计。图 5.7 所示是一款最普通的水银槽式

① 1lb = 0.453592kg。

气压计，是由法国人福廷(Nicolas Fortin)发明的，因而称为福廷式气压计。由图 5.7 可见，在福廷水银槽式气压计中，有一根以真空为参考的水银柱，它浸入水银槽中，而水银槽是由与大气连通的大直径水银柱构成的。水银槽实质上就是一个固定在酚醛塑料壳体上的皮革袋子，其水银面高度是可调的。通过调节水银面的高度，可在镀有黄铜的水银柱高度标尺上得到一个固定的零位参考点，水银高度刻度尺连接在金属管上。除了读数口，容纳气压计水银的玻璃管全部被金属包围。金属管内有一个可上下移动的短管，短管上有游标尺和圆环，用以观测玻璃管内的水银柱新月面。

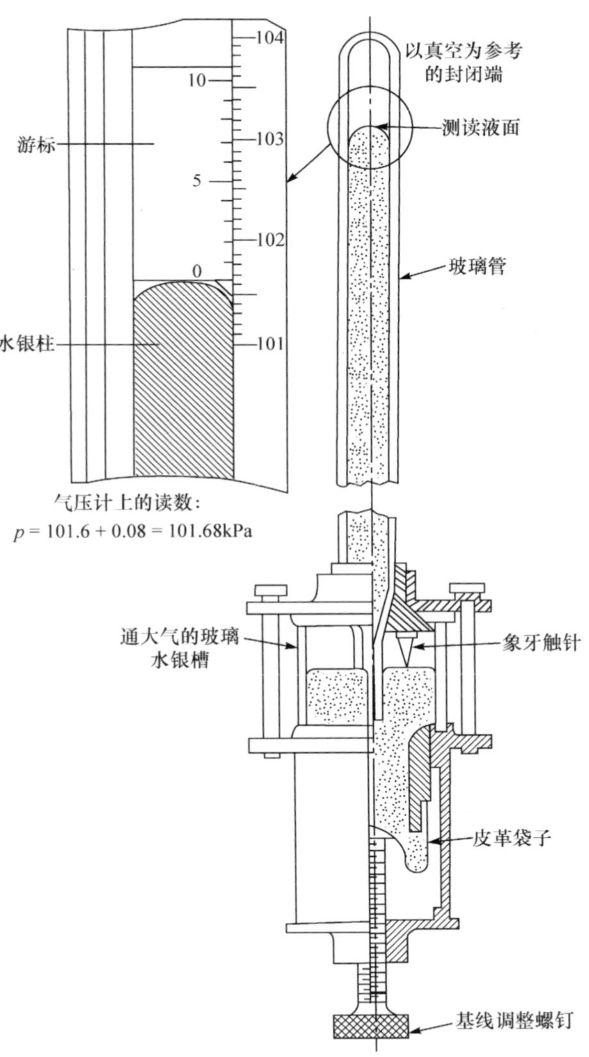

图 5.7　福廷式气压计

使用福廷式气压计时，旋动带刻度的调节螺钉，直至水银槽的液面刚好与象牙触针的针尖接触，停止旋转。此时，将水银面与仪器标尺上的零点对准，就可读出玻璃管中水银柱的指示高度，该高度值就是此时此地大气的压强。

最常见的无液气压计是金属盒气压计。它的主要部分是带波纹状表面的真空金属盒，金属盒用弹性钢片向外拉着以免被大气压扁。大气压增加时，盒盖就凹进去；大气压减小，弹性钢片就将盒盖拉回来。盒盖的变化通过传动机构传给指针，并使指针偏转，指针所指示的刻度盘读数即为当时大气压的值。

如前所述，1643 年托里拆利就利用气压计精确测定了稳态大气压强。今天，气压计仍是测量大气压强的有效工具，它的校准误差范围为读数的 0.001%～0.03%。

3) 麦克劳德压强计

1874 年，苏格兰生理学家麦克劳德(Mcleod)发明了一种用于精确测量永久气体极低绝对压强的玻璃管水银压强计，即麦克劳德压强计。麦克劳德压强计根据热力学基本原理(玻意耳定律)制成，是量程为 0.01μm～1mm 汞柱范围的标准绝压压强测量装置，其校准误差为，大于 1μm 汞柱时为 0.5%；等于 0.1μm 汞柱时约为 3%。

麦克劳德压强计由玻璃导管装置组成，如图 5.8 所示。由图 5.8 可见，这种装置将被测气体试样收集起来，通过增加水银柱高度对试样进行绝热压缩。被测压强经麦克劳德压强计放大后，就可以利用常规的液体压强计进行测量。

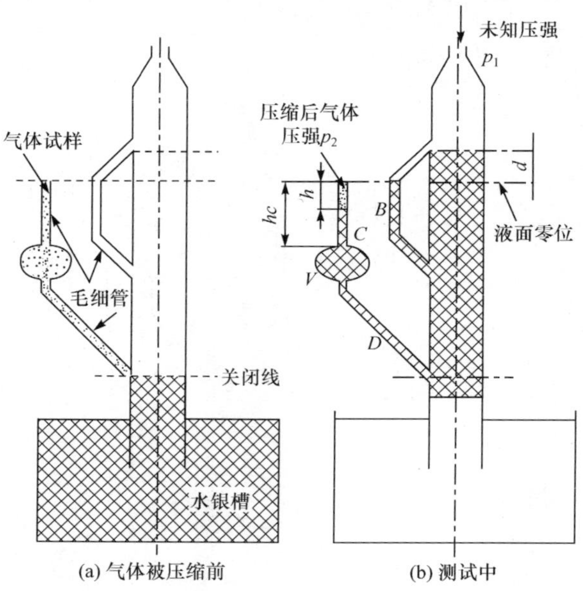

图 5.8　麦克劳德压强计测量原理

图 5.8(a)显示，气体被压缩前，所有水银面都在关闭线以下，毛细管 C、D 和椭圆形收集器内充满待测气体；当麦克劳德压强计受到被测气体压强 p_1 的作用后，水银管 A 中的水银面即升至关闭线以上，此时所收集的气体试样的最初体积为 $V_1 = V + ahc$，式中 a 为毛细管的截面积。随着气体施压，水银面继续上升，直至达到参考毛细管 B 中的零位；同时，测量毛细管 C 的水银液面达到 h 水平面，这时气体试样的最终体积为 $V_2 = ah$，而放大后的液体压强计的最终压强为 $p_2 = p_1 + h$。两种状态的压强关系为

$$p_1V_1 = p_2V_2 \tag{5.3}$$

通常情况下，$ah \ll V_1$，则

$$p_1 = \frac{ah^2}{V_1} \tag{5.4}$$

从式(5.3)、式(5.4)易见，体积比 V_1/V_2 越大，压强 p_1 和液体压强计的读数 h 被放大得越多，测量精度越高。因此，要求测量管 C 的孔径应足够小。但当测量管孔径小于 1mm 时就会产生毛细效应[8]，读数误差反而增大，抵消了气体压缩的增益。考虑到放大效应和毛细效应，测量管 C 的孔径实际上存在某个最佳值。由图 5.8 可以看出，在水银管 A 上还引出一段支管 B(称为参考管)。管 B 的作用是为测量管 C 提供必要的零位。一旦固定了零位，则液体压强计的指示值 h 将随初始压强 p_1 呈非线性变化。当被测压强较小时，具有扩大标度功能的麦克劳德压强计必然具有较高的灵敏度。压强标度建立后，麦克劳德压强计对所有永久气体(临界温度小于−10℃的气体)都是适用的。

表 5.1 列出了几种标准压强测量装置的性能特点。

表 5.1　标准压强测量装置的性能特点

名称	量程	读数误差
活塞式压强计	68.9711～68.9711MPa(表压)	0.01%～0.05%
液体压力计	689.711Pa～0.689711MPa(表压)	0.02%～0.2%
微压计	0.00508～508mm 水柱	0.001～1mm 水柱
气压计	685.8～787.4mm 汞柱	0.001%～0.03%
麦克劳德压强计	0.01μm～1mm 汞柱	0.5%～3%

注：760mm 汞柱=1atm(大气压)=101325Pa=0.101325MPa。

5.1.3　与压强有关的几个概念

1. 分子热运动

我们都知道，气体是由大量激烈运动的粒子组成，气体的压强来自于粒子

对器壁的碰撞，但是关于气体热运动的理论以及压强的标定则是经过无数科学家的不断研究得到的。19 世纪 50 年代，克劳修斯等建立了热力学理论[10]，并以热运动学为基础进行分子运动研究，极大地促进了分子运动学的发展和完善。1857 年，克劳修斯曾发表了一篇题为《论我们称之为热的那种运动》的学术论文，这篇论文对于分子热运动学说具有奠基意义。克劳修斯认为，气体是运动分子的集合体，考察单个分子的运动既不可行也无意义，系统的宏观性质并非取决于一个或几个分子的运动，而是取决于大量分子运动的平均表现。因此，他提出了分子运动学中一个具有里程碑意义的概念——统计平均，这也是建立分子运动说的前提和基础。

基于这一概念，克劳修斯建立了理想气体的分子运动模型，并指出，分子的动能不仅来自于分子的直线运动，而且来自分子中原子的旋转和振荡运动，从而明确了实际气体和理想气体的区别。在此基础上，克劳修斯计算了碰撞器壁的分子数和相应的分子的动量变化，他通过一系列复杂的演算和论证，得出了分子碰撞施加给器壁的压强公式，揭示了气体定律的微观本质。同时，克劳修斯还研究了固态和液态物质的分子运动，他认为，在三种聚集态中，分子都在运动，只是运动的方式有所不同。

克劳修斯认为，尽管单个分子运动的速度非常快，但由于分子间会产生相互碰撞，造成大量分子集合体中的单个分子的实际运动轨迹比单独一个分子存在时的运动曲折得多，运动路程更加漫长。克劳修斯的分子运动学理论圆满地解释了气体扩散速度小于分子运动速度这一长久令人困惑的现象。该理论的建立，标志着气体分子运动的研究进入一个新的历史阶段。

按照经典的物质构成理论[10]，一切物体都由分子、原子或离子组成(水由水分子组成，铁由铁原子组成，食盐由钠离子和氯离子组成)，而物质的分子都在连续不断地进行无规则的分子热运动。我们用一个热力学统计量——温度来表明物质分子运动的剧烈程度。物体的温度越高，表明其分子的运动越剧烈。

分子的无规则运动是怎么发现的呢？证明液体和气体分子存在无规则运动的最著名的实验，就是 1827 年英国植物学家布朗先生进行的藤黄颗粒实验。布朗将藤黄粉放入水中，然后取出一滴悬浮液放在显微镜下观察，发现藤黄小颗粒在水中不停运动，而且每个颗粒的运动方向和速度大小都变化很快。为纪念这位科学家的贡献，人们便将物质微粒的这种无规则分子运动称为布朗运动(Brownian motion，BM)。即使将藤黄粉的悬浮液密闭起来，无论白天黑夜、春夏秋冬，也无论观察多久，藤黄颗粒的布朗运动都不会停止。

藤黄实验充分验证了物质分子无规则运动的事实。布朗通过进一步实验，发现不仅花粉颗粒，其他悬浮在流体中的微粒，如空气中的尘埃，同样表现出这种无规则运动的特征。

悬浮在水中的藤黄颗粒为什么会产生运动？一个半径为 2×10^{-7}m 的藤黄颗粒，质量约为 3×10^{-17}kg，在 27℃时其运动速率就可达 0.02 m/s。50 年后的 1877 年，另一位科学家德绍尔克思(Delsaulx)给出了解释。他指出，布朗运动是由于颗粒受到液体分子碰撞的不平衡力作用而引起的。1904 年，法国科学家潘卡雷做了进一步解释。他认为，大物体(如线度为 0.1mm 的物质)从各个方面受到周围运动着的原子的冲击，概率定律决定了每个方向的冲击会互相抵消，从而使物质处于一种被运动的原子包围着的“平衡状态”，导致我们观察到的大物质处于静止状态。而微小的粒子则不同，他们受到的来自周围的冲击较少，以致冲击作用无法相互抵消，难以达到平衡，因此微小粒子表现出运动的状态[11]。

在常温常压下，空气分子的平均运动速度是 500m/s，意味着 1s 内每个分子与其他分子要相撞 500 亿次。杂乱无章运动着的分子从四面八方撞击悬浮的小颗粒，来自不同方向的撞击力有大有小，结果造成了小颗粒忽前忽后、时左时右的无规则运动。

向一杯热水和一杯冷水中各滴入一滴红墨水，很容易观察到，热水杯中红墨水的扩散速度比冷水杯快，充分说明物质的温度越高，分子的运动速度越大，因此，分子的无规则运动也称为分子热运动。

2. 分子热运动的传播

无论是液体还是气体，其分子热运动的典型特征都是扩散。比较而言，气体分子则更“好动”。比如，茉莉开花，清香四溢；鱼肉腐烂，臭气熏天，这都是气体分子扩散的结果。而液体分子呢？在一杯清水里滴入一滴墨水，墨水慢慢散开，与水完全混合，表明一种液体的分子已经扩散融入另一液体中。

同样，固体分子也在运动和扩散。将表面光滑洁净的铅板紧紧压在一块金板上，几个月后竟然发现铅板和金板仿佛粘在了一起，说明铅分子跑进了金板中，金分子也跑入了铅板中，有些部位双方甚至相互融入达 1mm 之深。如果继续这样存放，比如 5 年之久，就会发现金和铅完全连在了一起，它们的分子互相融入能达 10mm 之厚。再比如，在长期存放煤的墙角和地面上，形成一层厚厚的黑色，这就是煤分子“渗”入的结果。

3. 内能

内能是热力学系统的热运动能量，是由系统内部状况决定的能量。热力学系统由大量分子和原子组成，储存在系统内部的能量有各种形式，如动能、势能、化学能、电离能、核能等。而内能仅指全部分子的动能与分子间相互作用的势能之和。

分子动能是指物体内部大量做无规则运动的分子所具有的能量，包括平动能、转动能和振动能。

分子势能是因分子间存在相互作用力(简称分子力)而产生的能量。因此，分子势能就是所有分子对之间相互作用势能的总和。当分子间距离大于平衡距离时，分子力表现为引力，此时增大分子间距离，分子力做负功，分子势能增加；当分子间距离小于平衡距离时，分子力变为斥力，此时减小分子间距离，分子力还是做负功，分子势能增加。正如弹簧拉伸和压缩时，产生的是弹簧的弹性势能。由此可见，当分子间距离等于平衡距离时分子势能最小(但不一定为零，因为分子势能是相对的)。

分子的动能和势能之和即分子内能。真实气体的内能是温度和体积的函数，理想气体分子间无相互作用，其内能仅是温度的函数。只有通过做功、传热等方式使系统与外界交换能量，系统内能才会发生变化。

分子动能与物体动能既有区别又有联系。分子动能是物体内能的一部分；物体动能则主要是指物体因受到外力影响产生运动而具有的能量。所以，二者的区别在于：①受力不同；②分子动能是微观运动产生的能量，而物体动能则是宏观运动产生的能量。二者的关系是，分子动能是物体动能的一部分，隶属于物体动能。

物体中每个分子热运动的速率不同，其动能也不相同，而且随着运动速率的变化而不断改变。在研究热现象时，我们关心的是组成系统的大量分子整体表现出来的热力学性质，即我们所需要的并不是系统中某个分子的动能大小，而是所有分子动能的平均值。这个平均值即分子热运动的平均动能。分子的平均动能不仅与分子的温度有关，还与分子的自由度有关。这就说明，即使在相同温度下，如果分子的自由度不同，其平均动能也不相等。

4. 大气压强

由上述分析可知，气体压强是由大量气体分子对容器壁持续、无规则的撞击产生的。以宏观统计学观点(不考虑单个分子)，在一定时间内大量气体分子与壁面之间的作用力可由式(5.1)给出。

在气象学上，大气压强也称为气压，指地球上某纬度处空气的压强，它是由作用于地球表面单位面积上的空气重力产生的大气压力，即等于单位面积向上延伸到大气上界的垂直空气柱的质量。气压大小与高度、温度等条件有关。地球表面大气压强随海拔的分布情况如图 5.9 所示。由图 5.9 可见，H_0 表示无限稀薄大气高度，h_1～h_3 表示不同海拔。那么，某一海拔 h_i 上的大气压强 p_i=空气柱 i 的质量/参考面积 S_0。可见，随着海拔 h 的增加，其上方空气柱的质量越小，对参考面积作用的重力也越小，大气压强也就越小。

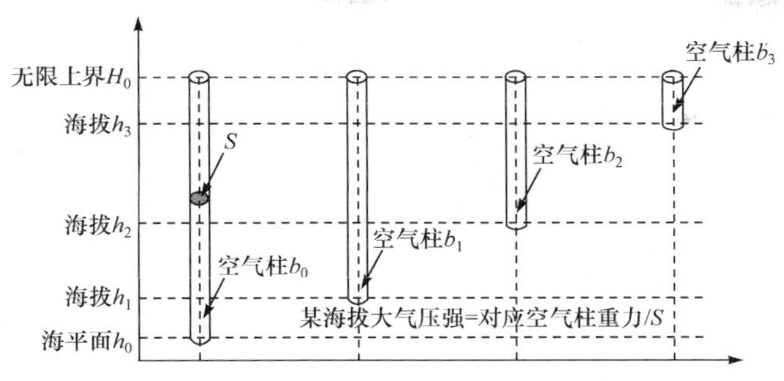

图 5.9　大气压强示意

从地球引力的角度，可以这样解释压强：由于地球对空气有吸引作用，空气压在地面上，依靠地面或地面上的物体来支持它，这些支持的物体或地面单位面积受到的大气压力就是该地的大气压强。

从分子无规则热运动的观点，压强又可以解释为：空气由大量无规则运动的分子组成，这些分子必然对浸在其中的物体不断地碰撞，每次碰撞气体分子都给予物体表面一个冲击力，大量空气分子持续碰撞的结果就体现为大气对物体表面的压力。地球表面的各空气层密度并不相等，越靠近地表层，空气密度越大。这就是空中物体为何在不同海拔受到的大气压强不同的原因。

无论以地球引力的观点还是分子无规则运动的观点，都能解释“海拔越高大气压强越小，物体受到的压强也越小”的现象。在海拔 3000m 之内，每上升 10m 大气压强约减小 100Pa，在海拔 2000m 之内，每上升 12 m 大气压强约减小 133 Pa。地面上空气的范围极广，常称“大气”。离地面 200 km 以上仍有空气存在。虽密度很小，但如此高的大气柱作用于地面上的压强仍然极大。

5. 大气压强实验

1) 马德堡半球实验

1654 年，马德堡市长为了证明大气压强的存在，设计了一个著名的半球实验：他和助手做了两个黄铜半球，直径约 370mm，如图 5.10 所示。他们在半球的壳中间垫上橡皮圈，再将两个半球壳灌满水合在一起；随后将水全部抽出，使球内形成真空，接着拧紧气嘴上的龙头使球封闭起来。结果发现，两个真空的半球仍然紧紧地闭合在一起。最后，16 匹马的拉力才将两个半球分开。铜球紧紧闭合在一起是由于受到了外部的大气压强作用，这一实验充分说明了大气压强的存在。

图 5.10　马德堡半球实验实物及其纪念邮票

2) 托里拆利实验

1643 年，意大利科学家托里拆利首先用实验测出了 1 个标准大气压的大小为 760mm 汞柱或 10.3m 水柱。因这一实验对于人们认识压强具有重大意义，被后人称为托里拆利实验。

托里拆利在长约 1m、一端封闭的玻璃管里灌满水银，将管口堵住，然后将其倒插在水银槽中。松开管口时，发现管内水银面下降一段后就不再下降，这时管内水银面比管外槽中的水银面高 760mm。

我们知道，同一液体的压强应该处处相等，那么，水银槽内液体表面的压强与管内 760mm 水银柱的压强应是相等的。水银槽液体表面的压强为大气压强，但由于管内水银柱的上方是真空的，不受大气压力的作用，管内的压强仅由 760mm 高的水银柱产生。因此，大气压强与 760mm 高水银柱产生的压强应是相等的。这就是 1 个标准大气压约为 760mm 汞柱高的来历。

马德堡半球实验证明了大气压强的存在，而托里拆利实验则给出了大气压强的具体数值。这两个成功的实验对于压强测量技术的进步具有里程碑意义。

5.1.4　运动流体的压强测量

上面我们讨论了压强的定义和测量，这些概念都是基于流体是静止的热力学状态。实际生活中的流体多为流动状态，这样，就有一个或多个方向的(某一时刻)流动动能与流体分子的不规则运动动能相叠加的问题，因此，关于静止平衡状态的定义描述需要加以修正。在此之前，先给出与流动的流体有关的 3 个压强定义。

(1) 静压，又称流体压强，以 p 表示。静压即仅由分子的无规则运动产生的压强。由分子运动学可知，分子间的相互碰撞虽然非常剧烈，分子的运动速度也很高，但由于碰撞是多方向的，在同一时刻各方向相互作用的结果可以相互抵消，所以并不会引起气体的流动(简称气流)。当气体受到外界做功或能量输入时，分子自身的运动平衡就被打破，进而产生流动。那么，此时的静压又是怎样呢？可以这样理解，当气体产生流动时，气体的流动速度实际上是分子的运动速度和气流的流动速度之和。由于分子自身的运动并不引起气流，所以，在垂直气流速度方向并没有外界能量的作用，这个方向的压强就是单纯由分子运动产生的当地流体的压强，即静压。依据这个原理，我们可以在垂直于流动的边界(与流动边界相切)面上感受到静压。

关于静压，有以下几种描述：①静压是流体静止时的压强；②静压是流体流动时产生的垂直于流体方向的压强之和；③静压是流体中不受流速影响而测得的压强值。这些描述都可以帮助我们更全面地理解静压的产生和性质。

图 5.11 为翼面绕流时的静压测量。由图 5.11 可见，气流在遇到翼面之前以某速度均匀地流动，压强为 p 。当气流遇到翼面时，气流经过翼面头部区域，在上下两面形成贴壁面流动。如果在图 5.11 的上下壁面分布设置压强测点(与壁面齐平)，此时传感器感受到的就是壁面上的静压 p 。虽然流经传感器敏感面的气流具有一定速度，但其速度方向与传感器敏感面平行，并不干扰测量结果。

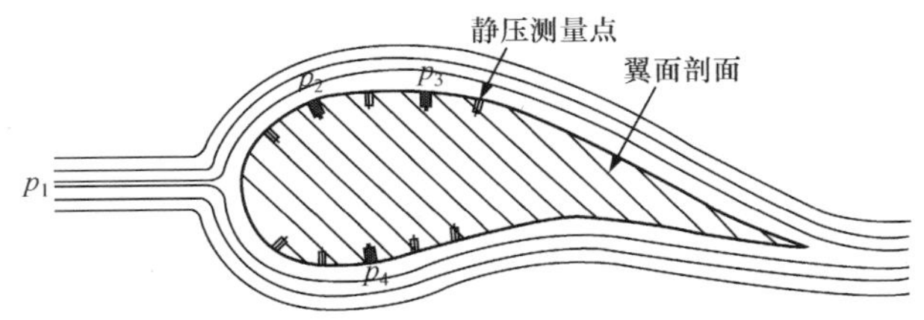

图 5.11　翼面绕流时的静压测量

图 5.11 中 p_2 、 p_3 和 p_4 分别是壁面上不同位置处传感器测量到的静压，三者并不相等。这是由于气流在运动过程产生压缩和膨胀，分子间的距离被拉长或缩短，从而引起分子间引力和斥力的变化，影响分子的热运动，如直线运动、转动和振荡等，最终导致静压改变。

(2) 动压，又称速压，用 p_v 表示。动压可以这样理解：当我们将流体看作一个连续流时，动压 p_v 就是流体定向运动动能造成的压强。在介绍静压时，认为静压是垂直于流动方向的压强之和。现在假设流动方向与迎气面之间有一定夹角时(图 5.12)，仍以“壁面”来感受压强。气流以速度 $\boldsymbol{v}$ 流向壁面，由于受到壁面的阻碍气流被折向，速度变为 $\boldsymbol{v}'$ 。当速度与壁面有一定夹角时，分解为平行壁面的分量 $\boldsymbol{v}_{//}$ 和垂直壁面的分量 $\boldsymbol{v}_{\perp}$ ，垂直壁面的分量 $\boldsymbol{v}_{\perp}$ 的流动动能被壁面消耗，以致衰减为零。这部分动能就是所谓的定向运动动能，它产生的作用于壁面的压强即为动压，计算公式可写为 $p_v = \rho v_{\perp}^2/2$。

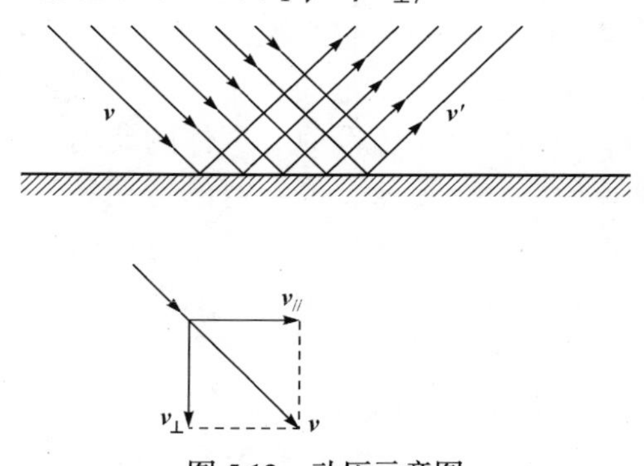

图 5.12　动压示意图

(3) 总压，也称滞止压强、冲击压强或皮托压强，用 p_0 表示。总压 p_0 是静压和动压之和，即 $p_0 = p + p_v$。总压这一概念是为了叙述和计算方便而人为设定的压强，它并不具有真实的物理意义。例如，在燃气自由射流流场中，由于不存在受冲击的壁面，而流体又均沿着自身流线运动，因此，流场中任一点的压强都只包括静压而没有动压。这种情况可以理解为，将该点的速度降低直至为零，就可以由流动方程得到总压。

介绍上述 3 种压强的目的，是希望能够通过传感器件感受和测量各种压强。

1. 静压的测量

测量静压的前提是已知流动的速度方向。根据静压定义，感受和测量静压的方法主要有以下 3 种。

(1) 壁面测压法。在待测物体的表面开一些形状或直径合适的小孔，在不干扰流线的情况下，通过在小孔处布设传感器来测量流动静压，这就是壁面测压法，如图 5.13 所示。这一方法首先被伯努利采用。

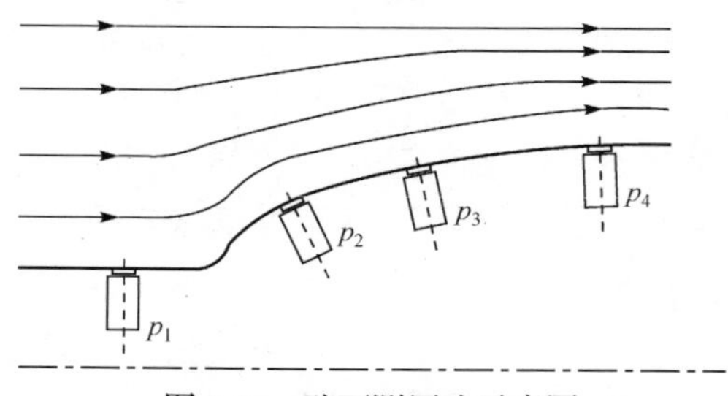

图 5.13　壁面测压法示意图

(2) 探针式测压法。将小孔开在测量探针的探头上，如图 5.14 所示，探针头部和探针结构(如支杆)对流动的扰动正好相反，前者使流动静压降低，后者则使流动静压升高，那么在探针的某点上，两项扰动叠加消失，该点静压恢复到未扰动状态。这就是探针式测压法的原理。它利用的是静压自行补偿方式，普朗特设计的静压管就是基于这一原理。

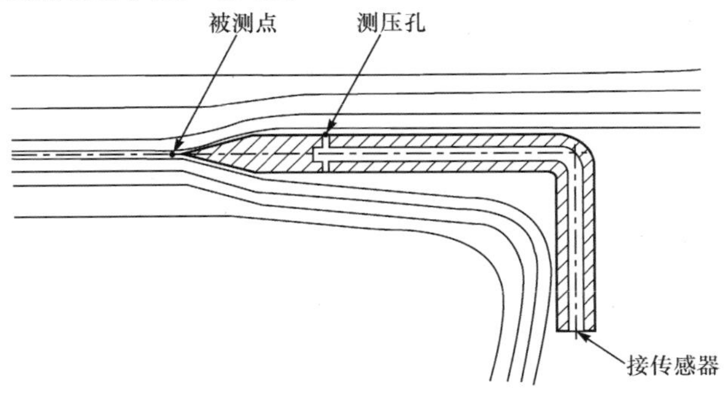

图 5.14　探针式测压法示意图

(3) 探头式测压法。是将测压小孔设置在有空气动力物体静压的临界点上，利用球形、柱形、楔形和锥形等探头来测量压力的方法，如图 5.15 所示。

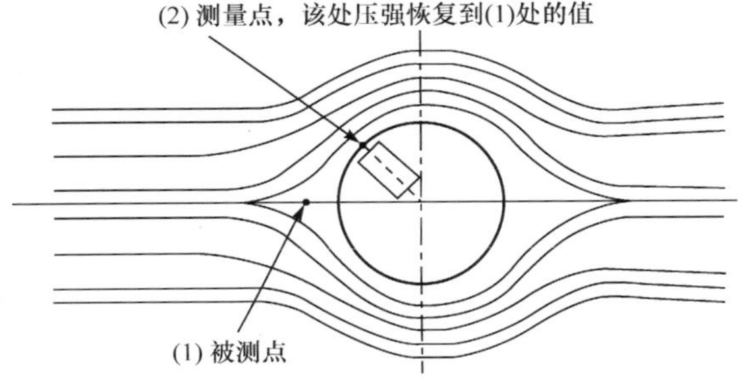

图 5.15　探头式测压法示意图

为帮助读者更好地理解和掌握静压测量技术，下面介绍几种常见的静压测量方法。

1) 壁上测压孔式测压法

从壁上测压孔式测压法的原理来看，在垂直于流动边界上设置无限小的直角边缘小孔，通过小孔感受到静压，进而就可以测出准确的静压，但实际上，加工这样的小孔绝非易事，如何保证小孔的锐边就十分困难。由于孔的尺度越小，小孔对压强的响应越缓慢，为此，人们不得不选用测压孔来代替小孔，再通过修正读数来提高测量精度。

长久以来，许多学者研究并给出了测压孔读数的修正办法。1857 年，法国科学家达西(Darcy)论述了测压孔读数的修正问题[12]；1879 年美国工程师密耳斯(Mills)通过一个精确实验确定了小孔尺寸对压强测量精度的影响[13]。随后艾伦(Allen)和胡拍(Hooper)又相继研究了相关问题[14]。图 5.16 中给出了管壁上测压孔的结构示意以及推荐使用的孔径范围。

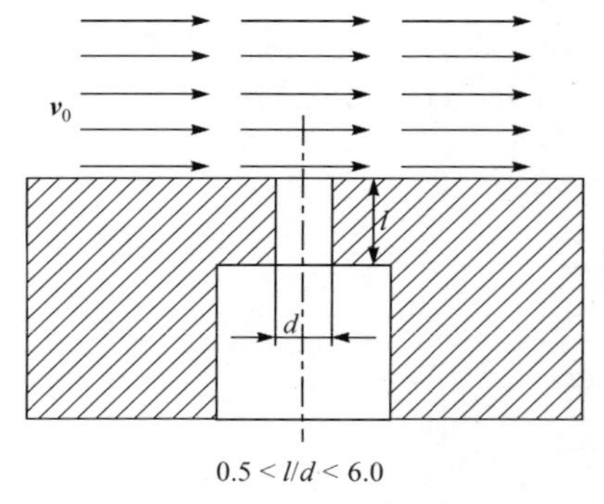

图 5.16　静压测压孔尺寸示意

通过对任意孔径的参考测压孔进行实验，将实验数据拟合外推到零孔径的情况(真实流动情况)，可求得绝对误差[15,16]，得到孔径尺寸对测量精度的影响(图 5.17)。图 5.17 中，纵坐标 Δp 为静压误差，横坐标为孔直径 d，4 条曲线分别对应流动速度为 15m/s、30m/s、45m/s 和 60m/s 的情况。由图 5.17 可见，孔直径大于和小于参考值时，静压误差 Δp 均快速增大；孔直径大于 3.81mm 时，各速度下的静压误差基本不变。

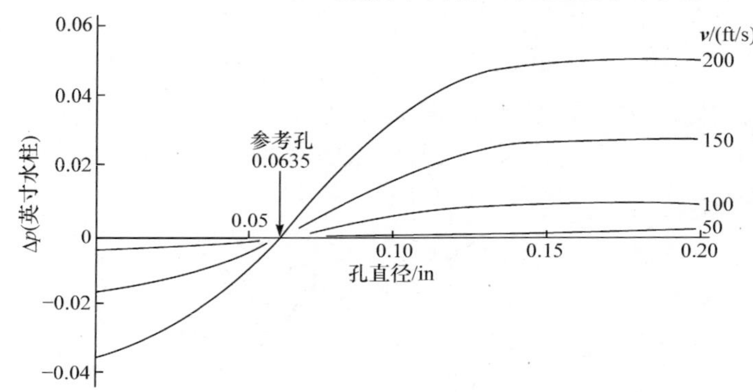

图 5.17　1.5 < l/d < 6.0 时孔直径对静压测量误差影响典型实验[8]

富兰克林(Franklin)和华莱士(Wallace)还设计了在与风洞壁平齐位置安置膜片式测压传感器的实验，验证了测压孔式测压法的测量误差随孔直径的增加而增加的事实。

除小孔直径外，小孔边缘形状对测量误差也有影响。直角边缘的小孔产生微小的正误差，边缘倒圆的小孔带来较大的正误差，而边缘倒角的小孔则带来微小的负误差，如图 5.18 所示。边缘形状对测量误差的影响有如下 3 种情况：

(1) 在直角边缘测压孔的上游，流体出现与边界完全分离的状态(即流体在该处的约束边界消失)，因此流线仅向直角边缘测压孔作少量偏移；然而，流体的黏性会给孔内流体施加一个微小的力，使流体运动，而测压孔的下游壁面则对该运动产生阻滞，因此导致压强升高，产生微小的正误差。

(2) 流体流过边缘倒圆的测压孔时，并不会立即产生分离，而是被引入孔内，同时引起部分动压的恢复，因此导致压强升高，于是产生微小的正误差。

(3) 对于边缘倒角的测压孔，尽管流动在锥形口测压孔的上游边缘也发生分离，但倾斜的下游边缘又使流动加速，且产生吸引作用，结果使锥形口测压孔内的流动压强下降，造成微小的负误差。

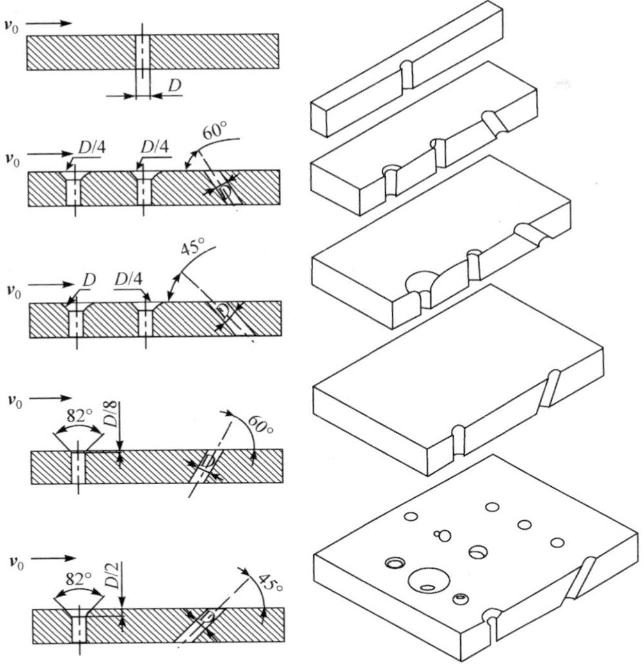

图 5.18　小孔边缘形状对静压测量误差的影响

充分形成的湍流的静压误差 Δp 可由 $\Delta p/\tau_0$ 随摩擦雷诺数 R_d^* 的变化关系给出(见图 5.19 肖(Shaw)的曲线)，其中雷诺数 R_d^* 由测压孔的直径 d 和摩擦速度 $\boldsymbol{v}^*$ 求出，τ_0 为壁面的剪切应力

$$\boldsymbol{v}^* = \left(\frac{\tau_0 g_0}{\rho}\right)^{1/2} = \left(\frac{\tau_0}{2p_v}\right)\cdot \boldsymbol{v} \tag{5.5}$$

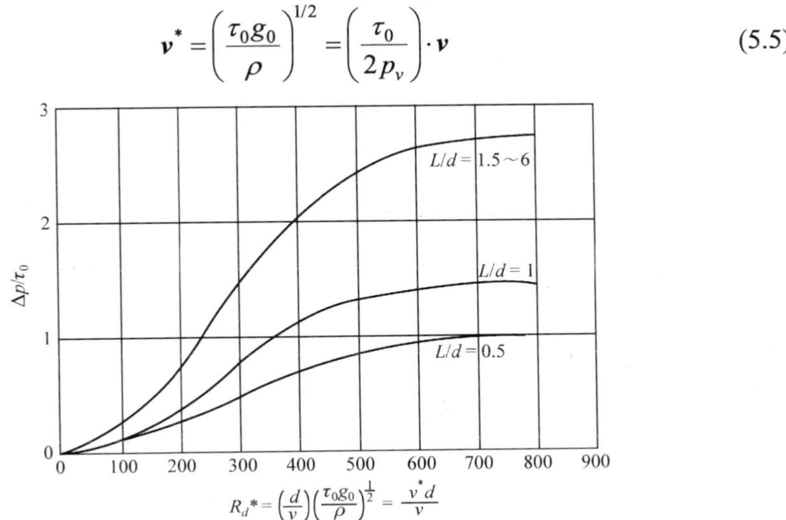

图 5.19　当 0.635mm < d < 4.445mm 时不可压缩湍流壁上测压孔误差(肖(Shaw)的曲线)[8]

由于τ_0与流动的速度梯度成正比，即

$$\tau_0 = \mu\left(d\boldsymbol{v}_p / dy\right)_{y=0} \propto \left(\rho \boldsymbol{v}^2 / 2g\right)$$

而且τ_0对壁上测压孔的性能有重要影响，因此将壁面的剪切应力τ_0纳入修正项中。

肖(Shaw)的曲线(图 5.19)表明，为了减小与l/d相关的测压孔误差，图 5.16 中的 l/d 值应>1.5，一般选择 $1.5 \leqslant l/d \leqslant 15$。富兰克林和华莱士进行了更详实的实验，将肖的研究从 R_d^*=800 推广至 R_d^*=2000，避免了测压孔外推至零孔径的过程，如图 5.20 所示。需要注意的是，在图 5.20 中，当雷诺数R_d^*大于 2000 时，$\Delta p/\tau_0$保持不变，约为 3.75。

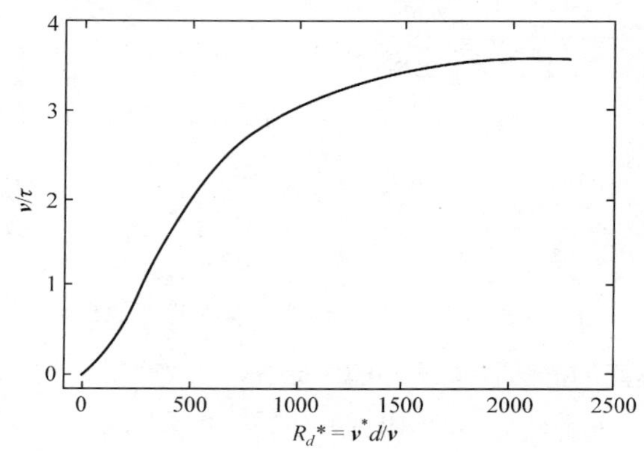

图 5.20　孔径为 5.08～6.35mm 时静压测压孔误差曲线[8]

综上，对于壁上测压孔式静压测量方法，需要考虑的关键点是：

(1) 小孔直径与壁厚尺寸的比例关系；

(2) 小孔边缘的形状；

(3) 流体的黏性与小孔尺度的关系。

2) 探针式测压法

静压测量探针布设如图 5.21 所示。静压测量探针通常是一根 L 形管子，A 点为静压待测点，在 A 点处管子是封闭的；B 点为流场静压引入点(沿圆周均布的 4～6 个小孔)，压强由该点引入静压测量探针中，并经由管子内部通道传递至 C 点。在 C 点对接压强测量传感器，就可以实时感受到 A 点的静压。

由图 5.21(b)可见，静压测量探针式测压法的测量精度与测压孔 B 点相对于探针头部 A 点和支撑杆(图 5.21 中 L 形的短边)的位置有关。由探针头部引起的加速效应使测压孔附近的压强趋于降低，而支撑杆对气流的滞止效应使测压孔附

近的压强趋于升高。因此，理论上存在这样一个点，如 B 点，降低和提升效应在测压孔(平面)上刚好抵消，这样测量到的压强就较精确地反映了 A 点的静压。经验表明[8]，较好的静压测量探针结构应该是：在离探头头部 5 倍管径和离支撑杆 15 倍管径的平面上，正交安排 4 个直角边缘的测压孔(孔径 ϕ=1.02mm，见图 5.22)。

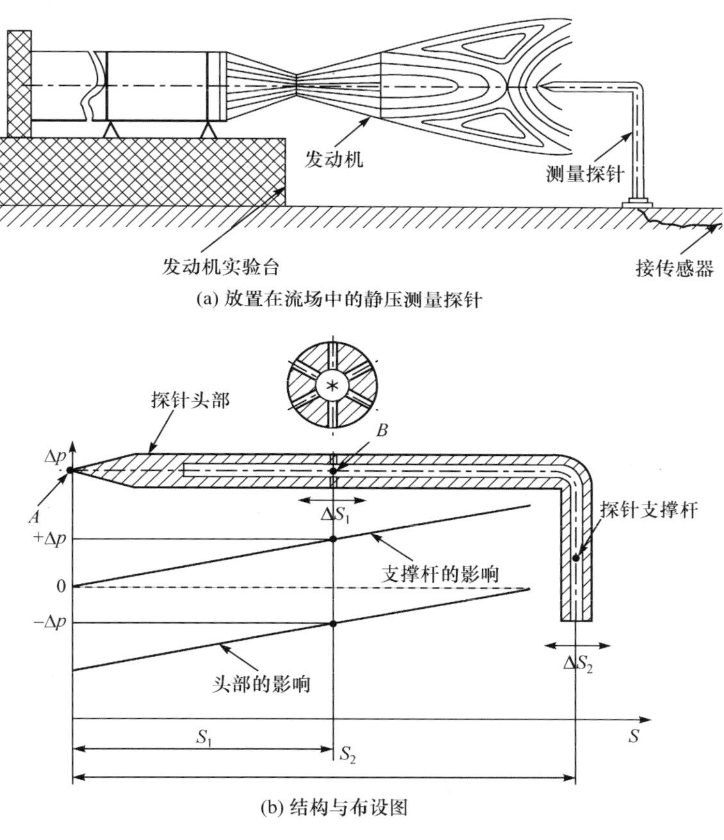

(a) 放置在流场中的静压测量探针

(b) 结构与布设图

图 5.21　静压测量探针及其布设示意

S_1 为测压孔离探针头部距离；S_2 为测压孔离探针支撑杆距离；ΔS_1 和 ΔS_2 分别为测压孔和支撑杆的位置偏差

图 5.23 所示为采用补偿原理制成的圆盘形探头静压传感器。由图 5.23 可见，在圆盘形探头的测压孔平面内有一凹陷面，其作用是纠正圆盘前沿引起的流线弯曲。圆盘形探头传感器测量静压的特点是，随着气流马赫数增大，静压测量误差会越来越小；当马赫数增至一定值后，测量的相对误差就不再变化，保持某一定值。

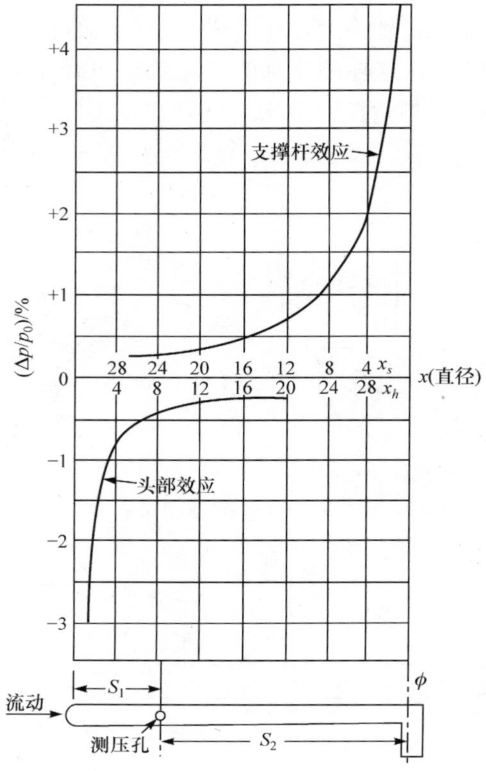

图 5.22 静压管特性

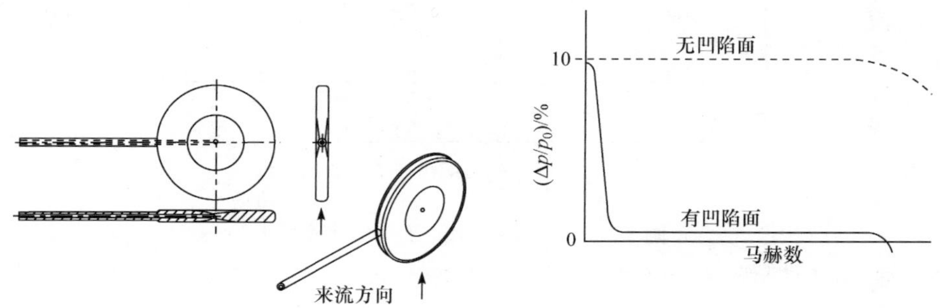

图 5.23 圆盘形探头及其特性[8]

3) 气动力探头式测压法

为了帮助理解气动力探头式测压法的测量原理，先介绍一个有趣的现象。在流场中放置一物体，物体的迎气面积就会阻挡气体的流动，相当于占据了部分流动通道，减小了通道面积。根据气体的可压缩特性，气流被扰动后，在扰动区域的一定范围内，气流流动的压强和速度均会改变。但是我们发现，随着流动的进一步发展，在绕流物体后某些区域，流动又“恢复”为原状，静压会回到扰动之前的水平。研究发现，并不是所有的物体绕流都会出现这样的现象，圆柱和楔形块物体更易于发生。受此启发，人们设计了具有类似形状的探头，成功测量了某些流场的静压参数。这样的圆柱和楔形块物体被称为气动力物体，具有类似形状的探头称为气动力探头。气动力探头测量静压的精度与测压孔位置、加工精度、孔径大小以及流动方向有关。

圆柱形气动力探头是具有代表性的气动力探头传感器，它垂直于流动方向布设。图 5.24 为双侧成对配置测压孔的圆柱形气动力探头测压示意。由于流动方向变化时测压孔处的压强也会变化，因此，在圆柱上来流的两边各配置一个测压孔(图 5.24)，当一侧测压孔压强下降时，可由另一侧测压孔压强的升高来弥补，总管中的压强仍可保持不变。假设来流绕流圆柱体后，在流动中心±θ^*处静压恢复至来流状态，此时总管感受到的静压值就是来流未经扰动的静压，θ^*称为临界角。

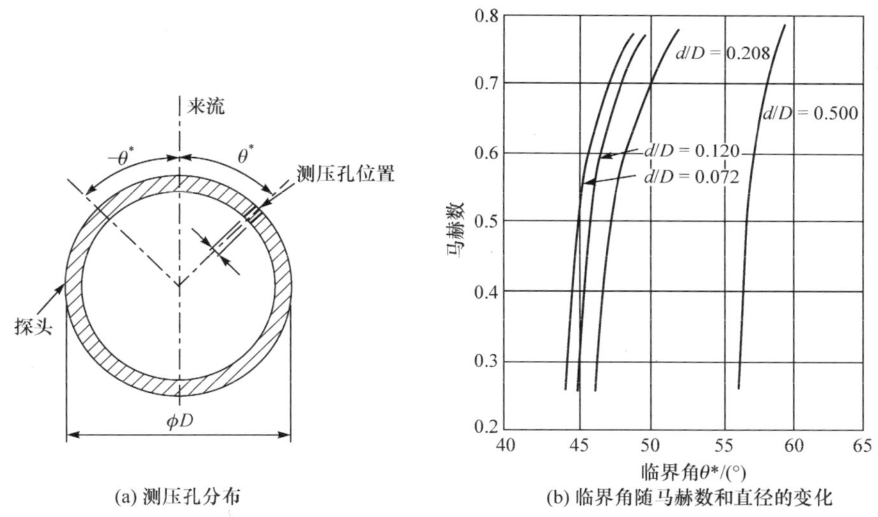

(a) 测压孔分布　(b) 临界角随马赫数和直径的变化

图 5.24　双侧成对配置测压孔的圆柱形气动力探头测压示意
d 为测压孔直径；D 为探头的直径

临界角θ^*的大小主要根据来流状态(如来流马赫数)和圆柱体直径确定。图 5.25 为圆柱形气动力探头测量时动压损失情况。固定圆柱体直径不变，那么θ^*仅与来流马赫数有关。由于测压孔的位置精度将影响测量结果，开设测压孔时，θ^*的位置精度应严格控制。一般情况下，θ^*偏小，测量结果将偏大；θ^*偏大，测量结果则会偏小。

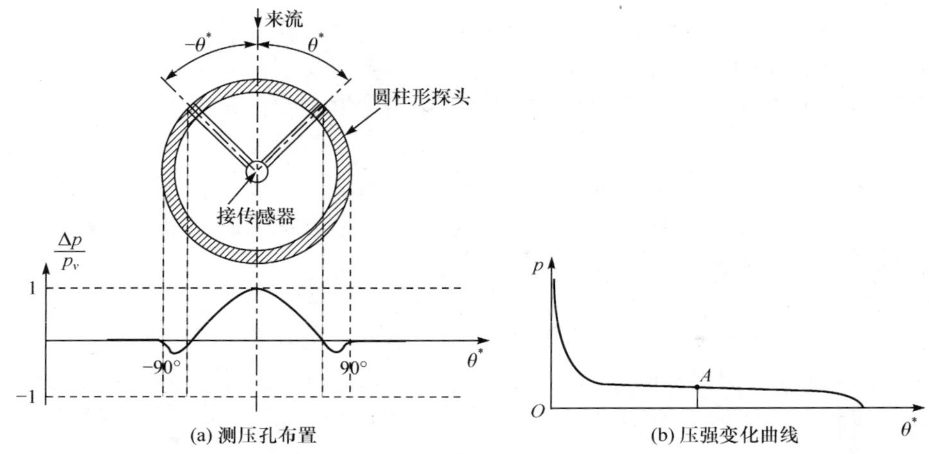

图 5.25　圆柱形气动力探头动压测量误差

当测量稳态定常流动流场的静压时，可以通过“试”的方法确定 θ^* 值。例如，在图 5.25(a)所示的左右两侧测压孔上任选其一连接传感器，将圆柱体绕轴线轻轻转动，观测记录传感器读数。随着圆柱体的转动，传感器感受到的压强会呈现出图 5.25(b)所示的变化曲线，A 点对应的角度即为测压孔的临界角 θ^*。实际测量时，以来流速度流线为分界，将两侧测压孔分别连接传感器，当圆柱放置在流场中，左右两侧传感器指示相同压强时，意味着该探头安放正确。两路测压孔的流动汇集在一起由总管引出至传感器，若流动方向产生轻微偏斜，左右两侧测压孔感受到的压强增高(如右侧)或减小(左侧)可以相互抵消，最终减小了总管的测量误差。

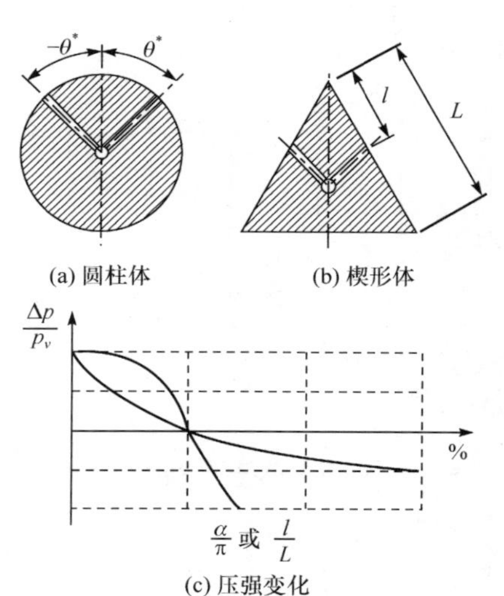

图 5.26　圆柱体与楔形体气动力探头对比

除圆柱体气动力探头外，常用的气动力探头还有楔形体探头，如图 5.26 所示，其中 L 为楔形体边长。由图 5.26(a)可见，来流方向为沿楔形体的某一个尖劈，在与此尖劈相邻的楔形面上设置测压孔(测压孔距离尖点为 l)。

研究发现[8]，当测压孔的位置在其设定范围内变化时(图 5.26(b))，θ^* 由 0°变化到 180°，l 由 0 变化到 L，圆柱体探头测压孔的压强变化比楔形体快，意味着采用楔形体气动力探头可以获取更为可靠的测量数据。但由于边缘尖锐，楔形体探头不够坚固耐用。

2. 总压的测量

根据总压定义，若使流动等熵滞止，就能感受到总压。1732 年，法国工程师皮托发明了一种通过测量气流的总压和静压以确定气流速度的管状装置，这就是著名的皮托管。采用皮托管就可以达到使流动等熵滞止的效果。严格地说，皮托管仅能测量气流的总压，因此又名总压管；能够同时测量总压和静压的管状装置才称为风速管。鉴于人们已习惯于称风速管为皮托管，本书所指的皮托管亦是能够同时测量总压和静压的风速管。

为了得到流体的流动速度，皮托设计了如图 5.27 所示的实验装置。他在水流中插入两根开口的管子，插入深度相同，其中一根管子的下端开口并垂直于水流方向，管中水位的上升高度即水流静压的读数；将另一根管子弯成 90°，下端开口迎着流动方向，管中水位的上升高度即水流总压的读数。由这两根管子的水位差就可获得水流的速度。测量过程中，静压管本身对流体是有干扰的，但图 5.27 中的测量并未考虑这一影响，这就是皮托管不能准确测量流体静压的原因。尽管如此，带 90° 折弯的皮托管仍不失为测量总压的可靠方法。

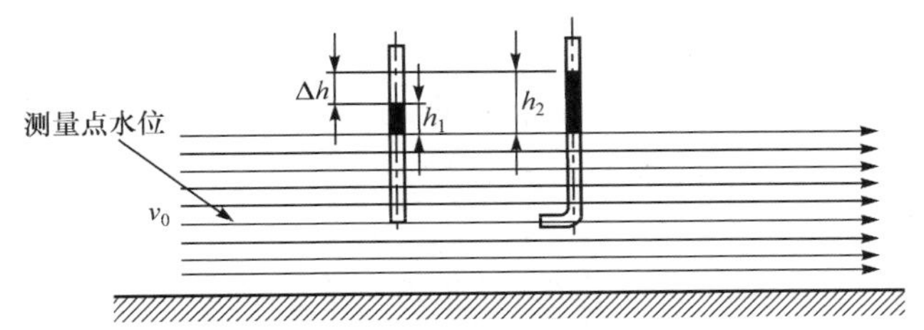

图 5.27　皮托管测量压强原理

h_1 为指示静压的水柱高度；h_2 为指示总压的水柱高度；

$\Delta h = h_2 - h_1$ 为指示动压的水柱高度

实际应用中，皮托管往往由一个圆头的双层套管组成，如图 5.28 所示。外套管直径为 D，在圆头中心 O 处开有一个与内套管相连的总压孔，与测压计一端相连。在外套管侧表面上距 O 约 S_1 处的 C 点，沿其周向均匀地开 4～6 个与外管壁垂直的静压孔，与测压计另一端相连。将皮托管安放在待测的定常气流中，使管轴与气流方向一致，管子前缘正对来流。在气流流向 O 点的过程中，其流速逐渐减低，流至 O 点速度滞止为零，所以 O 点测出的流体压强即总压 p_0。根据静压测量原理，此时 C 处流体的速度和压强已基本恢复为原来流的速度 v 和压强 p ，因而在 C 处测得的就是流体的静压 p 。

由于实验直接测量流体的速度比较困难，但流体的压强可以方便得到。于是，人们通过测量流体的压强，再利用伯努利定理就可计算出气流的速度。

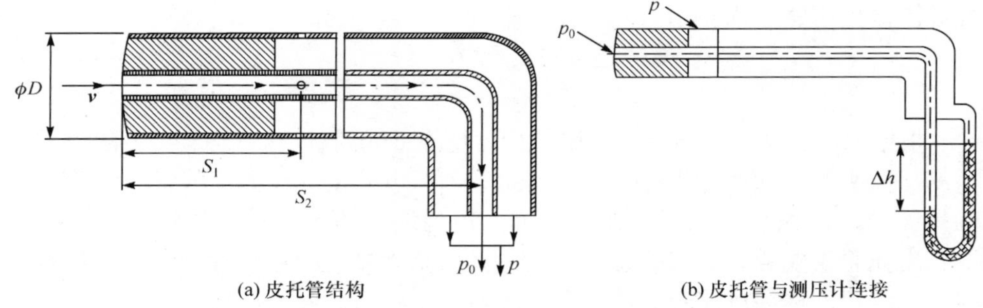

(a) 皮托管结构　　(b) 皮托管与测压计连接

图 5.28　皮托管测量流体的静压和总压

(1) 对于低速流动(可近似为不可压缩流体)，由伯努利定理可得流体的速度为

$$\boldsymbol{v}=\sqrt{\frac{p_0-p}{\rho}} \tag{5.6}$$

式中，p_0-p 为传感器测出的总压与静压差，ρ 为流体的密度。

(2) 对于亚声速流动，流速计算如下：

$$Ma=\sqrt{\left[\left(\frac{p_0-p}{p}+1\right)^{(\gamma-1)}-1\right]\frac{2}{\gamma-1}},\quad \boldsymbol{v}=Ma\cdot c,\quad c=\sqrt{\gamma RT} \tag{5.7}$$

式中，Ma 为流动马赫数，γ 为流体比热比，c 为光速，R 为气体常数。在高亚声速流动和超声速流动中，由于干扰因素较多，静压孔的测量结果并不准确，需要采用其他测量方法。

总压还可以通过气动力物体(如球形和圆柱形的)滞止点上的小孔来感受(图 5.29)。总之，当测压孔附近的流体滞止得足够迅速，以致热传递和摩擦的影响可忽略不计(即测压孔附近的流体被等熵地滞止)，且雷诺数、马赫数、探头几何尺寸以及与流动方向的对准程度符合测量条件时，就可测得总压。

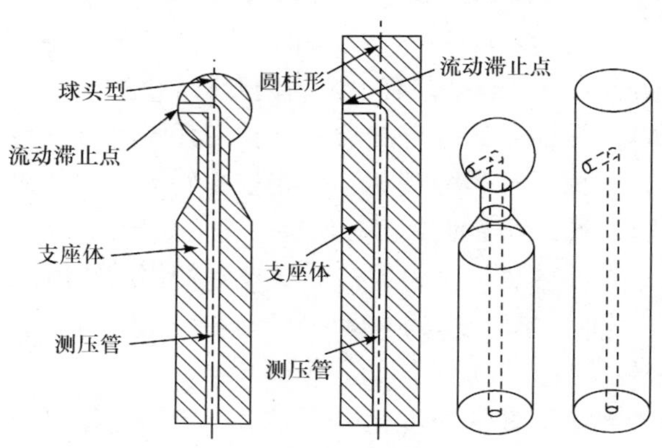

图 5.29　气动力总压测量探头

测压孔虽小，但仍有一定面积，加之支杆干扰及制作工艺等原因，传感器测得的压差与实际压差 $p_0 - p$ 总有一定偏差。因此，采用皮托系数 C_p 对测量结果进行修正：

$$C_p = \frac{p_0 - p}{p_v} \tag{5.8}$$

C_p 通常为 0.98～1.05。考虑皮托系数，式(5.6)、式(5.7)可写为

$$\boldsymbol{v} = \sqrt{C_p \frac{p_0 - p}{\rho}}, \quad Ma = \sqrt{\left[\left(C_p \frac{p_0 - p}{p} + 1\right)^{(\gamma-1)} - 1\right]\frac{2}{\gamma - 1}} \tag{5.9}$$

由式(5.9)可见，皮托系数 C_p 的大小与流速 v 相关。一般认为[8]，皮托系数的影响因素主要有：来流方向几何偏离、低雷诺数时的黏性以及总压测量孔附近的横向压强梯度等。

(1) 来流方向几何偏离的影响。来流方向几何偏离是指流动速度方向与测量管轴线的夹角不为零，使总压测量结果有偏大的趋势。几何偏离对皮托管总压测量的影响已被实验验证[8]，如图 5.30 所示。图 5.30 显示，比较而言，圆柱形皮托管对来流方向几何偏离较不敏感，攻角接近±30°时，仍能获得误差较小的测量结果。而尖拱形和锥形皮托管则对来流方向几何偏离较敏感。

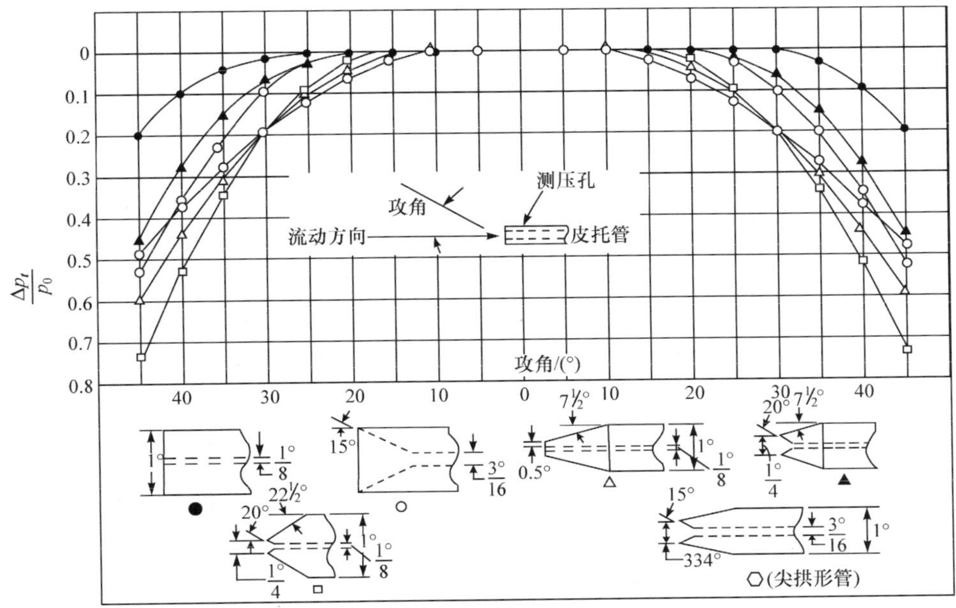

图 5.30　总压示数随皮托管攻角和几何形状的变化[8]

对来流方向几何偏离的影响可进行适当修正。例如，对于直孔圆柱形皮托管，可

增加测压孔相对尺寸或沿测压孔向内倾斜 15°，并从管头部向后延伸约 1.5 倍管径，以扩大皮托管的不敏感范围。当保持皮托管的不敏感度小于动压的 1%时，流动角度变化范围可高达±25°。图 5.31 显示了各种测压孔相对尺寸下总压探头对气流角度变化的敏感性(其中 d 和 D 分别为测压孔和圆柱体的直径)，可供实际测量参考。

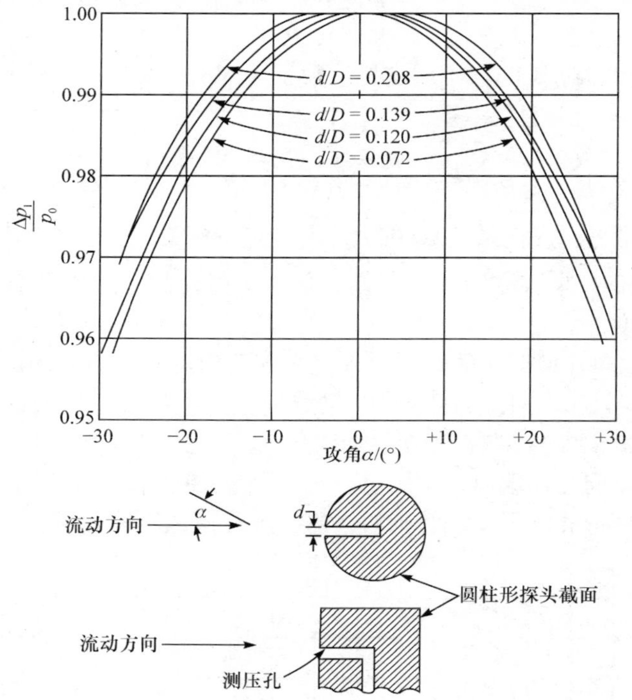

图 5.31　垂直于流动方向的圆柱形探头的指示总压随攻角和测压孔直径的变化

当然，由于流动方向很难准确确定，采用不受校准流向影响的总压测压管也是一种选择。

(2) 低雷诺数时的黏性影响。在实际测压时，当然希望皮托系数 C_p 等于 1，这就意味着皮托管测量结果准确，无须修正。但研究表明[8]，在低雷诺数 Re 下，C_p 有一个波动范围。由于雷诺数是流体的惯性力与黏性力之比，较低的雷诺数意味着流体的黏性较大，这种流动状态下黏性对 C_p 的影响显著。关于流体黏性对皮托管测量方法的影响规律，目前尚无系统的研究结果，部分实验数据给出了 C_p 随雷诺数的变化情况(图 5.32)。由图 5.32 可见，在 6～55 的低雷诺数范围，C_p 从 1.6 迅速衰减至 1.0，之后随着雷诺数的增加，C_p 并无明显变化，基本稳定在 1.0 左右。可见，C_p 对于低雷诺数流体的黏性十分敏感。通过分析图 5.32 可知，当流体 $Re>1000$ 时，C_p 可以取作 1；当 $50<Re<1000$ 时，C_p 在

0.99～1；如果 Re 小于 10，C_p 必定大于 1，并很快接近 $5.6/Re$ 的渐近值。概括地说，当流体雷诺数大于 50 时，皮托管基本不再受流体黏性的影响；当雷诺数小于 10 时，黏性对皮托管测量结果的影响极为显著。

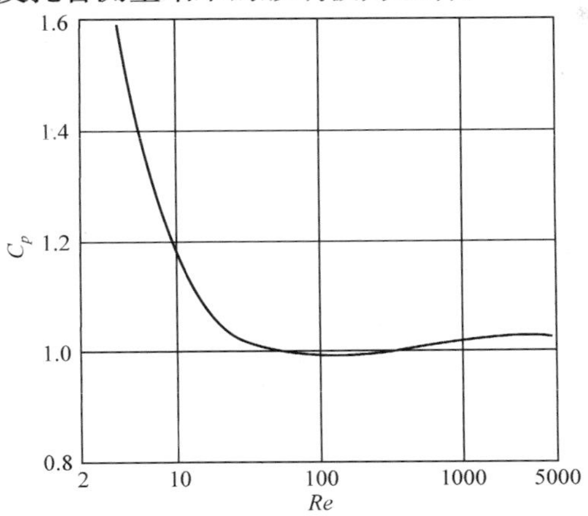

图 5.32　黏性对皮托系数的影响

(3) 总压测量孔附近的横向压强梯度的影响。总压测量孔附近的横向压强梯度是指总压沿探头管口截面直径方向的变化。当皮托管上游存在横向压强梯度时，连接皮托管的压强计感受到的压强将大于逼近管子流线的总压。也就是说，直角边缘皮托管的有效中心将从其几何中心向高速区移动一个 δ 量[17,18]，如图 5.33 所示。由 5.33 可见，这种位移的机理被解释为：在具有涡流的流动中，探头的存在诱导了复杂的二次流动结果[19]。

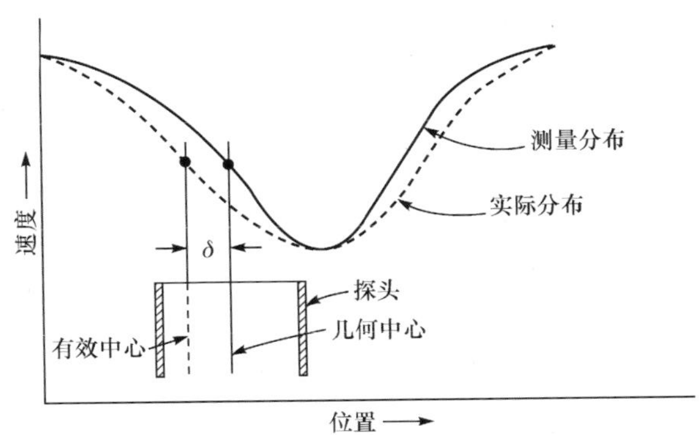

图 5.33　有横向压强梯度时皮托管有限尺寸引起的滞止流线位移

1956 年，利夫西(Liversey)[16]发现，利用尖锐唇口和锥形头部非常规的直角边缘皮托管，可将横向压强梯度的位移影响减小到最低。戴维斯和萨米对此也有研究[20，21]。图 5.34 给出了不同探头几何尺寸下流线位移的变化规律。

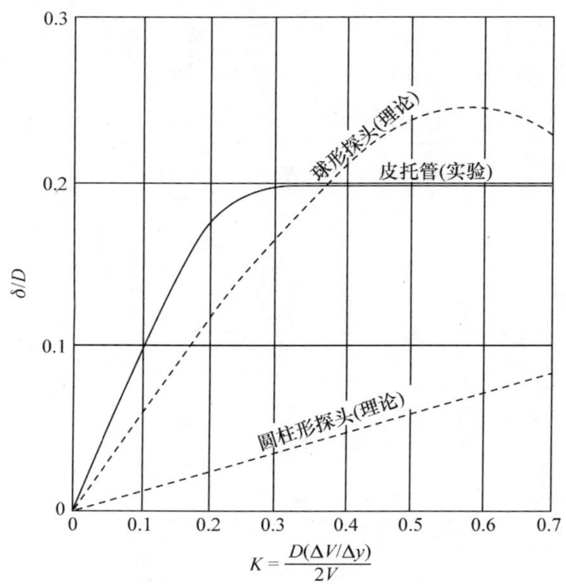

图 5.34　滞止流线位移随剪切参数的变化曲线

由于流动管道中常出现堵塞和位移，在管道中安装总压管未必有效。因此，经常通过静压测量值计算总压，称为有效总压。有效总压 $\tilde{p}_0$ 的计算方法为[22]：

对于液体

$$(\tilde{p}_0)_{\text{inc}} = p + \frac{\dot{m}^2}{2g\rho A} \tag{5.10}$$

对于气体

$$(\tilde{p}_0)_{\text{comp}} = p\left\{\frac{1}{2} + \left[\frac{1}{4} + \left(\frac{\gamma-1}{2\gamma}\right)\left(\frac{\dot{m}}{Ap}\right)^2\left(\frac{RT_0}{g}\right)\right]^{1/2}\right\}^{\gamma/\gamma-1} \tag{5.11}$$

式(5.10)和式(5.11)中，p 为静压，g 为重力加速度，ρ 为液体密度，A 为管道流通面积，$\dot{m}$ 为流动的质量流率，R 为气体常数，T_0 为总温，γ 为气体的比热比，下标 inc 和 comp 分别表示不可压缩流体和可压缩流体。

5.2　燃气自由射流流场压强的测量

5.2.1　自由射流流场的典型结构

图 5.35 所示为欠膨胀固体火箭发动机燃气自由射流流场的典型结构。由

图 5.35 可见，在燃气自由射流流场的流动区域，有喷管、发动机壳体(弹身)外壁面及喷管外的环境介质(如大气)等。

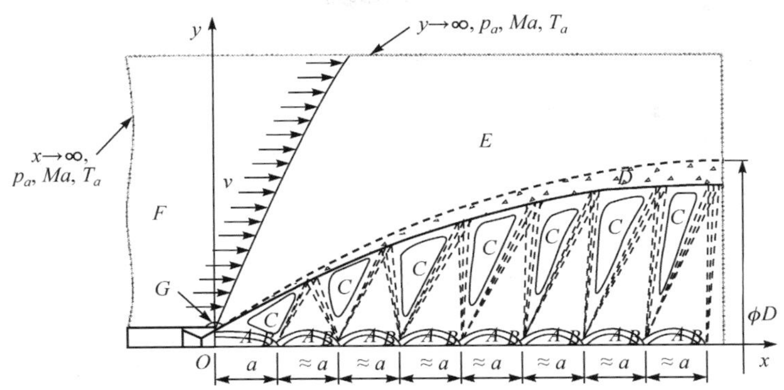

图 5.35　欠膨胀固体火箭发动机燃气自由射流流场结构示意图

按照流动的特征、流动参数分布及流场的总体描述等，将流场划分为如图 5.35 所示的 *A*、*B*、*C*、*D*、*E*、*F* 和 *G* 7 个区域。7 个区域的流场特性分析如下。

(1) *A* 区：推进剂点燃后，产生的燃气开始从发动机喷管流出，快速占据喷管出口截面下游区域，这一流动区域称为 *A* 区。在 *A* 区，欠膨胀的燃气射流经过火箭发动机喷管扩张段到达喷管出口截面时，压强已由燃烧室的几兆帕至几十兆帕迅速下降至几个大气压。如前所述，理想的火箭发动机喷管设计状态应是：当燃气流经喷管出口截面时，其压强恰好膨胀至环境大气压强。由于实际外部环境不断变化，例如，飞行弹道可能跨越不同的海拔，环境压强也有波动，燃烧室推进剂的燃烧和喷管流动的稳定性各异等，大多情况下燃气射流在喷管出口截面很难达到理想膨胀状态。通常将喷管出口截面处的燃气压强设计为 2～3atm，略大于环境介质压强(即欠膨胀状态)。这样，当燃气流出喷管后，其流动通道将进一步延伸，燃气将继续膨胀，同时伴随着压强的迅速下降和流动速度的不断提高。图 5.36 所示为二维轴对称模型数值仿真结果，可见燃气沿喷管轴线方向的膨胀发展比较迅速，压强和马赫数的变化趋势刚好相反，马赫数在超音速状态下继续增大，而压强则快速降低。总的来看，燃气射流在 *A* 区的流动以膨胀为主要特征。

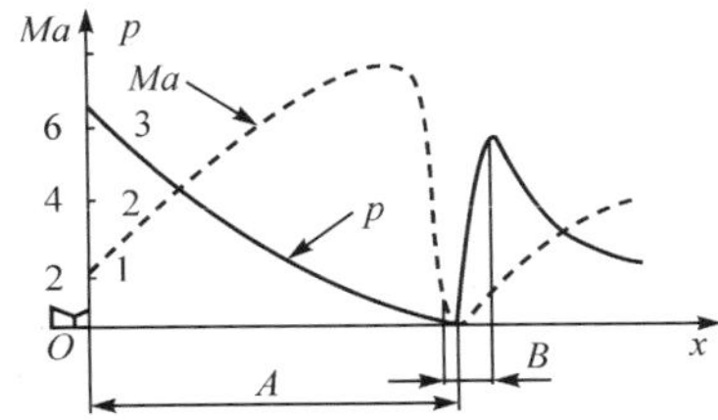

图 5.36　*A* 区燃气压强与马赫数分布规律

(2) *B* 区：*A* 区的燃气继续沿射流轴线方向向下游流动，压强不断降低，燃气速度快速增大。由于受流动规律的制约，在很短的距离内流动将以激波的形式强制减速，在轴线某处形成如图 5.35

和图 5.36 所示的流动 B 区。激波是一种可压缩流动形态，其流动参数是“间断”的，数学上表现为梯度。在 B 区域，燃气的压强和马赫数均发生了迅速变化，流动由超音速衰减为亚音速，压强则在快速下降后又快速增大。B 区燃气的发展空间很小，为毫米级甚至更小；在数值计算中，B 区尺度仅占 1～2 个网格。根据流动强度(如喷管膨胀比、外部环境，见第 3.3.3 节)，B 区可能出现正激波(即马赫盘)和相交激波。因此，B 区燃气流动的主要特征是激波及其相互作用。

(3) C 区：由图 5.35 可见，C 区介于 A 区和 D 区之间，A 区的燃气是沿轴线膨胀，而在 C 区，燃气沿径向(图 5.37 中的 oy 方向)的膨胀因受到外部环境气体的阻碍而不能继续，燃气与外部环境气体的相互作用形成一道燃气射流外包络线(三维时就是外包络面)。实际上，该包络线上的压强并不等于环境气体的压强，而是一道弱压缩。这样，在 C 区存在一个复杂的流动界面，界面内膨胀波、压缩波及它们的反射与相交波并存且相互作用。图 5.35 中，相邻两个 C 区的分界处可能是微弱压缩波，也可能是膨胀波，波的形成主要受 A 区和 D 区的影响。因此，C 区流场中多为膨胀波和反射波。

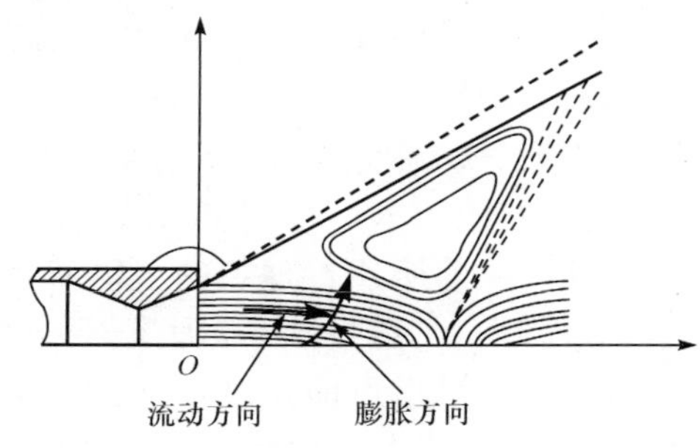

图 5.37　A 区燃气径向膨胀示意图

(4) D 区：也即燃气空气混合区。流出喷管的燃气与外部环境的空气组分是不同的，燃气的主要成分为 H_2O(气态)、NO、NO_2、HO、CO、CO_2 及金属化合物 Al_2O_3 等，外部环境中空气的成分则主要是 N_2 和 O_2。燃气首先是在自身动力的作用下，强行膨胀推动并压缩空气向外运动，空气被压缩后，压强逐渐增大形成对燃气的反作用。同时，燃气与空气组分之间还存在扩散运动，扩散速度取决于组分的浓度，但远低于燃气的流动速度，因此，D 区是有一定厚度的燃气空气混合区域。在 D 区，混合气体的压强基本稳定，燃气与空气的相互推动达到力学平衡。例如，当一只充满气的气球内的压强大于外部环境压强时，气球就会膨胀；反之，气球就会缩小；球内外的压强相等时，达到力平衡，气球形状保持不变。

(5) E 区：E 区又可称为压强渐次平衡区域，从 D、E 区的交界面开始，沿流场的半径方向直至无穷远空间，都是 E 区范围，这一区域的主要成分是空气，其中混杂有少量扩散和对流来的燃气。图 5.38 给出了射流流场形成示意，其中横坐标表示沿射流的轴线，纵坐标是时间轴，显示了燃气射流流场形成初期的变化；“●”和“△”分别代表燃气和空气占据的区域。由图 5.38 可见，燃气和空气之间的分界面(在 D 区)始终存在，随着燃气逐渐占据越来越多的空气区域，燃气对空气的扰动也越来越大。由于空气的可压缩性，被扰动空气形成的第一道波将在未扰动空气中传播，遇到空气阻力或其他阻力(如遇到物体被反射)时，该扰动波就被衰减下来，直至静止(速度为零)。并且，D 区燃气每次微弱的压强变动，都将产生一道微弱的压缩波或膨胀波，这些波会向无穷远处传播，也可传向 D、C 区。可以想见，E 区内必定存在大量的压缩波和膨胀波，这些波之间又相互作用，进一步叠加或消减形成二次波。随着逐渐远离射流中心，这些波的强度将不断衰减，最终消失在远方；同时，燃气的压强和温度慢慢趋于环境值，组分密度也趋于稳定。受环境大气影响，真实的情况是，燃气与环境大气的流动参数趋于一致的位置将距离射流中心非常远，甚至可达喷管出口截面直径的数百倍。因此，E 区的流动特征是燃气压强渐次趋于平衡。

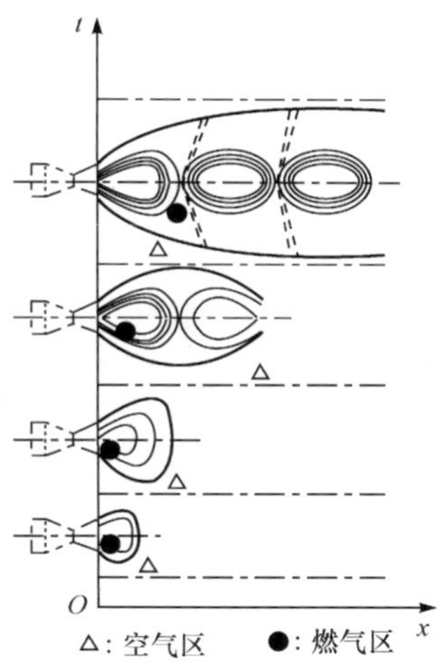

图 5.38 射流流场形成示意

(6) F 区：F 区又称射流引射流动区域。在 F 区，由于燃气射流向下游喷射流动，带走区域内的部分空气，形成一微弱负压区。与其相邻区域的空气受到微弱负压的作用，由原来的静止状态开始向下游运动。图 5.39 给出了 F 区流动示意。由图 5.39 可见，沿时间轴方向，F 区域的空气逐渐形成向下游的运动速度。尽管不同火箭发动机的燃气射流流场强弱不等，造成 F 区的范围大小有异，但总的来说，F 区的流动较为平顺，以层流流动为主。

(7) G 区：在喷管出口位置横截面有一个端面环形区域，与火箭发动机壳体

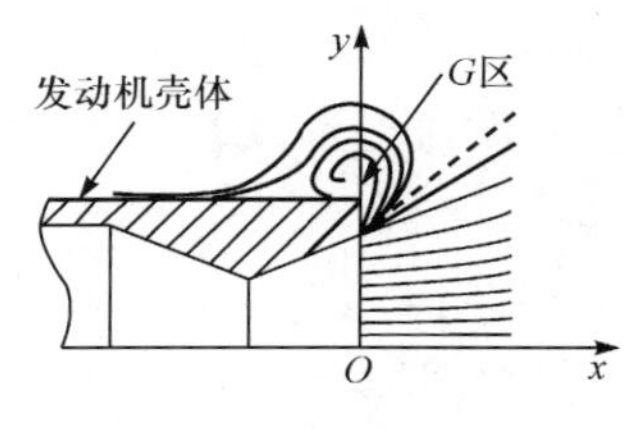

图 5.39　*F* 区流动示意

相连，这就是 *G* 区，如图 5.39 所示。图 5.39 中的粗实线是沿轴向的火箭发动机圆柱形壳体。受 *A*、*C*、*D* 区流动的影响，*G* 区的燃气膨胀后继续向射流下游流动，流动速度约为 2000m/s，*G* 区原来静止的空气在流动黏性的作用下，逐渐形成与相邻的 *C*、*D* 区同位置燃气相等的流动速度。*G* 区负压的形成原理与火炮弹丸高速运动时弹底负压区域的形成相同。对于弹丸而言，负压强产生弹底阻力；对于火箭弹而言，该区域的负压同样会引起底部阻力。因此，*G* 区又称为负压抽吸影响区域，主要流动特征是负压抽吸引起的漩涡流动。

5.2.2　自由射流流场压强分布

由前述分析可知，在设计状态火箭发动机的自由射流流场中，每个区域的流动各有特征；不同发动机的燃气在 *A*～*G* 区的流动形态和流动参量可能存在较大差异，尤其是 *B*、*D* 两区，特征更加明显。*B* 区流动的压强变化梯度大，流场变化空间狭小，流动的发展存在很多不确定性；*D* 区则是空气和燃气的混合区，虽其区域位置相对确定，但区域空间非常小(薄)。图 5.40(a)给出了某流场的等马赫数分布云，图 5.40(b)是自由射流流场压强的非线性分布。由图 5.40 可见，无论是沿射流轴线还是沿半径方向，任意一条压强线上的压强变化都呈非线性。因此，对于燃气自由射流流场而言，*B*、*D* 两区的压强测量难度较大。

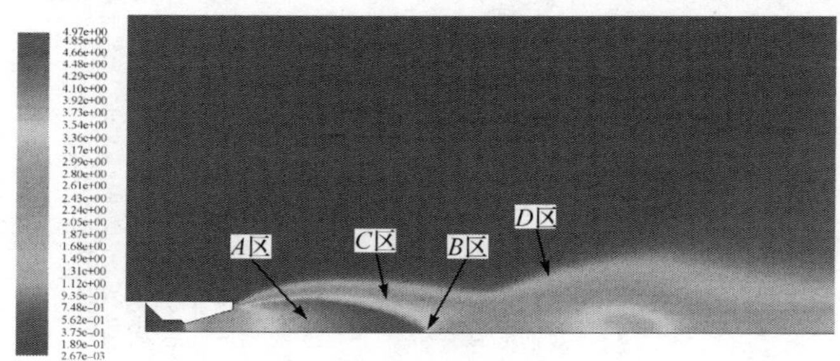

(a) 等马赫数云图表示的*A*～*D*区

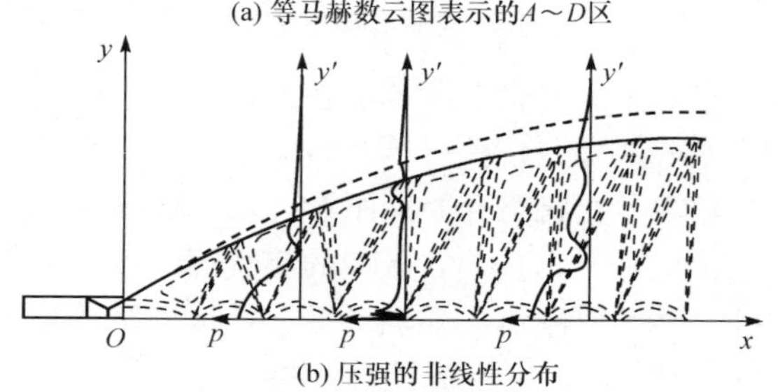

(b) 压强的非线性分布

图 5.40　自由射流流场马赫数云图与压强分布

5.2.3 自由射流流场压强测量系统的构建

燃气自由射流流场中压强的测量，如同加速度和位移等参数的测量一样，必须首先通过传感元器件来感知被测物理量，再经过电量(如电压、电流、电容和电感等)转换来获得所需结果。因此，测量压强的第一步，就是选取可感受到压强的传感器。不同类型传感器的信号输出类型是不同的。传感器受到压强作用后，会发生 3 种输出信号变化：电阻变化(应变片)、电压变化(热电偶)和电容变化。因此，在确定这些信号对应的压强值前，需要对输出信号进行处理，如标定和信号调理等。经过调理的信号可由表头(指示仪器)显示出来，也可通过记录纸或数据采集系统记录下来。

燃气自由射流流场的压强测量系统如图 5.41 所示。图 5.41 显示，测压系统主要由传感器、信号处理系统及信号采集与数据记录系统组成。传感器放置在燃气射流流场中，当传感器感受到压强时，输出信号，信号采集与记录设备记录压强随时间的变化数据，这些数据再经数学软件进一步分析，就可获取需要的压强值及其变化规律。图 5.41 给出了燃气自由射流流场的压强测量系统组成。由图 5.41 可见，在设计压强测量系统时，主要应考虑如何选择传感器类型及其量程，如何进行数据采集参数的设计等。

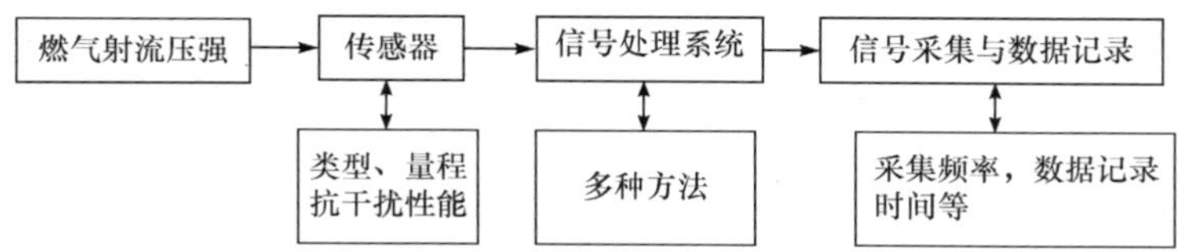

图 5.41 燃气自由射流流场压强测量系统组成

1) 传感器对信号的敏感原理

压强属于面载荷，其本质是力在面上的分布情况。因此，可以选择压强传感器来测量燃气射流流场的压强。传感器的核心构成是敏感元件，它的功能是完成非电量信号到电信号的转变。敏感元件是非电量测试技术的关键部件。

根据敏感元件非电量的转换方法，常用的压强传感器有以下 3 类。

(1) 压阻式压强传感器：该传感器是根据半导体材料的压阻效应，将半导体材料基片进行电阻扩散而制成。其核心部分是一块沿某晶向切割的 N 型圆形硅膜片，硅膜片上有 4 个阻值相等的 P 型电阻，由集成电路工艺方法扩散而成，用导线将 P 型电阻构成惠斯登电桥，即构成如图 5.42 所示的压阻式压强传感器。当图 5.42 中的波纹膜片受到外力作用发生形变时，硅膜片上的各电阻值也将发生变化，电桥就会失去平衡。若给电桥加一个恒定电流或电压的电源，电桥将输出与压强对应的电压信号，这样，传感器的电阻变化就可以通过电桥转换为压强信号输出。

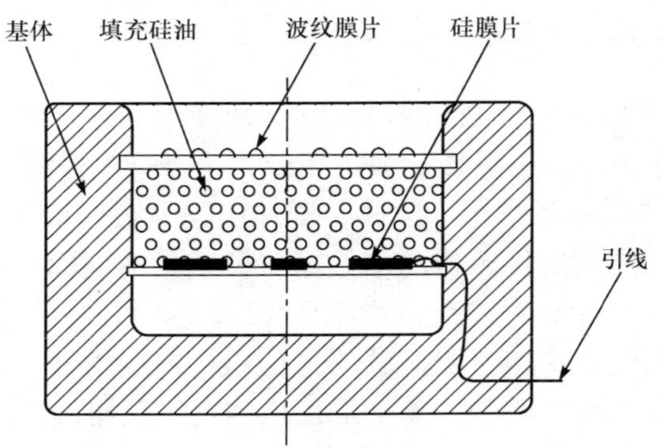

图 5.42　压阻式压强传感器

压阻式压强传感器的硅膜片材料主要有硅片和锗片，以硅片为敏感材料的硅压阻传感器越来越受到重视，尤其以测量压强和速度的固态压阻式传感器应用较为广泛。

压阻式传感器的优点是：①灵敏度高，传感器的输出无需放大就可直接用于测量；②分辨率高，可输出 10～20Pa 的微压；③测量元件有效面积小，膜片刚度大，自振频率高，故频率响应高；④可测量低频加速度和直线加速度。当然，压阻式传感器也有不足，最明显的缺点是受温度影响大，一般仅可用于100℃以下，故需在有温度补偿或恒温环境下使用；而且，不耐腐蚀，受被测气体或液体的材质性质影响较大。

(2) 电阻应变式压强传感器：该传感器是以电阻应变片为转换元件的传感器，应用较普遍，适于测量较大的压强。

电阻应变片的测量原理为：将作为电阻的金属丝粘贴在构件上，当构件受力产生变形时，金属丝的长度和横截面积随构件变形一起变化，而长度和横截面积又与金属丝电阻值有关，于是引起相应的电阻变化。电阻的变化量与其所受力大小的关系事先经过标定，通过电阻的变化就可推导出金属丝的受力(压强)情况。

电阻应变片是电阻应变式传感器的主要元器件。常用的电阻应变片有丝式和箔式，将直径为 0.02～0.05mm 的康铜丝或镍铬丝绕成栅状(或用很薄的金属箔腐蚀成栅状)，夹在两层绝缘薄片(基底)间，再用镀锡铜线与应变片丝栅连接作为引线，连接测试系统的测量导线。除电阻应变片外，电阻应变式传感器的主要组成器件还有弹性敏感件、补偿电阻和外壳等。根据具体测量要求，传感器可设计成多种结构形式，如应变筒式、膜片式、应变梁式和组合式应变压强传感器。

图 5.43 给出了 3 种电阻应变式压强传感器原理示意。如图 5.43(a)所示，应

变筒式电阻传感器是以薄壁圆筒的变形为基准，通过在其表面贴应变片获得同比例的应变，反推所受压强大小。图 5.43(b)是膜片式电阻传感器，它的应变原理是，膜片受到外部作用力后发生形变，进而引起附着在膜片上的应变片的电阻改变。图 5.43(c)所示应变梁式电阻传感器的原理是，将应变片粘贴在梁(悬臂梁或简支梁)上，梁受力产生形变时引起应变片的电阻改变。

电阻应变式传感器的优点是精度高，测量范围广，寿命长，结构简单，频响特性好，能在恶劣条件下工作，易于实现小型化、整体化和品种多样化等。但电阻应变式传感器对于大应变有较大的非线性，输出信号较弱，需要采取补偿措施。

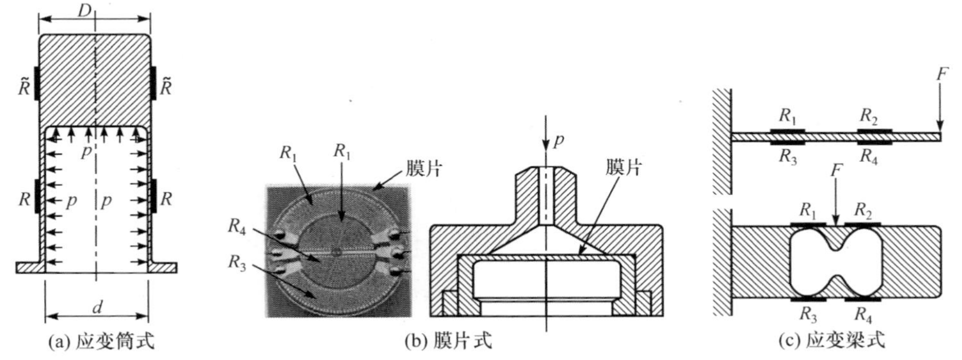

图 5.43 3 种电阻应变式压强传感器原理示意

(a) p 为待测压强，R 为应变片，$\tilde{R}$ 为补偿片；(b) R_1～R_4 为应变片，p 为待测压强；(c) R_1～R_4 为应变片，F 为发生应变的载荷

(3) 压电式压强传感器：图 5.44 是压电式压强传感器原理示意图。由图 5.44 可见，压电式压强传感器是一种基于材料正压电效应制成的自发电和机电转换式传感器。正压电效应是指，当晶体受到某固定方向的外力作用时，内部产生电极化现象，同时在两个表面产生符号相反的电荷；当外力撤去后，晶体又恢复到不带电状态。压电式压强传感器的敏感元件由压电材料制成。压电材料受力后表面产生电荷，电荷经电荷放大器和测量电路放大与变换阻抗后，以正比于所受外力的电量输出。

压电式压强传感器的优点是频带宽，灵敏度和信噪比高，结构简单，工作可靠，质量轻；缺点是某些压电材料易于受潮，输出的直流响应较弱，需采用高输入阻抗电路或电荷放大器进行修正。

2) 燃气射流流场压强测量传感器选择

燃气射流流场中的压强测量均是采用接触方式，即将传感器放置在流场待测位置，或采用皮托管引流压强。中、大口径火箭发动机的燃烧时间一般都超过几十秒，流场温度在 1500K 以上。在这样的高温环境中，传感器及其敏感接触面难免产生温升。因此，测量时必须考虑传感器对待测环境温度的适应能力。

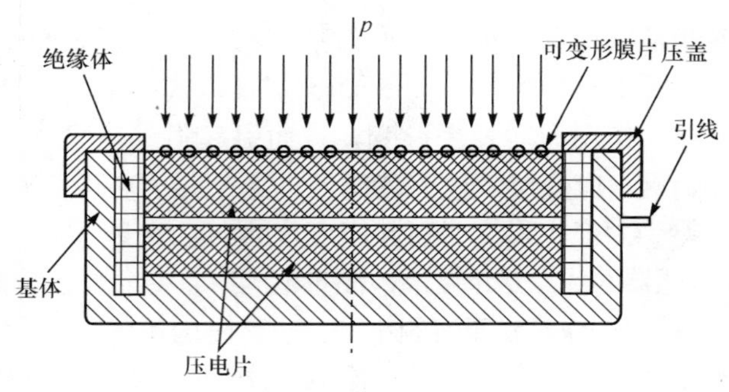

图 5.44　压电式压强传感器原理示意图

笔者曾经在实验中观察到，某复合推进剂装药的固体火箭发动机点火后，燃气流动过程中某些组分产生电离，并形成了电磁场，对测量中的压强传感器(压电式)和加速度传感器均产生强烈干扰(应变式传感器则无此现象)。

鉴于燃气射流流场的电磁干扰和高温特点，电阻式传感器和压电式传感器均不适于燃气射流流场的压强测量。因此，在近几年的测试工作中，我们常选用电阻应变式压强传感器。

3) 测量系统辅助机构

测量系统辅助机构的主要功能是：固定实验火箭发动机；布置固定测量探针；实施探针位置的三坐标方向调整。考虑到燃气射流测量环境和测量对象的特殊性，测量系统辅助机构的设计应遵循以下原则：

(1) 支架的刚度和强度应能保证测量正常进行，且满足测量精度要求；

(2) 探针布置科学合理；

(3) 为了减小探针和支架对燃气流场的扰动，装置的迎气面积应尽量小，且具有良好的导流型面；

(4) 对电缆、电线进行防护，必要时可采用循环水冷却；

(5) 机械部分既要操作灵活，又要定位可靠。

5.2.4　某自由射流流场压强测量系统实例

图 5.45 是基于本课题组专利(燃气射流压力多用途测量探针，专利号 ZL200810007484.07)设计的“火箭发动机燃气射流流场压强测量系统”，用于测量燃气射流自由射流流场压强。该系统主要由分离式测压探针、梳状组合测压探针、水循环冷却系统、密封与防护装置、支撑机构、行走机构和铺设于地面的轨道等组成，可一次性测量与记录 17 个测点的压强信息。

由图 5.45 可见，测量中采用了两种探针：梳状组合测压探针和分离式测压探针。梳状组合测压探针集中布置在中间区域，分离式测压探针分布在左右两侧。这样布置的原因是，在射流轴线附近一定距离(对于喷管出口截面直径小于200mm 的发动机，这一距离约为 1m)内为主要流动区域，也是测试的主要区域，该区域的动力冲击和热冲击都较大，工作环境恶劣，布置 9 根梳状组合探针，既可保证设备的承载力，也保证了测试点的位置精度。两侧可根据需要均布或距离渐变布设分离式测压探针，灵活设置测点。

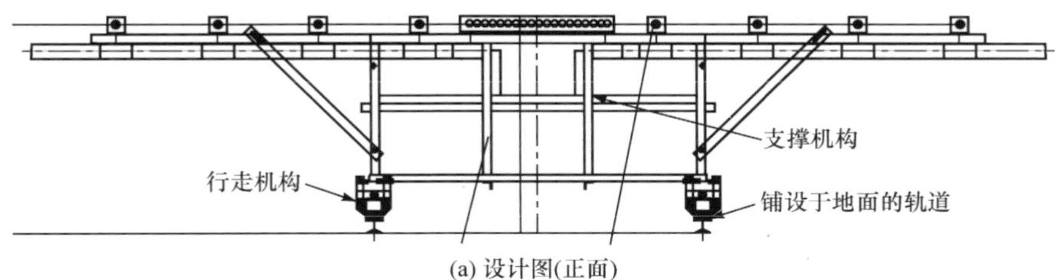

(a) 设计图(正面)

(b) 实物

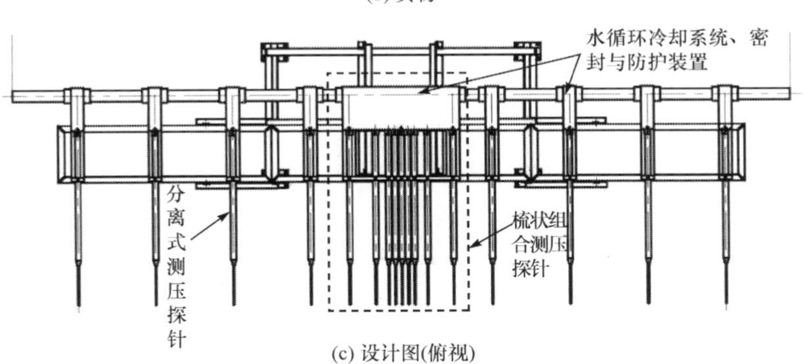

(c) 设计图(俯视)

图 5.45　火箭发动机燃气射流流场压强测量系统

分离式测压探针与梳状组合测压探针的结构相同，梳状组合测压探针是 9 根分离式测压探针的组合体，分离式测压探针(以下简称探针)结构剖面如图 5.46 所示。由图 5.46 可见，探针主要由探头、外腔、内腔、皮托管、传感器接口及进出水口组成。其中内/外腔的作用主要是进行冷却水循环，皮托管是为了消除测量时温度对传感器的影响。探头安装在探针前端，通过螺纹与探针相连，可直接“深入”到流场。探头感受到的压强通过皮托管“传输”到传感器，然后由数据采集系统采集并记录下来。探头分为亚音速探头、超音速探头、静压探头和总压探头，如图5.47(a)所示，可根据具体的测试任务选用。根据探头的类型，探针分为静压探针和总压探针，静压探针又分为超音速静压探针和亚音速静压探针。图5.47(b)为各种探头和探针实物图。

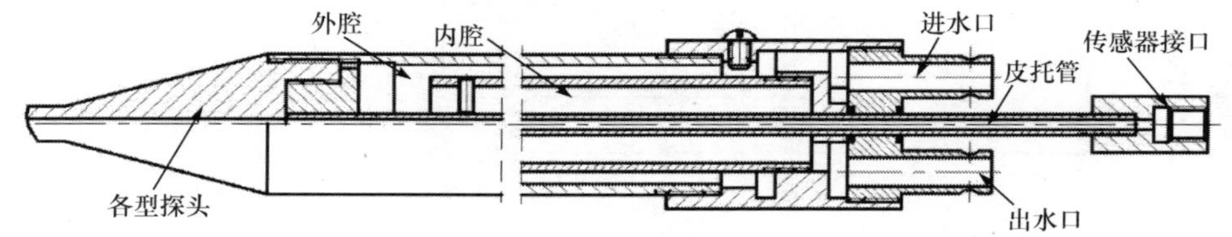

图 5.46　分离式测压探针结构剖面图

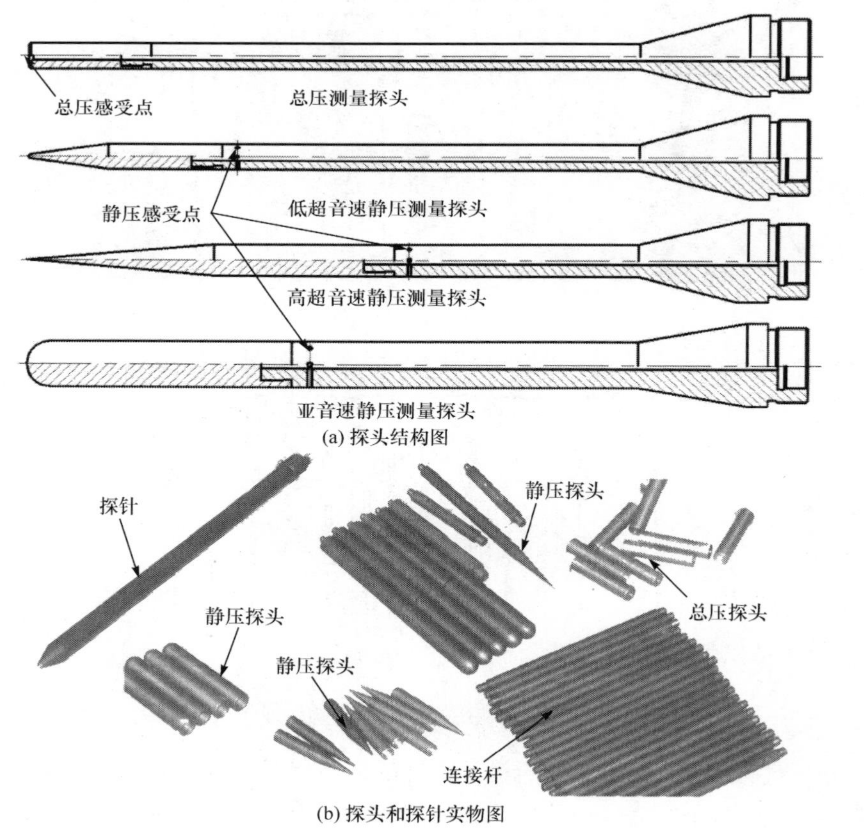

图 5.47　各型探头与探针示意

由图 5.45 可知，测试时 17 根探针可按 2 种方式布设：①全部使用静压探针或总压探针，这样，一次实验就可获得 17 个位置的压强数据；②考虑到流场的对称性，可将静压探针和总压探针在两侧对称布置，每侧各 9 个测点，可得到 9 个总压和 9 个静压，按照流动方程，这样的测量结果还可用于计算各测点的马赫数。

燃气射流是一种高温、高压、高速流动的气流，具有较强的冲刷破坏危害。因此，需要对测量系统的传感器、冷却水路、测试电缆等采取防护措施。图 5.45 中上部的防护壳体和管道结构就起到防护作用，系统所有的水路和电缆均由此管道引导至安全区域。

5.2.5　测点布设与流场预估

欠膨胀自由射流的流场结构虽因喷口几何结构、喷口截面流动参数(压强、马赫数)的变化而不同，但基本都会呈现图 5.35 所示的全流域结构，以及图 5.48 所示的喷口区域流动典型结构。总观图 5.36～图 5.40 可知，燃气射流流场的压强在各区域的分布均呈强烈非线性特征，即使在很小的空间尺度上，其变化都很复杂。因此，为了在有限的实验次数下获得有效的流场参数(如压强分布)，除了保证测试系统的精度和可靠性外，如何将流场合理分区并布置测点显得至关重要。另外，将流场分区也有助于测量数据的后期处理。

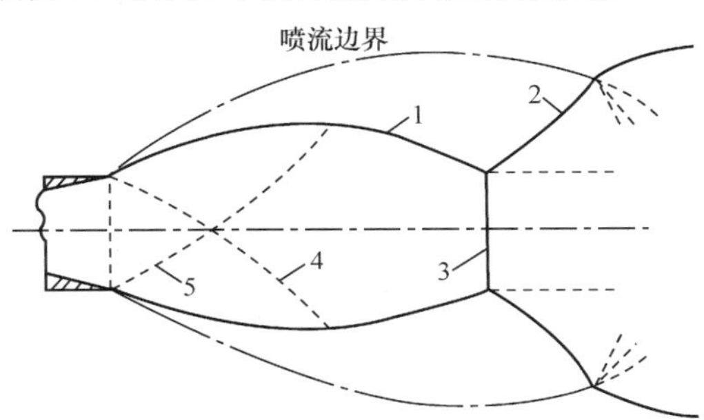

图 5.48　欠膨胀射流喷管出口附近流场典型结构

1. 拦截激波；2. 反射激波；3. 马赫盘；4. 反射特征线；5. 起始特征线

为了减少实验成本，我们总是希望在尽量少的实验次数下，得到足够多的可供回归分析的数据。所以，在规划测点位置之前，有必要先划分流场区域，确定各区域回归分析方法，然后根据回归分析所需的数据量来确定测点数量。例如，在“特别关注区域”内尽可能多地布置有效测点，可提高数据回归分析的可靠性。每次实验中的测点越多，一次得到的数据信息越多，测量效率就越高。然而，由于测点之间安装有支架等结构件，流场间存在相互干扰，待测区域可供布设传感器的空间是有限的。所以，如何科学合理地布设测点十分重要。

图 5.49 给出了沿轴向侧面径向测点布设示意。如图 5.49 所示，*ox* 轴射流流场的中心线与发动机的几何轴线共线，定义垂直于 *ox* 轴的截面为轴向侧面，即图 5.49 中的 *a*、*b* 和 *c* 面；侧面内沿 *oy* 或 *oz* 方向布设的传感器称为测点。对于自由射流流场，每个轴向侧面上的流动参数都不同；而在侧面内距离 *ox* 轴等距离圆周上的各个测点处，其流动参量都是相同的(这一点反映了燃气射流流场的轴对称特性)。需要说明的是，受发动机实验台尺寸所限，实验发动机只能架设在距离地面一定高度处，这样，在燃气射流的下游，地面对燃气射流的流动必定产生影响(即燃气射流的地面效应)。地面效应造成燃气经由地面反射后进入原来的流场，进而干扰射流的流动规律及流动参量的分布规律(图 5.50)。

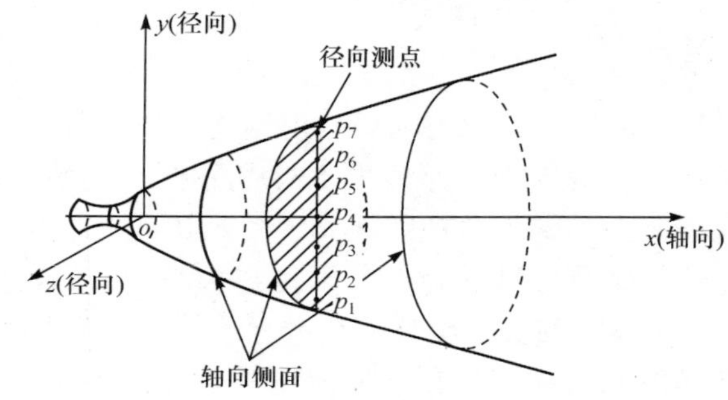

图 5.49　侧面内径向测点布设示意

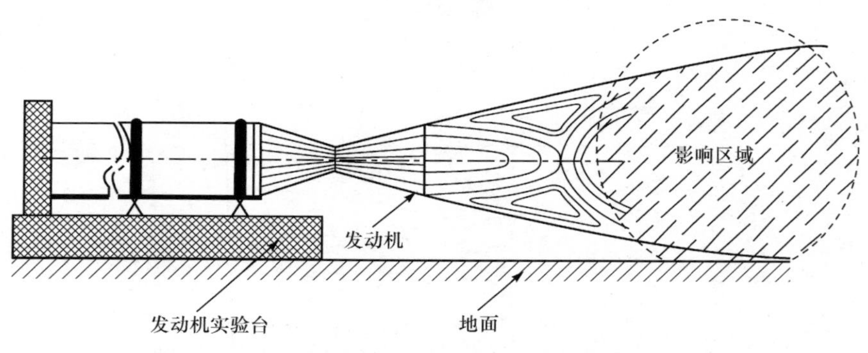

图 5.50　地面效应对射流流动的影响

如图 5.49 所示，某轴向侧面的传感器布设在同一平面 *yoz* 内，通过移动、定位和固定测试支架，可改变侧面的位置和方位。在 *yoz* 平面内，径向测点上传感器可沿半径方向呈水平一字排开，或垂直方向排列。在设计径向测点位置时，不仅要参照预估计算结果，还要考虑相邻传感器的流场是否有干扰。流场存在干扰时，需根据干扰情况采取相应的测试数据修正办法，或对传感器位置进行调整。对于仅存在一个正激波的干扰流场，可采取波前波后流动数学模型修正方法，而对于复杂相交激波共同作用的流场，目前尚无有效的修正方法。

可见，布设测点时必须考虑两个因素：①所采用的回归分析方法；②流场干扰情况。为此，给出如下约束：

(1) 分区时依据两个参数：马赫数和压强。根据马赫数分布划分亚音速和超音速区域，并据此选择测试探头；根据压强分布选择传感器量程。

(2) 根据亚音速区和超音速区流动的扰动规律，确定测点布设的最小间距，尽量避免测点之间产生相互扰动。

(3) 应尽量采用“排状”布点方式布设测点，以实现一个截面的一次多点测量。

(4) 尽量保证每个区域内都有测点。

1. 流场参数的预估及意义

进行火箭发动机燃气射流流场压强测量时，压强传感器的选择是关键环节。压强传感器的选择包括两个内容：一是传感器类型的选择；二是传感器量程的选择。量程选择与类型选择同样重要，传感器量程过大，灵敏度就会降低，所采集的数据中可能丢失了原始信息；量程过小，被测信号的幅值超出传感器的可测范围，记录曲线就会被“削顶”，导致获取数据失败，甚至会损坏传感器。

由于压强探针对流场流向有一敏感角，传感器的布设方向将直接关系到测量结果的准确性。那么，根据什么来确定传感器的布设方向呢？通常须采取某种方法(如流场数值仿真)对火箭燃气射流流场的压强分布规律以及所关注区域(点)的流动方向进行预估，根据二者的预估情况设计传感器布设和数据采集方案。这一过程就是流场预估。数值仿真是流场预估的主要方法之一。

随着计算流体力学软硬件水平的发展，基于有限元方法的燃气射流流动仿真技术得以快速发展，其计算精度已可以满足工程和科研要求。与风动实验数据相比[23-25]，数值仿真结果的相对误差可以控制在12%以内，这样的精度足以满足流场预估的需要。计算流体力学和实验流体力学是流动分析与参数获取的两个基本方法，二者既相互独立，又可结合使用，互为补充。数值仿真用于流场预估，可以说是计算流体力学“服务”于实验流体力学的一个很好实例(数值仿真内容将在第 6 章详述)。

计算流体力学软件是基于流动方程和数值格式编程而成。近年来使用较多的是 Phonix 软件和 Fluent 软件。在进行流体计算时，需要注意 3 个关键因素：一是流动模型的选择；二是流动区域的网格划分；三是边界条件的设定。对于可压缩流体的流动模拟，只有做好以上 3 个方面的工作，无论采用何种软件，都可得到满足工程需要的计算结果。经验表明[26-33]，火箭燃气射流的数值仿真适于采用含湍流效应的多组分混合黏性流动模型。

下面以某火箭燃气射流流场的预估计算结果为例，分析流场的压强和流线分布结构。该流场的燃气数据、喷管几何尺寸以及计算区域如图 5.51 所示。

图 5.51 显示，计算区域大小设定为 5000mm×3500mm，流动模型为轴对称，考虑燃气的湍流和单一组分混合流，采用定常流计算模式。固体火箭发动机燃气射流流场的分布及其主要特点讨论如下：

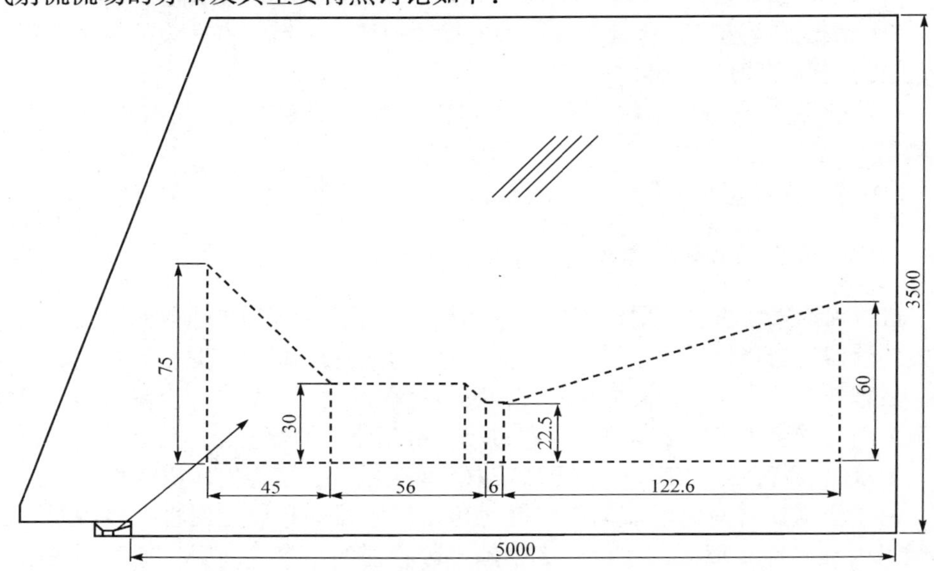

图 5.51　某发动机喷管几何尺寸与计算区域

燃烧室温度 T=3200 K；燃烧室压强 p=130 atm；燃气流量 $\dot{m}$ =13.33 kg/s；燃气常数 R=356 J/(kg·K)；比热比 γ = 1.223；尺寸单位：mm

1) 射流羽流场形状

火箭发射时可以观察到一个震撼的场景：发动机点火后，随着燃气从喷管中不断流出，在火箭发动机后很快拖出一条长长的“尾巴”，在遥远的天空背景下，这条尾巴呈现出清晰的边界，边界包络的区域时“宽”时“窄”，有“胖”有“瘦”，且走向蜿蜒曲折，如图 5.52(a)、(b)所示。

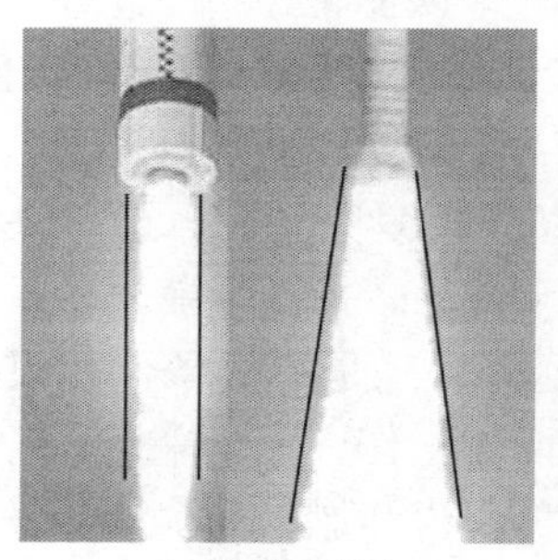

(a) 射流羽流场

(b) 燃气射流的“尾巴”

图 5.52　火箭发射时的燃气射流流场

这条尾巴是怎么形成的？其边界包络的区域是什么？为何在数值计算时“算”不出这条边界？回答这些问题，我们需要先了解燃气射流流场结构。

图 5.52 给出的火箭发射燃气射流流场照片是由普通光学相机拍摄的。普通光学相机的成像源于被摄物体的反射光。光越强，照相机感光程度越强；感光速度和光圈相同时，太阳光越强，照片就越白。推进剂燃烧后生成的燃气射流，对于相机来说就是一个高温的强光源，即使没有太阳光，其自身的发射光也会被相机捕捉到。光的能量(光能)在一定条件下可以转化为热能，光能与热能可相伴共存。在燃气射流流场中的每一点，流动介质都不相同(如组分、温度)，光学相机感受到的光能主要来自于燃气射流流场和背景空域。因此，照片中或“瘦”或“胖”的区域，其边界线就是燃气与空气的分界线，边界内是燃气射流，边界外则是空气。“瘦”和“胖”的形态差异则是由燃气射流的膨胀度不同造成的。假如燃气在喷管出口截面处的静压与环境大气压相等(即图 3.11 的设计状态)，则羽流场就比较“瘦”；如果燃气为欠膨胀度状态，欠膨胀度越高，羽流场就越“胖”。经过热的传导和辐射以及组分间的浓度扩散，羽流场与环境空气间的能量和组分均达到均衡后，二者就“融”为一体，“尾巴”随即又会消失。

为何数值计算并没有“算”出这条尾巴的边界？进行数值仿真时，我们往往关心的是燃气射流与发射系统的相互作用关系，而非流场的边界，因此，大多不会选择计算复杂度高的多组分燃气射流流动模型，而是将燃气作为单一分子量的混合流，即一个分子量、一个气体常数和一个定压定容比热。并且，整个计算区域内仅有燃气。因此，通常的燃气射流数值仿真是“算”不出图 5.52(a)所示的羽流场边界的。

2) 流场静压、温度和马赫数的分布规律

喷管的作用是提升燃气的流动速度。当燃气经由喷管流出到达喷管出口截面时，速度可升至约 Ma=3(因发动机装药和几何设计情况不同稍有变化)。离开喷管后，燃气仍具有继续膨胀的能力，这种膨胀不仅发生在沿发动机轴线的 x 方向，还会发生在与轴线相垂直的半径 r 方向。对于可压缩流体，膨胀就意味着流动速度的进一步增大和压强的进一步降低。图 5.53 给出了基于图 5.51 参数的流场静压、温度和马赫数的分布规律计算结果。

由图 5.53 可以看出，实际上燃气射流的流动区域并不大。当马赫数降为 0.06 左右时，流场区域沿半径方向仅为 1m，而此时的燃气射流压强已接近环境大气压强，温度仅约 300K(设环境温度为 288K)。假设该发动机喷管出口截面直径为 120mm，也即燃气射流流场的有效大小仅为喷管出口截面直径的 8 倍(相对于半径为 1m 的流场区域)。通常以 10 倍为上限，10 倍以外区域的压强、温度已经非常低，不再是工程问题的关注重点。由图 5.54 给出的轴向 0.5m 和 4.5m 位

置处截面上的 x 向速度变化来看，在半径大于 1m 的区域，仅 x 向的燃气流动速度就达 10～20m/s，相当于 60km/h 的风吹过。所以，不能认为喷管直径 10 倍以外的流场区域就一定是实验安全区域。

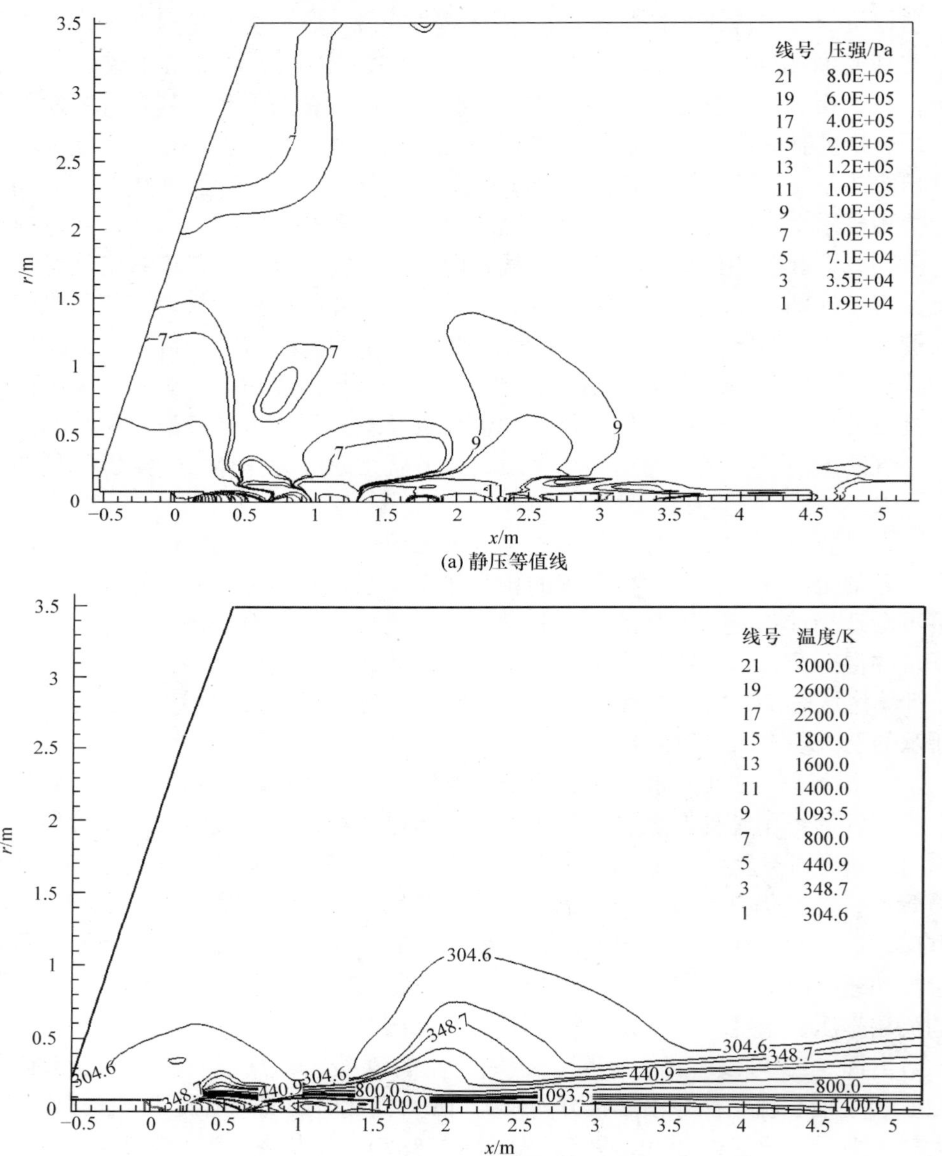

(a) 静压等值线

(b) 温度等值线

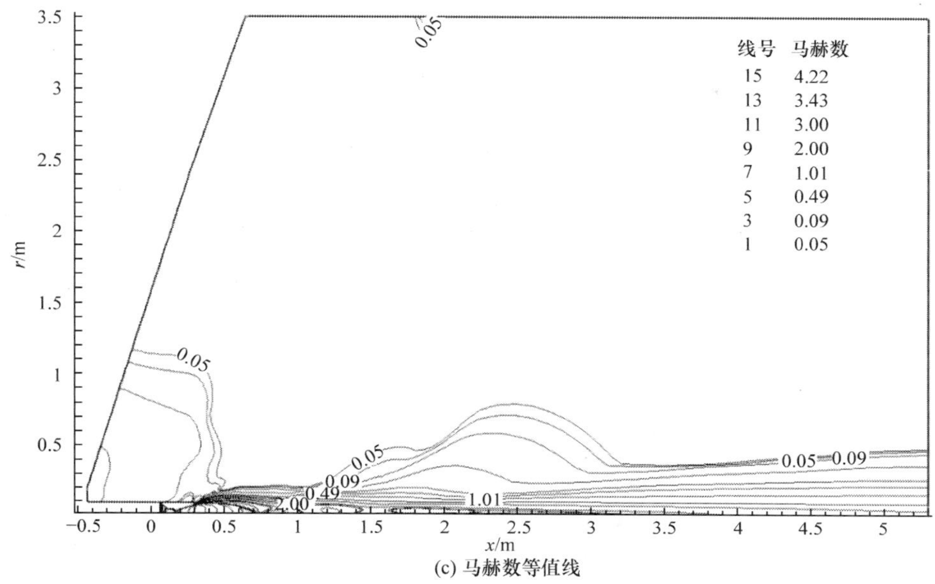

(c) 马赫数等值线

图 5.53　流场静压、温度和马赫数等值线分布

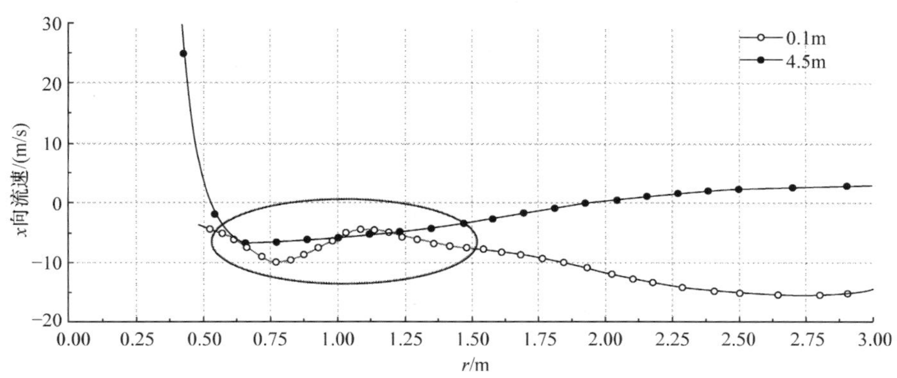

图 5.54　不同截面流动速度沿半径方向变化曲线

图 5.55 给出了以喷管出口截面为起点的射流轴线方向静压变化曲线。由图 5.55 可知，随着燃气离开喷管，静压由 2atm 快速下降，甚至出现负压(小于当地大气压)情况，图中 *A* 处(*x* 向约 0.5m 处，相对喷管直径无量纲尺寸约为 4)出现静压“反跳”，在 1.0m、1.5m 两处也出现先降低后“反跳”的现象。这与前面提及的“波节”现象一致。

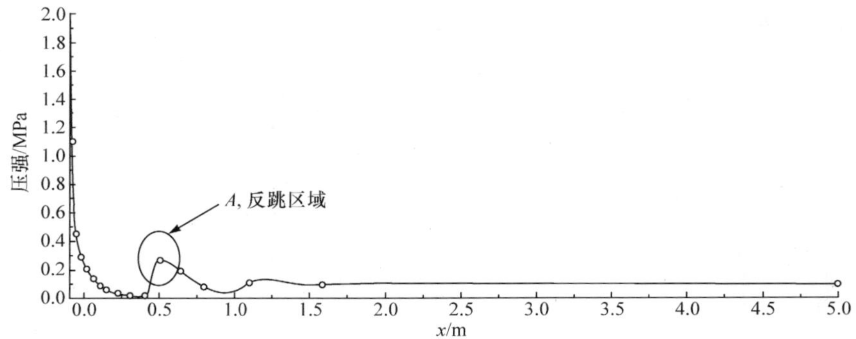

图 5.55　静压沿射流轴线方向的变化

为了更清晰地显示结果，图 5.56(a)给出了射流轴向方向与半径方向 0.8m×0.4m 区域范围的计算结果放大图。图 5.56(a)的左侧为静压等值线和云图分布，右侧为轴向截面上(8 个截面)的压强变化曲线；图 5.56(b)为对应流场的马赫等值线分布与马赫数变化曲线。由图 5.56(b)可见，压强和马赫数的活跃区域大多在射流轴线两侧 0.2m 内，这一区域比图 5.53 小。原因是图 5.56 显示的是喷管出口截面附近区域，由于燃气的膨胀是沿着射流轴线和半径两个方向完成的，羽流场的发展如橄榄形状，随着离喷管出口截面越来越远，羽流场的半径先增大后减小(图 5.53)，半径方向的最大膨胀处约在 2m，即 17 倍喷管出口截面直径的位置。

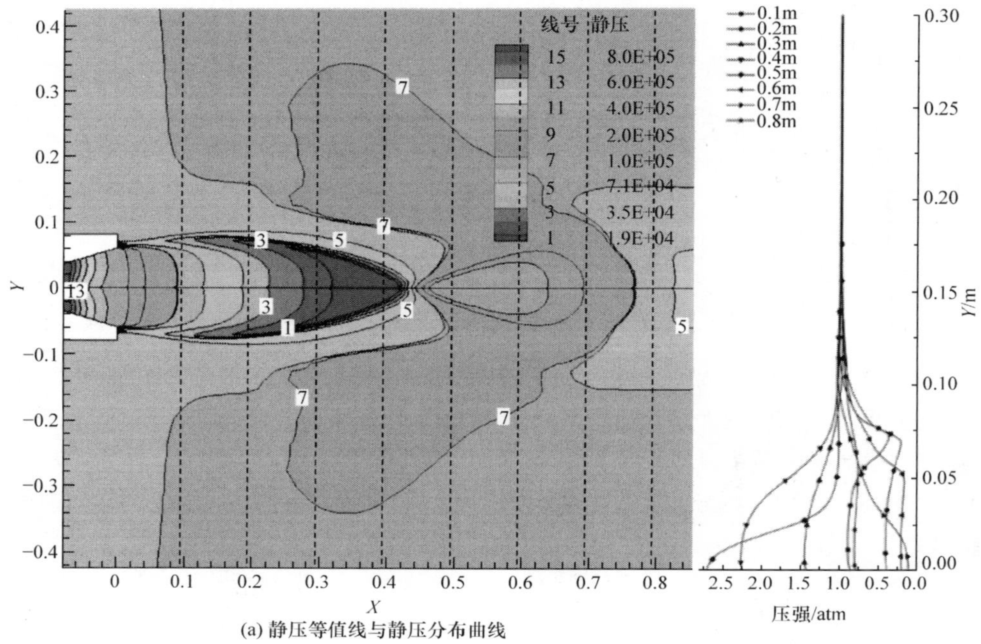

(a) 静压等值线与静压分布曲线

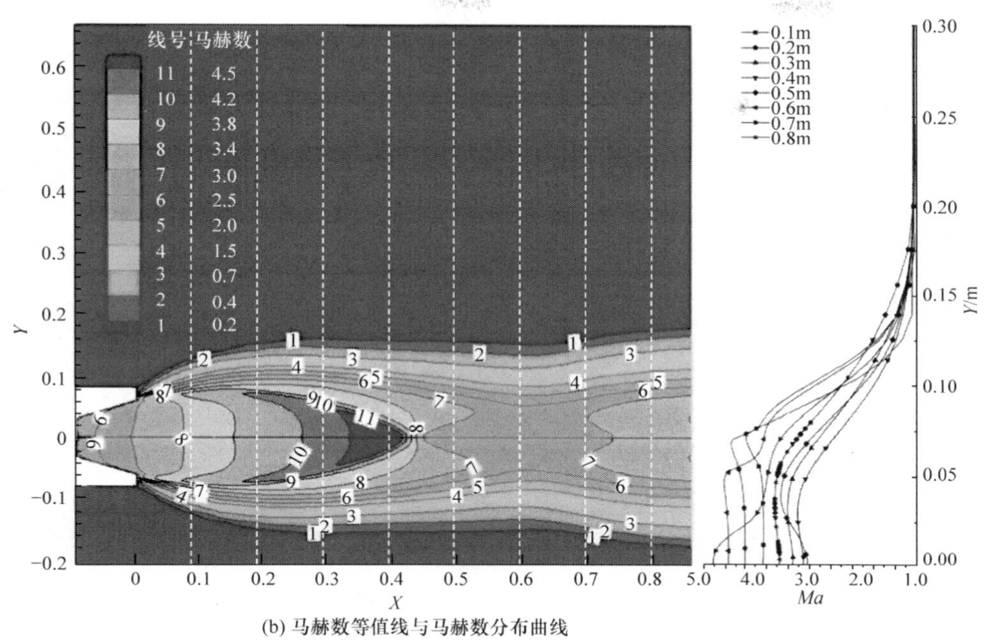

(b) 马赫数等值线与马赫数分布曲线

图 5.56　喷管附近区域射流静压和马赫数等值线及其变化曲线

3) 流场速度分布与流线

流线图是某一时刻流场中各点流动速度方向所构成的线状图形。通过流线图可以判断燃气流动的走向以及某一时刻流场中燃气的结构。图 5.57(a)给出了整个计算区域的流线情况。由 5.57(a)可见，在约 1m 的径向(r)区域内，流线流动与预想非常吻合。轴线附近的流动基本上沿 ox 方向，体现了射流的特点。膨胀使流线在半径方向流入和流出，因此流线呈波浪状；受射流轴线中心区域影响，外围的流动呈现被“卷入”的趋势。同时可以看到，流场边界附近的流动状况与真实状况并不吻合，原因在于计算时边界条件的设置。本算例主要关注的是射流轴线中心区域的流动情况，于是将边界条件设定为：压力出流(即流出边界)的压强值由内部压强外推得到，流入边界时则由环境大气压强赋值。实际上，正确的边界应该是压强远场条件，即无穷远处的静止环境(流速为零，压强为环境大气压)，但受计算量限制，采用真实的边界条件计算是不现实的。

图 5.57(b)为喷管出口截面附近的流线。由图 5.57(b)可见，由于受主射流抽吸作用的影响，喷管外附近区域的流动形成了如图 5.35 所示的 G 区。

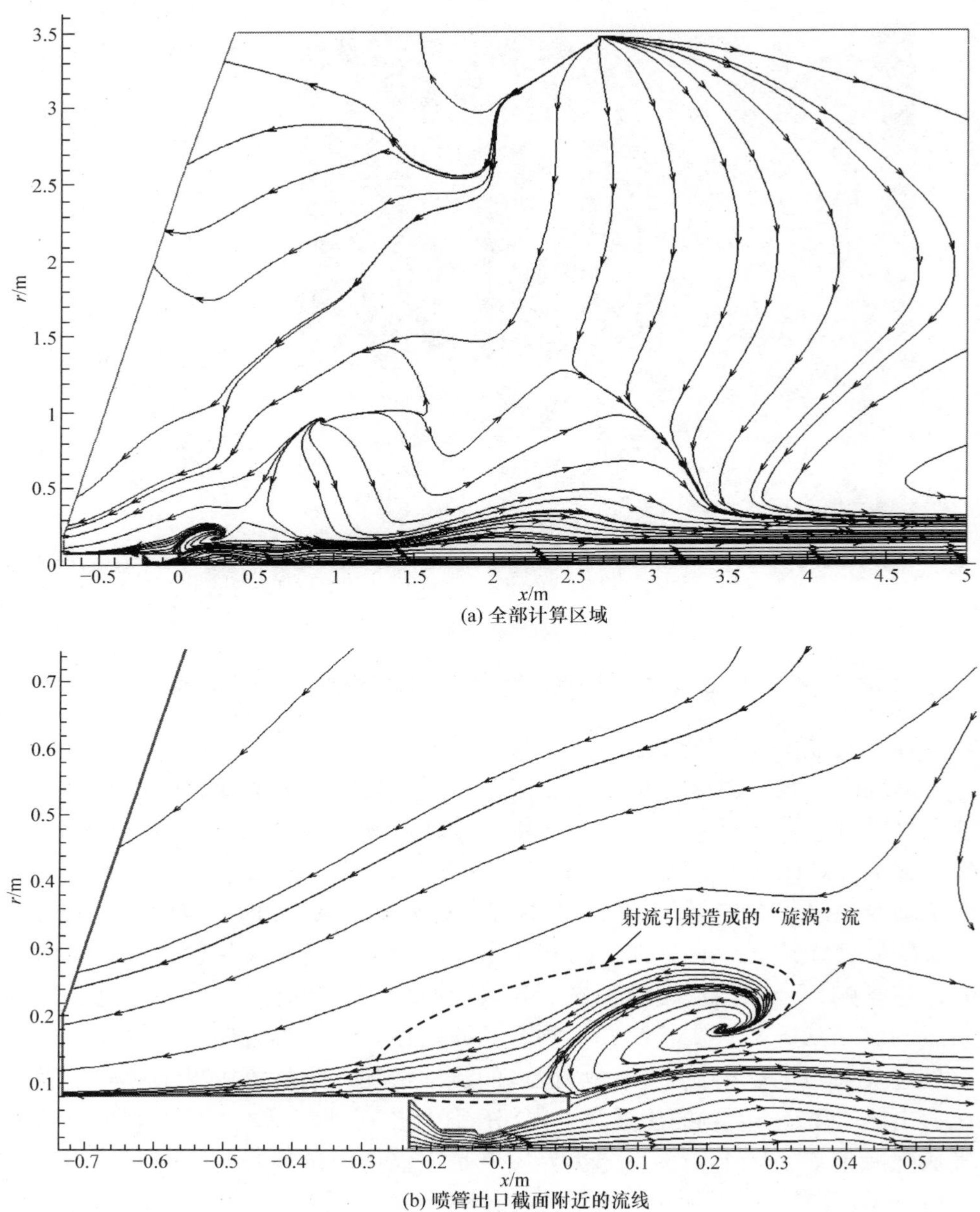

(a) 全部计算区域

(b) 喷管出口截面附近的流线

图 5.57　稳定流动状态下流场流线计算结果

4) 流场主要流动区域尺寸

由图 5.53～图 5.56 及相关描述，可给出流场主要流动区域的大致尺寸，如图 5.58 所示。图 5.58 给出的参数有：喷管出口截面直径 d，径向长度 r_m，射流

轴线方向长度 x_m，马赫盘位置 x_d。为了使参数通用，长度尺寸采用无量纲值，无量纲化参考值为喷管出口截面直径。表 5.2 给出了常见野战固体火箭发动机流场主要参数。

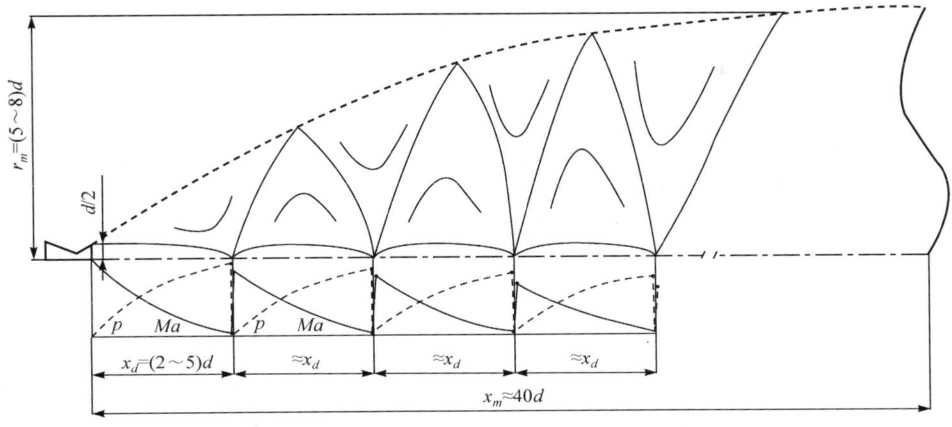

图 5.58 流场主要流动区域尺寸示意

表 5.2 常见野战固体火箭发动机流场主要参数

部位	参数	参数值
喷管	收敛半角/(°)	
	扩张半角/(°)	
	扩张比	
	出口截面直径/mm	d
燃烧室	压强/MPa	约 10
	温度/K	约 3000
	燃气气体常数/(J/(kg·K))	300～360
	燃气比热比	约 1.2
	燃气生成流量/(kg·s)	几～几十
喷管出口截面	压强/MPa	2～4
	马赫数	3～5
流场主要流动区域	轴线方向长度/mm	40d
	半径方向长度/mm	(5～8)d
	马赫盘位置/mm	(2～5)d

2. 预估结果与测点布设

流场测试的目的是通过测试流场中一定数量的点(或某些特定点)的压强、温度等参数，拟合或回归得出流场压强场或温度场的大致分布，为工程设计提供参考。射流场是一个包含激波、膨胀波、射流边界等复杂波系的三维流场，在某些特定区域，仅采用插值或拟合手段仍不能达到预期结果。例如，在跨过激波的空间尺寸，激波厚度很小(仅 1～2 个网格点)，甚至远小于传感器的敏感面尺寸，而压强梯度又很大，在极小的物理空间内不可能布设足够的传感器。而且，在相交激波、反射激波、膨胀波与激波的相交区域，流动非常复杂，即使将探针放置在这些部位，也难以得到理想的测试结果。所以，必须采用数值仿真方法进行流场结构和参数预估。图 5.53～图 5.58 给出了流场参数计算结果及流场大致尺寸，可为确定测点位置提供参考。

在流场的亚音速和超音速区域，在流速方向都存在一个探针的敏感角，布设时应尽量使探针轴线方向与测点的流速方向一致，以降低敏感角引起的测试误差。对此，可参考图 5.57 给出的流线图。

由计算得来的流场预估情况与真实状况存在误差，期望通过预估结果完全消除压强、流速等对测试结果的影响是不现实的。预估流场的主要作用在于大致了解测点的压强和流速方向，根据预估情况布置探针位，调整安放角度，做到测试前的心中有“数”。具体体现在：

(1) 了解测量区域内压强、流动速度和温度等流动参数的大小或方向，以帮助选择传感器量程，确定需要采取的防护措施；

(2) 了解流场的大致结构，获悉流动形态较复杂的大致区域，在放置传感器时注意回避这些区域；

(3) 利用预估结果调整传感器的敏感方向，减小由于流动方向不明或敏感方向与流动方向不一致带来的测量误差。

5.2.6　实验测量结果回归分析

实验测量得到的测点的压强数据是离散的，而燃气射流流场的真实压强分布是处处连续且有规律的。因此，通常需要采用曲线拟合或回归分析方法处理这些离散数据，以还原出真实的流场结构，这就是实验测量结果的回归分析。对于具有强间断特征的激波，跨过激波时参数的变化基本不遵循线性、指数或多项式等规律，这时，就要根据情况选择合适的气体动力学方法进行数据处理，如激波、膨胀波关系式等。应综合分析压强分布、马赫线分布和流线图，针对具体测点选择合适的修正办法。

严格地说，实验数据不可能回归到理想的真实流动状态。这里所说的实验测量结果回归分析，是指尽量合理地利用宝贵的实验散点数据，通过数学运算

“描绘”出有价值的三维流动影像(轴对称模型计算时采用的是二维模型)，为工程和学术研究提供帮助。

5.2.7 实验测量实例

1. 测量所需参数

(1) 火箭发动机几何参数：喷管收敛段和扩张段的几何尺寸，喷管扩张角和喷管出口截面(后台阶)的几何尺寸；

(2) 出口截面的燃气特性参数：喷管出口截面处压强，燃气混合流密度，燃气的流动速度或马赫数，燃气的比热比；

(3) 火箭发动机燃烧室参数：压强，温度(或密度)，气体常数和比热比；

(4) 测量区域的几何尺寸(轴向和径向尺寸)；

(5) 特殊测量区域的位置和尺寸。

2. 实验流程

(1) 根据实验火箭发动机参数进行预估流场，给出流场压强和速度场等主要参数分布，确定测点位置；

(2) 选择传感器类型和量程，设计测量装置和线路；

(3) 标定与校准传感器；

(4) 安装测点固定装置，同时连接探针、测压管和测试导线；

(5) 各仪器调试及测量系统仪器联调；

(6) 火箭发动机点火，数据采集系统开始工作，采集并存储数据；

(7) 对采集到的数据进行分析，给出测点的压强值；

(8) 更换受损元器件；

(9) 根据测量情况调整测点位置；

(10) 重复下一发弹的测量；

(11) 利用回归分析软件进行流场分析，给出等压强图。

3. 测量结果分析

结合某型发动机的实验测量结果，对流场压强的测量过程进行分析。传感器布设及测点位置如图 5.59 所示，测点 1～6 的间隔分别为 100mm、100mm、200mm、300mm 和 400mm，其中测点 1 位于射流轴线上；实验装置距离喷管出口截面 2500mm；发动机主要参数见图 5.51。该发动机为单室双推力型，一级推力工作时间约 10s，总燃烧时间约 18s。记录设备采样频率为 1000Hz，采样时间为 20s，手动触发后约 6s 发动机点火。图 5.60 列出某型发动机的压强实验测量结果(各测点的总压已由表压换算为绝对压强)。

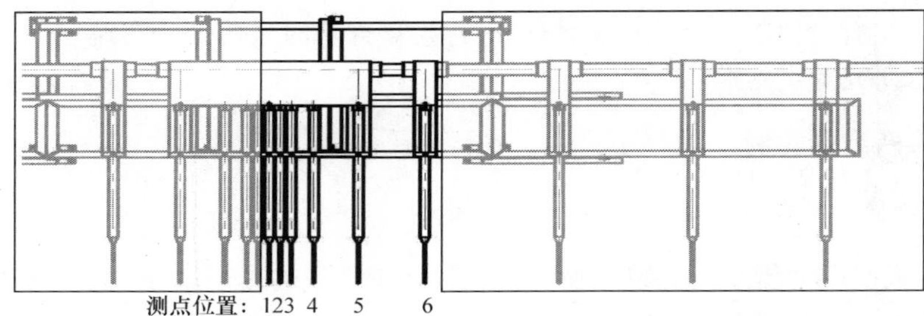

图 5.59　压强测量传感器布设及测点位置示意

由图 5.60 可见，测点 1～6 的总压都在随时间发生变化，测点 1、2、3 的总压曲线比较相似，可能是由于这 3 个测点的间距均为 100mm，且都在射流轴线附近；测点 4、5 和 6 逐渐远离射流轴线，其总压比测点 1～3 小很多，这与“压强随半径快速衰减”的流场预估结果一致。由图 5.60 还可见，在 1ms 采样间隔下，6 条曲线都存在不同程度的上下波动(俗称“毛刺”)，这些“毛刺”是噪声还是真实的燃气湍流结果，目前还无法判断。在测点 4～6 的压强曲线上，“毛刺”现象更为明显，推测可能与这 3 个测点离射流轴线较远有关，由于传感器与流动方向形成夹角，总压探针的侧面迎气，于是测压面感受到的压强发生振荡，表现为较多的“毛刺”。

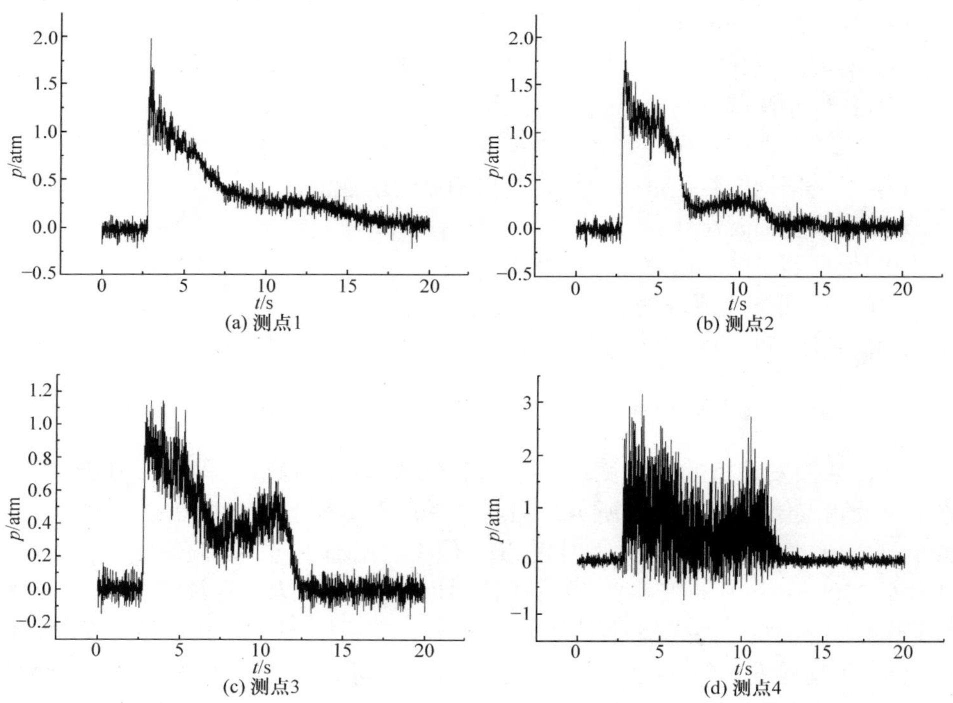

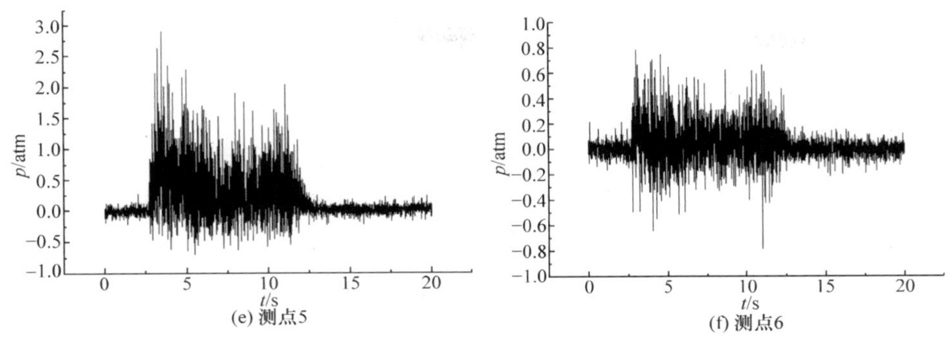

图 5.60　某型发动机燃气射流流场压强实验测量结果

5.3　定向器迎气面冲击压强的测量

火箭炮本质上是一个复杂的机电系统，各种力和载荷是其结构设计的重要依据。在火箭炮使用全周期内，主要承受 3 种载荷：重力、惯性力和燃气射流冲击力。

重力是一种静态载荷。对于中、小口径火箭炮来说，由重力引起的结构变形与强度破坏有限，刚强度设计较易实现。而大口径重型火箭炮的重力载荷问题则相对突出，表现在两个方面：首先，随着火箭弹及其发射系统质量增加，重力引起的静态变形占总体变形的比例增大；其次，由于单发火箭弹在发射系统总质量中的占比较大，火箭弹离开定向器后引起的质量变化就较大，由此造成发射系统静态变形的改变量(变形恢复)较大。因此，大口径重型火箭炮的重力载荷对其结构刚强度设计影响较大，不可轻视。

惯性力是一个严重依赖质量和过载的载荷。随着发射系统质量的增大，系统的刚性及振动特性都会改变，当发射系统在外部载荷作用下发生振动时，惯性载荷也随之变化。

当火箭弹离开定向器后，燃气射流将对发射系统产生冲击，对定向器迎气面产生冲击力。该冲击力是发射过程中火箭炮(发射系统)承受的最大作用载荷，是发射系统结构形式与结构刚强度的重要设计输入参数。

在上述 3 种载荷中，燃气射流冲击力载荷较为特殊。燃气是一种具有较强可压缩性的混合气体，因此，其冲击力大小不仅随迎气面面积变化，还随火箭弹运动距离的改变而变化。这些特点决定了燃气射流冲击力是一种分布不均匀且随时间变化的复杂载荷，它是火箭燃气射流与火箭炮(迎气面)相互作用的结果，其大小取决于作用于迎气面上的压强。当获取迎气面上的压强分布后，就可以得到相应的燃气射流冲击力载荷大小。

获取迎气面上压强分布的方法有两种——数值仿真和实验测量。

迎气面压强理论计算是通过数值仿真流动方程获得流动参数的方法(第 6 章将给出详细介绍)。

迎气面压强实验测量方法是在火箭弹发射实验时，通过传感器测得燃气射流在迎气面上的压强分布，再进行面积积分获得发射系统所受的燃气射流冲击力的方法。本节将详细介绍迎气面压强实验测量方法。

5.3.1　压强测点布设相关问题

图 5.61 给出了定向器迎气面压强分布规律与积分精度的关系。其中图 5.61(a)中压强沿一维空间的分布曲线比较光滑，而图 5.61(b)所示的压强曲线为一不规则“锯齿”形状。对于图 5.61(a)，在 Δx 空间方向，压强沿长度 x 的积分由 x_i 和 x_{i+1} 两点的压强 p_i 和 p_{i+1} 进行梯形面积计算得到；而对于图 5.61(b)，如果希望获得与图 5.61(a)同样的计算精度，就需要在相同的 Δx 空间尺度上获取更多的压强数据点(n 个)，然后分段求取 p_i 至 p_{i+n} 的积分。这就会带来两个问题：一是实验测量成本。越多的测点意味着实验成本越高；二是测试空间。测点间距较小，有时甚至小于传感器尺寸，多点布设传感器在空间上是否可行。因此，能否合理有效地布设测量传感器，关系到迎气面压强测量的准确性和有效性，甚至关系到测量的成败。

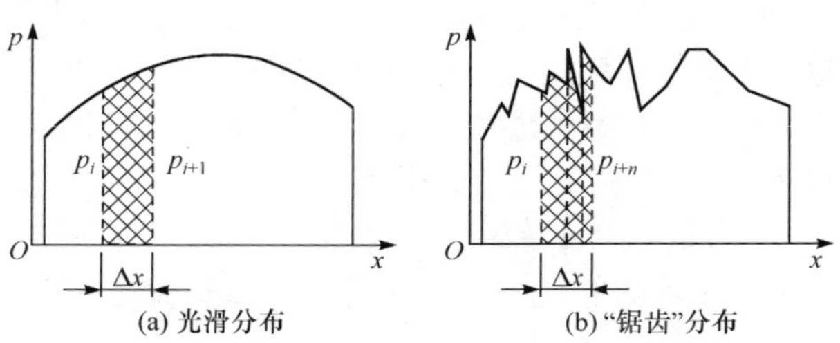

(a) 光滑分布　　(b) “锯齿”分布

图 5.61　定向器迎气面压强分布规律与积分精度关系

1. 传感器尺寸和迎气面结构对传感器布设的影响

传感器的布设方式不仅受传感器尺寸影响，还与其安装方法以及迎气面结构有关。定向器迎气面的冲击压强测量采用的是应变式传感器，该传感器以应变片作为敏感元件，尺寸较大，如图 5.62 所示。图 5.62(b)中，传感器的连接螺纹直径 D 为 16～20mm，高度 $H \geqslant 80$mm，六角形顶点宽度 $B \approx 1$～$1.2D$。由于应变式传感器安装时须使用扳手，因此，考虑到扳手的操作空间，传感器间距不能小于六角形的顶点宽度 B。如果将几十只传感器相邻布设，则最小间距约需 25mm，而压强梯度发生的空间尺度约在几毫米之间，因此，这种布设方式就不可能捕捉到图 5.61 中(b)中 p_i 至 p_{i+n} 的连续压强曲线。例如，某火箭炮的定向器管径为 300mm(图 5.63)，由于受传感器大小和安装方式以及迎气面结构所限，即使将传感器紧密排放，测点数量也很有限，仍然无法获得连续的压强分布数据。

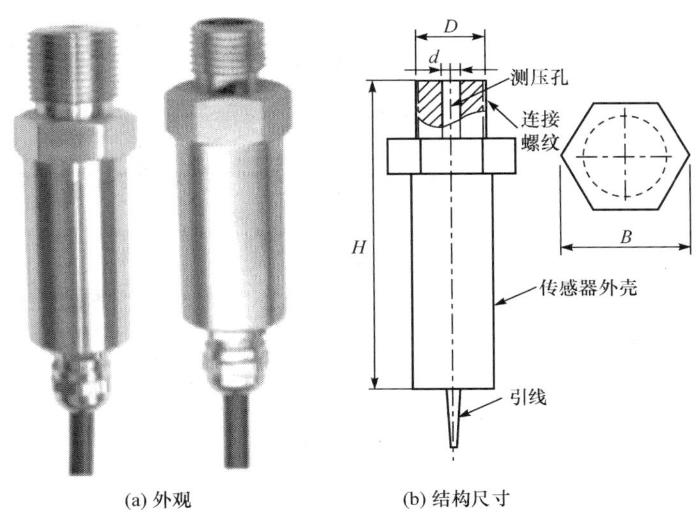

(a) 外观　　(b) 结构尺寸

图 5.62　应变式传感器外观与结构示意

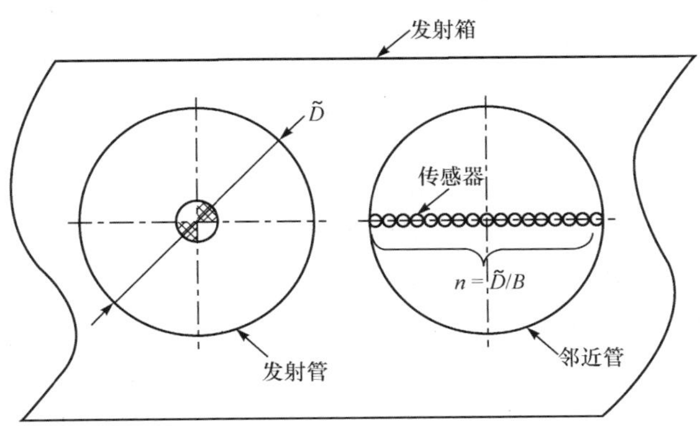

图 5.63　某火箭炮定向器测压传感器布设空间示意

2. 迎气面结构与燃气射流冲击力

火箭炮定向器一般采用多管集束联装形式。早期的 122mm、300mm 火箭炮采用单根定向器的集束夹板连接方式(图 5.64)；新式 122mm、300mm 以及

370mm 口径火箭炮均采用箱式定向器技术(图 5.65)。定向器的集束方式不同，其迎气面结构和面积也不同。对于图 5.64 所示的多管集束式定向器，其迎气面主要包括两部分：①当某根定向器发射时，发射箱或集束定向器中其余发射管(包括已发射或未发射)的前盖；②由于燃气射流可经每根定向器的管间隙流动至第一道夹板，第一道夹板也成为迎气面。不过此处燃气压强已有所下降，对夹板的冲击效应比前盖小很多。而对于图 5.65 所示的箱式定向器，其前盖和夹板都位于发射箱最前端，且几乎在同一平面，它们共同组成了燃气射流的冲击迎气面。

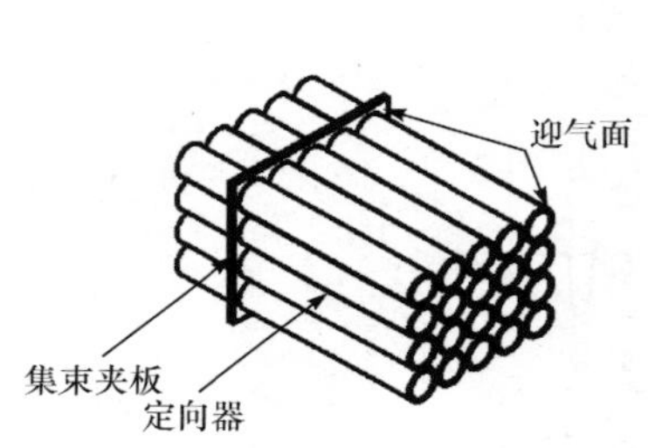

图 5.64　多管集束式定向器迎气面

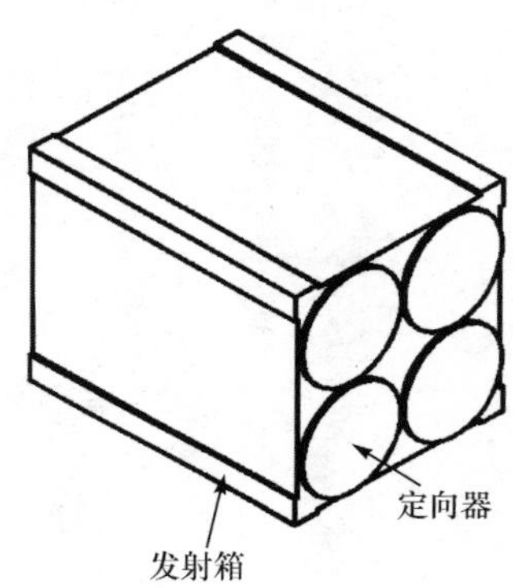

图 5.65　箱式定向器迎气面

为了平衡回转机传动链以及火箭炮与地面支撑间的受力，降低发射系统的质心高度，火箭炮连续射击时需要按照一定顺序和时间间隔发射火箭弹，这就是发射时序。发射时序包括两个方面：①发射的顺序，即发射管先后发射的顺序，如图 5.66(a)所示，图中的数字即代表发射时的顺序。发射顺序的设计原则是有利于控制火箭发射系统的整体质心高度，减小质量惯性力；②发射时间间隔，即两发火箭弹发射时需要间隔的时间。为了避免前一发弹发射时的振动影响后续发射，需等待管口振幅和振动速度恢复到符合发射条件时再继续下一发弹的发射，以保证每发弹的发射状态基本相同。这就是发射时间间隔的设置目的。发射时序不同，发射过程的迎气面也不同，图 5.66 给出了常用的“先上后下、左右交替”发射时序。

以图 5.66(a)为例，说明迎气面面积与发射时序的关系。

(1) 1 号管发射时，3、6、8、5、11 号为主要受冲击管，由于是第一发发射，这些管内均有待发射火箭弹，因此都带有前盖；

(2) 2 号管发射时，4、7、5、9、12 为主要受冲击管，同样带有前盖。

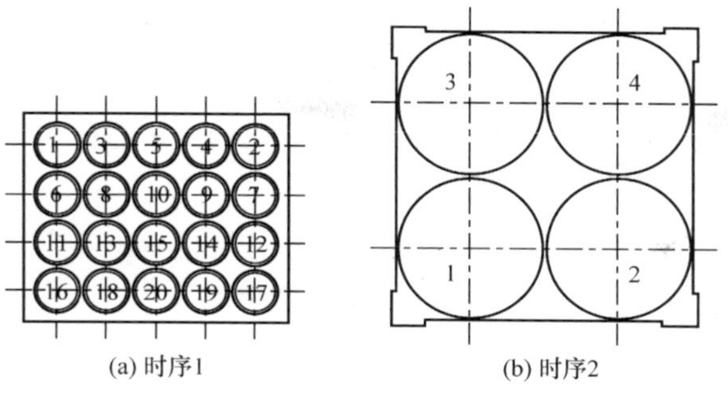

(a) 时序1　(b) 时序2

图 5.66　迎气面面积随发射时序的变化

(3) 3 号管发射时，5、6、8、10、13 为主要受冲击管，且均带有前盖；1 号管虽为受冲击管，但它是已发射管，前盖不存在，因此，受冲击面积只有定向器的管口壁厚部分(一个圆环面积)。

(4) 4 号管发射时，5、7、9、10、14 为主要受冲击管，且均带有前盖；2 号管虽为受冲击管，但它是已发射管，前盖不存在，因此，受冲击面积只有定向器的管口壁厚部分。

(5) 5 号发射管时，8、9、10、15 为主要受冲击管，且均带有前盖；3、4 号管同 1、2 管情况；

(6) 20 号管发射时，其周边所有发射管的前盖都已不存在，此时，定向器迎气面只有管口壁厚和第一道夹板。

由此可见，随着火箭弹的持续发射，发射系统所受的燃气射流冲击力不断减小，作用点也在不断变化，最大冲击力应发生在第 1 和第 2 发火箭弹的发射时刻。按照上述时序发射，燃气射流对发射系统产生的相对于回转机座圈的冲击力矩在顺时针和逆时针方向相等，即冲击载荷对称。这样，回转机等结构件所受冲击就比较均衡，利于保持构件的疲劳寿命一致。

由于箱式定向器的管数较少，单管所占据的截面积较大(图 5.66)，每根管子的迎气面积约为全部发射箱迎气面积的 1/4，因此，随着火箭弹的不断发射，迎气面面积的减少较为明显。

火箭炮的发射时序保证了前一发弹造成的振动基本衰减后，才能进行后续发射，即前面火箭弹发射时造成的发射系统振动不会影响后续火箭弹的发射。因此，可以认为每发火箭弹都具有基本相同的发射状态。

3. 传感器布设位置选择依据

由于燃气射流自由射流流场是轴对称结构，按照第 4.1 节定义，燃气射流对发射系统迎气面的冲击流场以及流场对迎气面的作用均是轴对称的，据此，可给出如图 5.67 所示的两个假设：

(1) 图 5.67(a)中曲线①、②和③分别为压强在不同方位沿半径的变化，认为其变化规律相同。

(2) 当迎气面上有“孔洞”时，压强分布出现间断；认为此时孔洞周围的压强仍遵循无孔洞时的分布规律，如图 5.67(b)所示。

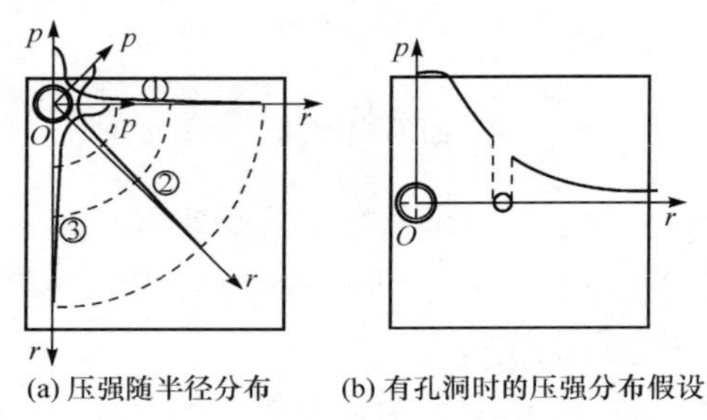

(a) 压强随半径分布　(b) 有孔洞时的压强分布假设

图 5.67　燃气射流冲击压强分布

依据假设(1)，在一次实验测量中，就可以根据分布在不同方位的径向测点规划压强随半径的变化曲线，充分利用测试空间，解决传感器尺寸与测点分布的矛盾，如图 5.68 所示。采用这一方法，分别在图 5.68 所示的不同半径上(水平、45°方向和垂直方位)间隔分布测点，就可以得到较多的测点数据。依据假设(2)，可忽略开设的孔洞对测量结果的影响。

根据上述两个假设，测量的压强数据来源可不限于某一根发射管，不同发射管的测量数据可组合使用。图 5.68 所示的测点布设方式对于任何一根发射管都是适用的，且测量数据可反复使用。当将该曲线附着在其他任一根管上，就可推测该管所受的冲击力，从而求得冲击载荷。

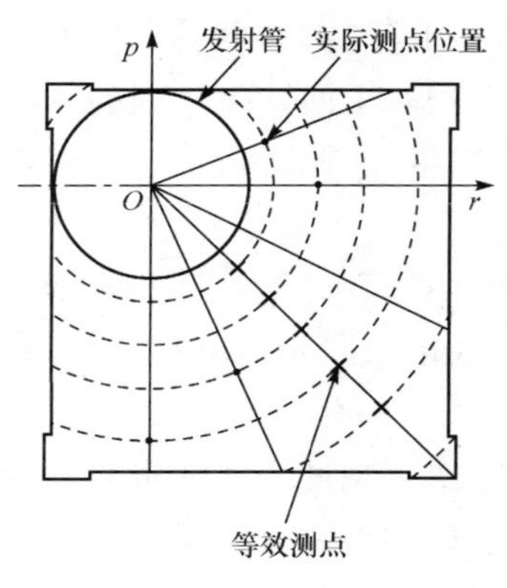

图 5.68　测点获取方法

4. 测量用前盖结构设计

为了保证储运发箱功能的正常发挥，在箱体的前后分别安装一个盖子(习惯称为前盖和后盖)，前后盖的设计是储运发箱式定向器的关键技术之一。前后盖的主要作用是：①对储存的火箭弹进行密封和防护，保证其性能始终完好；②作战时能够迅速打开，保证火箭弹顺利发射；③开启时不损毁发射箱及地面设备等发射系统部件。

按照开启方式，前盖主要有爆破式、开关式和易碎式。爆破式前盖利用爆炸螺栓和爆炸索等产生的火药气体开盖，这种方式开启迅速，但仅可单次使用，且由于使用了火工品，给储存和使用带来安全隐患和可靠性问题[34,35]。开关式箱盖通常由金属材料制成，发射时利用液压、气压或电力驱动机械结构完成开盖动作，不足之处在于机械结构易受燃气射流的冲击烧蚀而致损伤[36,37]，降低了机构可靠性。爆破式前盖和开关式前盖通常用于大型火箭弹和导弹的发射箱。易碎式前盖是由脆性材料制成，发射时易被弹头冲破，从而实现开启。易碎式开启方式实现便捷，且盖体结构简单，质量小；缺点是开启过程中冲击载荷较大，增加了箱盖的加工难度[38,39]。傅德彬等[40]设计了一种低冲击弹射式小质量发射箱前盖开启方式，实现了开盖响应时间短、冲击载荷小以及落点可控的目标。由于大口径储运发射箱的箱盖质量较大，若采用爆破式和易碎式前盖，在落点无控的情况下，脱落过程中难免对发射系统其他部件造成损伤。

虽然根据发射对象和目的，前盖可有不同的结构形式，但其基本结构均为略微外凸的圆弧面形式，与拱桥的造型相似。经验表明，这样的结构可最大程度保证前盖承受较大的冲击力，利于火箭弹由里向外冲破。图 5.69 给出了 4 种典型定向器前盖结构形式，其中图 5.69(a)为四联装方形截面发射箱前盖；图 5.69(b)为筒式定向器圆拱形前盖；图 5.69(c)为中口径(弹径 300mm)定向器前盖，定向器口径较大，因而管数较少；图 5.69(d)为小口径(弹径 122mm)定向器前盖，定向器口径略小，所集束的管数较多。

进行定向器迎气面压强测试时，一般不会使用原发射系统前盖，原因是：①前盖的圆弧面、棱面等形状不适于安装传感器；②前盖的实际壁厚与安装传感器所需的连接段长度不一定匹配；③复杂的前盖结构对燃气射流会产生扰动；④为了减轻质量、保证刚度，生产前盖时，常会在其中加入加强筋以形成骨架结构，这些纵横交错的筋条不利于测点位置的选择和布设。所以，在实际测量时，经常设计专门的测试用前盖来代替实际产品，如图 5.70 所示。

(a) 四联装方形截面定向器前盖

(b) 筒式定向器圆拱形前盖

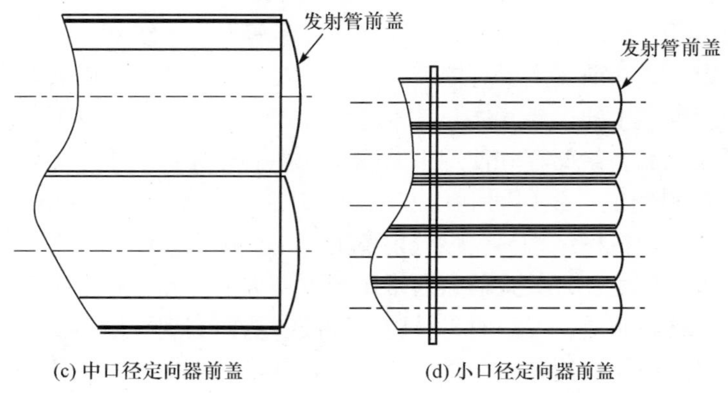

(c) 中口径定向器前盖　(d) 小口径定向器前盖

图 5.69　4 种典型定向器前盖结构形式

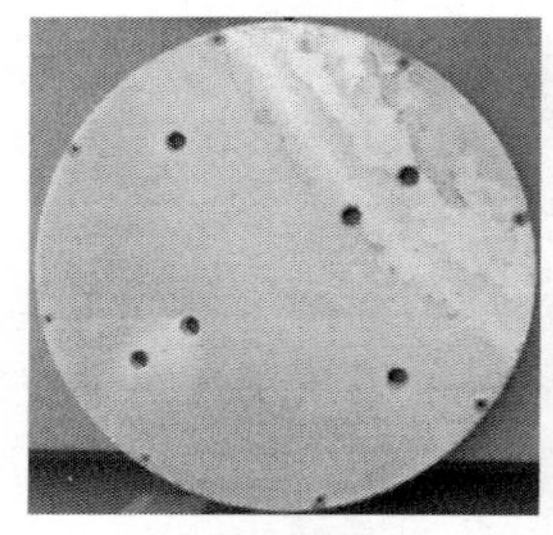

(a) 前盖的正面

(b) 前盖的背面(固定传感器后)

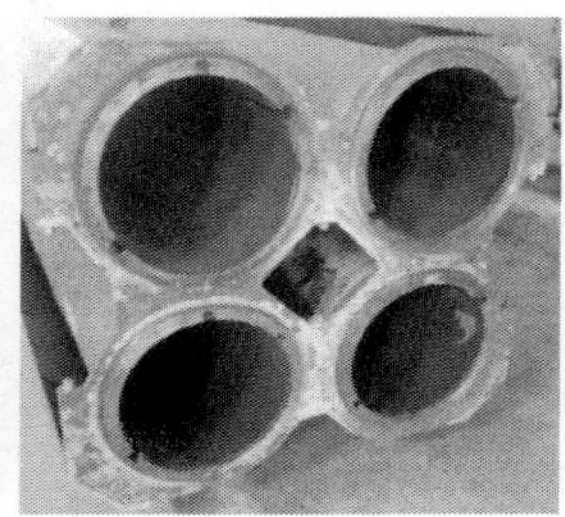

(c) 装配前盖的定向器端口

图 5.70　测量用定向器前盖

由图 5.70 可见，测量前盖上开设有 6 个连接传感器用的螺纹安装孔(传感器连接段螺纹形式可参考图 5.62)。当测试前盖与发射箱或定向器装配在一起时，实际上每个测点的位置就被精确地固定下来。为在一次测量中获取更多数据，在互不干扰的情况下，可在测试用前盖上尽可能多地布设测点。如图 5.67(a)所示，在 3 个半径方向上分别根据不同的半径布设测点。实际上，当确定发射管后，可以选择任意一根或多根定向器前盖进行测量。

图 5.71 给出了某次实验测量的传感器布设示意。该发射系统有两个发射箱，每个发射箱内有 4 根定向器。当选择右上定向器管为发射管时，其余 7 根定向管的前盖就可作为测量位置。图 5.71 以发射管下方和左下方两根定向器为测量位置，在它们的前盖上分别布设测点 1～6 和 7～12。

通过将 12 个测点布设在离发射管中心不同距离的位置上，测得压强随半径的变化规律。

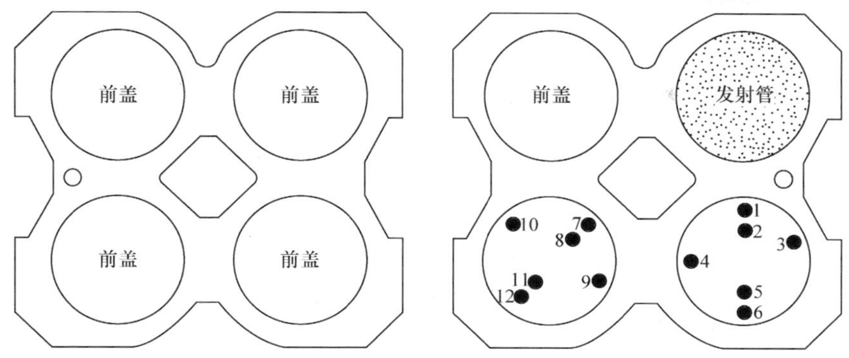

图 5.71　某实验测量的传感器布设示意

5. 转接件与隔热处理

由图 5.62 和图 5.70 可知，传感器前端的螺柱连接段与测试前盖的螺孔尺寸相互匹配，使传感器与前盖牢固连接起来，就可将作用于前盖表面的压强“引至”传感器的敏感面，使传感器感受到压强。图 5.72 给出了两种常见的传感器与前盖连接方式。图5.72(a)中，传感器测压孔端面与燃气并不直接接触，其间相隔一段距离；前盖上开设有与传感器传压孔大小相等的小孔，可将燃气压强引导至传感器。这种安装方式避免了燃气对传感器的冲刷。图 5.72(b)中，传感器的前端面与前盖平面平齐，传压孔与燃气直接接触。

在图 5.72 所示的两种安装方式中，传压孔与压强接触面都相距不远，燃气射流对传感器仍有热传导和热辐射作用，会导致测量敏感元件升温，测量结果漂移。为此，通常需对传感器采取隔热保护措施，常用的方法有：一是在测量前盖和传感器间安装一转接件，将传感器与前盖“隔离”开；二是在传压孔中填充油脂类物质，以减缓热的传导作用(图 5.73)。转接件一般由低热传导材料制成，它位于前盖和传感器之间，可减缓前盖热量向传感器的传递。油脂的热传导性远小于气体，而其半固体状态在传递压强时又响应迅速，因此，常在传压孔中填充油脂来减缓燃气射流热量向传感器的传递，以降低升温对测量的影响。转接件可选择电木等低热传导非金属物质，油脂可选用黄油、润滑脂等。

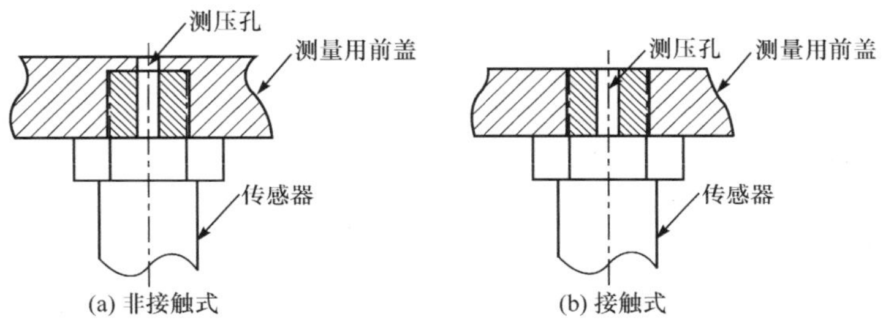

图 5.72　传感器与前盖连接方式

6. 测量用前盖结构对压强测量的影响

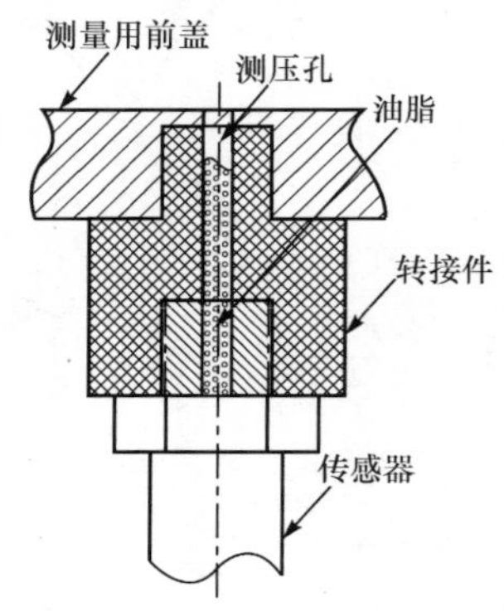

图 5.73 转接与隔热器件安装方式

由于压电传感器是依靠小质量振子来感受载荷，前盖无论受到何种载荷作用，都会引起小质量振子的受迫振动，导致压电传感器的输出信号不一定是真实的燃气射流冲击信号。因此，本书采用应变式压强传感器。

采用应变式传感器时，前盖的结构对测量会产生什么影响呢？当定向器口径较小时，厚径比(前盖厚度与定向器口径的比值)就较大，测量前盖的刚性较好，因此，发射装置受迫振动时多表现为高频振动(大于 1kHz 的振动)，振动频率比燃气射流冲击迎气面的脉动频率高得多，采用滤波方法就可将测量记录中的高频量去除；但当定向器口径较大、厚径比较小时，前盖受到燃气作用时产生的振动的频率可能与压强的脉动频率接近，因此很难将真实信号和干扰信号区分开。由于燃气压强的脉动频率随发动机和装药的不同而变化，所以很难判断出真实的压强脉动频率。但比较确定的是，前盖的刚度越大，测量信号中带入的干扰信号的频率越高，越易于与真实的压强信号区分开。因此，可通过改变前盖的结构，如增加盖子厚度、增设加强筋等，来提高测量前盖的刚性，以抵抗与压强信号频率相近的干扰信号的输入，例如，可采用图 5.70 中的“十字”形筋板结构。

在压强测量前，还需对前盖的固有特性进行实验测量或计算验证，以确定测量前盖的固有振动频率不在测试信号频率范围内，避免引起共振。

5.3.2 实验测量与数据处理

在进行发射系统燃气射流冲击压强测量前，首先需要通过数值分析进行流场预估，了解火箭发动机和燃气射流流场的大致状况。表 5.3 列出了流场预估的内容及目的。

表 5.3 流场预估的内容及目的

预估内容	目的	说明
被测压强量级	选择传感器量程	为各测量区域选择量程合适的传感器
燃气射流流场作用范围	选择被测区域大小	划分测量区域
火箭发动机燃气质量流量	预估燃气射流对发射系统及测试线缆的热冲击程度	避免燃气质量流量较大时来不及扩散而聚集在发射系统附近，烧蚀或破坏测试线缆

1. 迎气面冲击流场预估

第 5.2 节曾介绍了火箭发动机点火时完全自由射流的流场预估。那么，随着火箭弹逐渐远离定向器，燃气射流与迎气面之间的冲击流场又有什么特点？采取什么方法对这一流场进行预估呢?

描述火箭燃气射流的流场形式包括与时间无关的定常自由射流和伴随射流，以及与时间相关的非定常冲击射流。

在定常流动计算中，需设定一个控制精度，当结果收敛至该精度时计算即可结束。以压强为例，当压强计算结果达到控制精度 $\varepsilon=\sum_{i=1}^{Ni}\frac{p_i^{n+1}-p_i^n}{p_i^n}\leqslant 10^{-3}$ 时，即认为流场各处(每个有限单元)的压强计算结果均达到设定精度。式中，压强 p 的上标表示时间项，下标表示流场中的某个位置。因此，收敛可以理解为流场中所有点的两个积分步之间压强的相对变化均小于设定的控制精度。如果同时控制压强、密度、温度(能量)、以及流动速度等多个参数，那么当这些参数的计算结果均满足控制精度时，就认为流动不再随时间变化，即达到定常状态。

目前使用较多的计算软件如 Fluent 和 CFX 等，都可以进行定常和非定常流动模拟，它们求解非定常项时的方法有所不同。Fluent 软件在计算非定常流动时，将非定常过程划分为时长很小的时间段(如$10^{-8}\sim10^{-6}$ s)，在每个微小时间段内预设积分步(如 30 步)，仍按定常流模型进行计算。若在 30 步内达到定常模型设定的收敛控制精度 ε，则进入下一微小时间段。但实际情况是，即使在规定的积分步数内未达到收敛控制精度，计算仍将带着误差强行进入下一微小时间段，这将影响计算结果精度。因此，为了保证计算精度，使每一微小时间段内的定常计算都达到收敛，设定的时间步长往往很小，所以模拟过程会大大延长。

对于喷管出口截面离开定向器后 500ms 这一时间历程，可采用两种方法进行流场预估。

(1) 选取发射系统受冲击面和喷管(含部分火箭弹)组成模型，采用 Fluent 软件动网格技术和非定常计算模型进行完全非定常计算，获得预设监控点的压强-时间变化规律(具体模拟方法详见第 6 章)。

(2) 根据火箭弹的运动规律，以等距离或等时间方式将 500ms 时间划分为若干段，将对应的每一时刻(或位置)视为一个定常流计算状态，按照定常流模型进行计算。这样的近似可能带来计算精度的降低(一般小于 20%)，但可大大节约时间，提高计算效率。对于流场预估，这种近似计算是可以接受的。比较而言，第一种方法的模拟结果更为精确。

因此，在选择流场计算方法和模型时，不仅要考虑流动的具体特性，还需视计算结果的使用目的以及计算效能和计算成本综合选定。

那么，火箭弹离开定向器 500ms 的时间段如何选定呢？以常规野战火箭炮为例，火箭弹离轨速度为 40～60m/s，运动 500ms 时火箭弹已离开定向器口部 20m 以上。即使对于中(300mm)、大(>600mm)口径火箭弹，20m 的距离已至少是 3 个弹身长度，此处的燃气射流对迎气面的作用压强已衰减至 0.005MPa 以下，对于重达几十吨的发射系统而言，这个量级的冲击作用完全可以忽略不计。所以，500ms 这一时间历程内的流场已基本呈现了喷管出口截面离开定向器后的流场全貌。

2. 火箭弹飞行姿态对迎气面压强的影响

火箭弹的飞行姿态是指火箭弹在射击平面内的低头和抬头(俯仰运动)，以及在与弹道相切并与射击平面垂直的面内的左右摆动(偏航运动)。在火箭导弹发射过程中，常见的影响火箭弹飞行姿态的因素主要有：弹管相互作用引起的火箭弹振动，重力引起的火箭弹的俯仰运动。火箭弹的俯仰和偏航运动将使燃气射流对迎气面的作用不再呈圆周对称，进而改变迎气面上的压强分布。具体表现为：

(1) 弹管相互作用引起的火箭弹振动对迎气面压强的影响。

火箭弹在定向器内滑动直至离开定向器这一阶段，由于弹管间隙的存在，在多种外部载荷的共同作用下，火箭弹与定向器管会产生相互作用(简称弹管作用)，表现为火箭弹相对于大地和定向器管的振动。火箭弹的振动将导致弹轴与定向器轴线不再重合。弹轴产生偏离的结果是，燃气射流对迎气面的冲击不再是垂直作用，即燃气射流对迎气面的作用失去圆周对称性，如图 5.74 所示。这种情况下，即使将传感器上下对称地布设在发射系统迎气面上，如图 5.75 中的点 1，2，所测得的压强数据(或规律)也不会相等，点 1 的压强值必然大于点 2。

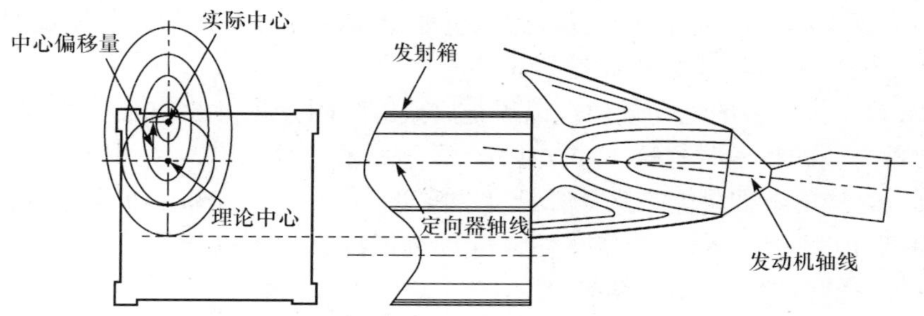

图 5.74　弹身倾斜引起的压强作用区域不对称

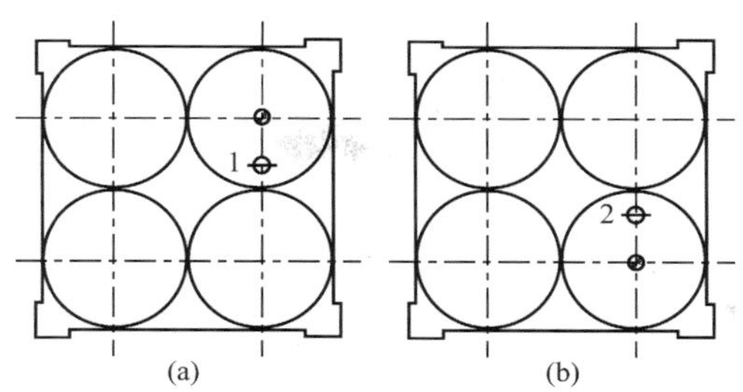

图 5.75 弹身俯仰对迎气面压强分布的影响

(2) 重力引起的火箭弹的俯仰对迎气面压强的影响。

实际上，对于采用非垂直发射或非同时离轨发射的火箭弹，当其前定心部离开定向器(即半约束期)后，即使没有振动，仅重力作用就足以使火箭弹产生俯仰(此处为低头)，随着射角和初速的增大，俯仰程度会有所减小。造成火箭弹产生俯仰的主要因素有：①射角。射角越大俯仰越小。②火箭发动机的药温。高温弹比低温弹的俯仰小。这是由于低温时发动机推力下降，火箭弹离轨时的初速就会降低。③推力偏心。这些因素都会造成火箭弹的姿态变化，进而引起燃气射流冲击迎气面压强的变化。

3. 实验测量规划与实施

由于中大口径火箭弹的装药量多，成本昂贵，因此，不可能对其进行专门的燃气射流压强测量实验。通常情况下，这些弹的压强测量都是搭载产品研制各阶段的飞行实验进行。这样，就给测量带来不足：

(1) 测量必须在不妨碍飞行实验的前提下进行，不一定能够完全按照最佳方案布设传感器测点；

(2) 火箭弹的飞行实验有其设定的实验科目，如高温弹、低温弹、小射角发射和大射角发射、单发和连续射击等，因此，不能重复测量相同飞行状态火箭弹的燃气射流冲击效应，数据缺乏对比性；

(3) 研制过程中的火箭发动机尚存在飞行不稳定性。

上述情况必然造成测试样本不充足，样本状态不完全一致等问题。为此，在进行迎气面压强测量时，应关注飞行实验中的如下细节，以尽量弥补搭载实验测量的不足：

(1) 所发射火箭弹的质量和装药状态(高温、低温以及保温时间)；

(2) 发射时的射角、地面倾斜角、火箭弹初速，连射还是单发；

(3) 火箭弹离轨时的姿态测量(弹载惯性导航组件数据或单独姿态测量数据)；

(4) 火箭炮的装填状态(满载还是偏载)；

(5) 更多的同一测点的状态、位置信息等，以增加样本量；

(6) 当地的海拔或绝对压强。

图 5.76 为某型火箭弹研制过程中的压强实验测量规划情况。采用一个发射箱装填 4 枚火箭弹，分 4 次发射；图中的“黑点”即为发射时的测点位置。

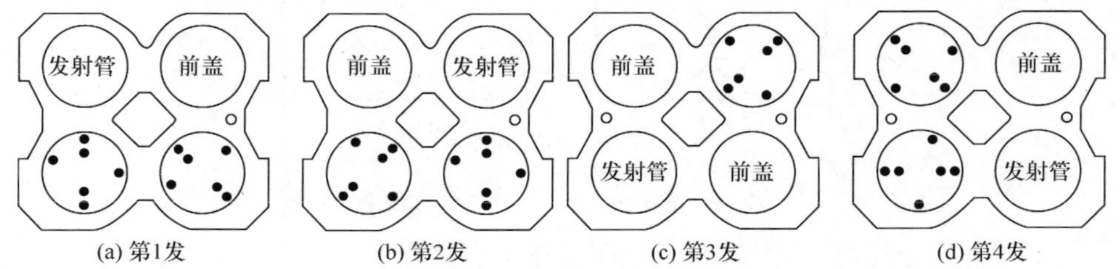

(a) 第1发　(b) 第2发　(c) 第3发　(d) 第4发

图 5.76　某型火箭弹压强测点位置规划

研制过程中的飞行实验是对武器系统多项性能指标的综合检验，并不是每一次飞行实验都允许压强测量。因此，必须在可供测量的宝贵实验中，精心布设传感器和测点。图 5.77 为设计的测点位置示意，图中“黑点”标志为测试前盖上的测点位置。按照在有限的前盖面积上尽量多地布设测点的原则，在以发射管中心为原点的各半径方向的不同位置，在两个测量用前盖上各布设 6 个测点。传感器一般安装在与发射管成水平、垂直及斜向(如 45°方向)的 3 个半径方向上，图 5.77(a)中测点 1、2、5 和 6 的连线在垂直方位，测点 7、8、11 和 12 的连线在 45°方位，它们均指向发射管中心。

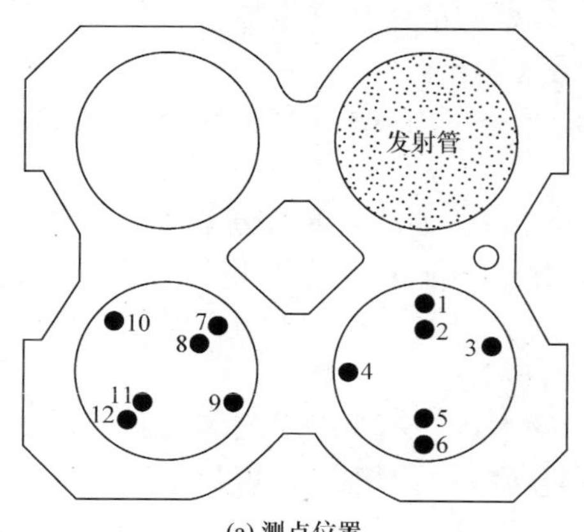

(a) 测点位置

测点序号	距发射管中心距离/mm	测点序号	距发射管中心距离/mm
1	330	8	618
2	390	6	630
3	445	9	659
4	503	10	729
7	558	11	798
5	570	12	858

(b) 距发射管中心距离

图 5.77　测点位置及距发射管中心的距离

获取的压强测量曲线如图 5.78 所示。图中的曲线分别为发射时测量用前盖与发射管成垂直和 45°方向的 8 个测点的压强曲线。

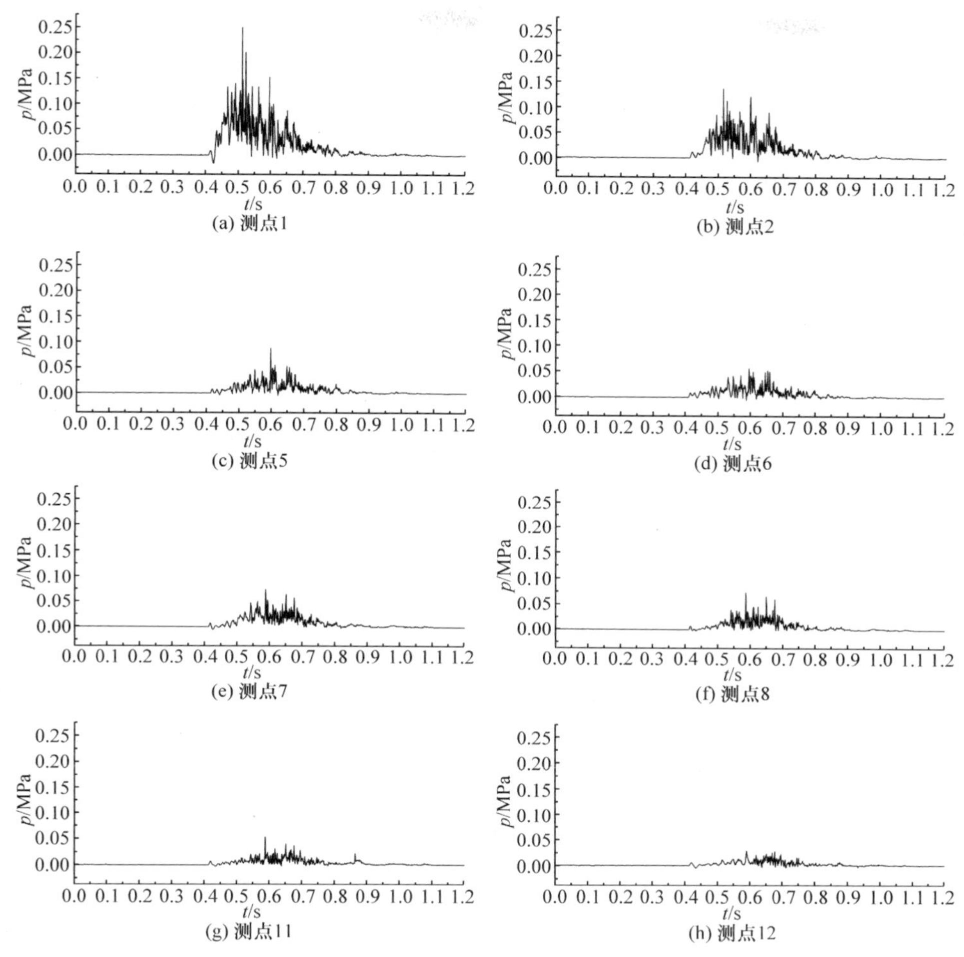

图 5.78　8 个测点压强测量结果

图 5.78 中横坐标时间零点为发动机点火时刻，火箭弹在管内的运动时间约为 400ms，测量时的采样频率为 300Hz。由图 5.78 各测点的压强曲线可见，燃气射流在前盖上产生的压强基本在 0.15MPa 以下，且随测点位置而变化，随火箭弹逐渐远离前盖而减小，这一现象与实际情况基本相符。从测量结果还可以看出，压强曲线上有一些“毛刺”。放大“毛刺”区域发现，“毛刺”时间持续仅为几个毫秒。若对其进行滤波处理，图 5.78(a)曲线的峰值压强将大大降低(从 0.15MPa 降至 0.1MPa 以下)。所以，必须根据测量结果以及使用目的合理地解读压强测量曲线。

通过多次实验测量，得到火箭弹在不同发射状态(高低温、不同发射管、不同射程等)的压强数据。将这些数据进行对比分析，得到某型火箭弹对发射系统迎气面冲击的压强分布结果，如图 5.79 所示，其中横坐标为测点距发射管中心点的距离，纵坐标为测点压强值。由图 5.79 可见，在不同实验条件下，迎气面冲击压强的分布规律具有相似性，越靠近发射管中心，压强越高；随着测点距发射管中心距离的不断增大，压强快速降低。图 5.79 的测量数据可用于火箭炮结构设计时的计算与分析，其中，压强的最大和最小值可作为数据边界，对应于火箭炮发射过程所受到的最大和最小冲击力。

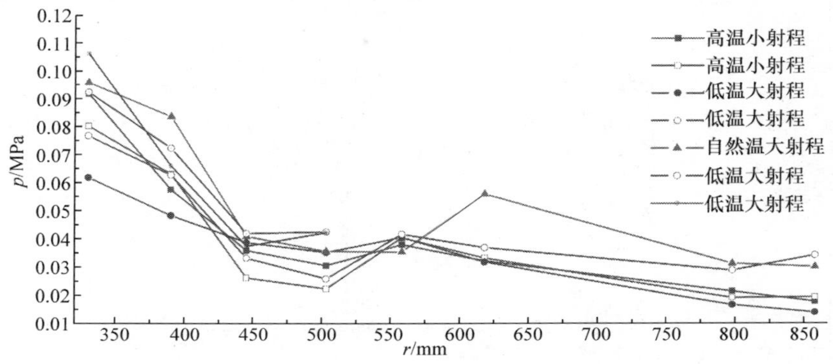

图 5.79　不同温度和射程下的压强测量结果

需要说明的是，只有使用绝压传感器才能通过直接测量得到绝对压强。而图 5.78 和图 5.79 均是采用表压传感器测得的表压结果，需要在测量值上加上环境压强(必须考虑发射位置的海拔)，才是真实的压强值。本书实验时环境压强参考值为 0.086MPa。

5.4　燃气射流冲击力计算

通过实验测量得到迎气面压强分布的目的，是据此计算燃气射流作用于发射系统的冲击力，那么，如何根据图 5.79 所示某一时刻的压强数据，计算迎气面冲击力呢?

首先，将图 5.79 中任一时刻的压强随半径分布曲线覆盖在以发射管中心为原点的迎气面上，如图 5.80(a)所示。

图 5.80(a)是迎气面冲击力计算的几何模型及压强分布模型，图中的两个方框表示发射箱，每个发射箱中各有 4 个定向器，其中的曲线即图 5.79 的压强分布。图 5.80(b)为冲击力计算模型，其中 r_i 和 r_{i+1} 为以发射管中心为原点的任意两个圆

的半径，这两个圆组成一个圆环，p_i 为圆环的压强，近似计算时取圆环半径为 $\tilde{r}_i=\left(r_i+r_{i+1}\right)/2$。由此可推导出圆环上的冲击力为

$$\tilde{F}_i=\frac{1}{4}\pi\left(r_{i+1}^2-r_i^2\right)\cdot p_i \tag{5.12}$$

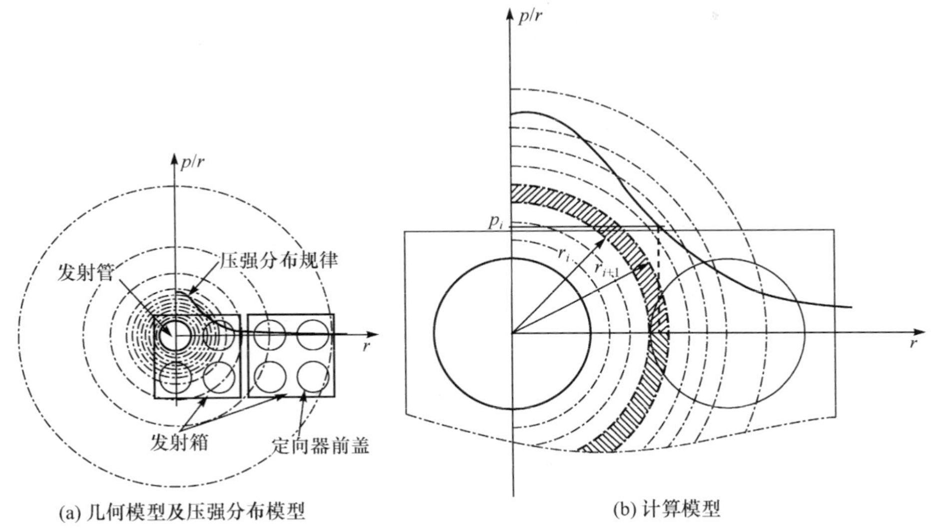

(a) 几何模型及压强分布模型　　　　(b) 计算模型

图 5.80　发射箱迎气面燃气射流冲击力计算模型

则整个迎气面上的冲击力为

$$F=\sum\tilde{F}_i=\sum\left(\frac{1}{4}\pi\left(r_{i+1}^2-r_i^2\right)\cdot p_i\right) \tag{5.13}$$

由于发射箱迎气面上常有孔洞，而且已发射的定向器已没有前盖，这时，根据式(5.13)求得整个迎气面上的冲击力后，还需减去孔洞面上的力。

依据式(5.13)编制的计算程序截图即为图 5.81 所示的某燃气射流冲击力的计算过程。由图 5.81 可知，编制的程序适于计算迎气面上的总冲击力，也可计算任一划分区域的冲击力。例如，4 管发射箱发射时的整个迎气面包括其余 3 个定向器的前盖(分别为组成面-1、组成面-2 和组成面-3)和夹板(组成面-4)。根据图 5.79 的压强分布规律，得到冲击力计算结果：总冲击力 181～193kN，组成面-1、2、3 上的冲击力约为 40kN、39kN 和 26kN，组成面-4 上的冲击力约为 77kN。

根据上述计算结果，就可进行前盖和夹板结构的刚强度计算与分析。

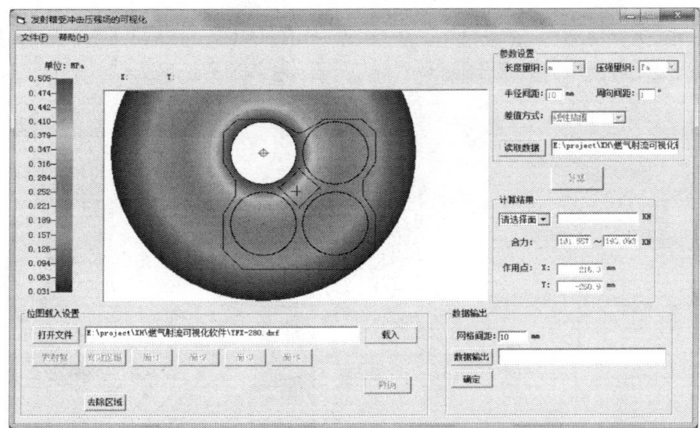

(a) 整个迎气面上的总冲击力

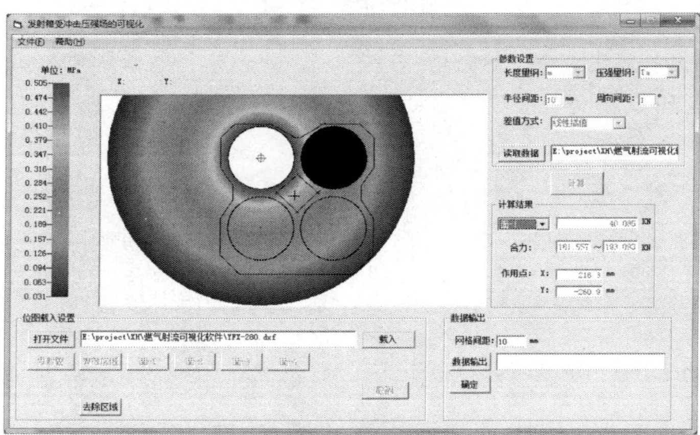

(b) 迎气面组成面-1(发射管右方)上的冲击力

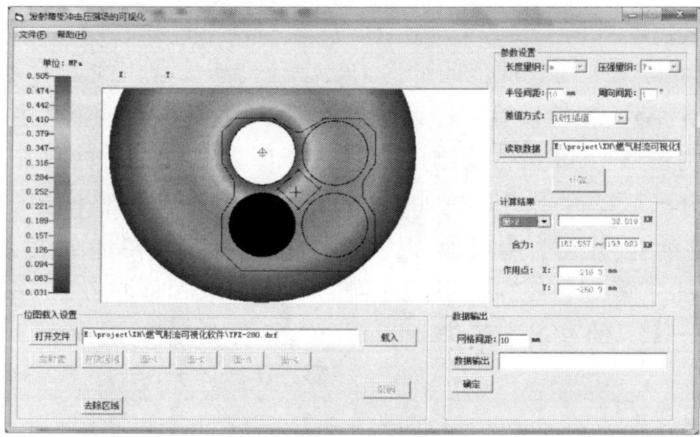

(c) 迎气面组成面-2(发射管下方)上的冲击力

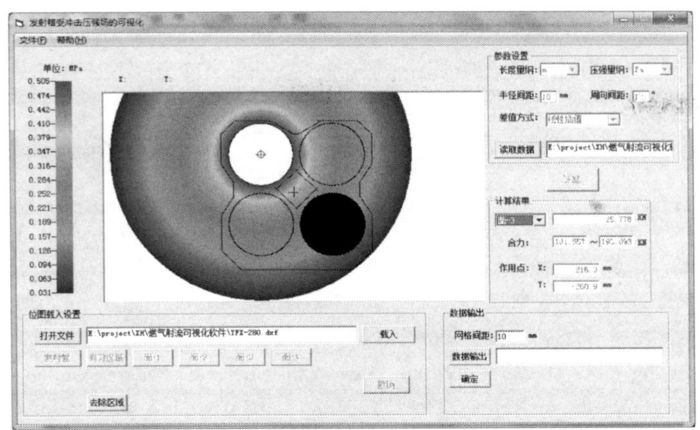

(d) 迎气面组成面-3(发射管下方)上的冲击力

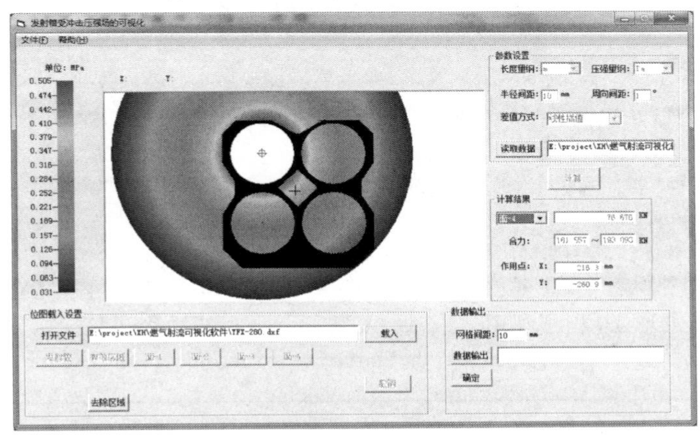

(e) 迎气面组成面-4(夹板)上的冲击力

图 5.81　燃气射流冲击力计算过程

本 章 小 结

燃气射流对发射系统的冲击载荷是进行发射系统结构设计与振动分析、确定结构参数以及发射时序的重要依据，对火箭武器系统的设计和使用维护都具有重要意义。通过实验方法测得燃气射流的压强分布规律，是求得冲击载荷的方法之一。

本章介绍了燃气射流压强测量的一般方法。在分析了射角、火箭弹高低温状态、火箭弹装填状态(满载、偏载)等对燃气射流流动影响的基础上，设计了大量压强测量实验。采用统计学方法从实验结果中寻找出压强分布规律，为燃气射流冲击载荷的计算提供依据。如将测量数据处理后提取出最大值和最小值曲线(即压强的上下包络线)，选择其中的压强值，即可求解出相应的燃气射流冲击载荷。书中还给出了由压强值求解冲击载荷的具体计算方法。

参考文献

[1] 张福祥. 多管火箭发射装置承受燃气射流冲击的流场[J]. 兵工学报, 1987, (2): 1-9.

[2] 张福祥, 李开明. 真实火箭燃气羽流密度场的定量显示[J]. 宇航学报, 1994, 15(2):58-63.

[3] Stricker J, Keren E, Kafri O. Axisymmetric density field measurements by moire deflectometry[J]. AIAA Journal, 2012, 21(12): 1767-1769.

[4] Lian W Y, Zhang F X. The structure and internal properties of underexpanded exhaust jets[R]. International Symposium on Refined Flow Modeling and Turbulence Measurements , Iowa , USA , Sep, 1985.

[5] 廉闻宇, 张福祥. 真实火箭射流冲击流场中激波结构的实验研究[J]. 力学学报, 1990, 22(6): 737-741.

[6] 倪刚. 莫尔条纹术光学流场显示装置[J]. 气动实验测控技术, 1985, (4): 53-55.

[7] 闫大鹏, 王海林, 苗鹏程, 等. 高超音速流场中模型边界转捩的莫尔偏折法显示和处理[J]. 量子电子学, 1990, 8(1): 32.

[8] Benedict R P. Fundamentals of Temperature, Pressure, and Flow Measurements[M]. New York, US: John Wiley, 1984.

[9] 王新月. 气体动力学基础[M]. 西安: 西北工业大学出版社, 2006.

[10] 王竹溪. 中外物理学精品书系: 热力学. [M]. 第 2 版. 北京: 北京大学出版社, 2005.

[11] 傅献彩等. 物理化学(上册)[M]. 第 5 版. 北京: 高等教育出版社, 2005.

[12] Rayle R E. An investigation of the influence of orifice geometry on static pressure measurements[J]. Massachusetts Institute of Technology, 1949,

[13] Weissberg H L. The response time of small pitot tubes[J]. European Journal of Cancer & Clinical Oncology, 1953, 23(11): 1752-1753.

[14] Funk J E, Robe T R. Transients in pneumatic transmission lines subjected to large pressure changes[J]. International Journal of Mechanical Sciences, 1970, 12(3):245-257.

[15] Shaw R. The influence of hole dimensions on static pressure measurements[J]. Journal of Fluid Mechanics, 2006, 7(4):550-564.

[16] Gilmer W N. AGT Division, Westinghouse Electric Co[Z]. Personal Communication, 1952.

[17] Lighthill M J. Contributions to the theory of the Pitot-tube displacement effect[J]. Journal of Fluid Mechanics, 2006, 2(5):493-512.

[18] Hall I M. The displacement effect of a sphere in a two-dimensional shear flow[J]. Journal of Fluid Mechanics, 2006, 1(2):142-162.

[19] Livcsey L. The behavior of transverse cylindrical and forward facing total pressure probes in transverse total pressure gradients[J]. Aero. Sci., 1956, 949.

[20] Davies P O A L. The behaviour of a Pitot tube in transverse shear[J]. Journal of Fluid Mechanics, 2006, 3(5):441-456.

[21] Sami S. The pitcot tube in turbulent shear flow. Proc. 11th Midwestern Mech Conf., Dev in Mechanics, 1967, 5: 191.
[22] Benedict R P, Wyler J S, Dudek J A, et al. Generalized flow across an abrupt enlargement[J]. Journal of Engineering for Power, 1976, 98(3):327-334.
[23] 李军. 推力矢量发动机燃气舵气动性能分析[J]. 航空学报, 2006, 27(6):1005-1008.
[24] 杜长宝, 李军. 固体火箭发动机燃气舵推力损失的数值分析与测试[J]. 弹箭与制导学报, 2010, 30(2): 155-157.
[25] 李军, 刘献伟. 燃气舵气动特性实验和数值分析[J]. 弹道学报, 2005, 17(4):55-58.
[26] 李军, 刘献伟, 赵瑞学. 推力矢量发动机燃气舵绕流场数值分析[J]. 南京理工大学学报, 2005, 29(5):532-535.
[27] 李军, 常见虎, 周长省, 等. 推力矢量燃气舵三维气-固两相流的数值分析[J]. 南京理工大学学报, 2008, 32(5):565-569.
[28] 常见虎, 周长省, 李军. 高低空环境下火箭发动机射流流场的数值分析[J]. 系统仿真学报, 2007, 19(16):3672-3675.
[29] 李军. 单兵火箭燃气射流冲击噪声场的形成与发展[J]. 南京理工大学学报, 2006, 30(6):679-683.
[30] 李军. 非定常燃气舵绕流场的数值分析[J]. 南京航空航天大学学报, 2005, 37(4):471-475.
[31] 李军. 燃气射流测试系统研究与流场参数测量[J]. 弹箭与制导学报, 2004, (S3):180-182.
[32] 李军, 张小兵, 徐强. 固体火箭发动机喷口参数的数值计算[J]. 南京理工大学学报, 2004, 28(1):71-74.
[33] 李军, 曹从咏, 徐强. 固体火箭发动机羽流场特性的数值研究[J]. 弹箭与制导学报, 2003, (S3):307-309.
[34] Copeland R L, Greene R F, Beeler D R, et al. Protective cover for a missile nose cone[P]. US 3970006 A, 1976.
[35] Boeglin P H, Chigot C R. Plate-glass fitted with an explosion-cutting device[P]. US 4333381 A, 1982.
[36] 王汉平, 罗勇, 张伯生. 某导弹贮运发射筒前开盖机构的故障复现及结构改进[J]. 导弹与航天运载技术, 2002, (1): 36-40.
[37] 叶大水, 吴博文, 余文成, 等. 发射箱箱盖机构故障分析及解决措施[J]. 导弹与航天运载技术, 2015, (4): 20-23.
[38] 周光明, 袁卓伟, 王新峰. 整体冲破式复合材料薄膜盖的设计与实验研究[J]. 宇航学报, 2007, 28(3): 707-712.
[39] 钱元.冲破式复合材料发射箱盖结构设计和试验研究[D]. 南京: 南京航空航天大学航空宇航学院, 2013.
[40] 傅德彬, 王飞, 王新星, 等. 低冲击弹射式发射箱前盖分离特性[J]. 宇航学报, 2016, 37(4): 488-493.

如何通过数值仿真获得流场参数?

获取燃气射流冲击流场“场”信息及其流动参数的方法有两种：实验流体力学和计算流体力学，二者各有其特点。

实验流体力学的不足在于：①接触式测量会造成传感器对流动的扰动；②非线性和湍流特性使流动呈现瞬态特征，造成某些点不可测；③只能给出“点”的结果而不能给出“场”的信息。

随着计算机软硬件技术的飞速发展，计算流体力学目前已可给出满足工程需要的计算结果，尤其是流动的“场”信息。这一点正好弥补了实验方法的不足。当然,计算流体力学也未尽完善，如假设条件可能带来计算误差。

第 6 章 燃气射流的数值仿真

物理问题的求解都有固定的流程和方法。固体和流体(包含液体和气体)的运动求解可按照图 6.1 所示的一般流程进行。不同的求解对象仅在某些具体环节的处理方法上有所不同。

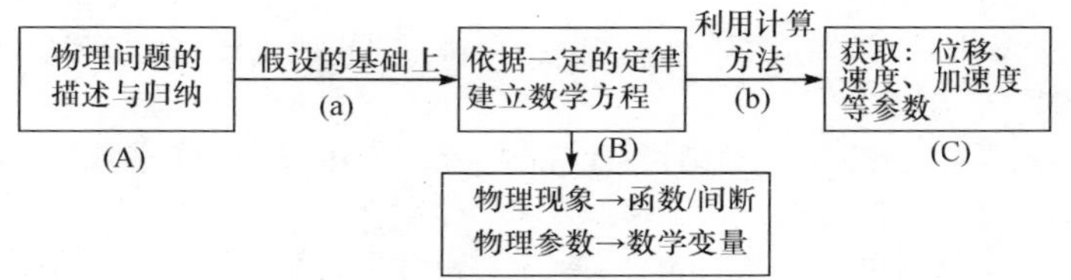

图 6.1 物理问题求解一般流程

以固体物质的运动为例，按照图 6.1 流程进行求解。

问题描述：炸山破石时，石头受到外力作用飞离山体。那么，石头将按照什么样的路径飞行？落点在哪里？

这一问题的实质是，如何利用牛顿第二定律求解重力作用下石头的空中运动轨迹。建立如图 6.2 所示的坐标系，坐标原点设定在石头的初始运动位置，固定坐标系；初始时刻 t=0 时石头的初速为 v_0。

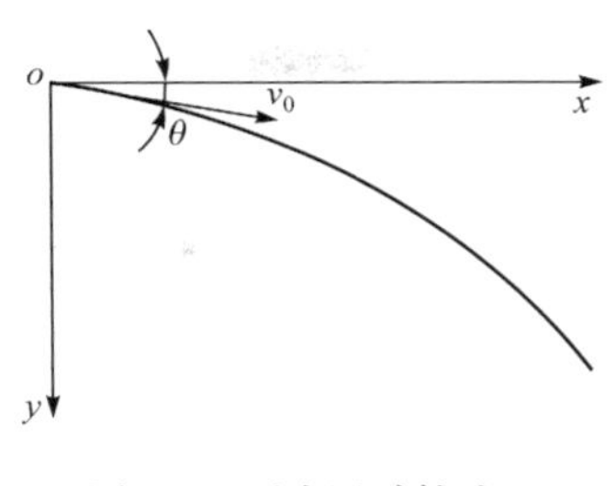

图 6.2　石头运动轨迹

假设：$t=0$ 时速度 v_0 与 ox 的夹角为 θ

在 ox 和 oy 方向建立牛顿第二定律下的动力学方程，即

$$\begin{cases} m\dfrac{\mathrm{d}v_x}{\mathrm{d}t}=F_x \\ m\dfrac{\mathrm{d}v_y}{\mathrm{d}t}=F_y \end{cases} \tag{6.1}$$

忽略空气阻力，假设在飞行过程中石头不受 ox 方向的作用力，而在 oy 方向仅受重力作用。这样，式(6.1)就可推导为

$$\begin{cases} v_x=c \\ m\dfrac{\mathrm{d}v_y}{\mathrm{d}t}=mg \end{cases} \to \begin{cases} v_x=v_{0x} \\ v_y-v_{0y}=gt+c_1 \end{cases} \to \begin{cases} x=v_{0x}t \\ y=v_{0y}t+\dfrac{1}{2}gt^2+c_1t+c_2 \end{cases} \tag{6.2}$$

式中：v_{0x} 和 v_{0y} 分别为 t=0 时 ox 和 oy 方向的(初)速度分量。将初值边界条件代入，可得积分常数 c_1 和 c_2 均为 0，则式(6.2)可写为

$$\begin{cases} x=v_{0x}t \\ y=v_{0y}t+\dfrac{1}{2}gt^2 \end{cases} \tag{6.3}$$

可以看出，在上述推导过程中，仅采用积分运算就得到了石头运动轨迹的解析式。

式(6.3)是将石头视为质点的运动轨迹方程。其实，如果将石头换为火箭弹，那么式(6.3)就是火箭弹在空中运动的弹道方程。但火箭弹不仅在 ox 和 oy 方向运动，还存在 oz 方向的运动以及绕 ox、oy 和 oz 的转动，也即通常所说的六自由度运动，因此，不能将火箭弹的运动视为简单的质点运动。式(6.4)给出了火箭弹在射击平面内飞行的三自由度平面运动方程组

$$\begin{cases} \dfrac{\mathrm{d}x}{\mathrm{d}t}=u \\ \dfrac{\mathrm{d}y}{\mathrm{d}t}=v \\ \dfrac{\mathrm{d}\varphi}{\mathrm{d}t}=\dot{\varphi} \\ \dfrac{\mathrm{d}v_x}{\mathrm{d}t}=\dfrac{F_p\cos(\theta-\varphi)}{m} \\ \dfrac{\mathrm{d}v_y}{\mathrm{d}t}=\dfrac{F_p\sin(\theta-\varphi)}{m} \\ \dfrac{\mathrm{d}\dot{\varphi}}{\mathrm{d}t}=\dfrac{M-F_pL\sin\theta}{I_C} \end{cases} \tag{6.4}$$

式(6.1)～式(6.4)中：x、y、z 为直角坐标系 3 个方向的坐标；u、v 分别为 x、y 方向的速度；φ 为火箭弹的俯仰角；$\dot{\varphi}$ 为俯仰角速度；F_p 为火箭弹发动机的推力；L 为发动机喷喉几何中心到质心所在平面几何中心的距离；θ 为射角；M 为作用在火箭弹俯仰平面内的力矩；I_C 为火箭的赤道转动惯量；m 为火箭弹的质量。

虽然式(6.4)的方程组中出现了变量的耦合，已不能仅通过积分运算求解，但它仍是一个常微分方程组，可通过龙格库塔方法求解。真实的六自由度刚体运动(弹道)方程组及其求解详见文献[1]。

再看一组气体运动方程组

$$\begin{cases}\dfrac{\partial\rho}{\partial t}+\dfrac{\partial\rho u}{\partial x}+\dfrac{\partial\rho v}{\partial y}=0\\[2ex]\dfrac{\partial\rho u}{\partial t}+\dfrac{\partial\left(\rho u^2+p\right)}{\partial x}+\dfrac{\partial\rho uv}{\partial y}=0\\[2ex]\dfrac{\partial\rho v}{\partial t}+\dfrac{\partial\rho uv}{\partial x}+\dfrac{\partial\left(\rho v^2+p\right)}{\partial y}=0\\[2ex]\dfrac{\partial\rho E}{\partial t}+\dfrac{\partial\rho uH}{\partial x}+\dfrac{\partial\rho vH}{\partial y}=0\end{cases}\tag{6.5}$$

式中：ρ 为气体密度；p 为压强；E 为单位质量的能量；H 为单位质量的焓；t 为时间，其他变量同式(6.4)。由式(6.5)可以看出，式中各变量间不但存在相互耦合，还出现了变量偏微分项，也就是说，式(6.5)实质上是一个偏微分方程组，可采用有限元法和有限差分法等离散法求解。

有限元法(finite element method，FEM)是一种求解偏微分方程边值近似解的数值方法，它通过变分法使误差函数达到最小值并产生稳定解。有限元法的具体求解过程为，将求解域划分为由有限个单元组成的互连子域，对每一单元假定一个近似解，然后推导求解总域的满足条件(如结构的平衡条件)，从而得到问题的解。由于以简化的问题来代替真实问题，因此有限元法求得的是近似解而非精确解。多数实际问题很难得到精确解，而有限元法适应性强、精度高，所以成为解决工程问题的有效手段。

微分方程的定解问题就是在满足某些定解条件下求微分方程的解。定解条件分为空间域条件和时间域条件。在空间区域边界上所要满足的定解条件称为边值条件；如果问题与时间有关，在初始时刻所要满足的定解条件，称为初值条件。不含时间而只有边值条件的定解问题，称为边值问题；与时间有关而只有初值条件的定解问题，称为初值问题；同时带有两种定解条件的问题，称为初值边值混合问题。

由于定解问题往往不具有解析解，或其解析解不易求得，对此，需要采用可行的数值解法。有限差分法就是一种数值解法，其基本思想是将研究对象的定义域进行网格剖分，然后在网格点上按适当的数值微分公式，将定解问题中的微商换为差商，从而将原问题离散化为差分格式，求出数值解。

值得一提的是，采用有限差分法求解定解问题时，需要考虑差分格式解的存在性和唯一性、解的求法、解法的数值稳定性、差分格式的解与原定解问题真解的误差估计、网格大小趋于零时差分格式的解是否趋于真解(即收敛性)等。有限差分法简便灵活，适用性强，易于通过计算机实现。

本质上，有限元方法就是指将直线(一维)、平面(二维)和空间(三维)的运动，分别离散到微元段、微平面和微单元体等有限个单元上(每个单元内部的流动是连续的，单元之间存在各种力和约束关系)，通过求解单元之间的相互作用，即可求解全部的流动。有限元的“元”意即“单元”，有限元是指单元的数量不是无限多而是有限的。有限元法的显著特点是单元几何形状选取灵活，可根据所求解问题选择三角形或四边形，四面体或六面体。因此，有限元法尤其适于求解边界形状复杂的流动问题。在成功应用于固体力学后，近 20 年来，人们开始尝试将有限元法用于流体力学问题，特别是具有波传播性质的流体问题，如双曲型或混合型问题的求解。

以玻璃面上的流水为例。假设玻璃面上有一摊水在流动，流动符合式(6.5)方程的描述，玻璃的面积为整个计算区域。现在用纱窗覆盖全部的玻璃，并在整个计算域内替换掉玻璃。纱窗上的经纬线组成的一个个小方格，正如有限元的网格单元，那么这摊水的流动就由原来玻璃面上的连续流动变为在众多网格内的流动。若以网格内水的流动为研究对象，就可以将式(6.5)的非线性方程组简化为线性方程组，进而可采用龙格库塔等方法求解每个单元网格内水的流动。

6.1　计算流体力学与有限差分法

流体力学的研究对象往往是复杂的非线性问题，基于数学原理的理论计算方法(计算流体动力学)和基于仪器技术的实验方法(实验流体力学)，是流体力学的两个重要研究手段。第 5 章介绍了燃气射流的实验方法，本章介绍燃气射流流体力学的理论计算方法。

20 世纪 60 年代，随着计算机软硬件水平的快速提升，在流体力学领域逐渐形成一门新的分支学科——计算流体动力学(又称数值流体动力学)。计算流体动力学是在物理模型的基础上，采用计算机和数值分析手段来研究流体运动的学科。从某种意义上说，是计算机技术的发展“催生”了这门学科。

由于非线性偏微分方程的数学理论尚不完善，求解该问题的差分方程还缺乏严格的稳定性分析和误差估计。因此，采用计算流体动力学方法求解问题时，一般先对简化的模型方程进行分析得出结论，再结合物理问题的直观描述、风洞实验结果以及数值分析技巧，边试边改，最终获得满意的结果。因此，也可以说，计算流体动力学是另一种形式的实验流体力学。不同的是，在数值计算这一“实验”中，实验条件的控制和参数的选择更加方便灵活，流场也不受外界干扰。正是由于这些优点，计算流体动力学与实验流体力学互为彰益，共同构成流体力学研究的两大方法体系，为流体力学的研究提供了更多可能。

20 世纪 40 年代，美国洛斯阿拉莫斯国家实验室(Los Alamos National Laboratory)的科学家冯·诺依曼(Von Neumann)先生首先提出了线性化后差分方程的稳定性分析方法，并成功求解了含人工黏性项的非线性双曲型(无黏流体方程)方程。不久，交替方向法、蛙跳法等差分方法相继面世，标志着计算流体动力学框架的初步形成。近几十年来，计算流体力学取得迅速发展，研究领域越来越广。例如，从整架飞机的压力分布及力矩的空气动力学计算，高超声速物体(如返回大气层的人造卫星等)的气动力特性及复杂激波系的计算，到跨声速流场的数值计算；从冯·诺依曼的类型相关法到全位势的差分方法；从气动力计算到运载体外形的优化问题等，均取得令人瞩目的成果。同时，计算方法和激波捕获方法也更为快速和多样。因此，作为一门新兴学科的计算流体动力学，未来的应用前景是值得期待的。

流体力学的求解方法主要有有限差分法、有限元法和谱方法等，其中有限差分法应用最早也最广泛。1933 年英国科学家汤姆(Thom)采用有限差分法求解了不可压缩黏性流体绕圆柱的流动问题；1944 年美国学者埃蒙斯(Emmons)采用有限差分法求解了喷管喉部的跨声速流动问题。

有限差分法的求解思路是，将偏微分方程中的待求函数进行空间和时间离散，同时将方程中的各阶偏微商用相应阶的有限差分代替，这样，微分方程的求解问题就转换为代数方程组的求解，由此可求出偏微分方程的近似解。由于运算简单和直观，由微分方程易于推导出差分方程，且计算精度较高，因此，有限差分法目前仍是计算流体动力学中应用最普遍的方法之一。它成功地求解了许多有间断和流动分离的复杂流场问题。

在有限差分法的使用过程中，需要注意如下问题：①差分格式的选择。有限差分格式选择不当，则会导致计算误差加大，且误差会随计算过程无限地增大(即出现不稳定现象)。②有限差分方程的收敛性和相容性。③对于几何形状复杂和高雷诺数的流场，有限差分法有其局限性。例如，不能进行跨越激波的计算，激波被“抹平”时无法得到精确解等。

每种求解方法各有其特点，应根据求解对象、计算成本和精度要求选用合适的方法。本书拟采用有限差分法求解燃气射流流动问题，因此，下面将详细介绍有限差分法。

6.1.1　微分的差分运算

数值计算的第一步是对连续变量和函数作离散化处理。

设 $f(x)$ 是定义在区间 $a \leqslant x \leqslant b$ 上的函数，区间[a,b]采用如下一组数进行离散

$$x_0 = a < x_1 < x_2 < \cdots < x_N < x_{N+1} = b$$

相应地，点 x_1，x_2，…，x_{N+1} 的函数值分别为 $f(a)$，$f(x_1)$，$f(x_2)$，…，$f(x_{N+1})$，$f(b)$，也可记为

$$f_i\left(i = 0,1,2,\cdots,N,N+1\right)$$

若 $f(x)$ 是一微分方程的解，则 $f(x)$ 事先未知，f_i 也未知，但用近似方法解得的 f_i 与 $f(x_i)$ 近似相等，所以 f_i 是 $f(x_i)$ 离散化的近似值。

于是，x_i 点的 m 阶导数可以近似以 $f_{i-J_1}, f_{i-J_1+1},\cdots$，$f_{i-1}, f_i, f_{i+1},\cdots$，$f_{i+J_2}$ 共 J_1+J_2+1 个数的线性组合来表示，即

$$\frac{\mathrm{d}^m f(x_i)}{\mathrm{d}x^m} = \sum_{j=-J_1}^{J_2} \alpha_j f_{i+j} \tag{6.6}$$

其中，α_j 可用泰勒展开法得到。简便起见，设

$$x_i = \frac{b-a}{N+1} i + a$$

$$x_i - x_{i-1} = \Delta x = \frac{b-a}{N+1}$$

即[a,b]区间的离散点是等距离分布的。J_1, J_2 和 m 的取值不同，由式(6.6)得到的差分结果及表达式也不同。下面举例说明式(6.6)的两种差分情况。

(1) 设 $J_1 = 0, J_2 = 1, m = 1$，则式(6.6)变为

$$\frac{\mathrm{d}f_i}{\mathrm{d}x} \approx \alpha_0 f_i + \alpha_1 f_{i+1} \tag{6.7}$$

由泰勒展开式可知

$$f_{i+1} = f\left(x_{i+1}\right) = f + \frac{\mathrm{d}f\left(x_i\right)}{\mathrm{d}x}\Delta x + O\left(\Delta x^2\right)$$

代入式(6.7)得到

$$\alpha_0 f_i + \alpha_1 f_{i+1} = \alpha_0 f_i + \alpha_1 f_i + \alpha_1 \Delta x \left(\frac{\mathrm{d}f}{\mathrm{d}x}\right)_i + \alpha_1 O\left(\Delta x^2\right)$$

若令 $\alpha_0 = -\alpha_1 = -1/\Delta x$，则

$$\alpha_0 f_i + \alpha_1 f_{i+1} = \frac{f_{i+1} - f_i}{\Delta x} = \left(\frac{\mathrm{d}f}{\mathrm{d}x}\right)_i + O(\Delta x)$$

于是式(6.7)变为

$$\frac{\mathrm{d}f_i}{\mathrm{d}x}=\frac{f_{i+1}-f_i}{\Delta x} \tag{6.8}$$

这里略去了$O(\Delta x)$项，所以式(6.8)具有一阶精度。

(2) 设$J_1=1, J_2=1, m=1$，则式(6.6)变为

$$\frac{\mathrm{d}f_i}{\mathrm{d}x}\approx \alpha_{-1}f_{i-1}+\alpha_0 f_i+\alpha_1 f_{i+1} \tag{6.9}$$

由泰勒展开式可知

$$f_{i-1}=f\left(x_{i-1}\right)=f\left(x_i\right)-\frac{\mathrm{d}f\left(x_i\right)}{\mathrm{d}x}\Delta x+\frac{1}{2!}\frac{\mathrm{d}f^2\left(x_i\right)}{\mathrm{d}x^2}\Delta x^2+O\left(\Delta x^3\right)$$

$$f_i=f\left(x_i\right)$$

$$f_{i+1}=f\left(x_{i+1}\right)=f\left(x_i\right)+\frac{\mathrm{d}f\left(x_i\right)}{\mathrm{d}x}\Delta x+\frac{1}{2!}\frac{\mathrm{d}f^2\left(x_i\right)}{\mathrm{d}x^2}\Delta x^2+O\left(\Delta x^3\right)$$

代入式(6.9)得到

$$\alpha_{-1}f_{i-1}\alpha_0 f_i+\alpha_1 f_{i+1}=\left(\alpha_{-1}+\alpha_0+\alpha_1\right)f_i+\left(-\alpha_{-1}+\alpha_1\right)\Delta x\frac{\mathrm{d}f_i}{\mathrm{d}x}+\left(-\alpha_{-1}+\alpha_1\right)\frac{1}{2!}\frac{\mathrm{d}^2 f\left(x_i\right)}{\mathrm{d}x^2}\Delta x^2$$
$$+\alpha_1 O\left(\Delta x^3\right)$$

若令

$$\alpha_{-1}+\alpha_0+\alpha_1=0$$
$$-\alpha_{-1}+\alpha_1=1$$
$$\left(-\alpha_{-1}+\alpha_1\right)\frac{1}{2!}\Delta x^2=0$$

得到

$$\alpha_{-1}=-\frac{1}{2\Delta x},\quad \alpha_1=\frac{1}{2\Delta x},\quad \alpha_0=0$$

于是式(6.9)变为

$$\frac{\mathrm{d}f_i}{\mathrm{d}x}\approx\frac{f_{i+1}-f_{i-1}}{2\Delta x} \tag{6.10}$$

这里略去了$O\left(\Delta x_2\right)$项，所以式(6.8)具有二阶精度。

类似地，可以得到J_1, J_2和 m 其他取值时的差分表达式及其误差。表 6.1 列出了几种常见结果。

表 6.1 常见的差分表达式及其误差

J_1	J_2	m	表达式	误差	
0	1	1	$\frac{\mathrm{d}f_i}{\mathrm{d}x}=\frac{f_{i+1}-f_i}{\Delta x}$	$O(\Delta x)$	前向差分
1	0	1	$\frac{\mathrm{d}f_i}{\mathrm{d}x}=\frac{f_i-f_{i-1}}{\Delta x}$	$O(\Delta x)$	后向差分
1	1	1	$\frac{\mathrm{d}f_i}{\mathrm{d}x}=\frac{f_{i+1}-f_{i-1}}{2\Delta x}$	$O(\Delta x^2)$	中心差分
0	2	1	$\frac{\mathrm{d}f_i}{\mathrm{d}x}=\frac{-3f_i+4f_{i+1}-f_{i+2}}{2\Delta x}$	$O(\Delta x^2)$	前向差分
2	0	1	$\frac{\mathrm{d}f_i}{\mathrm{d}x}=\frac{f_{i-2}-4f_{i-1}+3f_i}{2\Delta x}$	$O(\Delta x^2)$	后向差分
0	4	2	$\frac{\mathrm{d}^2f_i}{\mathrm{d}x^2}=\frac{35f_i-104f_{i+1}+114f_{i+2}-56f_{i+3}+11f_{i+4}}{24\Delta x^2}$	$O(\Delta x^2)$	前向差分
4	0	2	$\frac{\mathrm{d}^2f_i}{\mathrm{d}x^2}=\frac{-35f_i+104f_{i-1}-114f_{i-2}+56f_{i-3}-11f_{i-4}}{24\Delta x^3}$	$O(\Delta x^2)$	后向差分
1	1	2	$\frac{\mathrm{d}^2f_i}{\mathrm{d}x^2}=\frac{f_{i+1}-2f_i+f_{i-1}}{\Delta x^2}$	$O(\Delta x^2)$	中心差分

上面讨论的是一个自变量的情况，多个自变量的差分情况与此类似。例如，当有两个自变量时，只需将两个变量分开处理即可。

6.1.2 关于有限差分法的几个重要问题

由上述介绍可知，有限差分法并不是求解真实的微分方程，而是以有限的差分近似代替微分，然后求解差分后得到的代数方程，以代数方程的解作为原方程在离散点的近似值。

那么，代数方程的解能否作为原方程的近似解？二者的误差有多大？在与时间相关的求解问题中，这个近似解随着时间历程是越来越偏离原方程的解，还是误差范围可控，甚至误差越来越小？为了解开这些疑问，先引入几个概念。

考察如下初值问题及其边界条件

$$\frac{\partial u}{\partial t}=v\frac{\partial u^2}{\partial x_2} \tag{6.11}$$

其中，$v>0$ 为常数，求解域为$[0,\pi]$，$t>0$。定解条件为

$$u(x,0)=\varphi(x)$$

给定

$$u(0,t)=u(\pi,t),\quad t>0 \tag{6.12}$$

若将上述函数 $\varphi(x)$ 作奇式延拓，即

$$u(x,0)=\begin{cases}\varphi(x), & 0\leqslant x\leqslant \pi\\ -\varphi(x), & \pi\leqslant x\leqslant 2\pi\end{cases}$$

用傅里叶级数方法即可得到式(6.11)的精确解

$$u(x,t)=\sum_{-\infty}^{\infty}A_k\exp\left(\mathrm{i}kx-k^2\nu t\right) \tag{6.13}$$

若初始条件为

$$\varphi(x)=\begin{cases}cx, & 0\leqslant x\leqslant \dfrac{\pi}{2}\\ c(\pi-x), & \dfrac{\pi}{2}\leqslant x\leqslant \pi\end{cases} \tag{6.14}$$

则

$$A_k=\begin{cases}0, & k=2m\\ \dfrac{2ic}{\pi k^2}(-1)^{\frac{k+1}{2}}, & k=2m+1\end{cases} \tag{6.15}$$

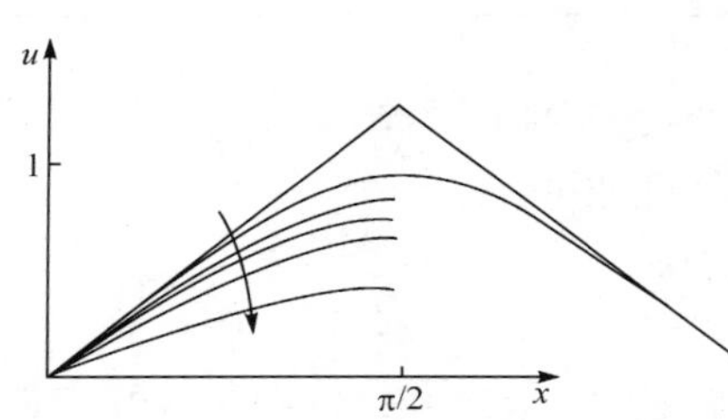

图 6.3　式(6.15)解析解过程示意

式(6.15)的解析解过程可示意为图 6.3。

若采用数值方法求解式(6.11)，则需列出相应的差分方程。差分方程有多种形式，如

$$\frac{u_j^{n+1}-u_j^n}{\Delta t}=\nu\frac{u_{j+1}^n-2u_j^n+u_{j-1}^n}{\Delta x^2} \tag{6.16}$$

或

$$\frac{u_j^{n+1}-u_j^n}{\Delta t}=\nu\frac{u_{j+1}^{n+1}-2u_j^{n+1}+u_{j-1}^{n+1}}{\Delta x^2},\quad n=0,1,2,\cdots;j=1,2,\cdots,J-1 \tag{6.17}$$

边界条件为

$$u_0^n=0,\quad u_J^0=0,\quad n=0,1,2,\cdots$$

起始条件为

$$u_j^0=\varphi(j\Delta x),\quad j=1,2,\cdots,J-1$$

计算逐级进行，由 n=0 的值计算 n=1 的值，再由 n=1 的值计算 n=2 的值⋯⋯。不难看出，式(6.16)的求解相对简单，而求解式(6.17)则需要解联立方程。式(6.16)称为显式格式，式(6.17)为隐式格式。差分方程在 $\Delta x,\Delta t\to 0$ 时逼近

原微分方程(6.11)，即表明差分方程与微分方程是相容的。差分方程与微分方程的相容可用数学形式表达，设$\overline{\overline{L}}$是微分算子L对应的差分算子，若

$$\lim_{\substack{\Delta x\to 0\\ \Delta t\to 0}}\left\|\overline{\overline{L}}-L\right\|=0$$

则称差分算子$\overline{\overline{L}}$与微分算子L是相容的，式中$\|\ \|$表示范数。差分算子与微分算子相容，是差分算子建立的必要条件。

以差商代替导数项时，相应的边界条件为

$$u_0^n=0,\quad u_J^n=0$$

起始条件为

$$u_j^0=\varphi\left(j\Delta x\right),\quad j=1,2,\cdots,J-1$$

计算沿时间t方向推进，则式(6.16)可以改写为

$$u_j^{n+1}=\frac{\Delta t}{\Delta x^2}u_{j+1}^n+\left(1-\frac{2v\Delta t}{\Delta x^2}\right)u_j^n+\frac{v\Delta t}{\Delta x^2}u_{j-1}^n$$

这样，u_j^{n+1}的计算将更方便。进一步地，式(6.17)可写为

$$-\frac{v\Delta t}{\Delta x^2}u_{j+1}^{n+1}+\left(1+\frac{2v\Delta t}{\Delta x^2}\right)u_j^{n+1}-\frac{v\Delta t}{\Delta x^2}u_{j-1}^{n+1}=u_j^n$$

记$\sigma=\dfrac{v\Delta t}{\Delta x^2}$，式(6.17)便可写为三角代数方程组

$$\begin{bmatrix}1+2\sigma & -\sigma & & & & & \\ -\sigma & 1+2\sigma & -\sigma & & & & \\ & -\sigma & 1+2\sigma & -\sigma & \cdots & & \\ & & & \vdots & \vdots & & \\ & & & \cdots & -\sigma & 1+2\sigma & -\sigma \\ & & & & & -\sigma & 1+2\sigma\end{bmatrix}\begin{bmatrix}u_1^{n+1}\\ u_2^{n+1}\\ u_3^{n+1}\\ \vdots\\ u_{J-2}^{n+1}\\ u_{J-1}^{n+1}\end{bmatrix}=\begin{bmatrix}u_1^n\\ u_2^n\\ u_3^n\\ \vdots\\ u_{J-2}^n\\ u_{J-1}^n\end{bmatrix}$$

通过求解上述联立方程组，可得u_j^{n+1}。虽然求解联立方程组的过程比较烦琐，但因该方法稳定性较好，仍被广泛应用。

尽管式(6.16)和式(6.17)与原微分方程(6.11)都是相容的，需要说明的是，满足相容条件的差分方程并不一定能得到满意的解，也即，相容是有限差分法有解的必要条件而非充分条件。以显式差分格式(6.16)为例，取J=20。由图 6.4 可见，当$\sigma=\dfrac{5}{11}$时可得满意解(图 6.4(a))；而当$\sigma=\dfrac{5}{9}$时，就得到不满意解(图 6.4(b))。

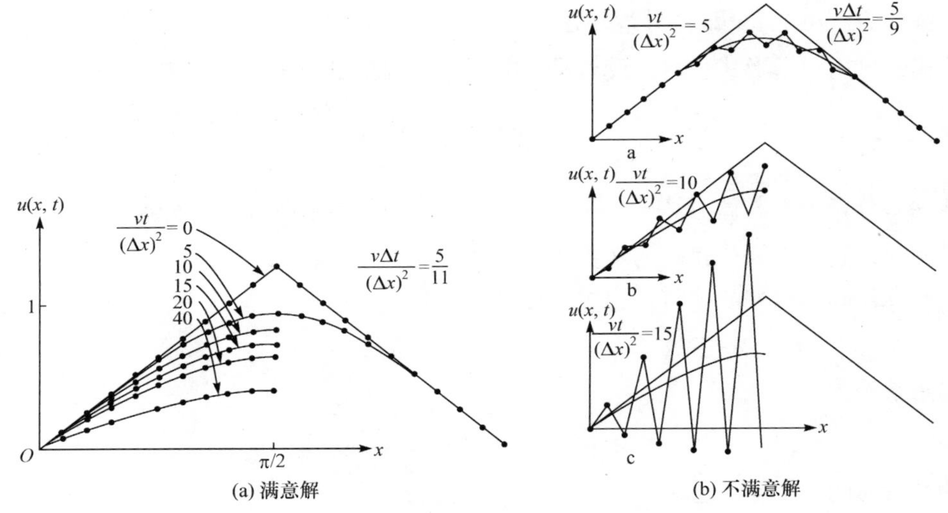

图 6.4　差分式(6.16)的满意解和不满意解

不难看出，在$\Delta x,\Delta t$趋于零时，并不是所有的差分格式都能得到逼近微分方程的结果，即满意解；即使是同一差分方程，因其逼近速度不同，所得结果也不会相同。因此，由差分方程所得的解不一定是逼近微分方程的解。设在$\Delta x,\Delta t\to 0$时，差分方程$\bar{\bar{L}}u=0$的解为$u\left(x_j\right)$，微分方程$Lu=0$的解为$u\left(x_j,t_n\right)$，若$u\left(x_j\right)$与$u\left(x_j,t_n\right)$之差的模也趋于零，即

$$\lim_{\substack{\Delta x\to 0\\ \Delta t\to 0}}\left\|u_j^n-u\left(x_j,t_n\right)\right\|=0$$

则由差分方程$\bar{\bar{L}}u=0$可得满意解，这种情况称差分方程是收敛的。

考察微分方程和差分方程的依赖域，可以得到差分方程收敛的必要条件。

如图 6.5(a)所示，设微分方程$Lu=0$在P点的依赖域为BC；而差分方程$\bar{\bar{L}}u=0$的依赖域不仅与$\bar{\bar{L}}$有关，还与计算网格有关。仍以显式差分格式(6.16)为例讨论，分为两种情况：①如图 6.5(a)所示，式(6.16)在P点的依赖域为$B'C'$(小于BC)，于是$B'B'$，CC'内的值对P点没有影响，它们的变化在结果中反映不出来，因此P点的差分方程解不能逼近微分方程的解；②如图 6.5(b)所示，差分方程在P点的依赖域为$B'C'$，大于微分方程的依赖域BC，则BC上的所有值对P点都有影响，这样，差分方程$\bar{\bar{L}}u=0$的解就有可能逼近微分方程的解。由此可知，差分方程的依赖域大于微分方程的依赖域是差分方程收敛的必要条件。

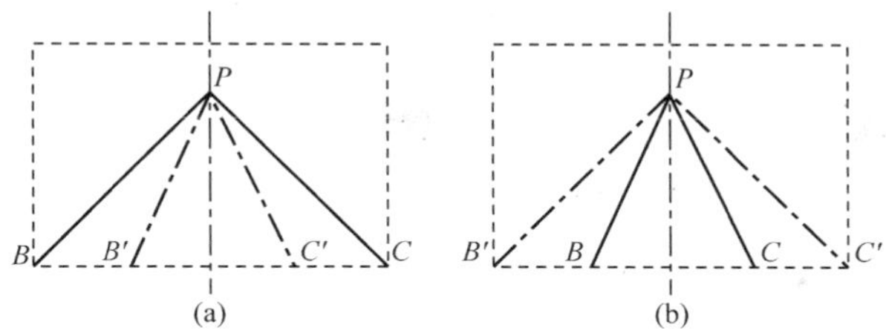

图 6.5　微分及差分方程的依赖域

6.1.3　差分方程的建立方法

由微分方程建立差分方程的方法主要有泰勒级数(Taylor series)展开法和多项式拟合法。泰勒级数是由无限项连加式的级数来表示一个函数，这些相加的项由函数在某一点的导数求得。通过函数在自变量零点的导数求得的泰勒级数又称麦克劳林级数。泰勒级数在近似计算中有重要作用，以下将介绍如何由泰勒级数展开法建立差分方程。

泰勒级数展开时采用矩形网格，如图 6.6 所示。图 6.6 为差分计算网格与时间层概念示意，其中，τ 为时间步长，n 为积分的时间层数，时间变量 $t = n\tau$，$n = 0,1,2,\cdots$；同样，h 为空间步长，j 为空间坐标的划分点数，空间变量 $x = jh$，$j = 0,\pm1,\pm2,\cdots$。因此，图 6.6 中的横线和竖线分别表示自变量的空间项和时间项，它们的交点称为结点。为叙述方便，将函数 u 在时间 $t = n\tau$ 和空间 $x = jh$ 结点处的值(即偏微分方程在该点的解)记为 u_j^n。

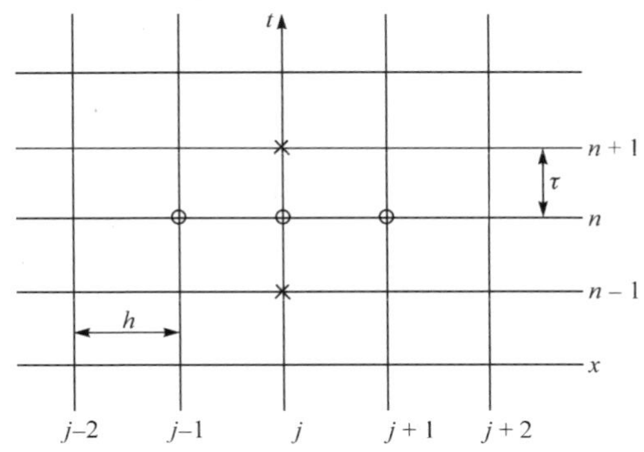

图 6.6　差分计算网格与时间层概念示意

1) 一维双曲型差分方程的建立

设有如下一维双曲偏微分方程(也称对流方程)

$$\begin{cases} \dfrac{\partial u}{\partial t} + a\dfrac{\partial u}{\partial x} = 0 \\ u(x,0) = v(x) \end{cases} \tag{6.18}$$

为了得到$\frac{\partial u}{\partial t}$的差分表示，将函数$u(x,t)$在$(x,t+\tau)$点做泰勒级数展开

$$u(x,t+\tau)=u(x,t)+\tau\frac{\partial u(x,t)}{\partial t}+\frac{\tau^2}{2!}\frac{\partial u^2(x,t)}{\partial t^2}+O(\tau^3) \tag{6.19}$$

移项得

$$\frac{u(x,t+\tau)-u(x,t)}{\tau}=\frac{\partial u(x,t)}{\partial t}+\frac{\tau}{2}\frac{\partial u^2(x,t)}{\partial t^2}+O(\tau^2)$$

用$\frac{\delta u}{\delta t}$表示$\frac{\partial u}{\partial t}$任意形式的有限差分模拟，则

$$\frac{\delta u}{\delta t}=\frac{u(x,t+\tau)-u(x,t)}{\tau}-\frac{\tau}{2}\frac{\partial u^2(x,t)}{\partial t^2}+O(\tau^2)$$

舍去高次项

$$\frac{\delta u}{\delta t}=\frac{u(x,t+\tau)-u(x,t)}{\tau}+O(\tau)$$

经离散后，有

$$\frac{\delta u}{\delta t}=\frac{u_j^{n+1}-u_j^n}{\tau}\quad\text{(时间前差)} \tag{6.20}$$

若将函数$u(x,t)$在$(x,t-\tau)$点做泰勒级数展开，有

$$u(x,t-\tau)=u(x,t)-\tau\frac{\partial u(x,t)}{\partial t}+\frac{\tau^2}{2!}\frac{\partial u^2(x,t)}{\partial t^2}+O(\tau^3) \tag{6.21}$$

移项得

$$\frac{u(x,t)-u(x,t-\tau)}{\tau}=\frac{\partial u(x,t)}{\partial t}-\frac{\tau}{2}\frac{\partial u^2(x,t)}{\partial t^2}+O(\tau^2)$$

故

$$\frac{\delta u}{\delta t}=\frac{u_j^{n}-u_j^{n-1}}{\tau}\quad\text{(时间后差)} \tag{6.22}$$

对空间的差分同样可用泰勒级数展开。将函数$u(x,t)$在$(x+h,t)$点进行泰勒级数展开

$$u(x+h,t)=u(x,t)+h\frac{\partial u(x,t)}{\partial x}+\frac{h^2}{2!}\frac{\partial u^2(x,t)}{\partial x^2}+O(h^3) \tag{6.23}$$

移项得

$$\frac{u(x+h,t)-u(x,t)}{h}=\frac{\partial u(x,t)}{\partial x}-\frac{h}{2}\frac{\partial u^2(x,t)}{\partial x^2}+O(h^2)$$

故得

$$\frac{\delta u}{\delta x}=\frac{u_{j+1}^{n}-u_{j}^{n}}{h}\quad(\text{空间前差})\tag{6.24}$$

将函数$u(x,t)$在$(x-h,t)$点进行泰勒级数展开

$$u(x-h,t)=u(x,t)-h\frac{\partial u(x,t)}{\partial x}+\frac{h^2}{2!}\frac{\partial u^2(x,t)}{\partial x^2}+O(h^3)\tag{6.25}$$

移项得

$$\frac{u(x,t)-u(x-h,t)}{h}=\frac{\partial u(x,t)}{\partial x}-\frac{h}{2}\frac{\partial u^2(x,t)}{\partial x^2}+O(h^2)$$

故得

$$\frac{\delta u}{\delta x}=\frac{u_{j}^{n}-u_{j-1}^{n}}{h}\quad(\text{空间后差})\tag{6.26}$$

式(6.23)减式(6.25)，可得

$$\frac{u(x+h,t)-u(x-h,t)}{2h}=\frac{\partial u}{\partial x}-\frac{h}{3!}\frac{\partial u^2}{\partial x^2}+O(h^3)$$

舍去高阶项

$$\frac{\delta u}{\delta x}=\frac{u_{j+1}^{n}-u_{j-1}^{n}}{2h}\quad(\text{空间中心差分})\tag{6.27}$$

若将上述各种对时间和空间的差分格式按一维双曲型方程组合，即可得一维双曲型方程的各差分方程

FTBS (时间前差、空间后差)：$\dfrac{u_j^{n+1}-u_j^n}{\tau}+a\dfrac{u_j^n-u_{j-1}^n}{h}=0$

FTFS (时间前差、空间前差)：$\dfrac{u_j^{n+1}-u_j^n}{\tau}+a\dfrac{u_{j+1}^n-u_j^n}{h}=0$

FTCS (时间前差、空间中心差)：$\dfrac{u_j^{n+1}-u_j^n}{\tau}+a\dfrac{u_{j+1}^n-u_{j-1}^n}{2h}=0$

Lax (时间修正前差、空间中心差)：$\dfrac{u_j^{n+1}-\frac{1}{2}\left(u_{j+1}^n+u_{j-1}^n\right)}{\tau}+a\dfrac{u_{j+1}^n-u_{j-1}^n}{2h}=0$

2) 一维抛物线型差分格式的建立

设有如下一维抛物线型偏微分方程

$$\begin{cases}\dfrac{\partial u}{\partial t}=a\dfrac{\partial^2 u}{\partial x^2}\\ u(x,0)=v(x)\end{cases}\tag{6.28}$$

建立式(6.28)的差分方程是一个二阶导数的离散问题。可将式(6.23)与式(6.25)相加，得到式(6.28)的二阶中心差分格式

$$\frac{\delta^2 u}{\delta x^2}=\frac{u_{j+1}^n-u_j^n+u_{j-1}^n}{h^2}$$

由此，容易得到式(6.28)FTCS 格式的差分方程。根据 $\frac{\delta^2 u}{\delta x^2}$ 所取的时间层，即可得到如下各差分方程：

显式格式

$$\frac{u_j^{n+1}-u_j^n}{\tau}=a\frac{u_{j+1}^n-2u_j^n+u_{j-1}^n}{h^2}$$

隐式格式

$$\frac{u_j^{n+1}-u_j^n}{\tau}=a\frac{u_{j+1}^{n+1}-2u_j^{n+1}+u_{j-1}^{n+!}}{h^2}$$

半隐式格式

$$\frac{u_j^{n+1}-u_j^n}{\tau}=\frac{1}{2}a\left(\frac{u_{j+1}^{n+1}-2u_j^{n+1}+u_{j-1}^{n+!}}{h^2}+\frac{u_{j+1}^n-2u_j^n+u_{j-1}^n}{h^2}\right)$$

6.2　燃气射流流动模型

在了解燃气射流的流动特性后，这里将给出燃气射流流动的数学描述方法。

6.2.1　燃气特性与流动模型

燃气是一种以气态物质为主的混合物，与普通气体一样，它的流动同样遵循质量守恒、动量守恒和能量守恒三原则。气体的假设条件不同，所建立的流动方程也不同。下面按照不同的假设条件，讨论燃气流动模型的建立。

1) 燃气组分与流动模型

火箭燃气是固体推进剂的燃烧产物，是以 C、H、N、O 为主要元素的多种成分的混合物(有时还含少许金属化合物)。由于各组分的压强和温度不同，流动过程中组分之间可能发生浓度扩散、热量传导以及化学反应等。同时，多组分燃气的流动参数，如分子量、气体常数以及定压比热 C_{p} 等的计算方法与单组分气体也不再相同。下面以三组分气体为例，说明多组分燃气的流动模型建立和参数计算。

设气体含 3 种组分，气体总的压强为 p，服从道尔顿分压定律，即

$p=\sum_{i=1}^{3}p_i$，p_i为组分 i 的分压(i 表示组分，i=1，2，3)；各组分的质量密度、分子量和比热比分别为R_i、ρ_i和γ_i。这样，流动的质量方程、动量方程和能量方程都将发生变化。质量方程和动量方程均从 1 个变为 3 个，而能量方程中的能量项则因热传导和化学反应等发生变化。

根据上述观点，定义如下 3 种燃气流动模型。

(1) 多组分混合流流动模型。在该模型中，假设每种组分按照各自的流动方程流动，组分之间没有质量、动量和能量的交换，如同“油与水”的关系，互不相扰，即各组分完全以单组分的性质参与混合流动。

(2) 多组分含有限速率化学反应流流动模型。与多组分混合流流动模型相比，该模型中，允许组分之间发生浓度扩散、热传导以及有限速率的化学反应。因此，组分的数量、种类以及密度都会发生变化，即在全部计算空间的任意区域内，燃气的组成和含量不会总是相同。例如，虽然 H 和 O 会发生反应，但某些区域 H、O 和 H_2O 同时存在，而某些区域则只有 H_2O。在 3 种模型中，该模型是最复杂但也最接近燃气真实状态的流动模型。

(3) 等效混合流流动模型。该模型将混合气体中多组分的分子量、气体常数和比热比处理为一个分子量、一个气体常数和一个比热比，这样，其质量方程也仅有 1 个，即多组分被等效为单组分，不存在组分间的扩散和化学反应。因此，等效混合流流动模型就是将多组分混合气体等效为单一组分的模型。推进剂燃烧过程计算给出的往往是混合物数据，如混合物的气体常数、混合物的密度、总温总压等，这些参数正是燃气射流流动仿真的重要输入条件；而且，在推进剂正常燃烧的燃气射流中，发生扩散和化学反应的概率很小。因此，在燃气射流流动仿真中，等效混合流模型最为常用。

为了提高推进剂的燃烧性能，常在其中添加铝粉等金属成分(添加的质量分数有时可达 15%)。于是，燃气中就含有 Al_2O_3 等金属化合物，Al_2O_3 可与其他组分一起流动并发生相互作用。当遇到迎气面时，气体组分在迎气面上形成压强，而金属化合物则以固体颗粒形式撞击迎气面，对其产生冲击力。

2) 燃气流动时的黏性

宏观上，黏性对摩擦力有影响。绕流物体的流体，由于黏性不同，物体表面所受到的摩擦力也不同。黏性还会产生流场内的黏性阻力，由于分子和原子很小，其黏性阻力也很小，对流动的影响并不大。因此，在进行流体计算时可不考虑黏性阻力，例如，进行燃气射流的自由射流仿真计算时，就可假设燃气为无黏流；但当研究燃气在定向器或发射箱内的流动时，燃气射流对定向器和发射箱的壁面不仅产生压强冲击载荷，还会对壁面产生摩擦，此时就必须考虑燃气的黏性。

3) 燃气的湍流特性

表明来看，燃气射流的流动与渠水的流动有几分相似。渠水流动一段时间后基本稳定下来，仅在渠边界面上因水的黏性产生流速变化。当渠面足够宽阔时，在水渠中间区域的流动方向上，任一截面和深度的流动形态均相同(这样的流动可视为层流)。但事实上，燃气射流的流动又并非如渠水那样平静。从剥离固体推进剂表面开始一直到流出喷管，在每一个流动环节中，燃气射流中都始终伴有复杂的湍流(湍流的性质可详见第 3.5 节)。湍流的强度怎样，如何发展，这些都是进行燃气射流计算时必须明确的问题。

从上述关于燃气组分、黏性以及湍流特性的分析可知，对燃气射流流动模型的完整描述应是：含有湍流、黏性和有限速率化学反应的多组分气-固两相流。

下节将结合燃气射流在火箭弹发射过程中的作用形式，给出 4 种常见的燃气射流流动模型。

6.2.2　燃气射流数值仿真模型

1) 二维轴对称无黏流模型

无黏流是指不考虑流体黏性的流动。实际上，绝大部分流体是有黏性和热传导性的，仅在边界层外，流场中的涡量和耗散才近于零。1755 年，瑞士数学家欧拉采用牛顿第二定律求解无黏性流体微团，得到其运动微分方程，该方程即为欧拉方程。欧拉方程作为Navier-Stokes方程的低阶近似，通过忽略流体的黏性和热传导，有效求解了高雷诺数下某些流动状态的近似解。可以说，欧拉方程是无黏性流体动力学中最重要的基本方程，应用十分广泛。

与二维平面流模型不同的是，二维轴对称模型的仿真对象是三维流动，即采用二维模型来解决某些特殊的三维流动，例如，流动区域为轴对称且流动方向与对称轴轴线平行的三维流动。流体绕旋成体的流动，如空气绕流炮弹和火箭弹，水绕流水雷、水轮机叶片组和水泵的工作轮等，都可视为轴对称流动[2]。式(6.29)给出了二维轴对称无黏流模型的数学表达

$$\frac{\partial \boldsymbol{U}}{\partial t}+\frac{\partial \boldsymbol{F}(\boldsymbol{U})}{\partial x}+\frac{\partial \boldsymbol{G}(\boldsymbol{U})}{\partial r}=\boldsymbol{W}(\boldsymbol{U},r) \tag{6.29}$$

其中

$$\boldsymbol{U}=\begin{bmatrix}\rho\\ \rho u\\ \rho v\\ \rho E\end{bmatrix},\quad \boldsymbol{F}(\boldsymbol{U})=\begin{bmatrix}\rho u\\ \rho u^2+p\\ \rho uv\\ \rho uH\end{bmatrix},\quad \boldsymbol{G}(\boldsymbol{U})=\begin{bmatrix}\rho v\\ \rho uv\\ \rho v^2+p\\ \rho vH\end{bmatrix},\quad \boldsymbol{W}(\boldsymbol{U},r)=-\frac{v}{r}\begin{bmatrix}\rho\\ \rho u\\ \rho v\\ \rho H\end{bmatrix} \tag{6.30}$$

式中，$\boldsymbol{U}$，$\boldsymbol{F}(\boldsymbol{U})$、$\boldsymbol{G}(\boldsymbol{U})$，$\boldsymbol{W}(\boldsymbol{U},r)$分别为矩阵形式的变量、通量和轴对称项；$x$ 和 r 为二维坐标；ρ 为燃气的等效混合流密度；u 为坐标 x 方向的流动速度；v 为坐标 r 方向的流动速度；E 为单位质量的能量；H 为单位质量的焓；p 为压强。

2) 三维非定常黏性流模型

流动参数仅与空间坐标有关而与时间无关的流动称为定常流动；流动参数与空间坐标和时间均相关的流动称为非定常流动。大多数情况下燃气的流动都是非定常的，但由于燃气射流的自由射流流场结构在发动机工作过程中几乎不变，数值仿真时可将其视为定常流。

式(6.31)～式(6.33)为三维非定常黏性流的质量(1 个)、动量(3 个)和能量(1 个)方程

$$\frac{\partial \rho}{\partial t}+\frac{\partial}{\partial x}(\rho u)+\frac{\partial}{\partial y}(\rho v)+\frac{\partial}{\partial z}(\rho w)=0 \tag{6.31}$$

$$\begin{cases}\dfrac{\partial}{\partial t}(\rho u)+\dfrac{\partial}{\partial x}(\rho uu)+\dfrac{\partial}{\partial y}(\rho uv)+\dfrac{\partial}{\partial z}(\rho uw)=-\dfrac{\partial p}{\partial x}+\dfrac{\partial \tau_{xx}}{\partial x}+\dfrac{\partial \tau_{xy}}{\partial y}+\dfrac{\partial \tau_{xz}}{\partial z}\\ \dfrac{\partial}{\partial t}(\rho v)+\dfrac{\partial}{\partial x}(\rho vu)+\dfrac{\partial}{\partial y}(\rho vv)+\dfrac{\partial}{\partial z}(\rho vw)=-\dfrac{\partial p}{\partial y}+\dfrac{\partial \tau_{yx}}{\partial x}+\dfrac{\partial \tau_{yy}}{\partial y}+\dfrac{\partial \tau_{yz}}{\partial z}\\ \dfrac{\partial}{\partial t}(\rho w)+\dfrac{\partial}{\partial x}(\rho wu)+\dfrac{\partial}{\partial y}(\rho wv)+\dfrac{\partial}{\partial z}(\rho ww)=-\dfrac{\partial p}{\partial z}+\dfrac{\partial \tau_{zx}}{\partial x}+\dfrac{\partial \tau_{zy}}{\partial y}+\dfrac{\partial \tau_{zz}}{\partial z}\end{cases} \tag{6.32}$$

$$\begin{aligned}&\frac{\partial}{\partial t}(\rho E)+\frac{\partial}{\partial x}\big(u(\rho E+p)\big)+\frac{\partial}{\partial y}\big(v(\rho E+p)\big)+\frac{\partial}{\partial z}\big(w(\rho E+p)\big)\\ =&\frac{\partial}{\partial x}\left(k_{\text{eff}}\frac{\partial T}{\partial x}+u(\tau_{xx})_{\text{eff}}+u(\tau_{xy})_{\text{eff}}+u(\tau_{xz})_{\text{eff}}\right)\\ &+\frac{\partial}{\partial y}\left(k_{\text{eff}}\frac{\partial T}{\partial y}+v(\tau_{yx})_{\text{eff}}+v(\tau_{yy})_{\text{eff}}+v(\tau_{yz})_{\text{eff}}\right)\\ &+\frac{\partial}{\partial z}\left(k_{\text{eff}}\frac{\partial T}{\partial z}+w(\tau_{zx})_{\text{eff}}+w(\tau_{zy})_{\text{eff}}+w(\tau_{zz})_{\text{eff}}\right)\end{aligned} \tag{6.33}$$

3) 二维含有限速率化学反应流模型

二维(轴对称)含有限速率非平衡化学反应流体流动的守恒方程组及辅助性方程(以三组分系统为例，三组分以上系统可相应类推)由式(6.34)～式(6.36)给出。

$$\frac{\partial}{\partial t}\begin{pmatrix}\rho_1\\ \rho_2\\ \rho_3\\ m\\ n\\ E\end{pmatrix}+\frac{\partial}{\partial x}\begin{pmatrix}\rho_1\dfrac{m}{\rho}\\ \rho_2\dfrac{m}{\rho}\\ \rho_3\dfrac{m}{\rho}\\ \dfrac{m^2}{\rho}+p\\ \dfrac{mn}{\rho}\\ \dfrac{m}{\rho}(E+p)\end{pmatrix}+\frac{\partial}{\partial y}\begin{pmatrix}\rho_1\dfrac{n}{\rho}\\ \rho_2\dfrac{n}{\rho}\\ \rho_3\dfrac{n}{\rho}\\ \dfrac{mn}{\rho}\\ \dfrac{n^2}{\rho}+p\\ \dfrac{n}{\rho}(E+p)\end{pmatrix}$$

$$=\begin{pmatrix}\dot{\omega}_1\\ \dot{\omega}_2\\ \dot{\omega}_3\\ 0\\ 0\\ 0\end{pmatrix}+\begin{pmatrix}\dfrac{\partial\left(\rho D_{1m}\dfrac{\partial Y_1}{\partial x}\right)}{\partial x}+\dfrac{\partial\left(\rho D_{1m}\dfrac{\partial Y_1}{\partial y}\right)}{\partial y}\\ \dfrac{\partial\left(\rho D_{2m}\dfrac{\partial Y_2}{\partial x}\right)}{\partial x}+\dfrac{\partial\left(\rho D_{2m}\dfrac{\partial Y_2}{\partial y}\right)}{\partial y}\\ \dfrac{\partial\left(\rho D_{3m}\dfrac{\partial Y_3}{\partial x}\right)}{\partial x}+\dfrac{\partial\left(\rho D_{3m}\dfrac{\partial Y_3}{\partial y}\right)}{\partial y}\\ 0\\ 0\\ q_1+q_2\end{pmatrix}-\delta\frac{n}{y^{\delta}}\begin{pmatrix}Y_1\\ Y_2\\ Y_3\\ \dfrac{m}{p}\\ \dfrac{n}{p}\\ \dfrac{E+p}{\rho}\end{pmatrix} \tag{6.34}$$

式中：δ=1 时为轴对称流动；δ=0 时为平面流动；压力 p、密度 ρ、能量 E、焓 H 和音速 c 计算如下

$$\begin{cases}p=\sum\limits_{i=1}^{N}\rho_i R_i T,\quad \rho=\sum\limits_{i=1}^{N}\rho_i h_i-p,\quad E=\rho\varepsilon+\dfrac{1}{2}\left(u^2+v^2\right),\\ H=\dfrac{E+p}{\rho}=\sum\limits_{i=1}^{N}Y_i h_i+\dfrac{1}{2}\left(u^2+v^2\right)\\ h_i=\Delta h_i+\displaystyle\int_{T_0}^{T}c_{p_i}dT,\quad c^2=\left.\dfrac{\partial p}{\partial\rho}\right|_{m,n,E}+\left(H-u^2-v^2\right)\left.\dfrac{\partial p}{\partial E}\right|_{m,n,\rho}\end{cases} \tag{6.35}$$

与式(6.29)、式(6.31)～式(6.33)相比，式(6.34)中方程右边增加了两项，第一项为有限速率化学反应生成的质量增加项，第二项为浓度扩散造成的质量增加项和热传导造成的能量增加项。其中与热传导相关的系数 q_1、q_2 为

$$q_1=\frac{\partial}{\partial x}\left(\lambda\frac{\partial T}{\partial x}\right)-\frac{\partial}{\partial x}\left(\sum_{s=1}^{N}\rho_s h_s u_s\right),\quad q_2=\frac{\partial}{\partial y}\left(\lambda\frac{\partial T}{\partial y}\right)-\frac{\partial}{\partial y}\left(\sum_{s=1}^{N}\rho_s h_s u_s\right) \tag{6.36}$$

有限速率化学反应可以描述为[3]，对于含有 i=1～N_R 个基元反应的流体，某反应的当量表达式可写为

$$\sum_{i=1}^{N_R}\upsilon_{ij}M_j \xleftrightarrow{K_{fi}} \sum_{i=1}^{N_R}\upsilon''_{ij}M_j \tag{6.37}$$

式中：υ_{ij} 和 υ''_{ij} 为第 i 个基元反应、第 j 个组分的化学反应配比系数；M_j 为第 j 个组分的分子量；K_{fi} 为第 i 个基元反应的反应速率常数。

当反应速率常数 K_{fi} 由阿伦尼乌斯或其修正公式给出时，即

$$K_{fi}=A_i\exp\left(-\frac{E_i}{R_u T}\right) \tag{6.38}$$

相应的逆反应速率常数 K_{bi} 的表达式为 $K_{bi}=K_{fi}/\bar{K}_c$，其中，$\bar{K}_c$ 为第 i 个基元反应的平衡常数。则对式(6.37)中的单个反应，某组分 j 反应后的质量变化率为 $\dot{\omega}_{jr,i}=\frac{\mathrm{d}\rho_i}{\mathrm{d}t}|_r$ (下标 r 表示单个反应造成的质量改变)

$$\dot{\omega}_{jr,i}=(\upsilon''_j-\upsilon_j)\left[K_f\prod_{l=1}^{N}\left(\frac{\rho_l}{W_l}\right)^{\upsilon_l}-K_b\prod_{l=1}^{N}\left(\frac{\rho_l}{W_l}\right)^{\upsilon''_l}-\right]\cdot W_j \tag{6.39}$$

那么，经 N_R 个基元反应后组分 j 的总质量变化率为

$$\dot{\omega}_{jr}=\sum_{i=1}^{N_R}\dot{\omega}_{jr,i} \tag{6.40}$$

采用 12 组分 9 反应模型，反应式为

$$CO+O_2\longleftrightarrow CO_2+O,\quad OH+H_2\longleftrightarrow H_2O+H,\quad N_2+O\longleftrightarrow NO+N$$

$$O_2+H\longleftrightarrow OH+O,\quad CO+OH\longleftrightarrow CO_2+H,\quad N+O_2\longleftrightarrow NO+O$$

$$OH+OH\longleftrightarrow H_2O,\quad N+OH\longleftrightarrow NO+H,\quad H_2+O\longleftrightarrow OH$$

4) 气-固两相流模型

气-固两相流是指含有固体颗粒的气体流动。当固体火箭推进剂中添加铝、镁等金属成分时，燃气中就会有相应的固态金属化合物，因此，燃气流动就是一种同时含气相和固相的气-固两相流。在进行流动仿真时，气相和固相可耦合求解，流动方程及作用方程如下。

气相流动方程组为

$$\frac{\partial U}{\partial t}+\frac{\partial(E-E_V)}{\partial x}+\frac{\partial(F-F_V)}{\partial y}+\frac{\partial(G-G_V)}{\partial z}=S_P \tag{6.41}$$

式中：$U=\left[\rho,\rho u,\rho v,\rho w,e\right]^{\mathrm{T}}$；$E$、$F$ 和 G 为对流项通量；E_V、F_V 和 G_V 为扩散相通量；源项 $S_P=\left[0,F_{px},F_{py},F_{pz},Q_p\right]^{\mathrm{T}}$；$F_{px}$、$F_{py}$ 和 F_{pz} 为固相对气相的作用力，Q_p 为固相传递给气相的热量。

状态方程为 $p=\rho RT$，R 为气体常数。

固相控制方程为

$$\frac{\mathrm{d}u_p}{\mathrm{d}t}=F_D\left(u-u_p\right)+\frac{g_x\left(\rho_p-\rho\right)}{\rho_p}+F_x \tag{6.42}$$

其中：$F_D=\dfrac{18\mu}{\rho_p d_p^2}\dfrac{C_D Re}{24}$，$Re=\dfrac{\rho d_p\left|u_s-u\right|}{\mu}$，$C_D=\dfrac{24}{Re}\left(1+b_1 Re^{b_2}\right)+\dfrac{b_3 Re}{b_4+Re}$，$b_1=-1.6807, b_2=0.6529, b_3=-0.8271, b_4=8.8798$。

$$F_x=\frac{6\pi d_p\mu^2 C_s\left(K+C_t K_n\right)}{\rho\left(1+3C_m K_n\right)\left(1+2C_t K_n\right)}\frac{1}{m_p T}\frac{\partial T}{\partial x} \tag{6.43}$$

其中：$K=k/k_p$，$K_n=2\lambda/d_p$，$C_s=1.17$，$C_t=2.18$，$C_m=1.14$。

$$m_p c_p\frac{\mathrm{d}T_p}{\mathrm{d}t}=hA_p\left(T-T_p\right) \tag{6.44}$$

式中：u 为气体速度，u_p 为颗粒相速度，C_D 为曳力系数，T 为气体温度，μ 为气体动力黏度，ρ 为气体密度，ρ_p 为颗粒密度，d_p 为颗粒直径，Re 为相对雷诺数(颗粒雷诺数)，F_x 为热泳力，λ 为气体平均分子自由程，k 为基于平移能的气体热导率，k_p 为颗粒导热率，m_p 为颗粒质量，T_p 为颗粒温度，c_p 为颗粒比热，h 为对流给热系数，A_p 为颗粒表面积。

6.2.3 流动方程组的数值求解过程

1. 一维非定常流动模型的求解

$$\begin{cases}\dfrac{\partial\rho}{\partial t}+\dfrac{\partial}{\partial x}(\rho u)=0\\[2mm]\dfrac{\partial}{\partial t}(\rho u)+\dfrac{\partial}{\partial x}(\rho uu+p)=0\\[2mm]\dfrac{\partial}{\partial t}(\rho E)+\dfrac{\partial}{\partial x}\left(u\left(\rho E+p\right)\right)=0\end{cases} \tag{6.45}$$

式中：ρ 为流体密度，u 为笛卡儿坐标系下 x 方向的速度分量，E 和 H 分别为单位质量的比能和比焓。对于完全气体，则有

$$E=\frac{1}{\gamma-1}\frac{p}{\rho}+\frac{1}{2}\left(u^2+v^2\right),\quad H=E+\frac{p}{\rho} \tag{6.46}$$

图 6.7 为一维非定常流动模型的计算网格示意，其中横线表示一维空间(x)，长度为 a，整个长度被 NI 个结点(包含左右两个端点)分割成 $NI-1$ 段；结点序号 $i=1-NI$，$i=1$ 表示最左边结点(左端点)，$i=NI$ 表示最右边结点(右端点)。纵向自下而上分别为 $t=n-1$、n 和 $n+1$ 时刻的时间层。每两个结点之间的距离为空间步长 Δx，$\Delta x = a/(NI-1)$；每两层之间的差为时间步长 Δt。

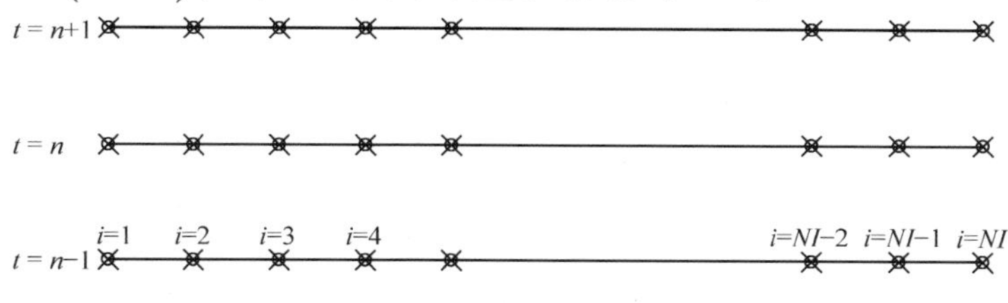

图 6.7　一维非定常流动模型计算网格示意

对式(6.45)进行数值差分。将连续区域(x 方向)以间断的网格点代替，偏微分用代数差值表示，例如，对空间偏导数 $\dfrac{\partial p}{\partial x}$ 采用向前差分格式，离散为 $\dfrac{p_i - p_{i-1}}{x_i - x_{i-1}}$；对时间偏导数 $\dfrac{\partial \rho}{\partial t}$ 采用向前差分格式，离散为 $\dfrac{\rho^{n+1}-\rho^n}{t^{n+1}-t^n} = \dfrac{\rho^{n+1}-\rho^n}{\Delta t}$。将式(6.45)和式(6.46)离散处理，空间和时间均采用向前差分，可得

$$
\begin{cases}
\dfrac{\rho_i^{n+1}-\rho^n}{t^{n+1}-t^n} = \dfrac{\rho_{i+1}^n u_{i+1}^n - \rho_i^n u_i^n}{x_{i+1}-x_i} \\[2ex]
\dfrac{\rho_i^{n+1}u_i^{n+1}-\rho_i^n u_i^n}{t^{n+1}-t^n} = \dfrac{\left(\rho_{i+1}^n u_{i+1}^n u_{i+1}^n + p_{i+1}^n\right)-\left(\rho_i^n u_i^n u_i^n + p_i^n\right)}{x_{i+1}-x_i} \\[2ex]
\dfrac{\rho_i^{n+1}E_i^{n+1}-\rho_i^n E_i^n}{t^{n+1}-t^n} = \dfrac{u_{i+1}^n\left(\rho_{i+1}^n E_{i+1}^n + p_{i+1}^n\right)-u_i^n\left(\rho_i^n E_i^n + p_i^n\right)}{x_{i+1}-x_i}
\end{cases}
\tag{6.47}
$$

如令 $\Delta t = t^{n+1}-t^n$，$\Delta x = x_{i+1}-x_i$，则式(6.47)可写为

$$
\begin{cases}
\rho_i^{n+1} = \rho_i^n + \dfrac{\Delta t}{\Delta x}\cdot\left(\rho_{i+1}^n u_{i+1}^n - \rho_i^n u_i^n\right) \\[2ex]
u_i^{n+1} = \dfrac{\rho_i^n u_i^n + \dfrac{\Delta t}{\Delta x}\cdot\left[\left(\rho_{i+1}^n u_{i+1}^n u_{i+1}^n + p_{i+1}^n\right)-\left(\rho_i^n u_i^n u_i^n + p_i^n\right)\right]}{\rho_i^{n+1}} \\[2ex]
E_i^{n+1} = \dfrac{\rho_i^n E_i^n + \dfrac{\Delta t}{\Delta x}\cdot\left[u_{i+1}^n\left(\rho_{i+1}^n E_{i+1}^n + p_{i+1}^n\right)-u_i^n\left(\rho_i^n E_i^n + p_i^n\right)\right]}{\rho_i^{n+1}}
\end{cases}
\tag{6.48}
$$

对式(6.48)迭代求解。假设空间步长 Δx 为常数，即在长度方向等间距划分网格；同时积

分时间步长 Δt 也为常数，即等时间步积分(实际计算时也可采用自适应时间步积分)。

当 t=0 时，各变量的初值为 ρ_i^0 、 u_i^0 、 p_i^0 、 E_i^0 (i=1, NI)，则

(a) t=1 时刻， $t=\Delta t$ ，各变量的迭代计算值为

$$\begin{cases} \rho_i^1 = \rho_i^0 + \dfrac{\Delta t}{\Delta x}\cdot\left(\rho_{i+1}^0 u_{i+1}^0 - \rho_i^0 u_i^0\right) \\ u_i^1 = \dfrac{\rho_i^0 u_i^0 + \dfrac{\Delta t}{\Delta x}\cdot\left[\left(\rho_{i+1}^0 u_{i+1}^0 u_{i+1}^0 + p_{i+1}^0\right) - \left(\rho_i^0 u_i^0 u_i^0 + p_i^0\right)\right]}{\rho_i^1} \\ E_i^1 = \dfrac{\rho_i^0 E_i^0 + \dfrac{\Delta t}{\Delta x}\cdot\left[u_{i+1}^0\left(\rho_{i+1}^0 E_{i+1}^0 + p_{i+1}^0\right) - u_i^0\left(\rho_i^0 E_i^0 + p_i^0\right)\right]}{\rho_i^1} \\ p_i^1 = E_i^1 \rho_i^1 (\gamma - 1) - \dfrac{1}{2}\rho_i^1\left(u_i^1\right)^2 \end{cases} \tag{6.49-1}$$

(b) t=2 时刻， $t=2\Delta t$ ，各变量的迭代计算值为

$$\begin{cases} \rho_i^2 = \rho_i^1 + \dfrac{\Delta t}{\Delta x}\cdot\left(\rho_{i+1}^1 u_{i+1}^1 - \rho_i^1 u_i^1\right) \\ u_i^2 = \dfrac{\rho_i^1 u_i^1 + \dfrac{\Delta t}{\Delta x}\cdot\left[\left(\rho_{i+1}^1 u_{i+1}^1 u_{i+1}^1 + p_{i+1}^1\right) - \left(\rho_i^1 u_i^1 u_i^1 + p_i^1\right)\right]}{\rho_i^1} \\ E_i^2 = \dfrac{\rho_i^1 E_i^1 + \dfrac{\Delta t}{\Delta x}\cdot\left[u_{i+1}^1\left(\rho_{i+1}^1 E_{i+1}^1 + p_{i+1}^1\right) - u_i^1\left(\rho_i^1 E_i^1 + p_i^1\right)\right]}{\rho_i^1} \\ p_i^2 = E_i^2 \rho_i^2 (\gamma - 1) - \dfrac{1}{2}\rho_i^2\left(u_i^2\right)^2 \\ \cdots\cdots \end{cases} \tag{6.49-2}$$

(c) t=k 时刻， $t=k\Delta t$ ，各变量的迭代计算值为

$$\begin{cases} \rho_i^k = \rho_i^{k-1} + \dfrac{\Delta t}{\Delta x}\cdot\left(\rho_{i+1}^{k-1} u_{i+1}^{k-1} - \rho_i^{k-1} u_i^{k-1}\right) \\ u_i^k = \dfrac{\rho_i^{k-1} u_i^{k-1} + \dfrac{\Delta t}{\Delta x}\cdot\left[\left(\rho_{i+1}^{k-1} u_{i+1}^{k-1} u_{i+1}^{k-1} + p_{i+1}^{k-1}\right) - \left(\rho_i^{k-1} u_i^{k-1} u_i^{k-1} + p_i^{k-1}\right)\right]}{\rho_i^{k-1}} \\ E_i^k = \dfrac{\rho_i^{k-1} E_i^{k-1} + \dfrac{\Delta t}{\Delta x}\cdot\left[u_{i+1}^{k-1}\left(\rho_{i+1}^{k-1} E_{i+1}^{k-1} + p_{i+1}^{k-1}\right) - u_i^{k-1}\left(\rho_i^{k-1} E_i^{k-1} + p_i^{k-1}\right)\right]}{\rho_i^{k-1}} \\ p_i^k = E_i^k \rho_i^k (\gamma - 1) - \dfrac{1}{2}\rho_i^k\left(u_i^k\right)^2 \\ \cdots\cdots \end{cases} \tag{6.49-3}$$

直至 t=NT，$t = NT\Delta t = t_0$ 时刻，t_0 为计算设定的最终时刻。

由求解公式(6.49-1)可见，沿空间坐标 x 方向计算某结点的变量时，需要用到下一结点的变量值。但 i=NI 时已经是右端点，没有下一个结点的数据可以利用，这就是数值计算中需要解决的边界点问题。由于方程组(6.49-1)是采用一阶向前差分进行离散，最右端的网格结点就必须由边界条件赋值；如果采用二阶向前差分，最右端的两个结点都需由边界条件赋值，以此类推。同样，当采用向后差分方法时，则最左端的结点由边界条件赋值。当采用中心差分方法时，左右两个端点均需由边界条件赋值。本例子的边界点有 ρ_1^0 、u_1^0 、p_1^0 、E_1^0 ；ρ_{NI}^0 、u_{NI}^0 、p_{NI}^0 、E_{NI}^0 等。

依据式(6.49)的各迭代步差分计算式，可使用 Fortran 或 VB 等语言编写计算程序，对上述流动问题进行求解。以下为基于 Fortran 语言的求解主控程序，数组定义等信息包含在程序行内。

定义数组：密度 $RO(k, i)$，速度 $u(k, i)$，压强 $p(k, i)$，能量 $E(k, i)$。k 表示时间项循环变量，i 表示空间坐标循环变量。时间循环次数为 1000，空网格点数为 NI。

```
*//
For k=2 to 1000
For i=1 to NI-1
RO(k,i)= RO(k-1,i)+dt/dx*(RO(k-1,i+1)*u(k-1,i+1)- RO(k-1,i)*u(k-1,i))
u(k,i)={u(k-1,i)+dt/dx*[(RO(k-1,i+1)*u(k-1,i+1)+p(k-1,i+1))-(RO(k-1,i)*u(k-1,i)+p(k-1,i))]}/ RO(k,i)
E(k,i)={E(k-1,i)+dt/dx*[u(k-1,i+1)*(RO(k-1,i+1)*E(k-1,i+1)+p(k-1,i+1))-u(k-1,i)*(RO(k-1,i)*E(k-1,i)+p(k-1,i))]}/RO(k,i)
p(k,i)=E(k,i)*(RO(k,i)*(gama-1)-0.5*RO(k,i)*u(k,i)*u(k,i)
Continue
......
RO(k,NI)=RO(1,NI)
u(k,NI)=u(1,NI)
E(k,NI)=E(1,NI)
p(k,NI)=p(1,NI)
Continue
End
*//
```

上述模型中，时间和空间均采用向前一阶差分。当然，还可以采用时间和空间向后差分：$\dfrac{\rho^n-\rho^{n-1}}{t^n-t^{n-1}}=\dfrac{\rho^n-\rho^{n-1}}{\Delta t}$，$\dfrac{p_i-p_{i-1}}{x_i-x_{i-1}}$；或时间和空间中间差分：$\dfrac{p_{i+1}-p_{i-1}}{x_{i+1}-x_{i-1}}=\dfrac{p_{i+1}-p_{i-1}}{2\cdot\Delta x}$。采用泰勒级数展开进行差分运算时，可证明计算精度为二阶[4]。

2. 有限体积 TVD 数值格式的应用。

高速流动的气体中常含有激波、膨胀波等复杂波系，计算时若不考虑黏性效应，则可忽略激波间断面的厚度，但这样也造成了流动参数在空间的间断，极大地增加了数值计算的难度。

对于含激波和膨胀波等的流动，常用的计算方法是激波装配法和激波捕获法[4]。

激波装配法是将激波阵面作为计算区域内边界处理，其数值格式在处理间断时有高阶抹平现象，激波前后的物理量以 Rankine-Hugoniot 关系式相联系，故可采用预估-校正格式确定激波位置。可以想见，在出现多激波与固壁面相互作用时，采用激波装配法求解将非常复杂。在激波捕获法中，方程组被离散后，在计算区域内自动满足守恒定律，因此不需要特殊处理。该方法所获得的激波通常仅抹平几个网格，使激波位置变得模糊，并且可能出现伪振荡。为此，人们在差分方程中添加人工黏性，有效降低了伪振荡。20 世纪 80 年代以来，陆续出现许多激波高分辨率数值格式，如 TVD(total variation diminshing)格式、ENO 格式、NND 格式等。

TVD 格式的特点是，由于相邻网格点上变量差的绝对值的总和不随时间增加，即格式的总变差递减，因此可抑制解在间断处的非物理增长或减少，起到清除振荡的作用。TVD 格式既克服了 Lax、Godunov 等一阶格式在间断附近抹平激波的缺点，又没有 Lax Wendroff、MacCormack、Beam Warming 等二阶格式在间断附近产生的伪振荡问题，而且，有限体积 TVD 格式又不必添加人工黏性格式，因而在计算流体动力学中应用广泛。数值仿真表明[5-9]，TVD 格式应用于燃气射流的流动仿真时，具有计算精度高和激波分辨率高等优点。

1) 二维流动的守恒方程

二维流动的守恒方程为

$$\boldsymbol{F}_t+\boldsymbol{F}(\boldsymbol{U})_x+\boldsymbol{G}(\boldsymbol{U})_y=\boldsymbol{W}(\boldsymbol{U})$$

$$\boldsymbol{F}=\begin{bmatrix}\rho\\ m\\ n\\ E\end{bmatrix},\quad \boldsymbol{F}(\boldsymbol{U})=\begin{bmatrix}m\\ p+\rho u^2\\ mv\\ \rho Hu\end{bmatrix},\quad \boldsymbol{G}(\boldsymbol{U})=\begin{bmatrix}n\\ nu\\ p+\rho v^2\\ \rho Hv\end{bmatrix},\quad \boldsymbol{W}(\boldsymbol{U})=-\frac{1}{2}\frac{\delta}{y}\begin{bmatrix}\rho v\\ \rho uv\\ \rho v^2\\ \rho Hv\end{bmatrix}\tag{6.50}$$

$\delta=0$ 表示二维流场；$\delta=1$ 表示轴对称流场。其中

$$p=(\gamma-1)\left[E-\frac{1}{2}\rho(u^2+v^2)\right]$$

$$H=\frac{E+p}{\rho}=\frac{\gamma}{\gamma-1}\frac{p}{\rho}+\frac{1}{2}(u^2+v^2)$$

$$c^2=(\gamma-1)\left[H-\frac{1}{2}(u^2+v^2)\right]$$

2) 差分格式

五点 Harten TVD 格式是指均匀网格上具有二阶精度的 TVD 格式。但是，实际计算中的网格分布有时并不均匀，由此可能导致格式的计算精度降低。此时，需要在 Harten TVD 格式中加入通量修正项，以修正网格不均匀造成的影响，保证差分格式的精度。

对于二维流动守恒方程(6.50)，采用算子分裂技术得到的差分格式为 $U_{i,j}^{n+2}=L_xL_yL_yL_xU_{i,j}^n$，其中，算子 L_x，L_y 分别为一维二阶差分 TVD 算子，即

$$L_x:U_t+F(U)_x$$

$$L_y:U_t+G(U)_y$$

$$L_xU_{i,j}^n:\ U_{i,j}^{n+1}=U_{i,j}^n-\lambda\left(\overline{f}_{i+1/2,j}-\overline{f}_{i-1/2,j}\right)$$

其中：$\lambda_i=\dfrac{\Delta t}{\Delta x_i}$，$\Delta t$ 为时间步长，Δx_i 为 x 向网络步长。

$$\overline{f}_{i+1/2,j}=\frac{1}{2}\left[(f_{i+1,j}+f_{i,j})-(f_{i+1,j}+f_{i,j})\cdot\frac{\Delta x_{i+1}-\Delta x_i}{\Delta x_{i+1}+\Delta x_i}-\frac{1}{\lambda_i}\sum_{k=1}^{4}\beta_{i+1/2,j}^kR_{i+1/2,j}^k\right]$$

式中：$\Delta x_{i+1}=x_{i+1}-x_i$，等式右端第二大项为修正网络不均匀引起的通量变化。

特征值

$$\{a\}_{i+1/2,j}=\left[u-c\quad u\quad u+c\quad u\right]^{\mathrm{T}}{}_{i+1/2,j}$$

$$\{a\}_{i,j+1/2}=\left[v-c\quad v\quad v+c\quad v\right]^{\mathrm{T}}{}_{i,j+1/2}$$

$$\beta_{i+1/2,j}^k=Q\left(v_{i+1/2,j}^k+\gamma_{i+1/2,j}^k\right)\alpha_{i+1/2,j}^k-(g_{i+1}^k+g_i^k)$$

其中：$v_{i+1/2,j}^k=\lambda_ia_{i+1/2,j}^k$，$a_{i+1/2,j}^k(k=1,2,3,4)$ 为 Jacobian 矩阵 $A(U)$的特征值。

Jacobian 矩阵 $A(U)$的右特征向量矩阵为

$$\left[R^k_{i+1/2,j}\right]=\begin{bmatrix}1 & 1 & 1 & 0\\ u-c & u & u+c & 0\\ v & v & v & 1\\ H-uc & \dfrac{1}{2}(u^2+v^2) & H+uc & v\end{bmatrix}_{i+1/2,j}$$

$$\left[R^k_{i,j+1/2}\right]=\begin{bmatrix}1 & 1 & 1 & 0\\ u & u & u & 1\\ v-c & v & v+c & 0\\ H-vc & \dfrac{1}{2}(u^2+v^2) & H+vc & u\end{bmatrix}_{i,j+1/2}$$

$\beta^k_{i+1/2,j}$ 中的 $Q(x)$ 为数值黏性系数，其形式为

$$Q(x)=\begin{cases}\dfrac{1}{2}(x^2/\varepsilon+\varepsilon), & |x|<\varepsilon\\ |x|, & |x|\geqslant\varepsilon\end{cases}$$

$$\varDelta_{i,j+1/2}\rho=\rho_{i,j+1}-\rho_{i,j},\quad \varDelta_{i+1/2,j}\rho=\rho_{i+1,j}-\rho_{i,j}$$

$$\varDelta_{i,j+1/2}m=m_{i,j+1}-m_{i,j},\quad \varDelta_{i+1/2,j}m=m_{i+1,j}-m_{i,j}$$

$$\varDelta_{i,j+1/2}n=n_{i,j+1}-n_{i,j},\quad \varDelta_{i+1/2,j}n=n_{i+1,j}-n_{i,j}$$

$$\varDelta_{i,j+1/2}E=E_{i,j+1}-E_{i,j},\quad \varDelta_{i+1/2,j}E=E_{i+1,j}-E_{i,j}$$

$$aa=\frac{\gamma-1}{c^2}\left[\frac{1}{2}({u_{i+1,j}}^2+{v_{i+1,j}}^2)\varDelta_{i+1,j}\rho-u_{i+1,j}\varDelta_{i+1,j}m-v_{i+1,j}\varDelta_{i+1,j}n+\varDelta_{i+1,j}E\right]$$

$$bb=\frac{1}{c}\left[\varDelta_{i+1/2,j}m-u_{i+1/2,j}\varDelta_{i+1/2,j}\rho\right]$$

$$cc=\frac{\gamma-1}{c^2}\left[\frac{1}{2}({u_{i,j+1}}^2+{v_{i,j+1/2}}^2)\varDelta_{i,j+1/2}\rho-u_{i,j+1/2}\varDelta_{i+1,j}m-v_{i+1,j}\varDelta_{i+1,j}n+\varDelta_{i+1,j}E\right]$$

同样

$$bb=\frac{1}{c}[\varDelta_{i+1/2,j}m-u_{i+1/2,j}\varDelta_{i+1/2,j}\rho]$$

$$\begin{Bmatrix}\alpha^1_{i+1/2,j}\\ \alpha^2_{i+1/2,j}\\ \alpha^3_{i+1/2,j}\\ \alpha^4_{i+1/2,j}\end{Bmatrix}=\begin{Bmatrix}\dfrac{1}{2}(aa-bb)\\ \varDelta_{i+1/2,j}\rho-aa\\ \dfrac{1}{2}(aa+bb)\\ \varDelta_{i+1/2,j}n-v_{i+1/2,j}\varDelta_{i+1/2,j}\rho\end{Bmatrix}\begin{Bmatrix}\alpha^1_{i,j+1/2}\\ \alpha^2_{i,j+1/2}\\ \alpha^3_{i,j+1/2}\\ \alpha^4_{i,j+1/2}\end{Bmatrix}=\begin{Bmatrix}\dfrac{1}{2}(cc-dd)\\ \varDelta_{i,j+1/2}\rho-cc\\ \dfrac{1}{2}(cc+dd)\\ \varDelta_{i,j+1/2}m-u_{i+1/2,j}\varDelta_{i,j+1/2}\rho\end{Bmatrix}$$

通量 g 的计算方法为

$$g_i^k = \bar{g}_i^k + \theta_i^k \bar{\bar{g}}_i^k$$

$$\bar{g}_i^k = S_{i+1/2}^k \max\left[0, \min\left(\left|\tilde{g}_{i+1/2}^k\right|, \tilde{g}_{i-1/2}^k S_{i+1/2}^k\right)\right]$$

$$\tilde{g}_{i+1/2}^k = \frac{1}{2}\left[Q(v_{i+1/2,j}^k) - (v_{i+1/2,j}^k)^2\right]\alpha_{i+1/2,j}^k$$

$$S_{i+1/2}^k = \mathrm{sign}(\tilde{g}_{i+1/2}^k)$$

$$\gamma_{i+1/2}^k = \begin{cases} (\bar{g}_{i+1}^k - \bar{g}_i^k)\big/\alpha_{i+1/2,j}^k, & \alpha_{i+1/2,j}^k \neq 0 \\ 0, & \alpha_{i+1/2,j}^k = 0 \end{cases}$$

$$\bar{\bar{g}}_i^k = S^k \max\left[0, \min\left(S^k \sigma_{i-1/2}^k \alpha_{i-1/2,j}^k,\ \ \sigma_{i+1/2}^k \left|\alpha_{i+1/2,j}^k\right|\right)\right]$$

$$S^k = \mathrm{sign}(\alpha_{i+1/2,j}^k)$$

$$\sigma_{i+1/2}^k = \frac{1}{2}\left[1 - Q(v_{i+1/2,j}^k)\right]$$

$$\theta_i^k = \left|\alpha_{i+1/2,j}^k - \alpha_{i-1/2,j}^k\right| \Big/ \left(\left|\alpha_{i+1/2,j}^k\right| + \left|\alpha_{i-1/2,j}^k\right|\right)$$

以上各式中的 Roe 线性化平均为

$$\bar{u}_{i+1/2,j} = \frac{\bar{D}u_{i+1,j} + u_{i,j}}{\bar{D}+1}, \quad \bar{v}_{i+1/2,j} = \frac{\bar{D}v_{i+1,j} + v_{i,j}}{\bar{D}+1}, \quad \bar{H}_{i+1/2,j} = \frac{\bar{D}H_{i+1,j} + H_{i,j}}{\bar{D}+1}$$

$$\bar{c}_{i+1/2,j} = \sqrt{(\gamma-1)\left[\bar{H}_{i+1/2,j} - \frac{1}{2}(u_{i+1/2,j}^2 + v_{i+1/2,j}^2)\right]}; \bar{D} = \sqrt{\rho_{i+1,j} / \rho_{i,j}}$$

6.3　轴对称流动模型在燃气射流中的应用

虽然燃气射流的流动是充满空间的三维流动，但在许多特殊的流动场合，燃气射流仍具有某些典型的特征，如自由射流、伴随射流以及管内流动等，这些流动都符合轴对称模型特点，可以选择该模型进行仿真。本节拟采用轴对称模型求解同口径筒式定向器的燃气射流流动。

通过在二维平面流模型中增加轴对称项，就可以采用二维模型来模拟三维流动，这就是(二维)轴对称模型。这一模型解决了数值计算中网格数量与计算效率的矛盾。轴对称模型对应的是轴对称几何形体(即旋成体)，机械加工中的车削零件就是典型的旋成体。图 6.8 为两种不同形状闭合母线绕轴旋转一周形成的两个旋成体，其中(a)为喷管，(b)为圆柱体，二者均为轴对称模型。

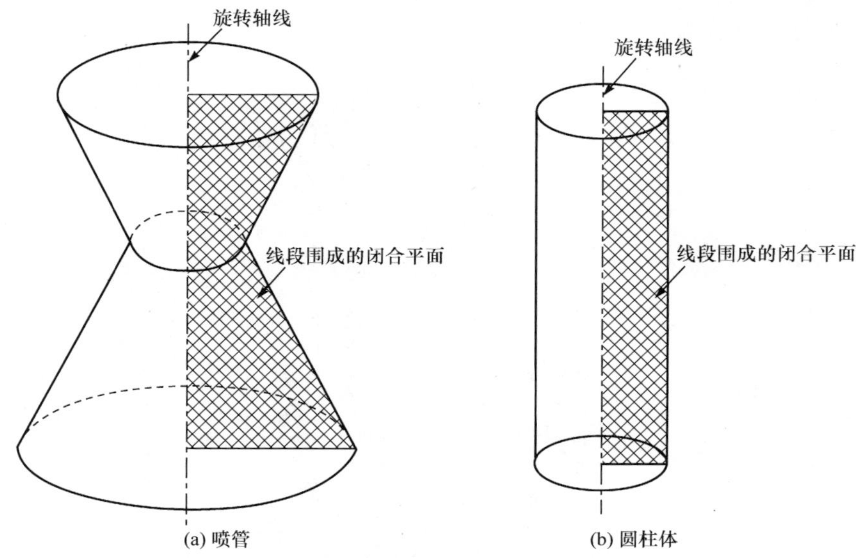

图 6.8　两个典型的轴对称模型

从轴对称模型的结构特点可以看出，在闭合母线与轴构成的无穷多平面(即母线平面)内，流体的流动状态都是相同的，流动的压缩和膨胀仅发生在半径和沿旋转轴方向，任意相邻的两母线平面间没有相互流动。分析同口径定向器的结构特点可知，其几何构型就是典型的轴对称结构，因此，同口径筒式定向器内的燃气流动多采用二维轴对称模型。根据经验[7, 8]，轴对称模型的计算精度与三维模型差距并不大，可满足工程要求。但与三维模型相比，轴对称模型的网格数量和计算时间成本大幅减少，“性价比”极高，尤其适于流场预估等先期工作。

6.3.1　喷管内流动仿真

喷管内的流动是指燃气从燃烧室经由喷管收敛段、喉部段和扩张段流出喷管出口截面这一过程。如图 6.9(a)所示，A、B、C、D 和 E 5 个区分别表示喷管内流动的 5 个阶段，其中：

(1) A 区主要是燃气生成区域，在该区域燃气不断从推进剂表面剥离。

(2) B 区代表燃烧室燃气在压强作用下被迫“涌入”喷管的阶段，这一阶段的流动速度很低，一般仅为几米/秒～几十米/秒。

(3) C 区为收敛段，该阶段的燃气压强逐渐降低，马赫数逐渐升高，但仍属于亚音速流动状态。

(4) D 区为喉部区域。喉部圆截面在整个喷管流动通道中最小，是收敛段到扩张段的转折部位。理论上，喉部可不具宽度，设计为图 6.9(b)所示的一个喉部圆截面即可。但为了防止燃气烧蚀引起喉部直径变大，设计时一般赋予喉部一定宽度，以直线段或圆弧段过渡收敛段与扩张段，如图 6.9(a)的 D 区所示。D 区为亚音速至超音速的过渡阶段，该区域内存在一条音速线(或三维中的面)。

(5) E 区为扩张段，在该阶段，燃气压强继续降低，马赫数继续升高，与收敛段不同的是，该区域内流动已由亚音速变为超音速。

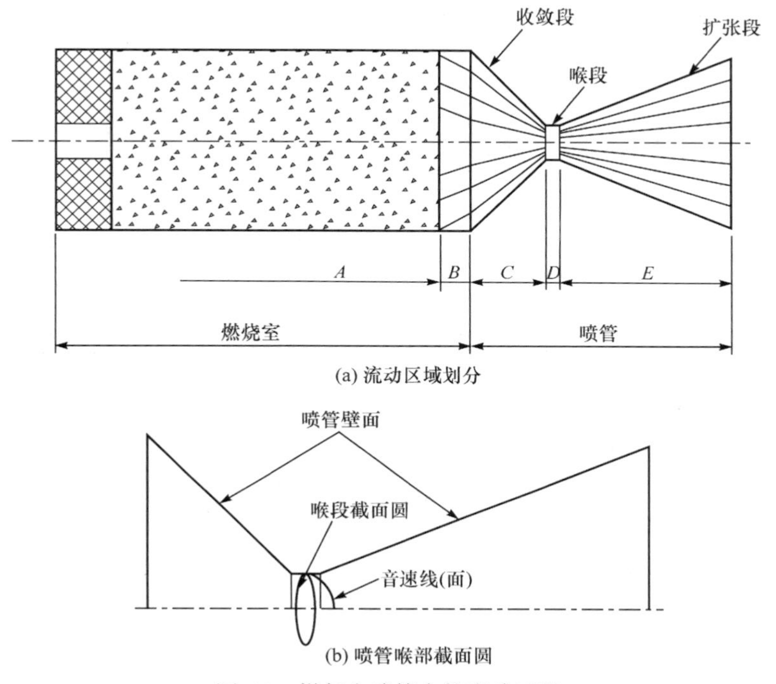

(a) 流动区域划分

(b) 喷管喉部截面圆

图 6.9　燃气在喷管内的流动过程

1. 基本假设与边界条件

推进剂燃烧过程是一个复杂的物质变化过程，涉及许多化学反应和物态变化。由于我们研究的是燃气射流的流动问题，并不关注燃烧的具体过程，因此，认为燃烧已全部完成，燃气的质量流率以及燃烧室内的燃气压强和温度都保持不变。这一假设实际上包含两个内容：①发动机处于稳定工作状态；②根据实际装药状态单选一种发动机的燃烧状态(单级或多级)，不考虑两级燃烧状态之间的转换。

由图 6.9(a)可见，燃烧室与喷管连接，燃气由燃烧室经由 B 区流入喷管的收敛段。计算时，燃烧室与喷管的壁厚以及燃烧室的长度不一定取原实物模型尺寸，需根据所关注的计算区域和喷管的具体结构来设定。因此，数值仿真模型中的计算区域和边界与实际结构不一定相同。

燃烧室壁厚是这样选取的。在实物模型中，燃烧室壁的作用是保护发动机壳体强度、隔热以及作为安装其他部件的载体，因此实物厚度的设计需考虑材料的刚度、传热性能等要求。在进行数值计算时，并不考虑结构的刚强度，即认为不存在壳体的变形和破坏；而且发动机的工作时间是有限的，壳体壁面的隔热涂料可以有效避免燃烧室内热量的损失，因此，认为壁面是绝热的。基于以上两点，喷管内流动仿真的计算区域可设计为如图 6.10 所示的形式。

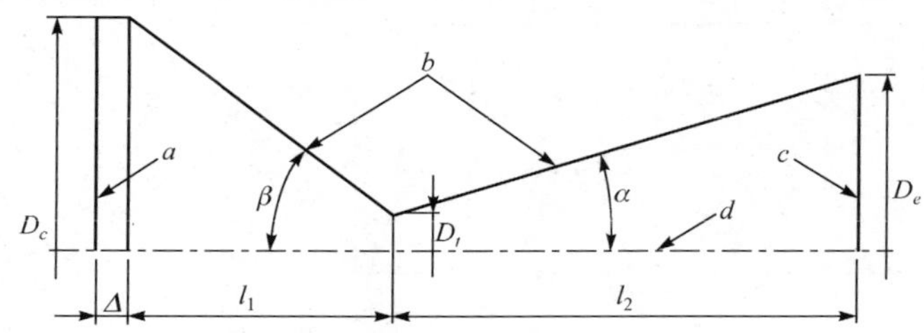

图 6.10 喷管计算区域示意

D_c：燃烧室直径；D_t：喉段直径；D_e：喷管出口截面直径；

α：喷管扩张半角；β：喷管收敛半角；l_1 和 l_2：到导出参数；

a：燃气入流边界；b：(喷管)壁面条件；c：出流条件；d：对称轴

分析图 6.10 可知：①当燃烧室直径 D_c、喷管直径 D_t、喷管出口截面直径 D_e、扩张角 α 和收敛角 β 的大小选定后，喷管的几何形状就可确定(包括收敛段长度 l_1 和扩张段长度 l_2)；当然，以收敛段长度 l_1 和扩张段长度 l_2 代替扩张角 α 和收敛角 β，也可以确定喷管的几何形状。②计算区域边界同时包含流入边界和流出边界，且边界是封闭的。对于喷管内的流动，其边界常包括入流边界 a、固壁边界 b、出流边界 c 和轴对称边界 d。③喷管内流动的燃烧室长度被缩短(视网格大小而定，一般为 2～3 个网格长度)。

有时，为了在喷管上安装更多尾翼、舵机等其他结构件，不得不增加喷管长度。图 6.11 为长尾型喷管示意，长尾段直径 D' 和长度 l_3 则需根据加装的具体设备而定。

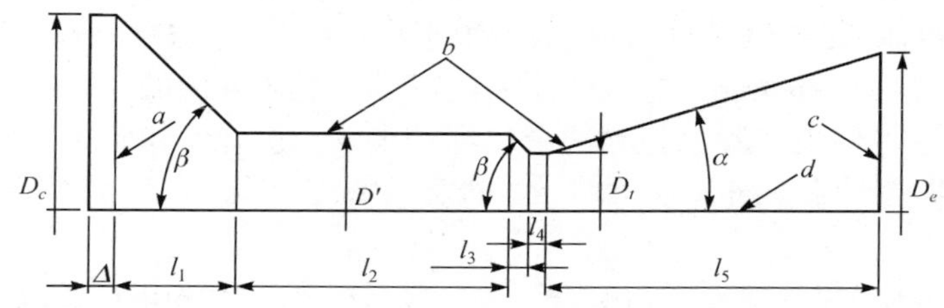

图 6.11 长尾型喷管示意

D_c：燃烧室直径；D_t：喉段直径；D_e：喷管出口截面直径；D'：长尾段直径；

α：喷管扩张半角；β：喷管收敛半角；l_2 和 l_4：由设计给定；l_1、l_3 和 l_5：到导出参数；

a：燃气入流边界；b：(喷管)壁面条件；c：出流条件；d：对称轴

由上述分析可知，对喷管内燃气射流流动进行数值仿真时，必需的已知参数和条件为：(a)喷管的几何参数；(b)计算区域和边界条件；(c)燃气参数；(d)流动性质(定常/非定常)。

1) 喷管的几何参数

根据喷管内燃气的流动特点，在描述喷管的几何参数中，收敛角和扩张角是两个重要参数。通常，在设计计算区域时，会尽量选取一组含角度的收敛段和扩张段参数，如D_c、D_t、D_e、α和β，而不常采用D_c、D_t、D_e和l_1、l_2等长度参数。这主要是考虑到喷管的收敛和扩张效果与角度的关系更直接，用角度参数可省略从长度到角度的转换，降低了数据转换带来的计算误差。表 6.2 列出了一组含喷管几何参数和燃气参数的燃烧室参数。

表 6.2　燃烧室参数

喷管几何参数		燃气参数	
D_c / mm	155	燃烧室总温/K	3200
D_t / mm	45	燃烧室总压/atm	130
D_e / mm	120	燃气质量生成率/(kg/s)	13.33
α / (°)	45	燃气气体常数/(J/(kg·K))	356
β / (°)	17	比热比	1.223

2) 计算区域和边界条件

此处的边界条件是指燃气在计算区域中的入流和出流条件，入流对应入口边界条件，出流对应出口边界条件。对于喷管内的流动，流体入口为燃烧室，出口为大气环境。设喷管的壁面为绝热固壁，并与大地固定，这样，计算过程的速度就是相对于大地的绝对速度。

3) 燃气参数

推进剂完全燃烧后生成燃气，当燃烧室内的燃气形成稳定流动后，就维持在某个状态，直到燃烧完成。通常以总压和总温来描述燃气的这一状态(这两个参数可通过在燃烧室壁面上开孔的方式测量获得)。燃气的气体常数和比热比通过推进剂燃烧过程的热力学计算得到。另外，还需要得到一个重要参数——燃气的质量生成率(燃气每秒的产生量)，严格地说，质量生成率是一个随时间变化的量，目前还无法通过实验得到精确的值。一个折中的办法是，以平均质量生成率即推进剂装药量与燃烧总时间的比值来代替质量生成率，即$\dot{m}=M/t_k$，其中M为推进剂的总质量，t_k为燃烧总时间。

4) 流动性质(定常/非定常)

喷管是燃气射流形成和开始的地方，是燃气由静止发展为超音速流的关键阶段。设计状态的拉瓦尔喷管可以在短短的喷管流动长度上，使燃气流动速度快速提升，所以喷管内流动必然是非定常的。但是，这一过程仅持续几个～十几个毫秒，很快喷管内流动又趋于稳定，因此，以定常流模型进行喷管内流动仿真是符合真实状况的。

2. 计算实例

1) 计算区域的网格化

通过离散将计算区域的连续面域划分为有限个单元的技术，称为网格生成技术，网格生成的过程也称计算区域的网格化。计算区域网格化是有限元方法的核心步骤之一，网格生成方法的选择是否得当，关系到生成的网格质量，并最终影响计算精度。从20世纪三四十年代计算流体力学诞生以来，人们尝试过许多网格生成办法[9]。可喜的是，目前已有许多网格生成软件，如 Gambit、GridGen、ICEM 等，还有许多有限元软件自带网格生成器，这些网格生成器生成的网格质量都是有保障的。因此，我们认为，实际计算时，重要的不是选择网格生成软件，而是如何根据具体的计算区域制定网格化方案，如网格的疏密、大小形状等。生成的网格效果如何，质量优劣，最终须由计算结果来判定。

研究表明[7-9]，平面四边形网格和三维六面体网格的计算精度较好。因此，在本研究的燃气射流流动计算中，尽量选用了四边形和六面体形网格；选择 Gambit 2.2.30 网格生成器。图 6.12 所示为喷管内燃气流动数值仿真计算区域几何与网格结构示意图。

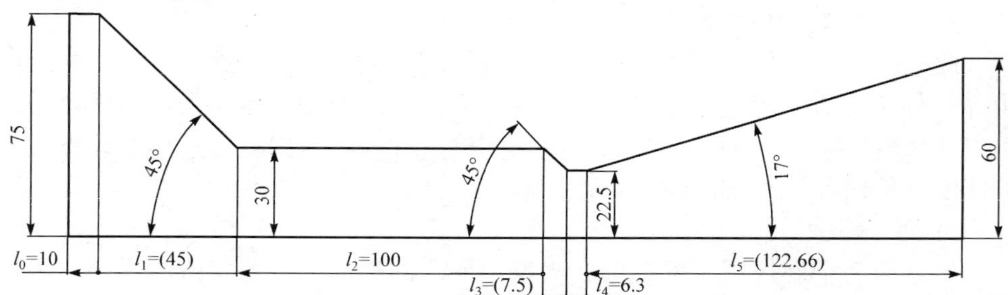

(带括弧的尺寸是由扩张角和收敛角推导而来, 尺寸单位：mm)

(a) 计算区域几何

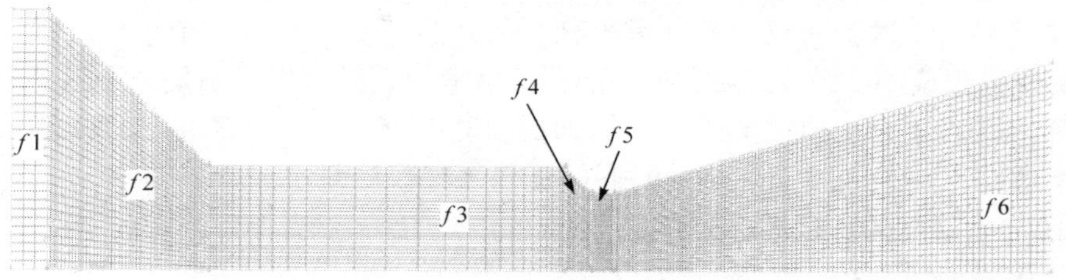

(b) 网格结构

图 6.12　喷管内燃气流动数值仿真计算区域几何与网格结构示意图

图 6.12 显示，整个计算区域分为 6 个面域，依次为模拟燃烧室 $f1$、第一收敛段 $f2$、长尾段 $f3$、第二收敛段 $f4$、喉部段 $f5$ 和扩张段 $f6$。在网格化时，半径方向采用均匀网格，所有半径的网格数量均为 30；在轴线方向，$f4$、$f5$ 段也采用均匀网格，网格长度约 0.8mm；为了保持网格的连续变化，$f2$、$f6$ 段采用了单边等比例渐变式网格；$f3$ 段则采用双侧等比例渐变式网格。这样的划分方式，能够以尽量少的网格数量来保证每段网格的连续变化。喷管内燃气流动网格化参数见表 6.3。

表 6.3　喷管内计算区域网格化参数

喷管几何参数		网格数量	渐变形式
D_c / mm	155	30	均匀
D' / mm	60	30	均匀
D_t / mm	45	30	均匀
D_e / mm	120	30	均匀
l_0 / mm	10	3	均匀
l_1 / mm	45	45	单侧渐变，等比系数 1.01
l_2 / mm	100	30	双侧渐变，等比系数 1.2
l_3 / mm	7.5	8	均匀
l_4 / mm	6.3	8	均匀
l_5 / mm	122.66	100	单侧渐变，等比系数 1.01

2) 计算边界及条件

图 6.10 曾给出了进行喷管内流动仿真的 4 条边界：a 为入流边界，此处设定为质量流量入流条件；b 为喷管内壁面，固壁条件；c 为出流条件，设定为压强出流边界；d 为对称轴。

质量流量入流条件 a 定义为：设燃烧室推进剂的燃气生成率为 $\dot{m}$，且燃气全部进入喷管流动，同时设定燃气的总压和总温。静压和流动速度自行匹配，也就是说，当给定的 $\dot{m}$ 以及总压和总温不完整或不正确时，程序将自动调整静压和马赫数。所以，应用质量流量入流条件时，应确保 $\dot{m}$ 和总压、总温参数准确无误。

固壁条件 b 可以理解为“镜面”，意味着无法穿越、不可移动、无能量交换，燃气流动至此时，压强、温度、流动速度在此面被反射回去。固壁边界点求解见图 6.13。图 6.13 中的点 1、2、3 和 4 是计算区域内的计算单元点，1′、

2′、3′和 4′为镜面反射后的虚拟点，1-1′、2-2′、3-3′、4-4′一一对应，矢量参量大小相等(如速度)，方向相反；标量参量大小相等(如压强)。

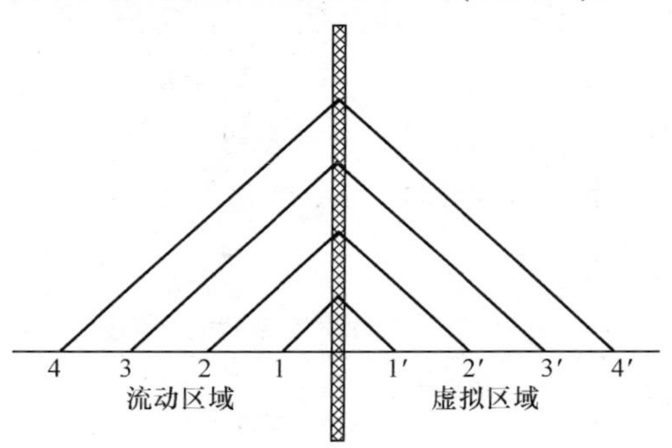

图 6.13　固壁边界点求解图

压强出流边界条件 c 定义为：当计算区域内的燃气流动至该边界时，由流动速度判断流体是流入还是流出。若流体是流出计算区域的，则计算程序采用一阶外推方式，将最靠近边界的单元点的流动参数赋值给边界单元点，作为边界条件数值；若流体是流入计算区域的，则将预设的压强(此处为 1atm)和温度(此处为 300K)赋予边界单元点，作为边界条件数值。

对称轴边界 d 其实就是一条直线，也即轴对称模型的对称轴，此时无需设定任何边界参数。

3) 计算结果与分析

喷管内流动的仿真是整个燃气射流冲击过程数值计算的基础阶段，可为后续自由射流、冲击流场等仿真提供边界数据和已知条件。喷管内流动仿真的主要作用体现为：

(1) 验证喷管设计。

拉瓦尔喷管是典型的升速喷管，它的先收敛后扩张的设计形状，可使燃气在燃烧室内的流动速度几乎为零，而到达喷管出口截面时迅速升至 2～4Ma。收敛段的逐级收敛使流速逐级上升，即使对于收敛段分割为几段的长尾喷管，流速在喉部区域也能升至当地声速；之后的扩张段又继续大幅提高流动速度。因此，通过计算模拟流速的变化情况，可以判断喷管的结构设计是否合理，给出进一步修改依据。图 6.14 为喷管内流动静压和马赫数沿射流轴线(x)方向分布的计算结果。由喷管的几何设计可知，在喷管喉部范围即 x=0.1525～0.1588m 的区域内，流动的马赫数应达到 1。图 6.14(c)中的曲线表明，当 Ma=1 时，实际位置

坐标 x=0.1590m。可见，数值计算结果与设计值基本吻合，验证了喷管与燃烧室参数设计的正确性。

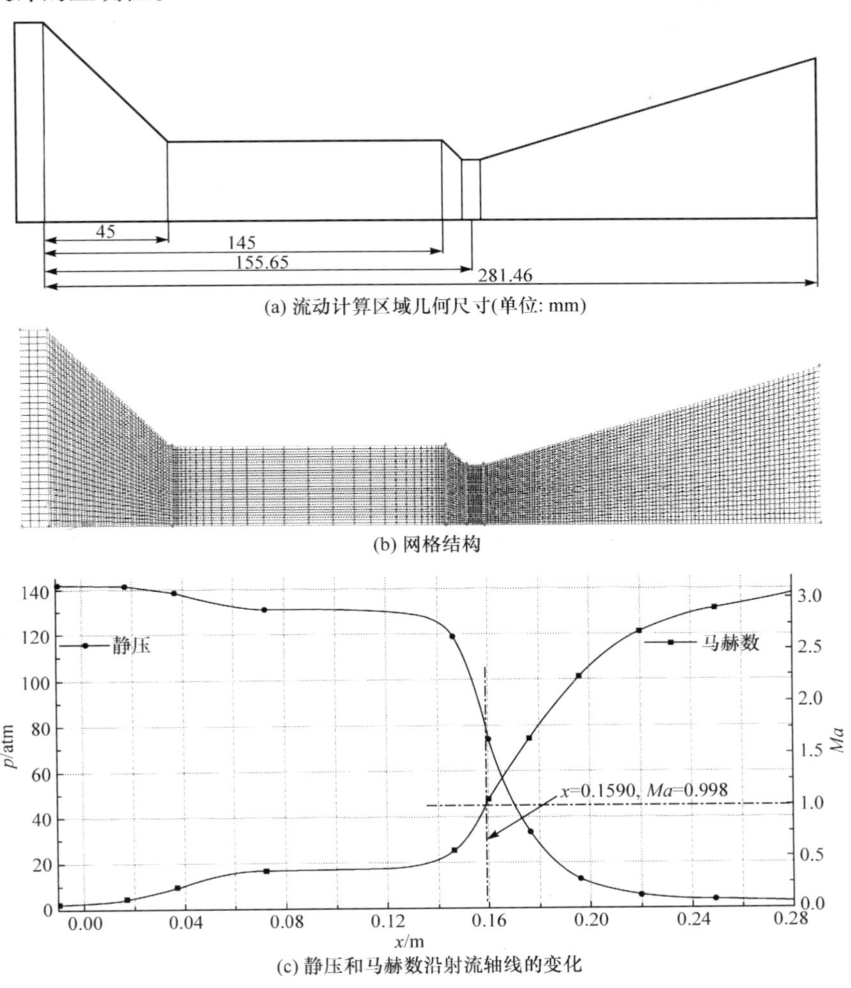

(a) 流动计算区域几何尺寸(单位: mm)

(b) 网格结构

(c) 静压和马赫数沿射流轴线的变化

图 6.14　喷管内流动静压和马赫数沿射流轴线(x)方向分布的计算结果

(2) 喷管内流动参数预估。

图 6.15 为喷管内流动某一过射流轴线纵切面上的速度矢量分布，其中(a)为喷管内全局分布图，(b)、(c)分别为喉部和长尾段的局部放大图；图中带箭头的线段为流场各点沿射流方向(ox)和半径方向(or)的速度分量的合成矢量。由图 6.15 可见，从燃烧室至喷管出口截面，速度矢量以 ox 方向分量为主，在贴壁面处受黏性影响有所下降。由于没有设置附面层，速度在一个网格空间上可以为零。这样，在喷管内的

流动通道内，无论是收敛段还是扩张段，同一横截面内的流动都是均匀的(不包括贴壁面处)，这一现象符合变截面管流流动特性。

喷管喉部的长度对喉部流动影响较小，与喷管的收敛扩张作用也无关系。设计较长的喉部主要是为了减缓高温高压的燃气对喉部的烧蚀破坏。所以，即使将喉部设计为一个如图 6.9 所示的无厚度的圆环状“棱线”，喷管同样具有提升流速和收敛与扩张的作用，但这样的“棱线”结构很容易被“热流”烧蚀，使喉部直径等尺寸发生变化，从而影响喷管性能。

从图 6.15 还可以看出，在长尾管内，流动速度基本保持不变(仅在贴壁面处因黏性摩擦造成速度减小)，说明喷管内的直线段确实不影响流动。但需要注意的是，尾部越长，壁面黏性摩擦造成的流速损失会越大。

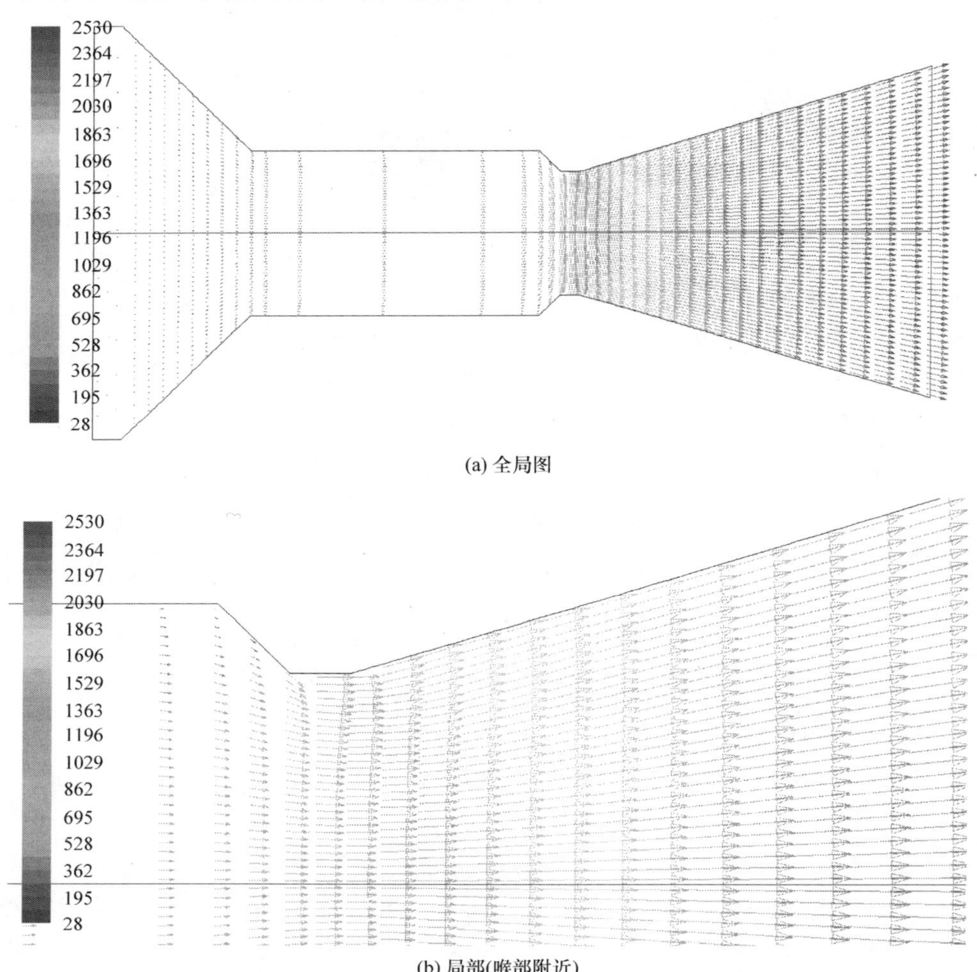

(a) 全局图

(b) 局部(喉部附近)

(c) 局部图(长尾段)

图 6.15　喷管内流动速度的矢量分布

图 6.16 和图 6.17 分别为与图 6.15 对应的马赫数等值图和静压等值图。

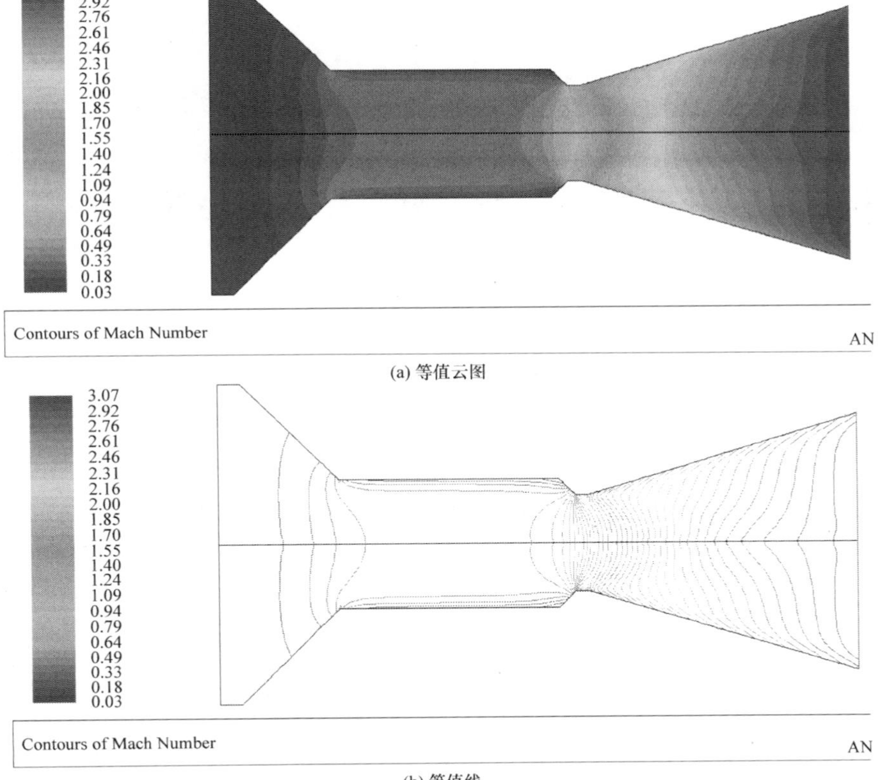

(a) 等值云图

(b) 等值线

图 6.16　喷管内流动马赫数等值图

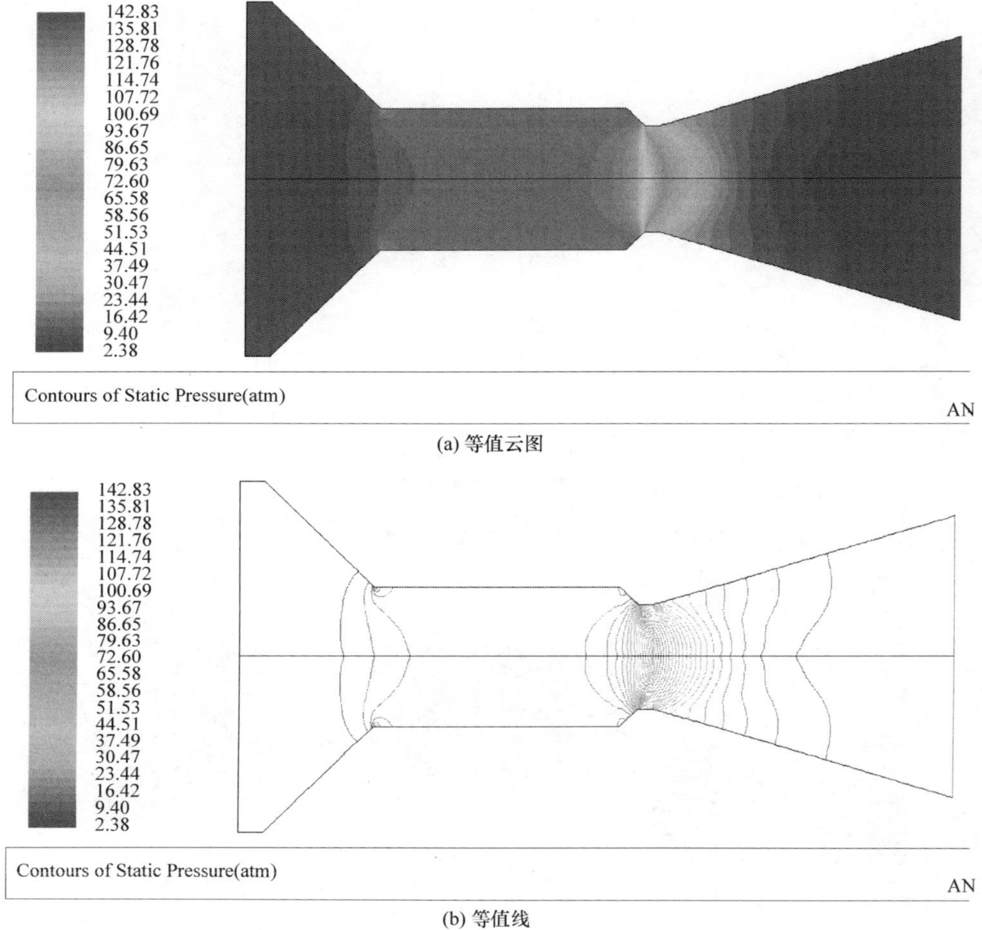

(a) 等值云图

(b) 等值线

图 6.17　喷管内流动静压等值图

图 6.18 为喷管内流动静压和马赫数沿出口截面半径方向的分布。由图 6.18 可以发现，实际上，沿喷管出口截面半径方向，静压并非是恒定的值，而是在一定范围内变化(2.36～2.75atm)。这个现象不一定完全由喷管内流动引起，有时与计算模型和计算区域的选择有关。例如，当图 6.9 的计算区域截止到出口截面时，喷管外的反压对流动的影响就可能被忽略。同时，边界条件的设定也会对喷管出口截面上的流动参数产生影响，造成静压的波动。

6.3.2　自由射流流动仿真

燃气流出喷管后，进入外部大气环境，此时燃气仍具有一定的流动速度和大于环境的压力，于是继续在大气中膨胀，喷管出口外的区域都是其膨胀区域。这种膨胀就是自由射流流动。自由射流是火箭发动机射流流场的一种典型流动。下面将介绍燃气射流自由射流流场的数值仿真及其流场的固有特性和流动规律。

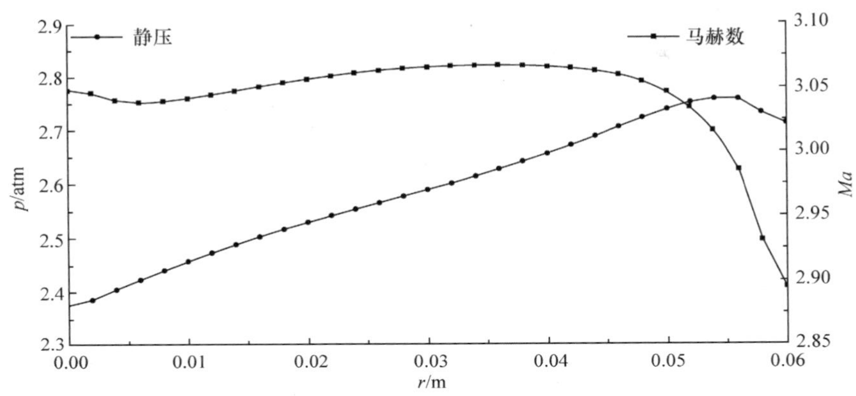

图 6.18　静压和马赫数沿喷管出口截面半径方向的分布

1. 计算区域的确定

自由射流流场的计算区域有两种选择方法：①计算从喷管出口截面开始，以喷管出口截面上的流动参数作为自由射流的入流条件(图 6.19(a))；②喷管及外部计算区域共同作为计算区域(图 6.19(b))。

方法①的优点在于，无须计算喷管内的流动，计算效率高(由于燃烧室的压强比喷管出口截面处压强高很多，燃气由燃烧室进入喷管时，压强梯度较大，因此时间步长很小，计算缓慢耗时)；但需要考虑的是，作为计算的入流条件，喷管出口截面边界上的参数值如何获得？精度如何？这些都会对流场计算产生影响。

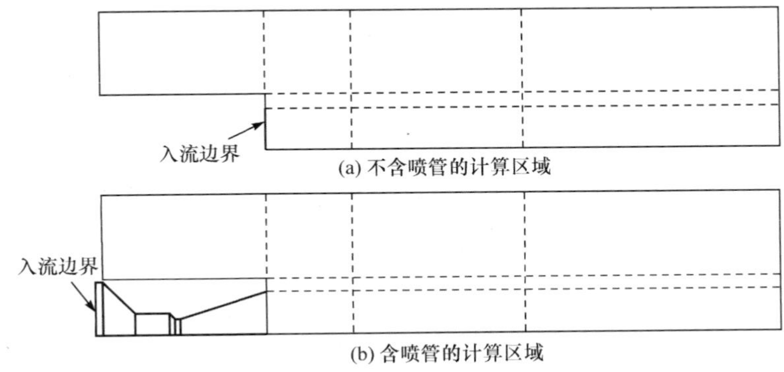

图 6.19　自由射流流场计算区域选择

与方法①相比，方法②的优点显而易见，但其缺点在于，从喷管内部流动开始的计算，将消耗大量的CPU时间用于积分迭代；而且，此时燃气尚未进入外部计算区域，流场仍为初始化数据，对喷管和外部区域同时进行计算，数量庞大的积分迭代(误差)很可能造成外部计算区域的流动数据畸变，带来不可预计的计算错误。但由于方法②的入流条件为燃烧室的燃气参数，容易获得且精度可靠，因此，尽管计算烦琐耗时，人们仍将其作为燃气射流数值仿真计算区域选择的首选方案。

由喷管流出的燃气，对于原来静止的空气而言就是一个“扰动源”。持续流出的燃气不断地扰动空气，由此而产生的微弱压缩波以喷管出口为原点向外部空间传播，属典型的弱波传递。理论上，这些微弱波可以到达无穷远处直至完全衰减。但在数值计算中，必须选定一个有限大小的计算区域。应如何选定燃气自由射流的计算区域呢？

图 6.20 为自由射流流场边界及计算区域示意。如图 6.20(a)所示，自由射流的计算区域一般有 a、b、c、d 和 e 5 个边界。其中：

(1) 边界 a 表示射流的上游边界，边界处有抽吸进入的外部空气，也有流出的燃气。

(2) 边界 b 为半径方向的外边界(也即燃气可到达的边界)。在自由射流计算时，这条边界关系到计算结果的精度，并由此可判断出计算能否继续进行。

(3) 边界 c 为下游边界，它的位置取决于欲获得的射流流场的大小及研究目的。如果仅研究近喷口区域，下游边界设在喷口附近即可。

(4) 边界 d 为射流轴线，即模型的对称轴；边界 e 为发动机(或火箭弹)的固壁边界。

根据经验，边界 b 与射流轴线的距离通常为 20～40 倍喷管出口截面半径；边界 a 与喷管出口截面的距离大于 10 倍喷管出口截面半径；边界 c 的位置则较灵活。由图6.20(a)可以看出，计算区域的入流边界为燃烧室，虚线表示划分网格对计算区域的分块。

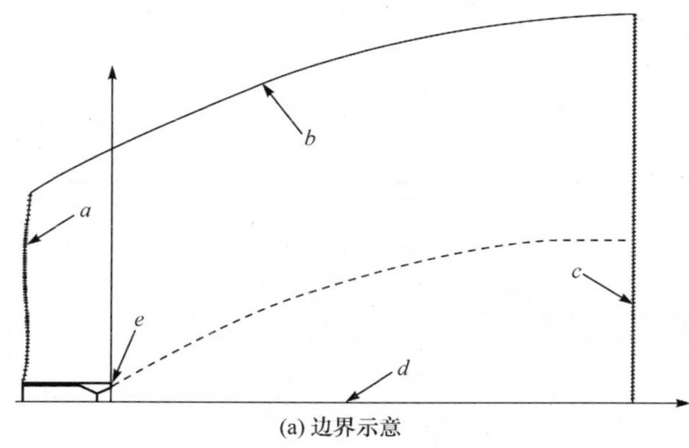

(a) 边界示意

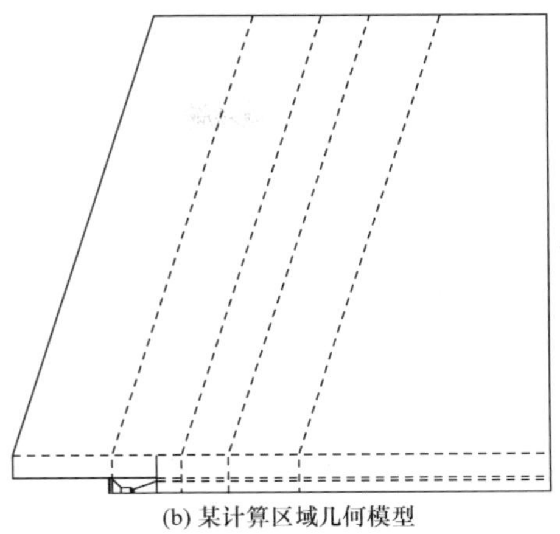

(b) 某计算区域几何模型

图 6.20　自由射流流场边界及计算区域示意

在自由射流流场仿真中，质量流量入流条件和压强边界条件仍然适用。其中质量流量入流条件用在喷管入口截面，压强边界条件用于图 6.20 中的边界 a、c。此时边界 b 变为压强远场条件，是模拟无穷远处的假想边界，可以理解为，在这条边界上燃气压强衰减至当地压强，速度与当地空气流动速度相等。例如，当模拟静态环境中的自由射流时，无穷远处即静止状态；当模拟地面伴随射流时(即边界 a 处有来流)，无穷远处即运动状态。

2. 计算结果与分析

在本书的自由射流流场计算中，燃气条件为第 6.3.1 节算例的发动机高温工作状态，具体参数列于表 6.4。

表 6.4　发动机高温工作状态燃烧室参数

喷管几何参数		燃气参数	
D_c / mm	155	燃烧室总温 / K	3264
D_t / mm	45	燃烧室总压 / atm	158
D_e / mm	120	燃气质量生成率 /(kg/s)	15.68
α / mm	45	燃气气体常数 /(J/(kg·K))	356
β / mm	17	比热比	1.223

图 6.21 为自由射流流场静压和马赫数沿射流轴线分布曲线，其中坐标原点选在喷管出口截面处，沿射流流动方向为 ox 的正方向。

由图 6.21 可见，燃气射流流出喷口截面后，马赫数继续呈线性增加(Ma 从 3

增大至 5 以上)，奇怪的是，随后又在很短距离内快速下降至 2.5。结合图 6.22 分析发现，原来此处存在一个激波，激波导致了燃气射流马赫数的陡降。

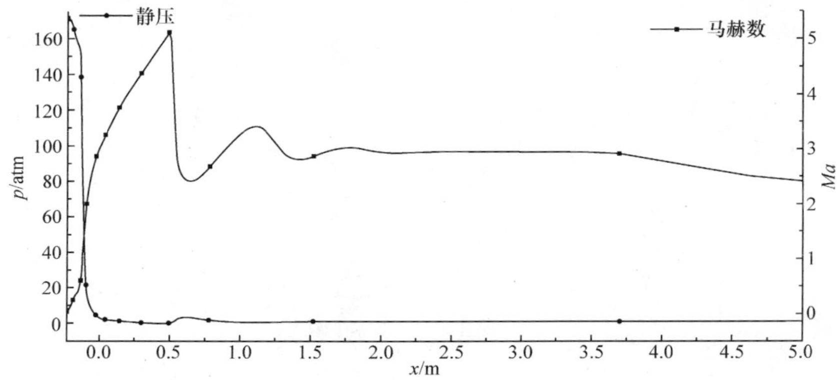

图 6.21　自由射流流场静压和马赫数沿射流轴线分布曲线

图 6.22 和图 6.23 分别为自由射流流场的马赫数和静压的等值图。由图 6.22 可见，在长约 5m 的射流轴线上(约为喷管出口截面直径的 40 倍)，约 4 倍喷管出口截面直径的位置处出现了相交激波，这一现象符合自由射流流动特征。当考虑发动机内的流动时，全流场的静压变化范围可达 0.1～130atm，而通常马赫数的变化范围只有 0～10，比较而言，如此大的压力跨度很难用有限条的等值线表达清楚。因此，人们更习惯采用马赫数等值线云图来分析流场状况。为了更清晰地显示出外部流场的结构，在输出计算结果时，将显示的最大静压控制在 6atm 以下，这样，从静压等值线上就可大致看出流场的“波节”效应，如图 6.23(b)所示。

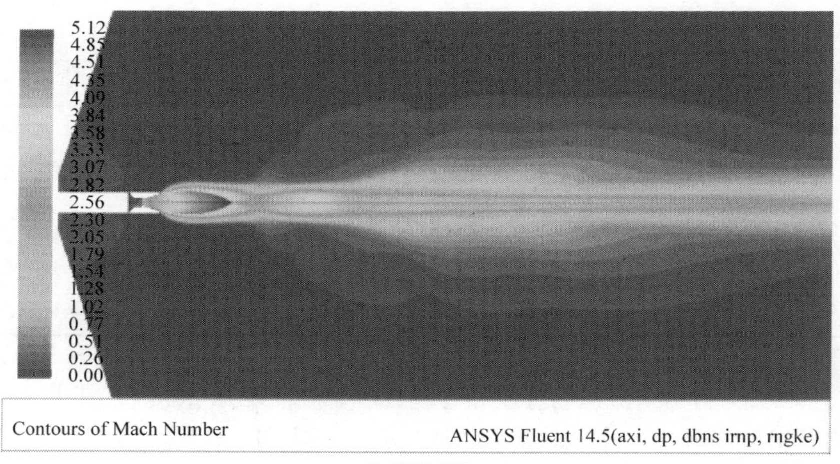

(a) 等值云图

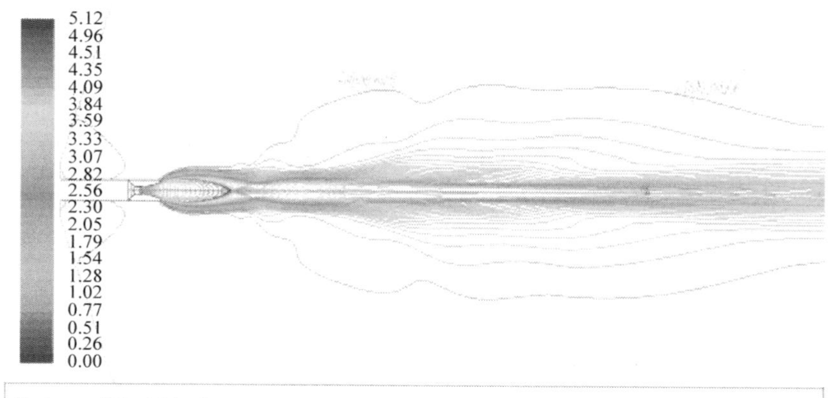

(b) 等值线

图 6.22　自由射流流场马赫数等值图

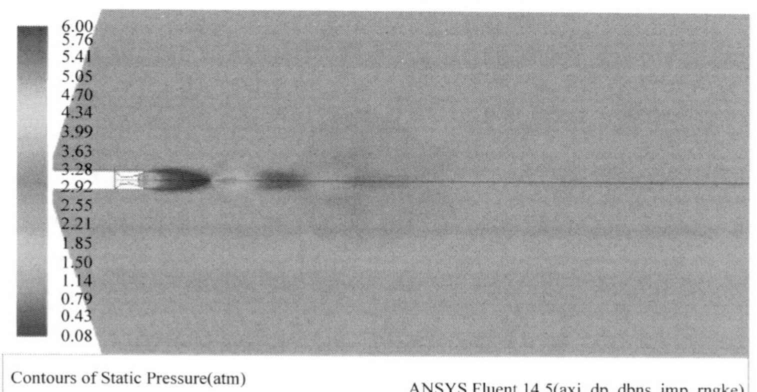

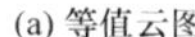
(a) 等值云图

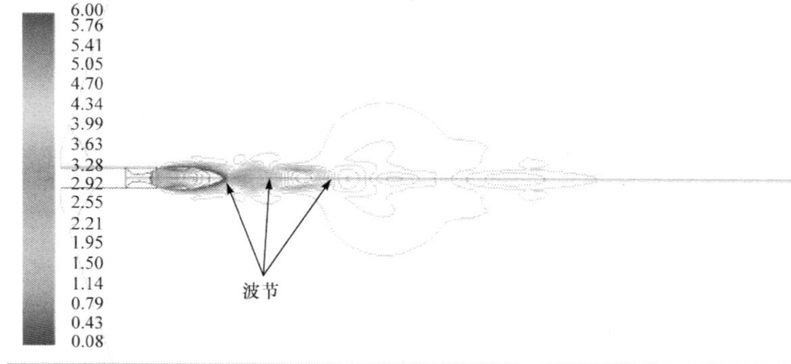

(b) 等值线

图 6.23　自由射流流场静压等值图

图 6.24 为自由射流流动静压和马赫数沿出口截面半径的变化曲线。图 6.24 显示，在截面半径 r=1～0.05m 的范围内，静压和马赫数波动平缓，基本保持不变，仅在 r=0.06m 附近即近喷管壁面处迅速下降。

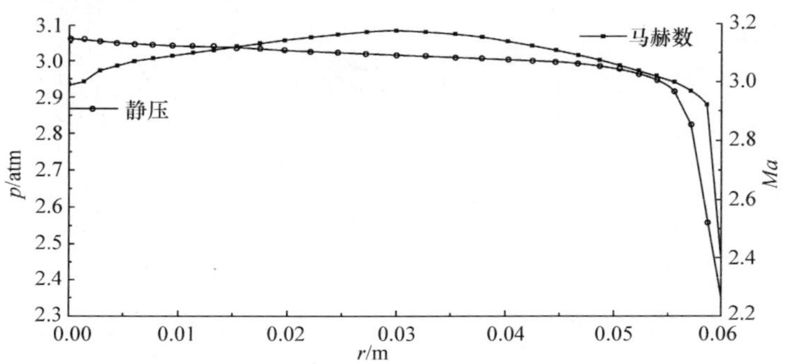

图 6.24　自由射流流动静压和马赫数沿出口截面半径的变化曲线

6.3.3　定向器内流动仿真

燃气在定向器内的流动指从火箭弹点火开始在定向器内运动，至喷管出口截面离开定向器这一过程。过程的持续时间与发动机推力、火箭弹质量以及发射时的射角有关。定向器作为火箭炮的主要部件，在这一过程中的主要作用是承载火箭弹、赋予火箭弹发射方向以及导流燃气射流。定向器对燃气射流的导流作用，可使燃气沿定向器迅速流出，极大地减小了燃气射流对火箭炮的冲击。这样，在射流轴向(沿定向器向后)仅存在有限的黏性摩擦力作用。

图 6.25 给出了定向器内流动仿真几何及网格模型(包括喷管和定向器)。喷管的几何构型与尺寸与第 6.3.1 节相同，定向器被简化为一个圆筒，仍采用轴对称模型，定向器壁面为固壁、无传热、无壁厚，喷管与定向器之间无弹管间隙。假定喷管出口截面恰好位于定向器管口处。

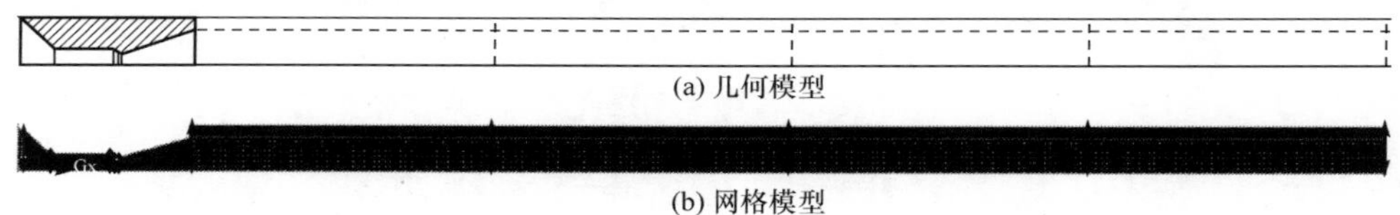

(a) 几何模型

(b) 网格模型

图 6.25　定向器内流动仿真几何与网格模型

火箭弹在定向器内运动时，燃气射流与定向器间的相互作用主要表现为燃气与壁面的黏性摩擦。因此，在进行数值仿真时，为了使计算结果中体现黏性摩擦作用，必须在壁面设置附面层。本算例设置 4 层附面层，第一层的绝对尺寸为 0.02mm(定向器口径约为 160mm)，按照等比 1.2 的系数扩展，得到如图 6.26 所示的计算网格。

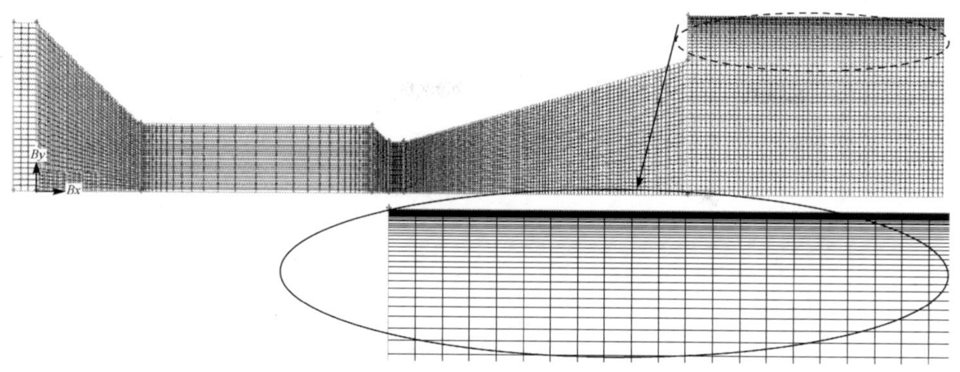

图 6.26 定向器内壁面附面层设置

定向器的长度为 2000mm，约为喷管出口截面直径的 16.67 倍，通过计算得到喷管与定向器内的流场。图 6.27 所示为定向器内流动的静压和马赫数分布；图 6.28 为定向器内流动静压和马赫数沿射流轴线的分布(图中横轴的坐标原点为喷管出口截面圆心)。由图 6.27 和图 6.28 可见，参照等值线图和云图，静压和马赫数在定向器内的分布呈现出“波节”效应，且波节重复出现的距离也基本相等。

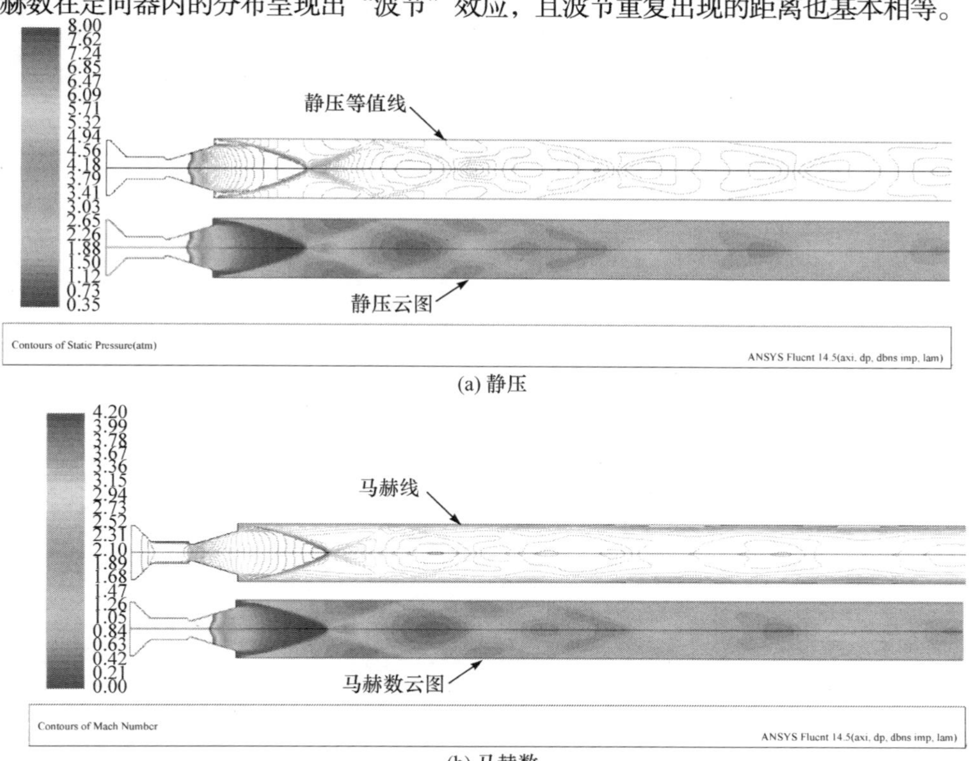

(a) 静压

(b) 马赫数

图 6.27 定向器内流动的静压与马赫数分布

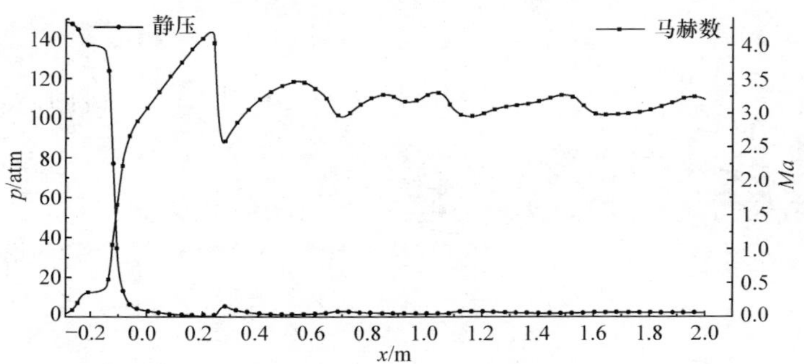

图 6.28　定向器内流动静压和马赫数沿射流轴线的分布

将图 6.28 中 x=0 以左部分的静压和马赫数曲线隐去，得到图 6.29。由图 6.29 可见，静压曲线的波谷与马赫数曲线的波峰一一对应，以 $s1$、$s2$、$s3$ 和 $s4$ 表示曲线中区的 4 个波谷波峰对应位置，$s1$、$s2$、$s3$ 和 $s4$ 与喷管出口截面的距离依次为 0.2775m、0.6923m、1.1447m 和 1.6268m，两两位置相距依次分别为 0.415m、0.452m 和 0.482m。可见，4 个波节基本上是均匀分布的。这一现象与第 6.3.1 节中自由射流的“波节”规律一致。由图 6.29 还可以看出，当喷管在定向器内运动时，随着喷管出口截面从定向器管尾移动至管口(即图 6.29 中沿曲线从右至左)，流场的静压和马赫数等参数的分布规律就像一幅图片，被从右到左反复“复制”，流动规律周期性重复(这一特征在下文的壁面压强分布中亦有体现)。

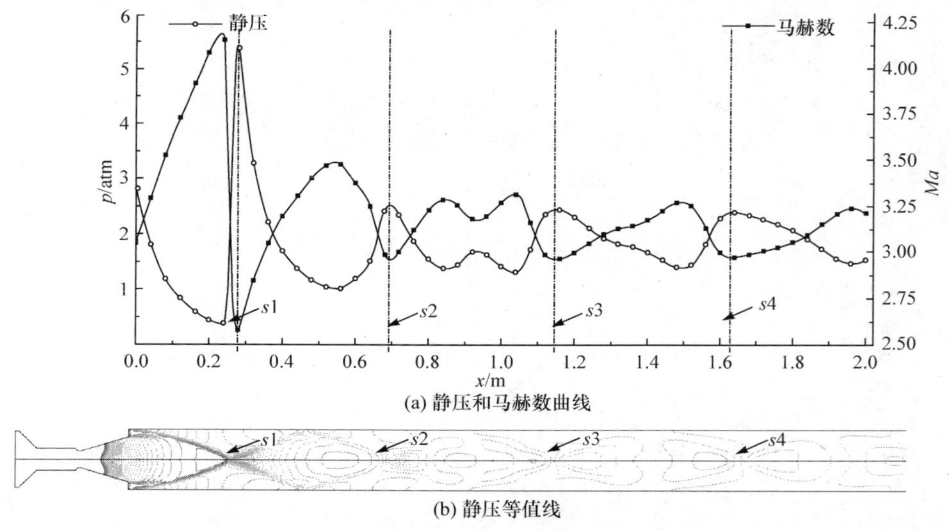

(a) 静压和马赫数曲线

(b) 静压等值线

图 6.29　定向器内流动静压和马赫数沿射流轴线的分布(从 x=0 向右)

图 6.30 所示为静压在射流轴线和定向器壁面上的分布规律。由图 6.30 可见，两者的压强幅值在同一量级，而射流轴线上的压强在重复着“波节”现象，壁面上的压强主要表现为壁面对燃气射流的约束。但从本算例来看，若将壁面压

强取为相对于环境大气压的超压 $\Delta p = p - p_a$ (p 为某点的压强，p_a 为对应点上的环境压强)，如图 6.31 所示，那么定向器壁面上承受的就是由内向外的作用载荷。超压造成的定向器内壁面上的载荷可用于定向器刚度和强度的校核计算。

需要说明的是，图 6.31 是火箭弹运动过程中燃气射流在定向器壁面上的作用曲线，该曲线与时间相关。因此当使用超压曲线核算定向器刚强度时，不能将其作为静态数据使用，必须考虑载荷的作用时间。载荷作用时间可由火箭弹的运动速度大致推得。当然，最准确的办法还是采用与火箭弹运动规律相匹配的非定常动态计算方法。

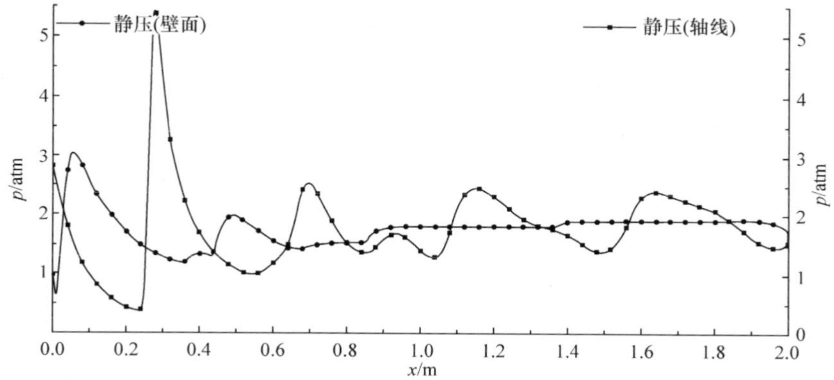

图 6.30　静压在射流轴线和定向器壁面上的分布规律

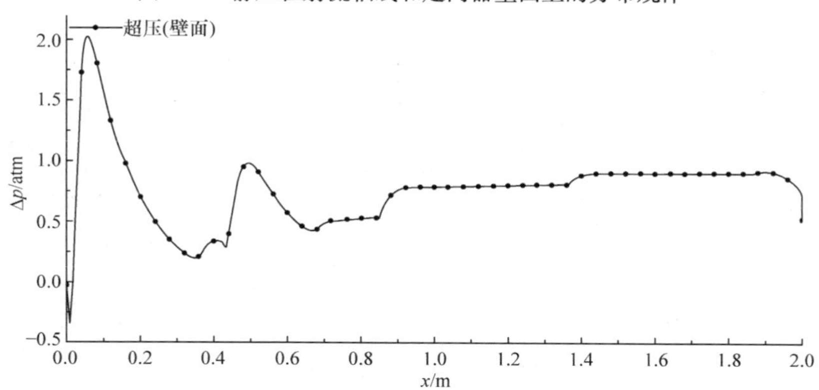

图 6.31　定向器壁面超压分布规律

6.3.4　管口冲击流动仿真

火箭弹在定向器内运动时，燃气射流受制于定向器管壁，气流为受限射流，其流动方向主要是沿射流轴线向后。在喷管出口截面离开定向器管口瞬间，气流脱离了定向器壁面的约束，开始沿半径方向进一步膨胀，此时燃气射流将与管口迎气面发生相互作用，管口的结构形式也会影响燃气射流在该部位的流动。

目前的野战火箭弹，如 122mm 和 300mm 火箭弹，其离轨速度通常为 40～50m/s。若火箭弹的离轨速度为 50m/s，当弹离开定向器 5000mm(即算例的 40 倍距离，如图 6.21 所示。这一距离足以完整呈现燃气射流对定向器管口的冲击作用)时，运动时间约为 100ms。所以，研究燃气射流对定向器管口的冲击作用时，选取的作用时长一般在200ms以内即可。在这一时间段内，随着火箭弹离定向器越来越远，燃气射流的冲击作用将逐渐降低直至消失。

为了说明定向器内流场随火箭弹运动的变化，给出如图 6.32 所示的计算实例。图 6.32 中，分别选取管口距喷管出口截面的距离 l=0.10m、0.25m 和 0.50m 三个点。l=0.10m 为喷管出口截面刚离开定向器管尾的位置，l=0.50m 为第一个波节出现的位置，而 l=0.25m 仅是一个用于比较的中间点。图 6.33 为该计算区域的网格化结果，图中深颜色部分是由附面层引起的网格细化。本算例中，定向器厚度设为 10mm，表示定向器管口的迎气面，因定向器的内外面均在计算区域中，因此内外壁面上均设置有附面层。

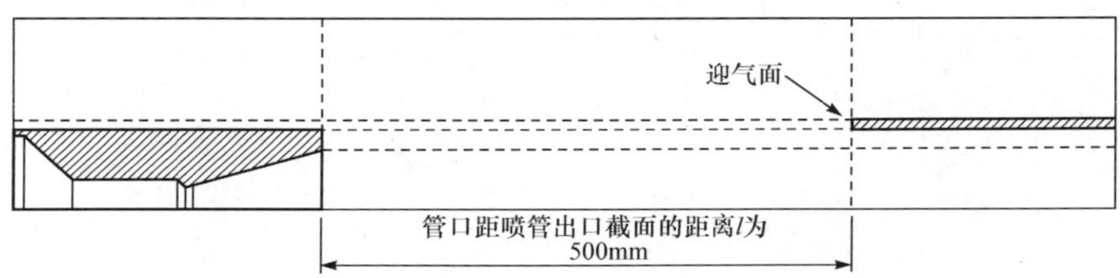

图 6.32　喷管与定向器管口位置示意

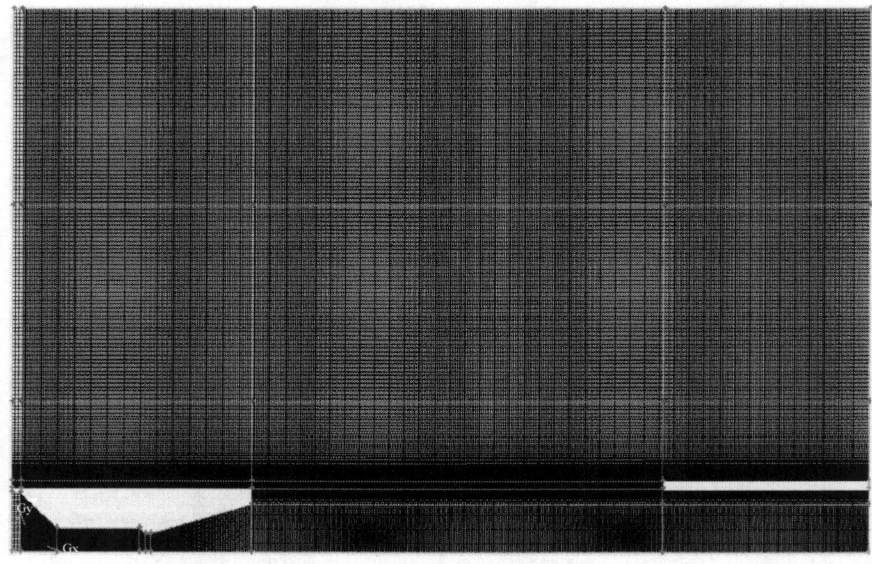

图 6.33　计算区域网格化结果

图 6.34 为管口距喷管出口截面不同距离(l=0.10m，0.20m 和 0.50m)时管口冲击流场马赫数和静压等值分布。由图 6.34 各图可以发现，当喷管离开定向器后，燃气在半径方向脱离定向器管壁的约束开始向外膨胀，这样，定向器管口迎气面就暴露在燃气中。受燃气作用，迎气面上的压强随即发生变化。喷管距离定向器迎气面越近，燃气与定向器间的相互作用程度越大；由图 6.34 还可以看出，管口距喷管出口截面不同距离时，燃气对迎气面的作用是非线性的。例如，由图 6.34(a)与(b)的比较可知，燃气在定向器管口内的马赫数和静压分布规律具有相似性(图中 A 处)；但与 l=0.50m(图 6.34(c))处的流场分布有较大不同。分

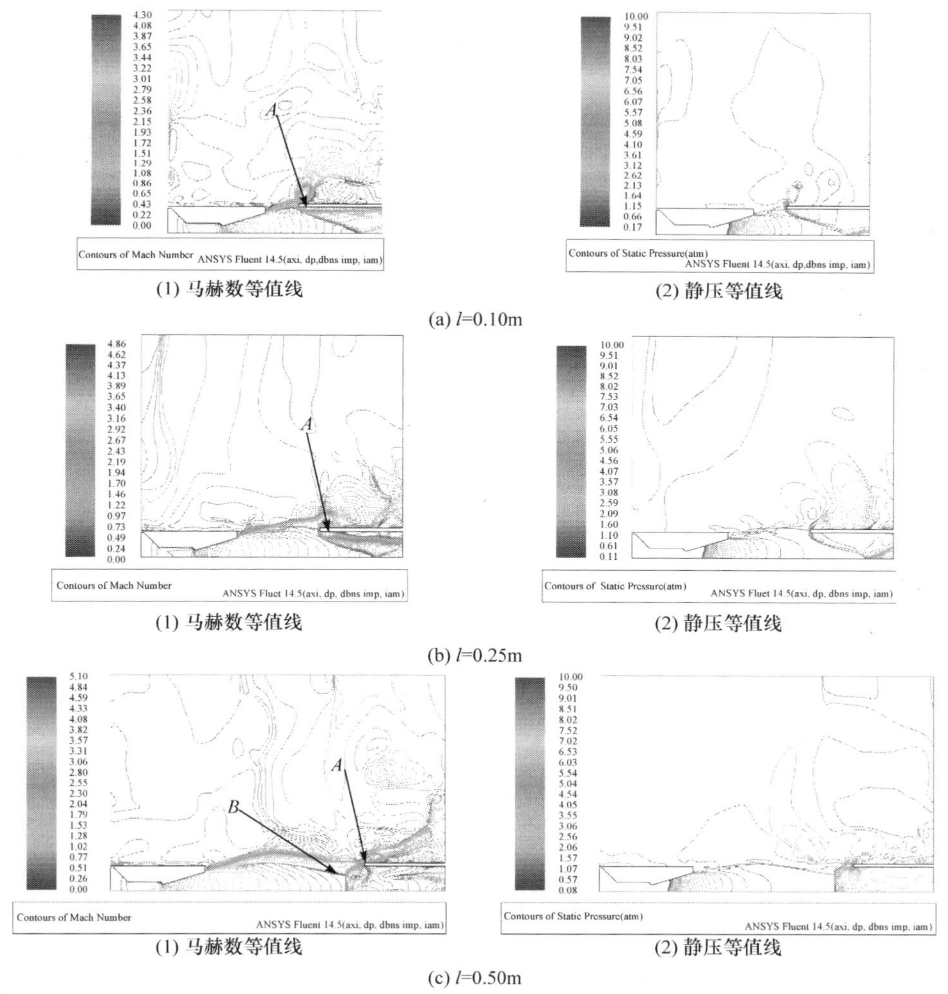

(1) 马赫数等值线　(2) 静压等值线

(a) l=0.10m

(1) 马赫数等值线　(2) 静压等值线

(b) l=0.25m

(1) 马赫数等值线　(2) 静压等值线

(c) l=0.50m

图 6.34　管口距喷管出口截面不同距离时管口冲击流场马赫数和静压等值分布

析原因，应是流场第一道相交激波恰在 0.5m 位置附近所致。如我们所知，在第一道相交激波处(图 6.34(c)中 B 处，已演变为正激波，即马赫盘)，轴线上的压强变化梯度最大，流动也最不稳定。之后流动将降为亚音速(图 6.34(c))。

图 6.35 和图 6.36 分别为不同冲击距离(l=0.10m、l=0.25m 和 l=0.50m)时马赫数和静压沿射流轴线分布。由图 6.35 和图 6.36 可以发现，从喷管出口截面沿射流轴线方向在 x 小于 0.25m(约两倍喷口截面直径)范围内，3 种冲击距离下的静压和马赫数变化曲线是重合的。对此可以这样解释，在自由射流情况下(结合图 6.21 和图 6.28)，马赫盘的位置约在 0.5m；定向器内流动时，马赫盘位置约在 0.25m。由图 6.35 和图 6.36 中的曲线规律可见，冲击位置越靠近管口，流动越接近于管流；冲击位置渐远后，流动越接近于自由射流。自由射流是燃气射流的自由流动状态，流动不受任何限制和约束；而定向器内流动则是受限流动，管壁约束燃气射流在流场半径方向的膨胀，造成了马赫盘位置的变化。径向膨胀受限越大，马赫盘位置前移现象越严重，而未被扰动区域的流动则完全相同。图 6.35 和图 6.36 中 x 小于 0.25m 区域就是未被扰动区域。

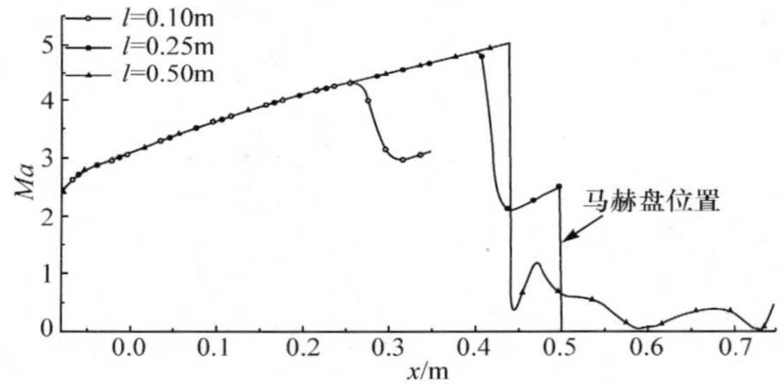

图 6.35　不同冲击距离时马赫数沿射流轴线分布

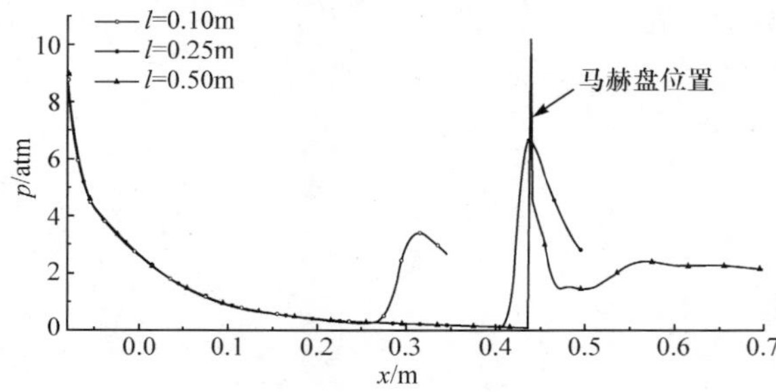

图 6.36　不同冲击距离时静压沿射流轴线分布

从结构设计的角度，迎气面面积应尽可能小。本算例中，迎气面面积仅为定向器管口的环形区域大小，环的内径为 160mm，厚度为 10mm，面积约为

0.005338m^2，如图 6.37(a)所示。此时，若 3 个冲击距离时的静压(超压)分别约为 9atm、4atm 和 14atm，则迎气面上的作用力分别为 4900N、2160N 和 7560N。

管口冲击流动仿真的目的是获得燃气射流的冲击力。随着火箭弹飞离定向器，燃气在管口形成了冲击流场，定向器管口迎气面上的压强就是冲击力的来源。由于燃气流场的非线性变化特性，迎气面上的压强并不随火箭弹距定向器管口的距离而单调减小，而是由复杂的流场结构决定，如图 6.37(b)所示。图 6.37(b)显示，火箭弹距定向器管口的距离为 0.50m 时，迎气面上的压强最大。

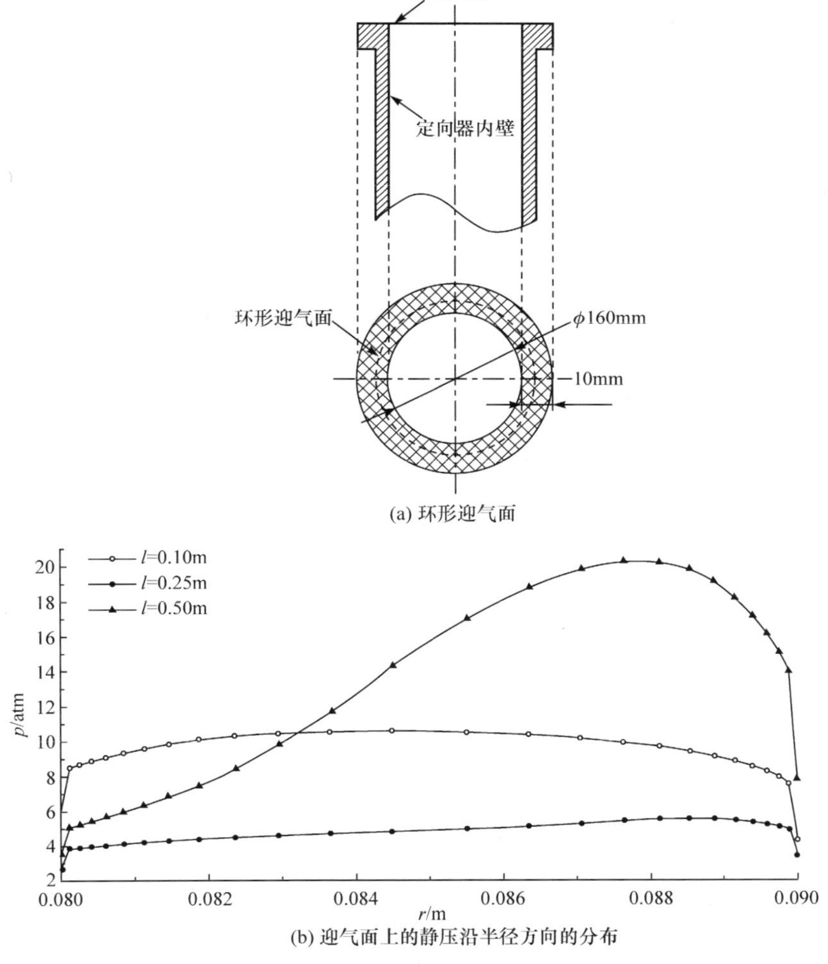

图 6.37　不同冲击距离时迎气面上静压分布

6.3.5　定向器管尾冲击流动仿真

在兵器发射中常伴随有强烈的脉冲噪声，这是兵器的固有特性。兵器发射噪声的来源主要有两个：一是火药气体和弹丸附近区域激波对空气的扰动(属于空气动力噪声源)；二是兵器各机构的振动和机械冲击(属于机械动力噪声源)。震耳欲聋的枪炮噪声不仅影响工作效率和日常生活，还会损害人的听觉器官。

单兵肩射式火箭武器因其可适应不同的作战环境，灵活机动，越来越受到关注。考虑到射手的安全，要求单兵火箭武器的发动机装药在火箭弹飞离定向器之前燃烧完成，因此，单兵火箭武器的燃气射流对定向器管口并没有冲击作用，它的危害在于，当从定向器管尾流出时，对射手造成噪声干扰，进而伤害射手听觉。单兵火箭武器噪声属于空气动力噪声，通过分析定向器管尾燃气射流噪声场的形成规律，进一步完善定向器尾部的结构设计，可有效降低噪声对射手的伤害。因此，定向器管尾冲击流动仿真对于单兵火箭武器更具意义。

1. 燃气射流冲击波与噪声

固体推进剂点火燃烧时，在燃烧室内产生大量的高温高压气体，温度高达约 3000K，压力可达几百个大气压。根据单兵火箭武器的战术技术指标特点，要求推进剂的燃烧速度更快，全部燃烧过程必须在几十毫秒内完成。这些快速生成的燃气流经拉瓦尔喷管时，在喷管出口截面迅速转变为高温、高压和高速流动的气体射流。当这种“三高”状态的燃气从发动机喷口冲出后，急剧地膨胀并对管口外的空气形成猛烈压缩，剧烈扰动环境空气，因而管口周围空气的密度和压力迅速发生变化，甚至产生突变而形成管口冲击波，同时伴随有冲击噪声。冲击噪声在空气介质中可向外传播至无穷远空间。为研究方便，通常根据超压(由扰动造成的流场某点的压强与环境压强的差)的变化特点，将燃气射流对空气的扰动依据传播距离分为 3 个区域。

(1) 近场区：距喷管中心 5～8d(d 为第 5.2 节的喷管出口直径)的管口附近区域。在近场区，燃气射流冲击波强度较大，其超压值常大于一个大气压。这一量级足以重伤使用人员的内脏甚至致其死亡。

(2) 中场区：随着冲击波向下游传播，其超压值逐渐下降，转变为弱冲击波，这一区域为中场区。中场区距喷管中心 8～20d。

(3) 远场区：弱冲击波再继续传播到更远区域，又逐渐衰减为声波，但此时的冲击波仍是脉冲噪声，其超压接近于零，称此区域为远场区。在远场区冲击波的强度已经很弱，波速变为常数(即声速)。远场区距喷管中心 $>20d$。

可见，近场区、中场区和远场区中的燃气压力波按照强度分别为强冲击波、弱冲击波和声波。近场区和中场区的冲击波性质相同，区别仅在于超压大小不同，而远场区的压力波已衰减为声波，因此也称为冲击声波。冲击波与冲击声波有着本质区别，声波属于弱波，而冲击波是强激波。

长期以来，人们对冲击波造成的气动噪声多有研究。Lighthill[10]的声学比拟理论标志了现代气动声学的诞生，他认为，在介质无界、均匀、静止的条件下，非定常流体噪声为四极子源的体积分；Curle[11]研究了含静止固体边界的流场，认为远声场为四极子源体积分和固体表面偶极子源面积分之和；文献[12]～[15]认为，冲击射流的自由射流段会产生湍流噪声、激波啸叫和宽频激波噪声，在噪声学中颇具特点；文献[17]和[18]认为冲击波与噪声的界限约为 170.7dB(6.9kPa)。

目前，计算分析噪声的时域方法主要有两类：一是 Kirchhoff 方法[19]；二是求解 Ffowcs Williams Hawkings 方程[20](简称 FW-H 方程)的 Farassat 方法[21]。20 世纪 90 年代末，di Francescantonio[22]和 Brentner[23]等采用 Kirchhoff 方法思想，对 FW-H 方程的求解方法进行改进，得到了求解 FW-H 方程的 K-FWH 方法。K-FWH 方法能够计算总的气动噪声，可计及四极子噪声的贡献。尹坚平等[25]以三维自由尾迹非定常板元方法计算的三元非定常气动力为基础，计算了直升机旋翼桨涡的干扰噪声。

冲击波噪声是一种非周期性脉冲噪声，具有宽频带且连续的特点[25]。本书拟利用 Fluent 软件的非定常计算功能结合动网格技术，模拟火箭弹点火后在定向器内的运动过程，计算该过程中定向器尾部区域(图 6.38)的非定常压力场，进而通过声压级分析获得外部区域的噪声场规律。

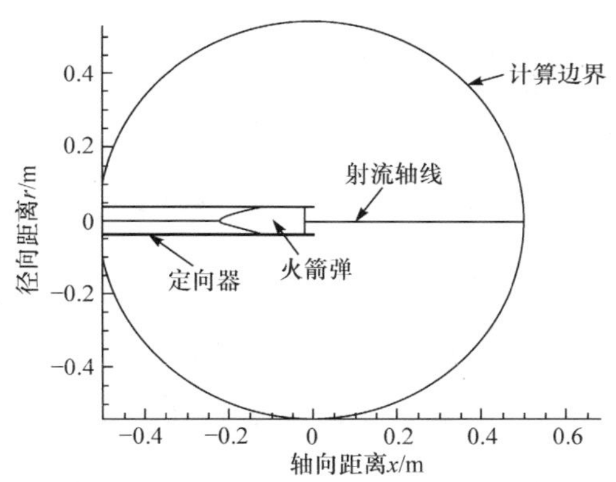

图 6.38　定向器管尾流场仿真区域

2. 压力场计算与分析

发动机点火后，火箭弹在定向器内的运动近似为匀加速运动，单兵操作的小口径火箭的加速度约为 100g，出口速度约 50m/s，运动时间在十几至几十毫秒之间。但与之相比，冲击波的形成仅需几毫秒，因此，在发动机点火瞬间，燃气就冲破定向器后盖即刻形成冲击波。受计算水平和计算机条件(计算速度和内存容量)所限，已有的火箭燃气射流非定常研究大多将火箭弹固定不动，以定常方法来计算自由射流场，通过变换火箭弹的位置来模拟火箭弹运动。因此，所得流场压力随时间的变化规律不精确，计算结果并不能准确反映冲击波的非定常特点。本书拟采用动网格技术对燃气射流进行非定常计算，以获取能准确呈现定向器尾部燃气射流特点的非定常压力场，得到更精确的流场压力-时间分布规律。

1) 计算模型与网格

采用动网格、非定常计算技术仿真火箭弹在定向器内的运动时，考虑到冲击波形成时间较短，计算时限设为 5ms。计算区域为图 6.38 中圆形区域的一半(如上半部分)形成的轴对称模型。流动的求解选择 RNGk-ε 模型[26]。计算网格为三角形，初始时刻网格数为 56229，计算中随着弹体的运动，可按照设定的条件重新划分网格，即当最大网格面积大于或最小网格面积小于原对应网格面积的 50%时，该网格将被重新划分并优化，因此网格数量在计算过程中是变化的。图 6.39 显示了初始时刻及火箭弹运动 1ms 时的网格情况。

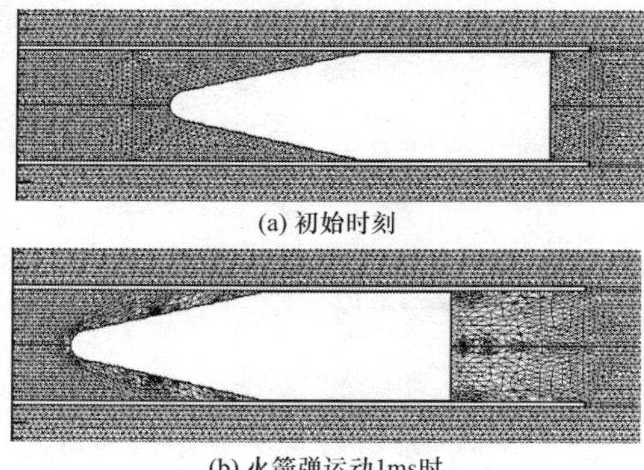

(a) 初始时刻

(b) 火箭弹运动1ms时

图 6.39　火箭弹在定向器内运动模拟动网格示意

2) 计算条件

(1) 火箭弹在管内做匀加速运动，推力加速度 a_p=1000 m/s^2。

(2) 弹体为运动边界条件，每个时间步更新速度值。

(3) 发动机喷管出口为速度出流边界，并随弹体共同以速度 v 运动。出口处的参数为：静压 p_e=0.8 atm；静温 T_e=1611.6 K；马赫数 Ma=3.04；比热比为 1.2；燃气混合分子量 w_e=23.784 g/mol。

(4) 计算时间步长为Δt=5μs；每个时间步长内的最大积分步数为 30。

(5) 总计算时间 t_{all}=5ms。

3. 起始冲击波的形成与发展

由于发动机喷管出口截面处的压力与环境压力之比小于 1，出口截面的流动状态为过膨胀，因此，燃气流出喷口后首先被压缩。为了达到与外界大气(环境)压力的平衡，在管口外很小区域内燃气射流将形成一道斜激波，以及射流轴线附近的正激波；在高温高压和高速流动的燃气射流不断扰动环境气体的过程中，燃气与环境气体之间逐渐形成分界面。先后产生的扰动持续叠加，分界面越来越强，于是逐渐发展为起始冲击波。

图 6.40 给出了火箭弹发射时定向器管口区域起始冲击波的形成过程。由于计算时间间隔非常小，无法给出每个时间步的图形，仅选择 0.7 ms 内 8 个时间点的结果进行说明。由图 6.40 可见，开始阶段(t=0～0.10ms)起始冲击波基本上是一个球面波；随着时间推进(t=0.10～0.45ms)，由于冲击波在轴线上的流动速度稍大于其他方向，波形逐渐演变为橄榄型头部。之后，起始冲击波便以基本不变的橄榄型头部波形随火箭弹移动(0.45～0.70ms)。

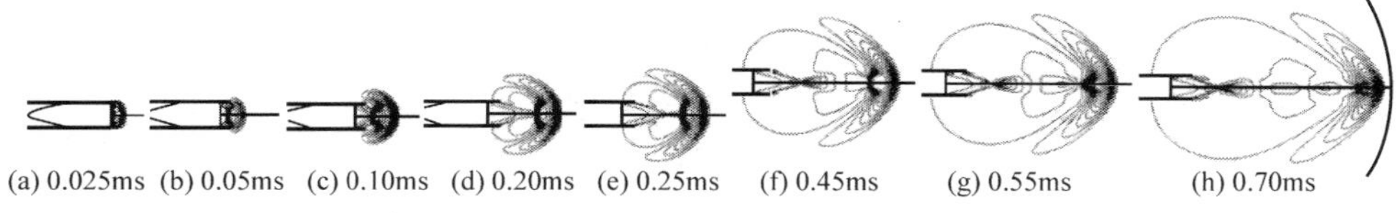

图 6.40　火箭弹发射时定向器管口区域起始冲击波的形成过程(压力等值线图)

为详细描述起始冲击波的运动，图 6.41 给出图 6.40 中 0.05ms、0.25ms 和 0.5ms 三个时刻对应的压力等值线分布。由图 6.41 可见，起始冲击波随着时间向前推进，压强峰值逐渐下降。

根据图 6.41 中不同时刻冲击波的位置，可以计算出起始冲击波的运动速度。例如，由 0.05ms(点Ⅰ)、0.25ms(点Ⅱ)和 0.5ms(点Ⅲ)三个时刻对应的起始冲击波运动距离 x 分别为 0.0011m、0.1347m、0.2994m，可得两点之间的运动速度分别为 $v_{\mathrm{I},\mathrm{II}}=668.1\mathrm{m/s}$ 和 $v_{\mathrm{II},\mathrm{III}}=661.0\mathrm{m/s}$ 。对其他时刻进行同样计算，可以得到更多的速度值。由计算结果可发现，冲击波的运行基本上是匀速的。本例中起始冲击波的运行马赫数约为 1.9。

随着起始冲击波以恒定的速度向前移动，其球形面积逐渐增大，而平均能量和超压则越来越小。随着计算时间逐步推进，冲击波最终将衰弱为声波。由于本书计算区域有限，未涉及中远场情况。

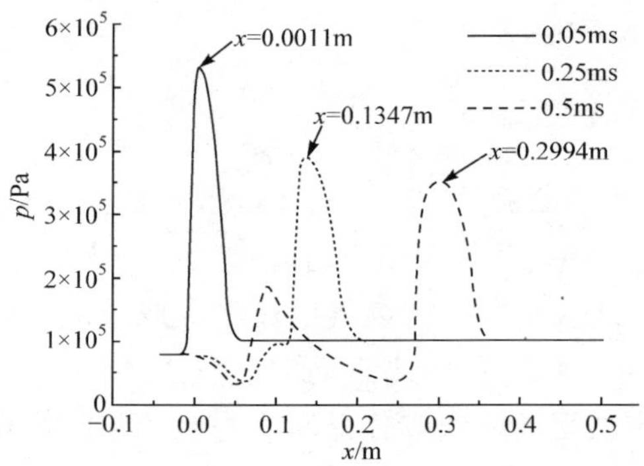

图 6.41　定向器管口区域起始冲击波运动情况(压力等值线图)

4. 噪声场分析

根据文献[23]和[25]，空间任一点超压值与噪声的声压级 L_p 有如下关系：

$$L_p = 20 \times \log_{10}\left(\frac{\Delta p}{\Delta p_0}\right) \tag{6.51}$$

式中：Δp 为超压值的时均量；$\Delta p_0 = 20\mu\text{Pa}$ 为 1000Hz 时人耳可听到的声音量值。

由于燃气射流产生的声场可近似为脉冲噪声[25, 27]，若将 Δp 视为超压绝对值，则本书中的 Δp 即空间任一点超压的绝对值。同时，考虑到可能出现的零超压情况，式(6.51)修改为

$$L_p = 20 \times \log_{10}\left(\frac{|\Delta p|}{\Delta p_0} + 1\right) \tag{6.52}$$

通过式(6.51)或式(6.52)可将压强场转换为噪声场。不同时刻管口的噪声场形成和发展如图 6.42 和图 6.43 所示。在射流核心区域及轴线附近的激波区域，管口噪声场的声压级很大，在 200～400dB 范围甚至更高。图 6.42 给出的是声压级范围为 50～220dB 的等值线图，每两条等值线的差值为 10dB，核心区域为高分贝区域，外围为低分贝区域。

由图 6.42 可见，在管口附近噪声场开始形成阶段，噪声场以近似球面波的形式向外传播，场的圆心大致在射流轴线第一个斜激波相交点。这一阶段噪声场的声压级变化剧烈，在 0.05m 的传播距离内，波动范围就达 50～220dB，具有典型的冲击波性质。可以想见，在火箭发射初期极短时间内，管口周围区域受到的噪声冲击将非常强烈。

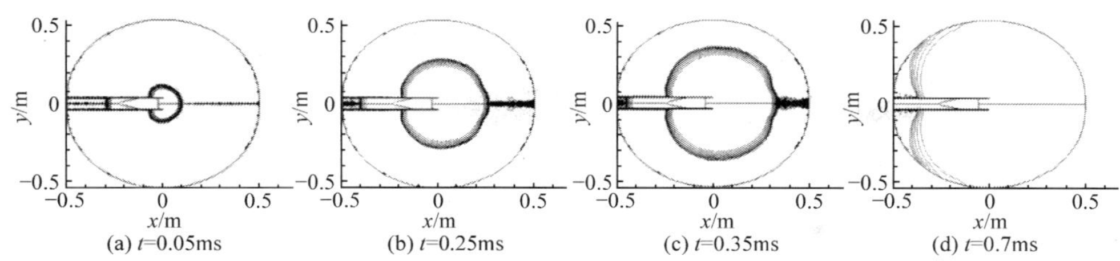

图 6.42　管尾噪声场的形成(声压级等值线图，50～220dB)

图 6.43 给出了管尾噪声场声压级范围为 50～450dB 的等值线图，每两条等值线的差值为 20dB，深色区域为高分贝区域，浅色区域为低分贝区域。

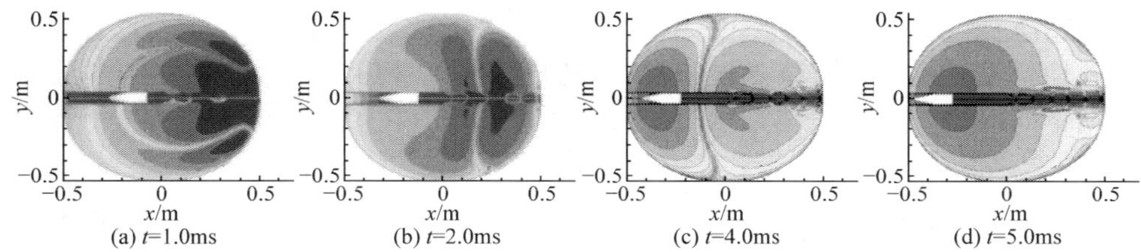

图 6.43　管尾噪声场的发展(声压级等值线图，50～450dB)

图 6.44 描述了 $y=0.3\text{m}$ 直线上离喷管出口截面中心点不同距离处(0.1m、0.2m、0.3m 和 0.4m)声压级随时间的发展与变化规律。由图 6.44 可见，噪声的传播是由近及远；在同一时刻，与喷管出口截面中心点越近，噪声强度越大。在选取的 4 个特征点位置，噪声等级在 110～160dB 范围。

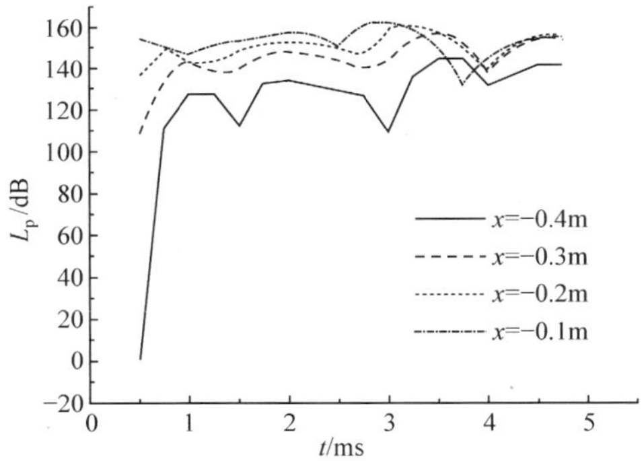

图 6.44　y=0.3m 直线上特征点处声压级随时间的变化曲线

本书根据火箭弹真实运动规律，采用 Fluent 非定常计算功能建立了火箭弹燃气射流冲击流场模型。模型采用定步长计算和模拟运动的功能，可记录每一时刻燃气射流的流动状态。因此，计算结果与实际发射状况的时效性高度一致，意味着在时间相关的条件下，计算结果与实验测试结果可一一对比，互相验证。

由上述分析可知，发动机尾管口附近区域的流场为强烈的冲击波流场。起始冲击波传播迅速，其推进速度约为 2 倍马赫数。该区域流场的特点是冲击波强度大，噪声场强烈。因此，对于单兵火箭武器而言，其开放式尾管将对使用者造成瞬间的冲击伤害，在进行单兵火箭武器的推进剂选择、装药设计以及结构设计时，必须设计防护措施。

6.4　燃气射流对发射系统的冲击载荷及其应用

研究火箭武器燃气射流的根本目的在于，借助计算或测量获得燃气射流对发射系统的冲击载荷，为火箭武器系统提供设计依据。燃气射流的强烈非线性特点，决定了其冲击载荷不可能通过简单计算得到。冲击载荷的大小和作用时间，均与发射系统的结构形式和发动机的性能密切相关，而火箭炮的结构形式又因不同的战术需求千变万化，复杂多样。因此，在研究燃气射流冲击载荷之前，了解发射系统的结构形式至关重要(详见第 2 章)。

在进行火箭炮发射系统数值仿真时，如何在综合考虑冲击性质、冲击效果以及计算效率的基础上，合理简化定向器结构，建立合适的结构计算模型，是燃气射流流动数值计算的关键步骤。下面以集束式定向器、箱式定向器和滑轨式定向器为例，建立火箭炮发射系统结构计算模型，模拟燃气射流对定向器和发射系统的冲击作用，并分析如何将计算结果用于实际发射系统的结构设计。

6.4.1　集束式定向器迎气面冲击流动仿真

图 6.45 给出了某 28 管集束式火箭炮的发射装置模型，其中图 6.45(a)为该发射装置结构设计模型，图 6.45(b)为根据仿真需要简化后的模型，图 6.45(c)为网格化模型。由图 6.45(a)可见，定向器管口距集束体(箱形结构)有一段距离，定向器相对于集束箱体为悬臂梁结构。这一段悬臂虽短，但却设计巧妙，它将燃气冲击作用区域后移，有效降低了燃气射流对定向器集束体的冲击载荷。因此，在保证单根定向器悬臂刚度满足设计要求的情况下，设计时应尽可能延长悬臂的长度。

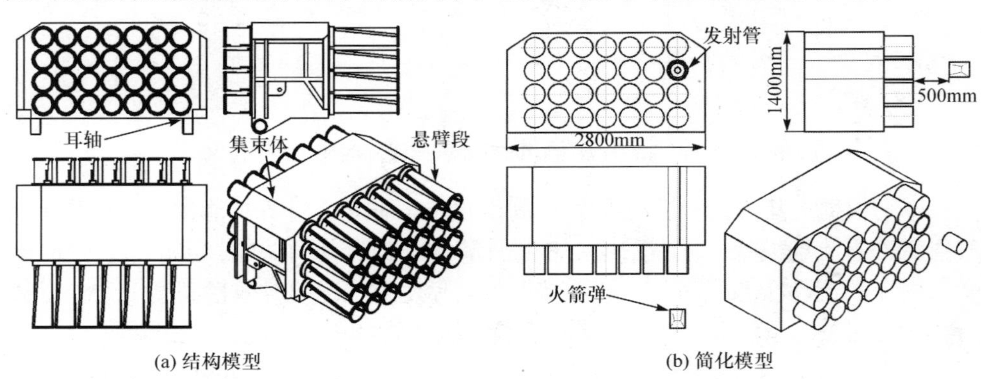

(a) 结构模型　　(b) 简化模型

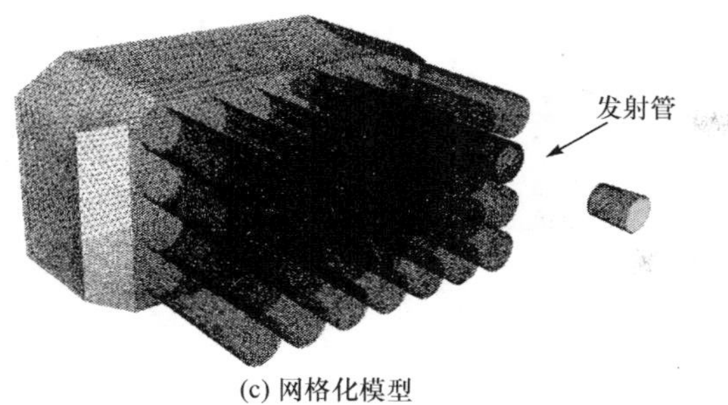

(c) 网格化模型

图 6.45　某 28 管集束式火箭炮的发射装置模型

由图 6.45(a)与图 6.45(b)的对比可以看出，仿真时对实际结构模型进行了如下简化：

(1) 忽略了定向器中的螺旋导槽；

(2) 忽略了集束体两侧用于安装其他零部件的空间；

(3) 忽略了定向器伸出集束体向后的一段长度；

(4) 忽略了耳轴的突出部分。

做上述简化的思路和根据是：①研究燃气射流冲击载荷时，我们关心的主要是迎气面的结构及大小，因此，与迎气和导流有关的结构原则上是不能简化的；②螺旋导槽是给火箭弹赋旋的功能部件，对冲击载荷影响很小，可以简化；③定向器尾端部分的长度仅影响在其中流动的燃气的黏性摩擦力，该力占冲击载荷的比例很小，可以简化。经过这样的处理，在保证计算精度的前提下，计算模型得以大大简化，网格化也更易实现，计算效率可大幅提高。图 6.45(c)的网格化模型采用了四面体网格形式。为方便显示，图中省略了计算区域内的网格，仅显示出喷管和迎气面部分的网格。

参考发动机的推力曲线，通过 Adams 计算软件可计算获得火箭弹的运动规律，即位移-时间曲线。根据这一运动规律，采用 Fluent 软件中的 3D 动网格非定常模块，选择位于集束体右上方的发射管(图 6.45(c))，计算获得了火箭弹飞离定向器管口约 0.5m(离开定向器约 25ms)时迎气面静压强分布。选择该发射管的理由是：①该管的上、下方和左侧均分布有带前盖且受燃气冲击的发射管，因此，在该管周围可能产生最大的燃气射流冲击力，仿真结果具有代表意义；②边缘管发射时，由于作用力相对于回转中心的距离最远，因此迎气面上的冲击力对回转机产生的回转力矩最大。依据该力矩，可得到回转机结构强度的安全系数设计值上限。

由图 6.46 可见，燃气射流作用于迎气面上的压强主要分布在上、下和左侧定向器前盖及发射管管口位置。火箭弹飞离定向器管口的迎气面压强分布与发动机喷管的扩张角大小有关，扩张角不同分布情况会有差异。不过，燃气射流的冲击作用主要分布在发射管周围一定区域，且沿半径方向均快速衰减。

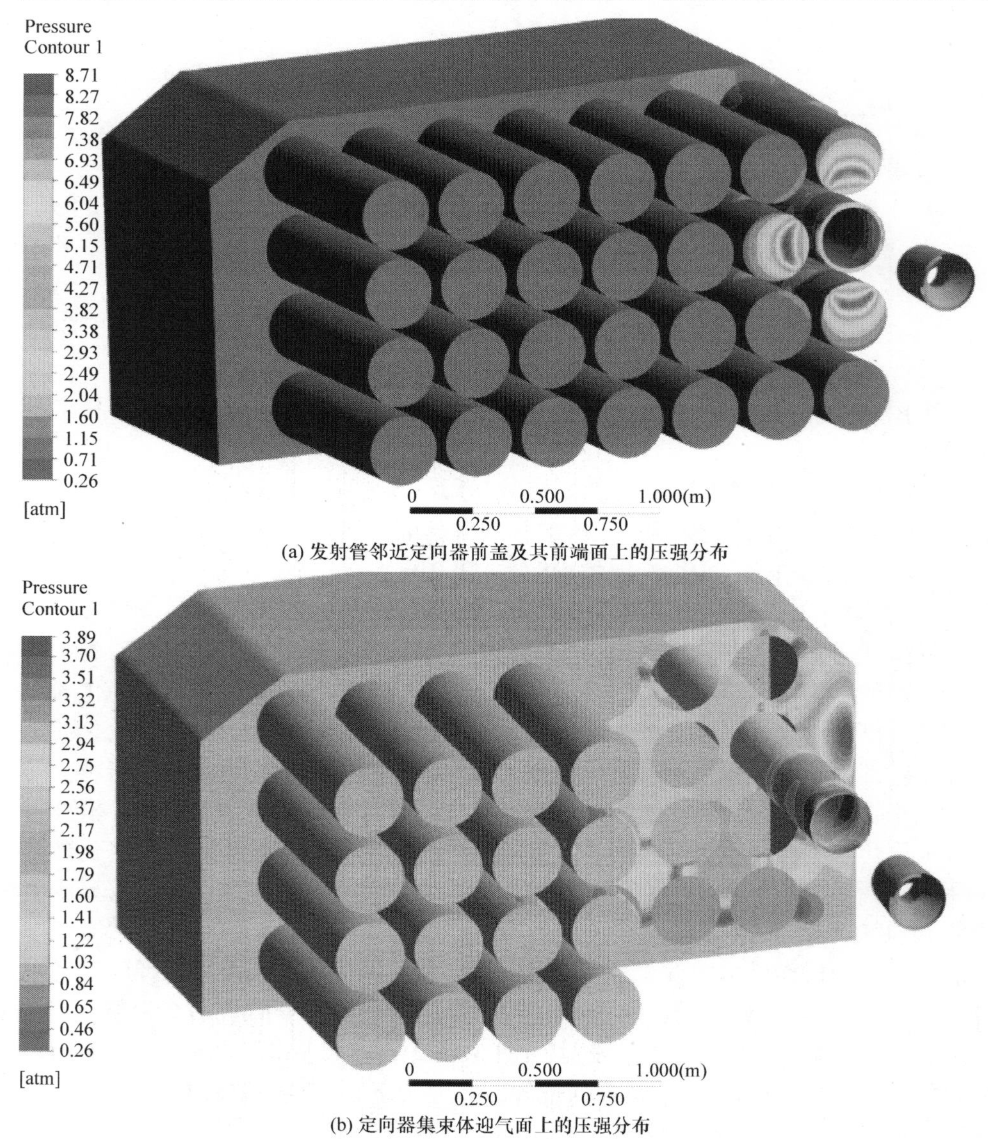

(a) 发射管邻近定向器前盖及其前端面上的压强分布

(b) 定向器集束体迎气面上的压强分布

图 6.46 火箭弹飞离管口 0.5m 时迎气面上的静压强分布

图 6.47 所示为各定向器前盖及集束体迎气面上的冲击载荷示意，其中的数字为该迎气面上的受力大小。由于计算时设定坐标系的 *ox* 轴为火箭弹运动方向，即飞行方向为正，因此，图 6.47 中带负号的数值表示冲击力向后，即 *ox* 轴反向。将图 6.47 各迎气面上冲击力的计算结果求和后，可知定向器(包括前盖和

悬臂部分管壁)受到的冲击力约为 60.45kN，集束体迎气面上的冲击力约为 29.34kN，这样，整个发射箱受到的燃气射流总冲击力约为 89.8kN。以±25%计算误差推算，实际的燃气射流总冲击力应为 89.8kN±25%。

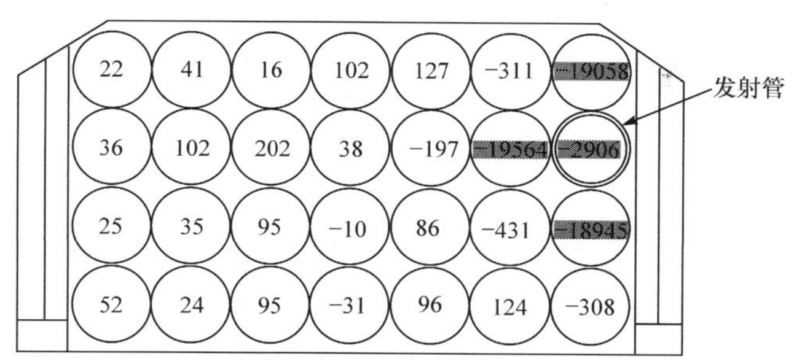

图 6.47　定向器前盖及集束体迎气面上的冲击载荷示意(单位：N)

通过计算获得的上述各作用力值，对于火箭发射系统的结构和刚强度校核具有重要意义。具体表现为：

(1) 定向器前盖作用力及其压强分布规律，用于前盖的结构设计；

(2) 定向器(含前盖及定向器悬臂长度)上的受力，用于核算集束体对定向器的约束设计；

(3) 集束体上的受力及压强分布，用于校核计算集束体的刚强度；

(4) 发射系统受到的总冲击力，是发射系统起落架、回转机和高低机等部件设计时的基本输入依据，对发射系统结构设计的性能优劣具有决定作用。

图 6.48 给出了集束式定向器发射系统受力分析。图 6.48 中，将燃气射流对发射系统的总冲击力集中作用于 A 点，作用方向垂直于定向器管口平面，且沿定向器向后。B 点为回转中心，a 为 A 点至耳轴的水平距离，b 为 A 点相对回转中心在 oz 方向的距离，h 为冲击力相对于耳轴的作用力臂。$\boldsymbol{F}_r$ 为计算得到的总冲击力，F_{rx} 和 F_{ry} 为水平和垂直方向的分力，它们共同组成燃气对整个发射系统的作用力系。那么，$M_1 = F_r \cdot h$ 为冲击力对耳轴的力矩，该力矩是螺杆式、液压式、电动缸式、齿轮啮合式等各种高低机设计的必要输入条件；$M_2 = F_{ry} \cdot a$ 是回转座圈抗翻转能力设计的输入条件之一；$M_3 = F_{rx} \cdot b$ 则是回转座圈抗回转能力设计的输入条件。由于 M_1、M_2 和 M_3 受 $\boldsymbol{F}_r$、a、b 和 h 的共同影响，计算时应根据发射系统的结构和射击时序等条件，选择燃气射流冲击的最严重状况来确定 $\boldsymbol{F}_r$、a、b 和 h 的值。另外，考虑到燃气射流流动的复杂性以及数值计算的精度，合理的冲击载荷计算结果应为 $F_r \pm 20\%$。

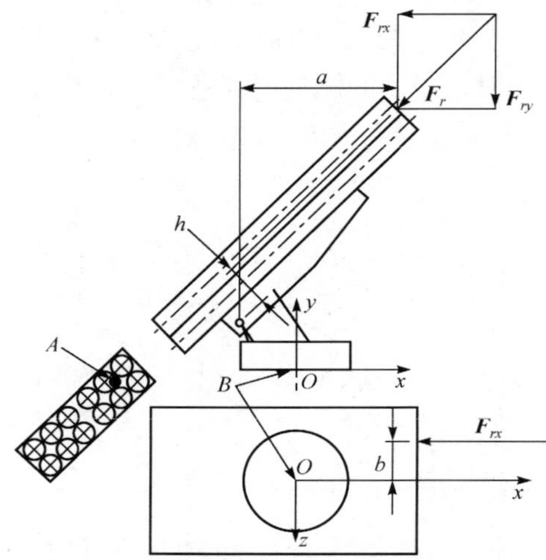

图 6.48　集束式定向器发射系统受力分析

A：燃气射流冲击力集中作用点；*B*：回转中心

6.4.2　箱式定向器迎气面冲击流场仿真

为了提高武器系统的火力机动性和弹药维护的便宜性，目前，世界上先进的火箭炮均采用储运发箱一体化的箱式发射技术。箱式发射技术的优点在于，装填火箭弹的包装箱同时也是定向器(集束)，它兼具了平时弹药储存维护和战时发射两个功能。平时作为包装箱来盛装、储存和保护火箭弹，战时则作为定向器(集束)直接吊装于火箭炮起落架上，保障火力迅速打击。长期以来，质量较大的中大口径火箭弹的战时现场二次装填一直是极大的技术挑战，而储运发箱一体化技术成功化解了这一难题。

图 6.49 为储运发箱式定向器(简称箱式定向器)设计结构模型、简化模型和计算用网格化模型。由图 6.49(a)可见，该储运发箱为 4 管结构，矩阵型布置。进行储运发箱式定向器迎气面流场计算时，采用第 6.4.1 节的简化方法，即将火箭弹简化为仅含喷管部分，忽略弹身等结构。采用六面体和四面体混合网格，如图 6.49(c)所示。

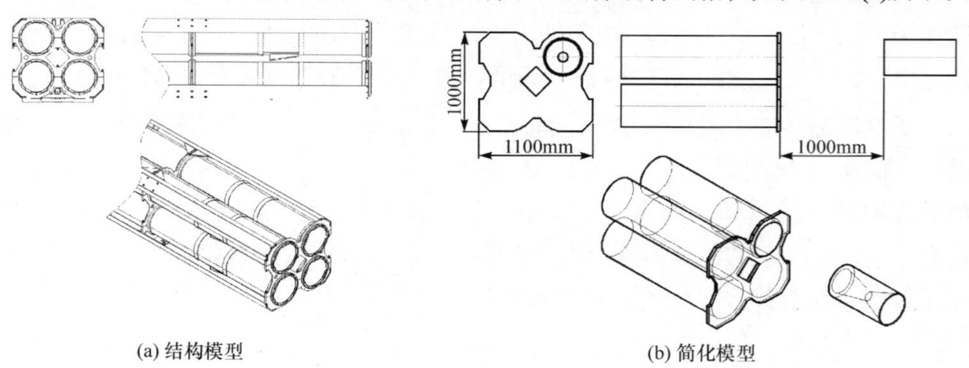

(a) 结构模型　　(b) 简化模型

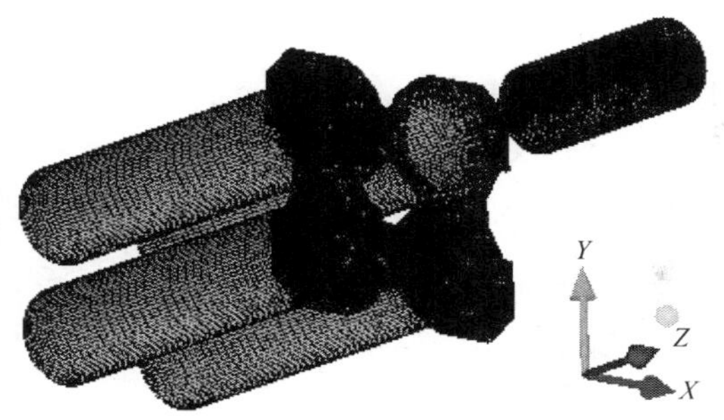

(c) 网格化模型

图 6.49　箱式定向器设计结构模型、简化模型和计算用网格化模型

1. 动网格实现方法及其边界条件

图 6.50(a)、(b)分别为火箭弹运动初始时刻(t=0.055s)和运动一段时间后的箱式定向器动网格划分示意。由图 6.50 可见，箱式定向器动网格分为 A、B 和 C 3 个区域，其中 A 区和 C 区分别为定向管尾部和喷管部分，由于这两部分的几何结构较简单，所以均采用六面体网格划分；而 B 区的迎气面夹板几何形状较复杂，因此采用四面体网格。3 个区域以交界面连接，为保证滑移网格交界面的数据传递精度，交界面两侧的纵向网格大小应尽量保持一致。

图 6.50(a)表明，随着火箭弹运动，A 区网格的大小和形状均保持不变；B 区网格发生了重构；C 区仅产生网格移动。

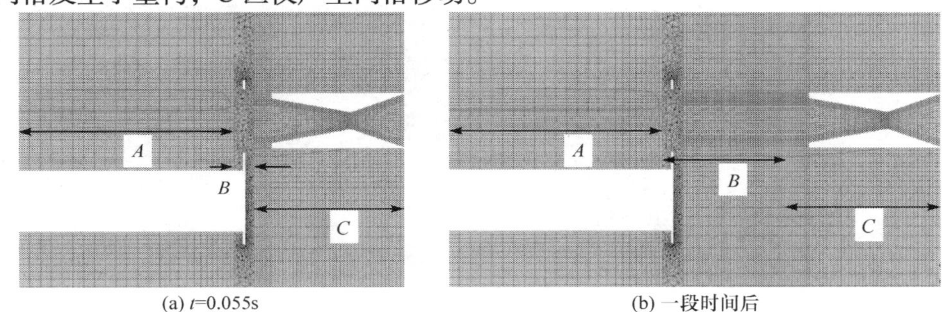

(a) t=0.055s　　(b) 一段时间后

图 6.50　不同时刻箱式定向器动网格划分示意

火箭弹的运动规律仍采用真实火箭运动数据，即根据发动机实测推力曲线、火箭弹质量以及射角等参数由 Adams 软件求解推算而得。

2. 非定常计算条件下的冲击流场

图 6.51(a)～(k)为采用非定常计算得到的火箭弹飞离管口不同时刻 OYZ 面内的非定常马赫数分布云图。由图 6.51 可见，随着火箭弹飞离定向器管口，燃气射流开始冲击管口区域。在图 6.51(a)、(b)对应的 0.0055s 和 0.01s 时刻，火箭弹

距管口较近，流场基本上仍保持对称结构；随着火箭弹飞离管口越来越远，在发射管上方的空旷区域及其下方带前盖的定向器迎气面上，流场结构开始发生明显变化，如图 6.51(c)～(k)所示。

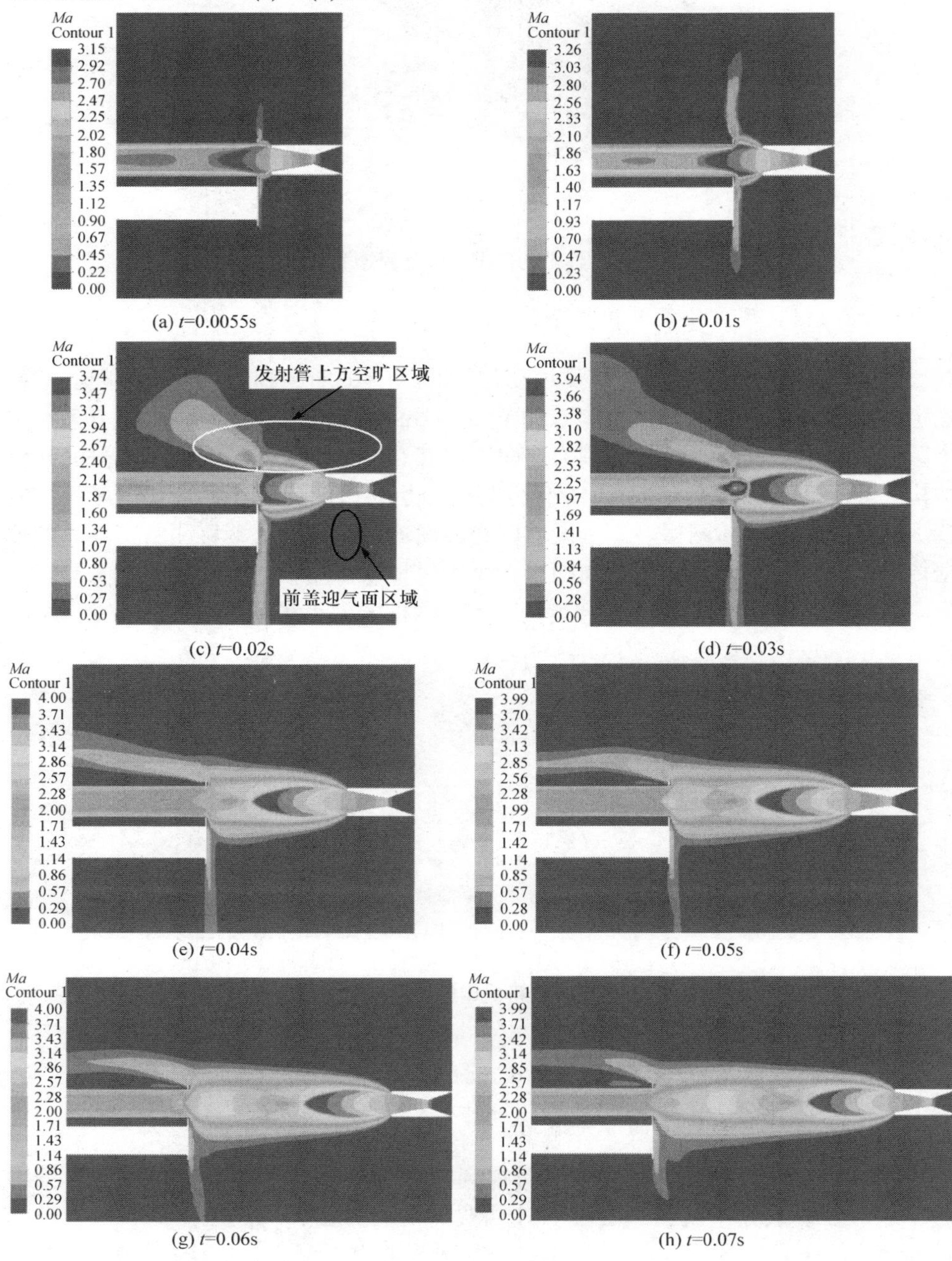

(a) t=0.0055s　　(b) t=0.01s

(c) t=0.02s　　(d) t=0.03s

(e) t=0.04s　　(f) t=0.05s

(g) t=0.06s　　(h) t=0.07s

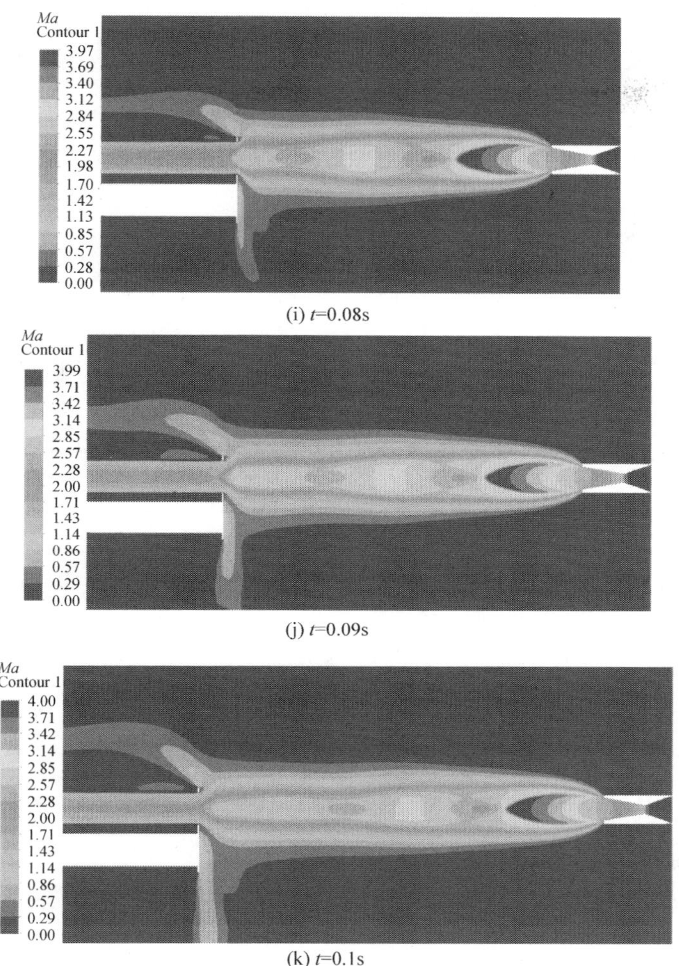

(i) t=0.08s

(j) t=0.09s

(k) t=0.1s

图 6.51　火箭弹飞离管口不同时刻 *OYZ* 面内的非定常马赫数分布云图

3. 迎气面上压强变化规律

计算流体力学数值仿真是对整个流动区域内流动参数的求解。非定常计算模式下，计算过程的每个积分步、流场中的每一点以及每个流动参数都可给出明确值，这些计算结果可用于研究某点压强或其他流动参数随时间的变化规律。

在发射箱迎气面上的水平(*X*)、垂直(*Y*)和 45°(*Z*)3 个方向各布设 7 个监测点，即 $x_1 \sim x_7$，$y_1 \sim y_7$ 和 $z_1 \sim z_7$ 共 21 个监测点。下标相同的监测点，如 x_1、z_1、y_1 与发射管中心 *O* 点的距离相等，x_2、z_2、y_2 也是与 *O* 等距离的点，依次类推；

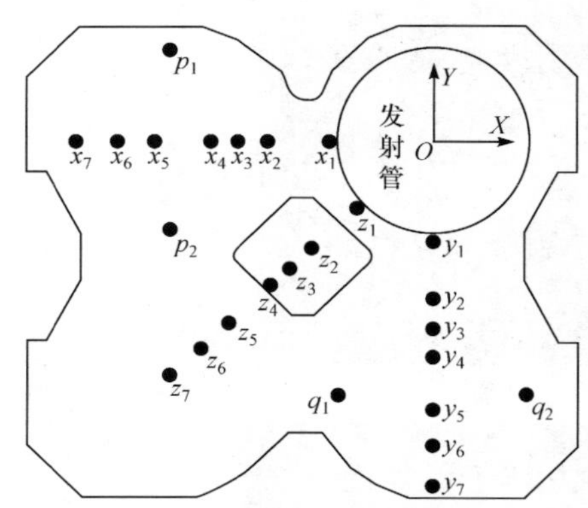

图 6.52　箱式定向器数值计算监测点

p_1、p_2为相对于x轴对称分布且距O点0.557m 的两个点(与x_5到O点的距离相等)；q_1、q_2为相对于y轴对称分布且距O点 0.557m 的两个点(与y_5到O点的距离相等)，21 个监测点的分布如图 6.52 所示。

图 6.53 给出了箱式定向器迎气面上各监测点的压强-时间(p-t)变化曲线。为比较与发射管中心等距离但方位不同的监测点的压强变化规律，将X，Y，Z三个方向的监测点按照序号进行 p-t 变化对比，图 6.53(a)为监测点 x_1、y_1、z_1的对比，图 6.53(b)为监测点 x_2、y_2、z_2的对比，以此类推。

由图 6.53 可以看出，在离发射管中心较近区域(图 6.53(a)～(d))，X方位和Y方位上与发射管中心相同距离点的压强变化较一致，而Z方位等距离点的压强则与之差异较大；在距发射管中心较远区域(图 6.53(e)～(g))，3 个方向的压强变化规律都基本趋于一致。

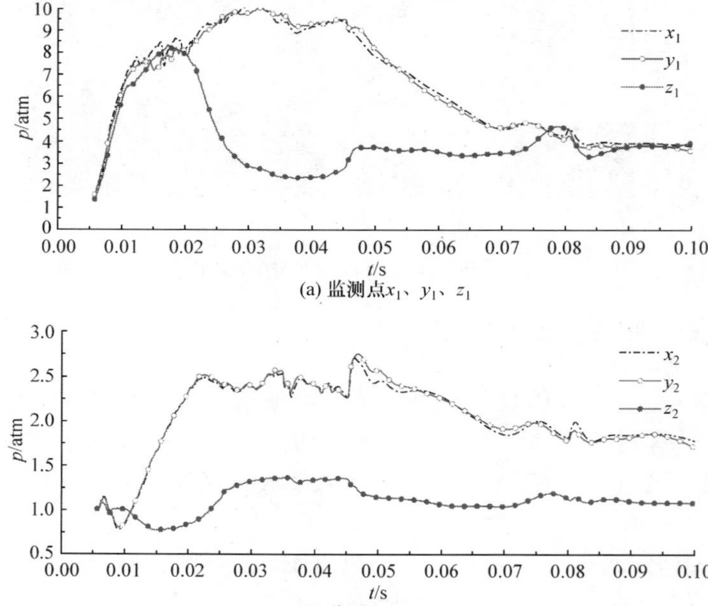

(a) 监测点x_1、y_1、z_1

(b) 监测点x_2、y_2、z_2

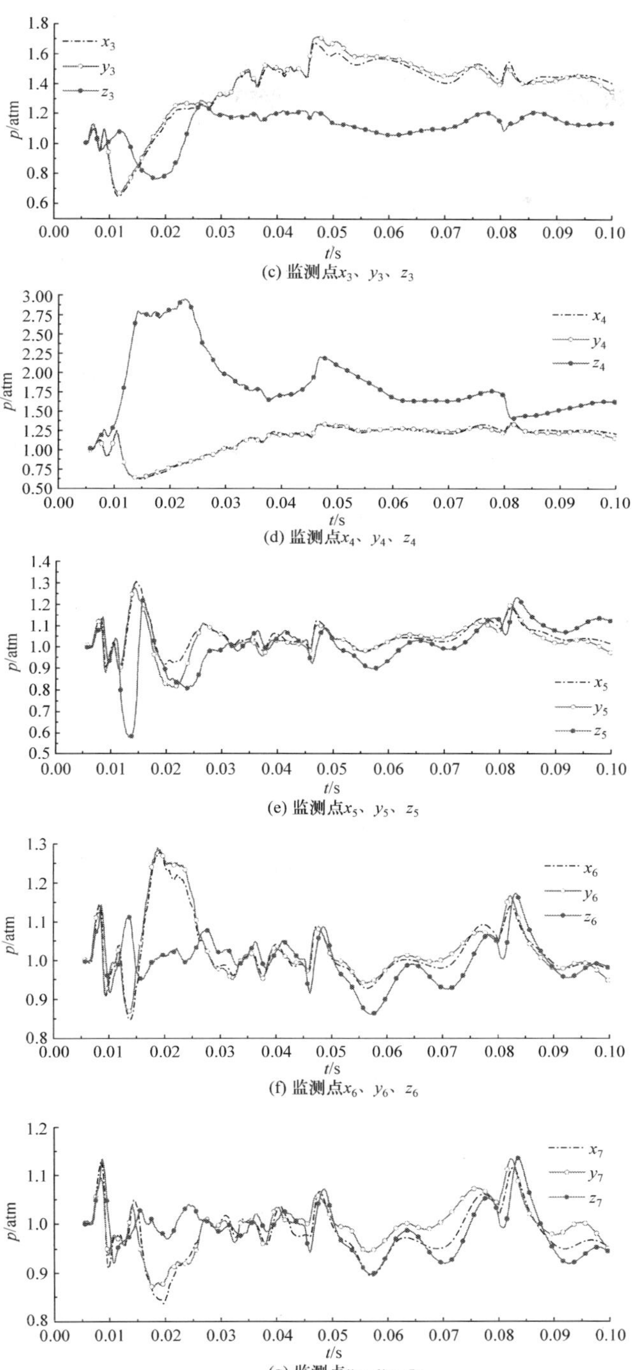

(c) 监测点x_3、y_3、z_3

(d) 监测点x_4、y_4、z_4

(e) 监测点x_5、y_5、z_5

(f) 监测点x_6、y_6、z_6

(g) 监测点x_7、y_7、z_7

图 6.53　箱式定向器迎气面上各监测点的 p-t 变化曲线

为进一步说明监测点压强分布与发射管中心点距离的关系，将 X、Y 轴上的监测点与 p_1、p_2 和 q_1、q_2 的压力变化情况进行对比，如图 6.54 所示。图 6.54(a)为 x_5、p_1 和 p_2 三个监测点的 p-t 曲线，可以看出：① p_1 与 p_2 的 p-t 曲线重合度很好；②监测点 x_5 的 p-t 曲线在 t=0.01～0.02s 范围有一个峰值跳跃，而在其他时间段内与 p_1 和 p_2 的变化规律相似。总的来看，p_1 与 p_2 的曲线重合度更好一些。

再来观察一下 Y 轴三个监测点的情况。图 6.54(b)为 y_5、q_1 和 q_2 三个监测点的 p-t 曲线。从 6.54(b)可以看出，在 t=0.0055～0.1s 范围内，三个点的 p-t 曲线规律基本一致，重合度较好；三条曲线在 0.05s 和 0.08s 附近都有跳动。

从上述比较可以发现，x_5、p_1、p_2、z_5、y_5、q_1、q_2 这 7 个监测点与发射管中心的距离是相同的，均在以发射管中心为圆心的同一半径的圆周上。如果这 7 个点的压强及其变化规律相同，说明关于压强随半径分布及有孔洞时的分布规律的假设条件是成立的(见第 5.3.1 节)。这样，就可以通过合理布设压强监测点来尽量减少实验次数，降低实验成本，提高测试效率。

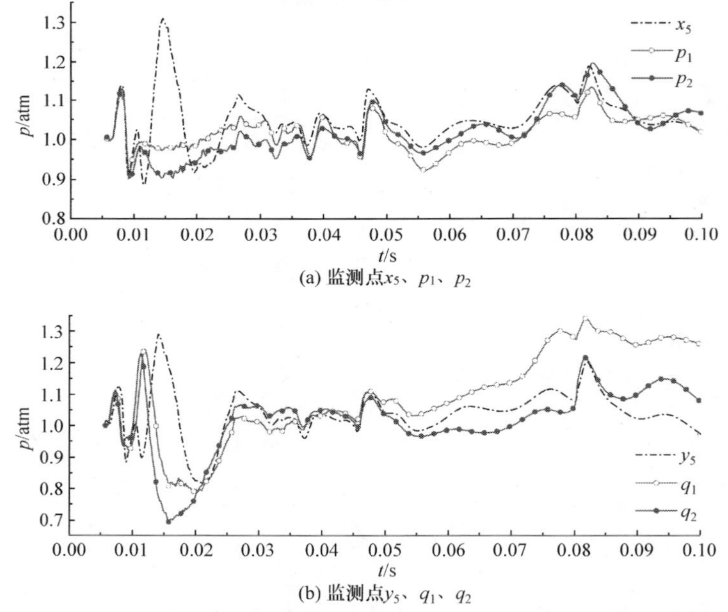

(a) 监测点x_5、p_1、p_2

(b) 监测点y_5、q_1、q_2

图 6.54　箱式定向器迎气面 x、y 方向监测点与轴外监测点 p-t 曲线对比

4. 箱式定向器迎气面压强云图

图 6.55(a)～(k)为不同时刻箱式定向器迎气面上冲击压强云图。从图 6.54 可以看出，当 t=0.005～0.02s 时，迎气面上所受冲击压强的最大值迅速增大，迎气面受到的冲击作用迅速增强，压强以 O 点为中心沿半径方向近似呈环状对称分布；在 t=0.03～0.07s 时，迎气面上压强最大值开始减小，迎气面的受冲击作用

也随之减小，压强云图以 O 点为中心出现上、下、左、右 4 个花瓣状的峰值分布区域；在 t=0.08～0.1s 时，迎气面上压强最大值及其冲击作用继续减小，压强云图又恢复为以 O 点为中心沿半径方向的近似环状对称分布。

5. 箱式定向器冲击载荷系数

为了比较不同燃气射流对迎气面的冲击效应，参照物体阻力系数[28,29]，定义冲击载荷系数 c_d 为：发射系统迎气面所受冲击力与燃气射流动压和受冲击面积乘积之比(无量纲)

$$c_d = F\bigg/\left(\frac{1}{2}\rho u^2 \cdot S\right) \tag{6.53}$$

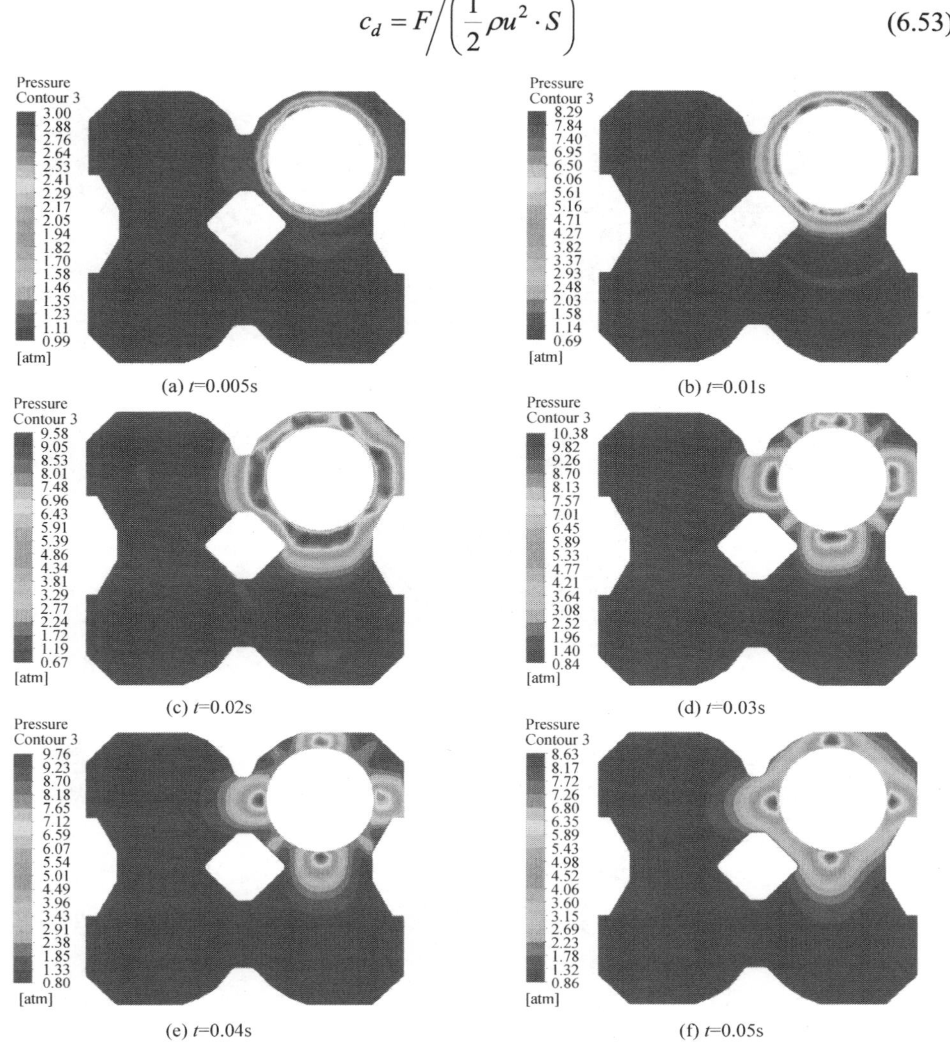

(a) t=0.005s (b) t=0.01s

(c) t=0.02s (d) t=0.03s

(e) t=0.04s (f) t=0.05s

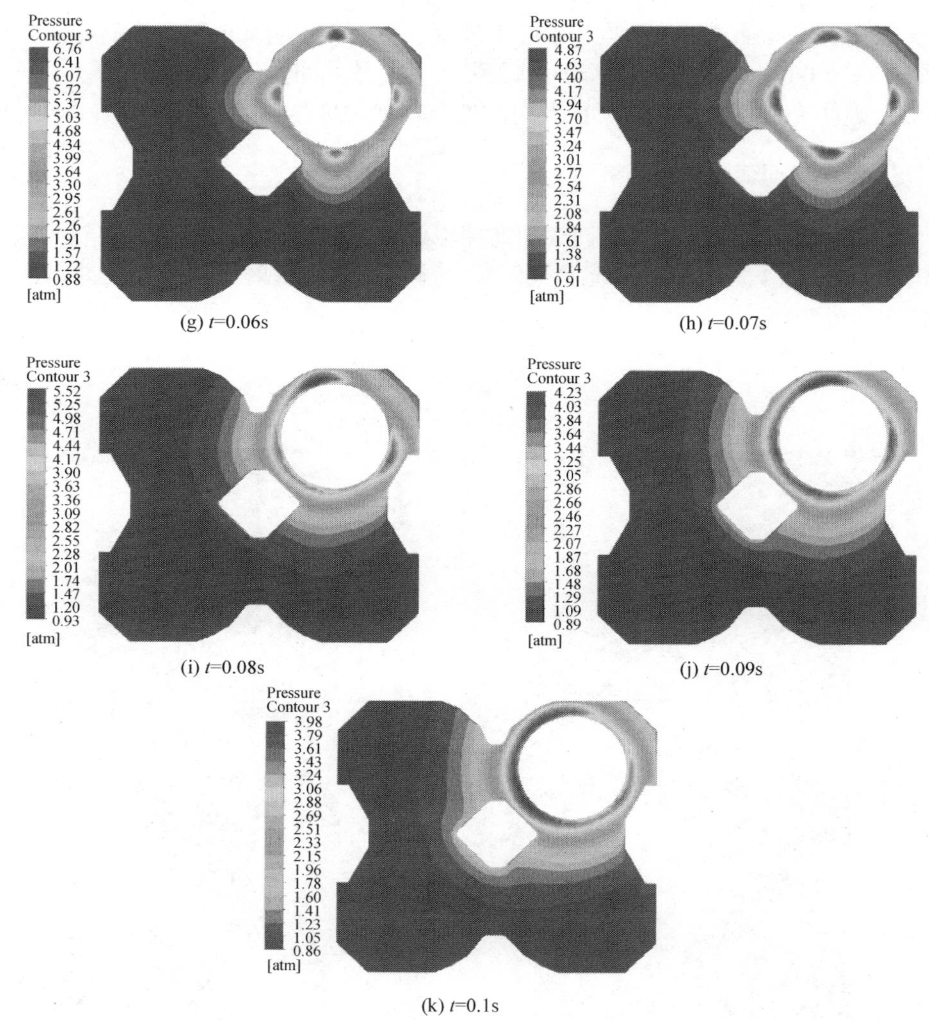

图 6.55　不同时刻箱式定向器迎气面上冲击压强云图

式中：F 为发射系统迎气面受到的冲击力，ρ 为燃气射流的密度，u 为燃气射流的流动速度，S 为受冲击面积，此处即为发射系统迎气面面积。c_d 越大，表明迎气面受到的冲击越强。

图 6.56 为箱式定向器迎气面受燃气射流冲击时的冲击载荷系数-时间(c_d-t)曲线，负值表示所受冲击力沿–Z方向。从图 6.56 可以看出，初始时刻 c_d 很小，几乎接近于 0，说明此时发射箱受到的冲击作用很小；随后 c_d 迅速负向增大，当 t=0.02s 时，c_d 达到第一个峰值–189668，然后又迅速下降；当 t=0.05s 和 0.08s 时，曲线上出现两个微量的跳动；当 t=0.1s 以后，c_d 渐趋于稳定，约为–107482。

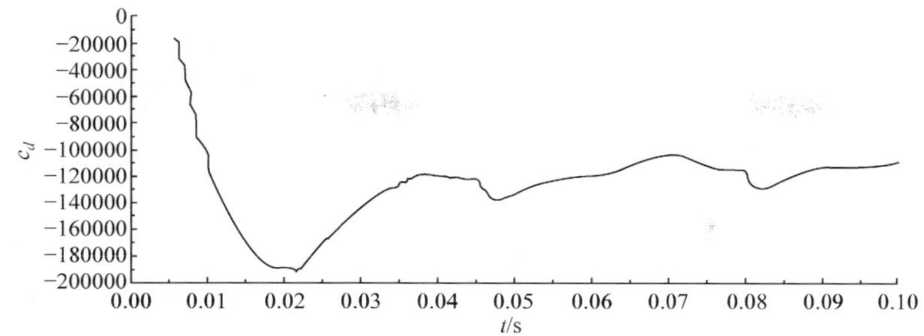

图 6.56　箱式定向器迎气面受燃气射流冲击时的 c_d-t 曲线

6.4.3　滑轨式定向器燃气冲击流动仿真

图 6.57 为滑轨式定向器结构模型与简化模型。该计算实例选取了具有高低轨的同时离轨发射轨道，火箭弹的后定心部在高轨上滑动，前定心部则借助适配器(或支撑腿)在低轨上滑动。滑动至某时刻，后定心部和适配器(或支撑腿)分别与高、低轨同时脱离接触，实现同时离轨(关于同时离轨发射内容，详见第 2.5.4 节)。

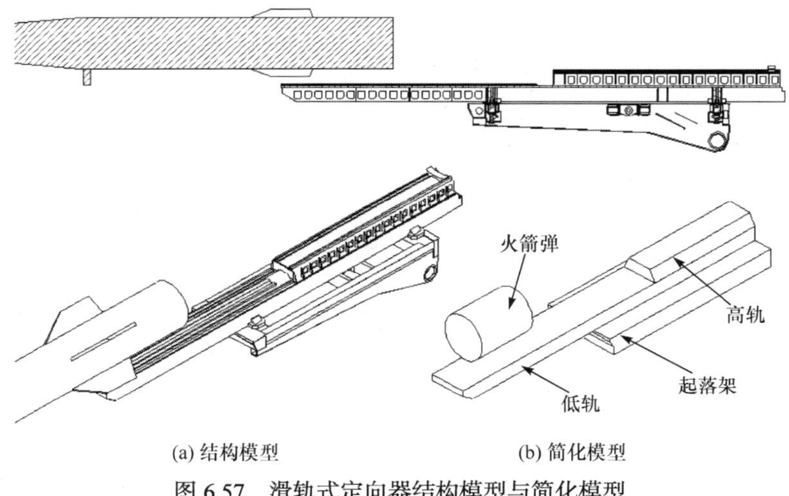

(a) 结构模型　　(b) 简化模型

图 6.57　滑轨式定向器结构模型与简化模型

1. 计算区域与网格化模型

在滑轨式定向器的发射系统中，火箭导弹点火后，开始在发射系统的导轨上运动，燃气射流将直接冲击发射系统。对于高低导轨式发射装置，系统的受冲击面主要是导轨和起落架。简化后的计算区域与网格化模型如图 6.58 所示。

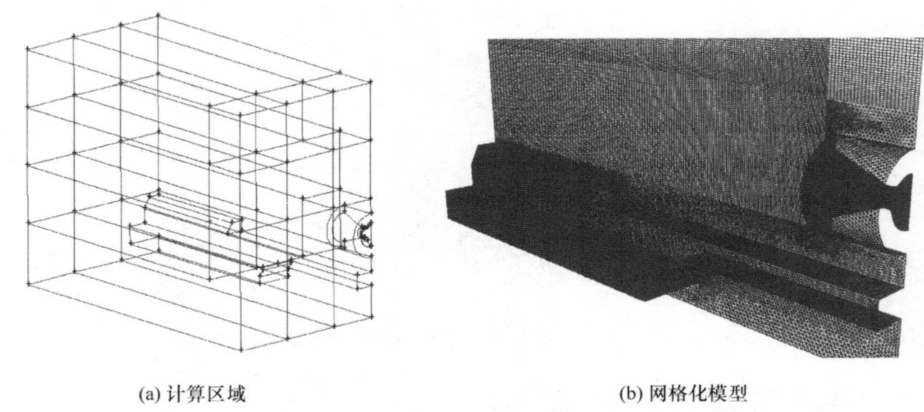

(a) 计算区域　　(b) 网格化模型

图 6.58　滑轨式定向器计算区域与网格化模型

2. 燃气射流冲击效应分析

图 6.59 为滑轨式定向器发射轨道上的压力等值线分布。由图 6.59 可见，受冲击面的压力并不大，仅在局部区域有冲击现象。

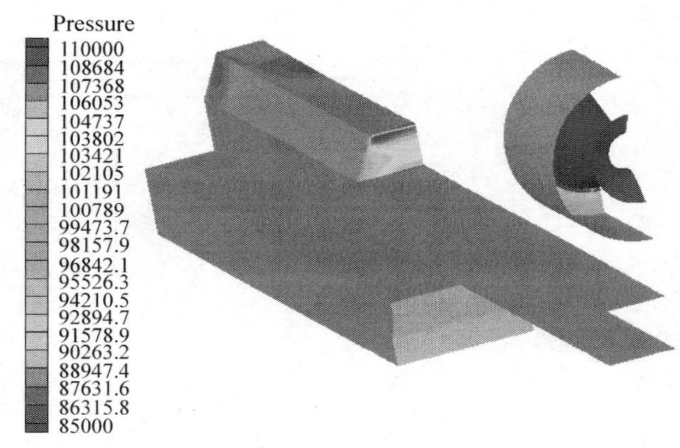

图 6.59　滑轨式定向器发射轨道上的压力等值线分布

图 6.60 为滑轨式定向器发射轨道的温度等值线分布。由图 6.60 可见，虽然发射轨道的某些局部温度高达 1600K，但应注意到：①图 6.60 显示的是近发射轨道壁面的燃气温度，并非固壁边界上的真实温度(壁面真实温度不仅与燃气作用时间有关，还与材料的传热系数有关)；②弹体在导轨上的运动时间约为 400ms，意味着热量传递的时间非常短暂，壁面吸收的热量并不多，温升一般在 50～80℃。

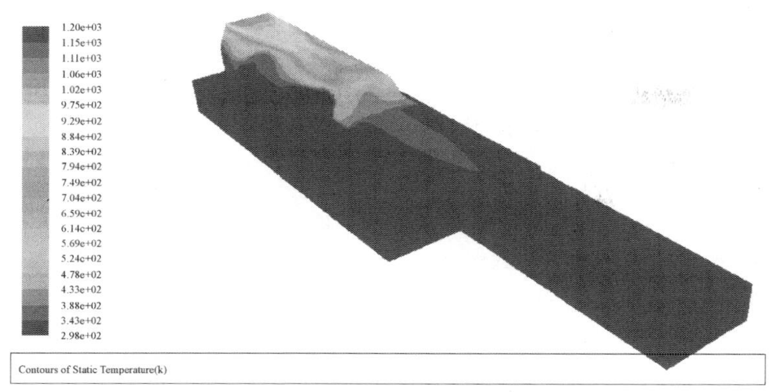

图 6.60　滑轨式定向器发射轨道的温度等值线分布

图 6.61 为沿发射轨道(起落架)纵剖面上的马赫数等值线分布。由图 6.61 可见，沿射流轴线上的马赫数最大，高、低导轨表面附近的马赫数较小，约为 0.1。这里马赫数的值可表征燃气射流的动能(也即动态冲击)大小。

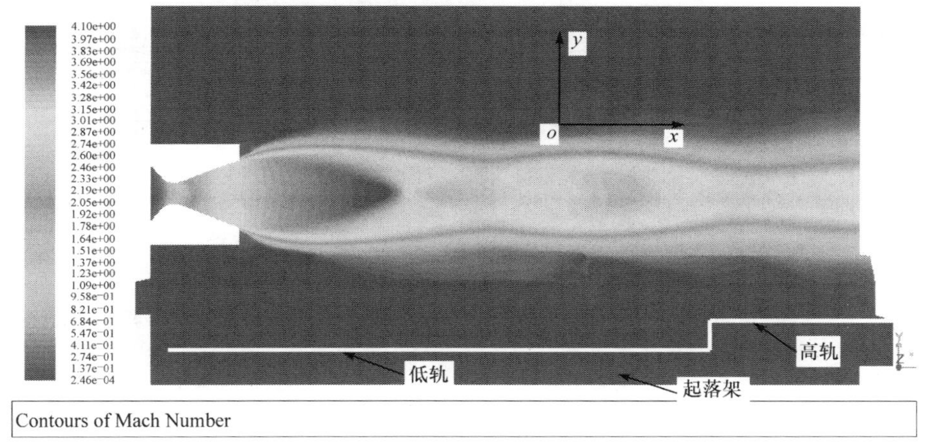

图 6.61　沿发射轨道(起落架)纵剖面上的马赫数等值线分布

假若此处燃气音速为 1000m/s，冲击发射轨道面的气流速度将达约 100m/s，即燃气具有约 360km/h 的流动速度，而这正是产生燃气射流冲击力和黏性摩擦力的主要原因。

3. 滑轨式定向器上的受力分析

当燃气射流作用在发射系统的滑轨式定向器和起落架壁面时，燃气的冲击作用和流动的黏性作用将分别产生相应的冲击力和黏性摩擦力。将迎气面和作用面上的所有力求和，可获得沿射流轴线(x 向)方向和铅垂向(y 向)的力。该值即燃气射流对发射系统的总作用力。

该实例中，通过计算可知，燃气射流对发射系统的 x 向作用力约为 39.8kN，y 向作用力约为 9.4kN，综合误差约为 ± 20%。

6.4.4 同时离轨定向器燃气冲击流动仿真

同时离轨技术主要用于发射大质量火箭弹的野战火箭炮。我们知道，当火箭弹的质量增大到一定程度(如现阶段的 3000kg 以上)时，在长度有限的滑行轨道上，发动机的推力已不能赋予火箭弹足够的速度，这样，由重力引起的火箭弹绕后定心部的转动角加速度就会发展为角速度和角度，造成起始扰动过大。同时离轨技术有效地解决了这一难题。同时离轨中的高低轨可使火箭弹的前后定心部同时解脱支撑，消除了重力造成的转动力臂，因而使火箭弹的转动力矩为零。

与筒式定向器光滑的发射箱内壁面不同，同时离轨技术的高低轨衔接处存在高度差，燃气流动到此通道顺势改变。图 6.62 为某同时离轨发射箱的结构模型、简化模型和网格化模型。图 6.62(b)显示，在高低轨衔接处，燃气的通道截

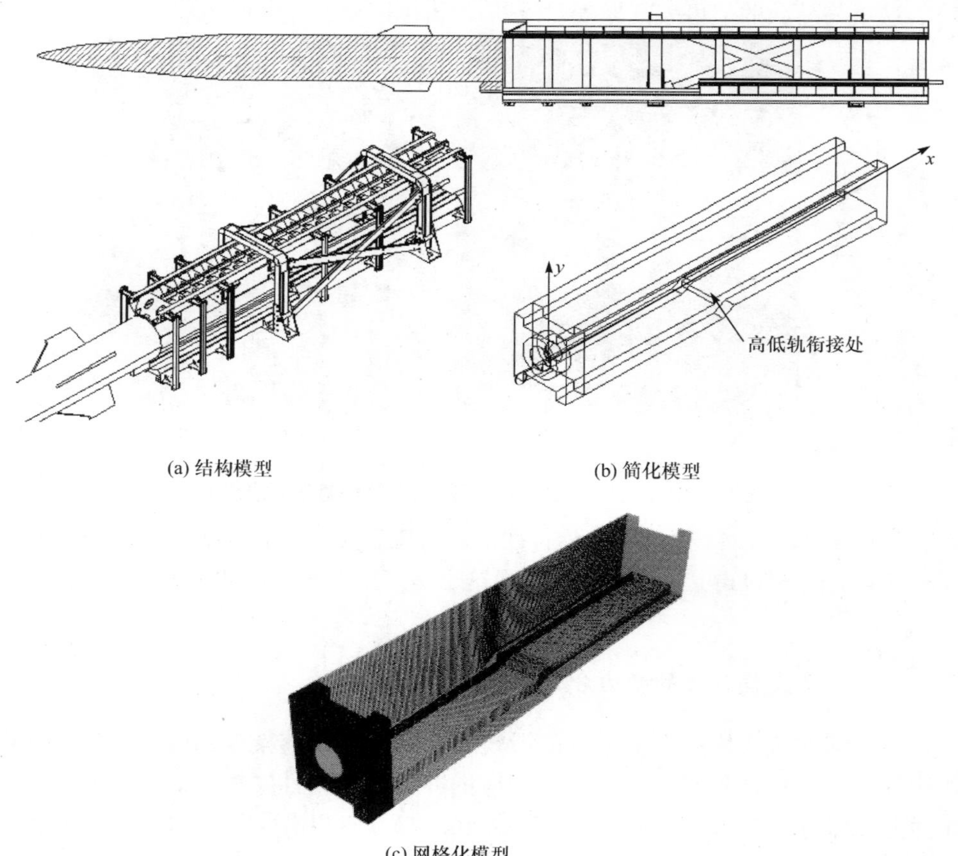

(a) 结构模型　　(b) 简化模型

(c) 网格化模型

图 6.62　同时离轨发射箱结构模型、简化模型与网格化模型

面积缩小，燃气在此处被压缩并可能形成冲击激波。因此，同时离轨技术的发射箱燃气射流冲击作用规律又有不同特点，必须进行专门研究。

由于关注的是发射箱内部的冲击流动，而非管口的冲击流动，因此认为火箭弹运动至发射箱的管口位置时，发动机喷管出口截面恰好与发射箱管口平齐，可采用定常流方法计算。

1. 同时离轨发射箱内燃气射流仿真

同时离轨发射方式实际上就是在滑轨式发射箱(第 6.4.3 节)的四周加设了箱壁，发射系统由开放的滑轨式变为封闭的箱式，使箱壁对燃气射流起到有效的控制作用，主要表现为：①导流作用，即对燃气射流的流动进行梳理引导；②缩小了燃气射流对火箭炮的作用范围，将发射系统的受力主要限制在射流方向，也降低了发射系统的振动。

发射箱的箱壁多由非金属复合材料制成，例如，玻璃纤维与金属框架体的复合、碳纤维壳体填充与轻质巴松木的复合等，箱壁材料的选择是以作用于壁面的燃气射流的压强值为根本依据的(该压强值由数值计算获得)。在进行同时离轨发射箱内燃气射流计算时，应关注以下情况：

(1) 喷管处于不同位置时发射箱内壁面的压强分布规律及其正负压情况；

(2) 发射箱内壁突起部位的压强量级，如高低轨衔接处、观察窗、闭锁挡弹机构、支撑火箭弹的倒伏机构、信息交联(插拔机构)机构等部位；

(3) 发射箱内壁面上的固定线缆和壁面缝隙(对接焊缝)等位置的压强及流动速度分布；

(4) 发射箱内壁面的温度分布规律。

2. 箱壁及高低轨作用压强及其分布

采用 Fluent 软件对包含同时离轨发射箱壁及高低轨在内的流场进行计算，得到如图 6.63 所示过射流轴线平面的压强和马赫数分布。由图 6.63(a)～(d)可见，在轨道的导流作用下，作用在发射箱内壁面上的压强大幅度减小。需要注意的是，此时壁面的压强不是向外压迫箱壁，而是形成了许多负压区，迫使箱壁向内变形，这就是“内吸”现象。

为了更好地说明“内吸”现象，图 6.64(b)～(e)给出了对应图 6.64(a)中的 4 条线，即射流中心线、上壁面中心线、下壁面中心线和侧壁面中心线的压强分布曲线，其中静压强为相对于大气环境的超压值。由图 6.64(b)～(e)可见，在发射箱的上、下壁面和侧壁面上，均有约–0.6atm 的超压值，也即压强是从箱壁的外侧压向内部，于是造成箱体向内变形。进行结构设计时必须重视“内吸”现象。

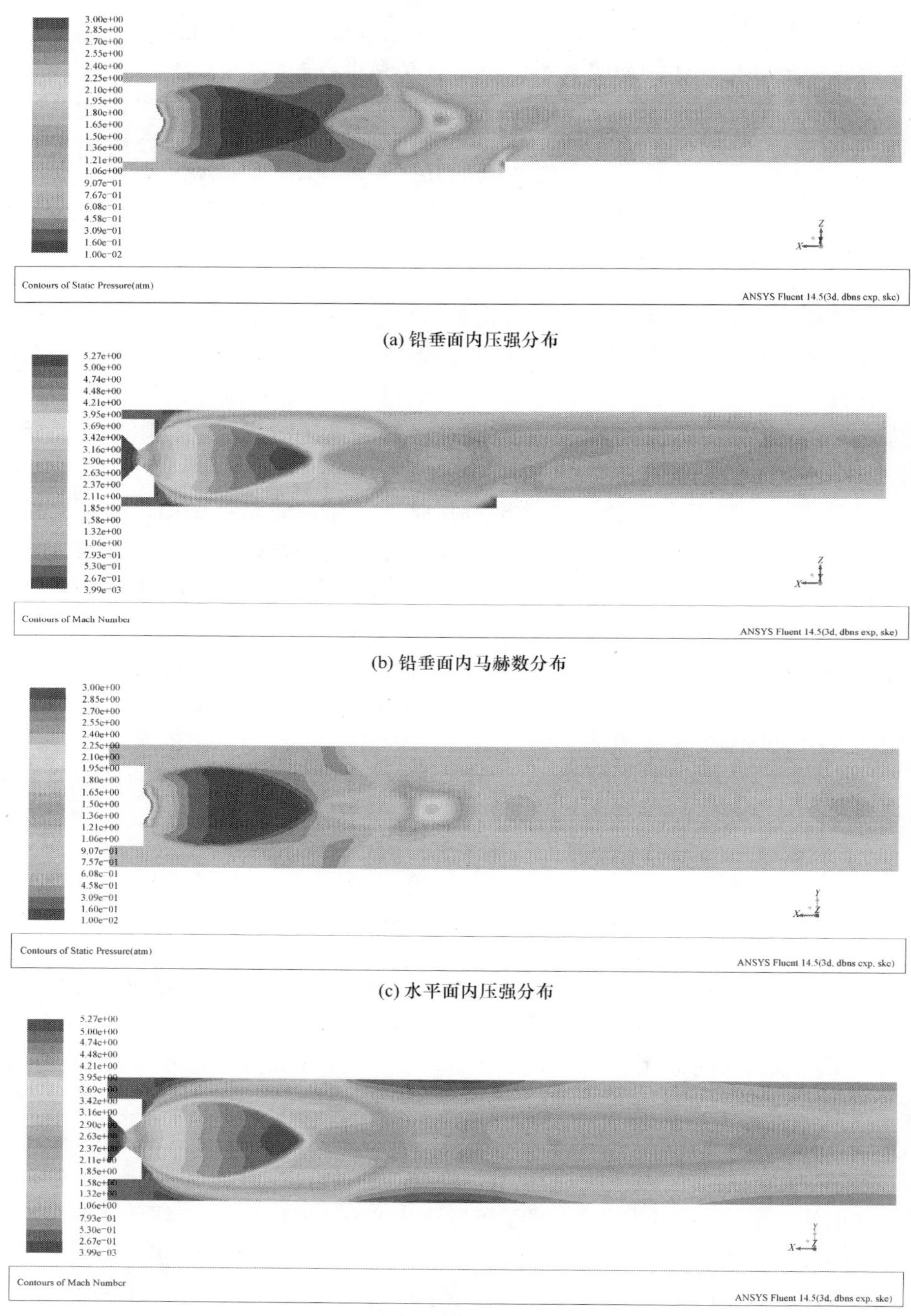

(a) 铅垂面内压强分布

(b) 铅垂面内马赫数分布

(c) 水平面内压强分布

(d) 水平面内马赫数分布

图 6.63　同时离轨发射箱壁及高低轨过射流轴线平面的压强和马赫数分布

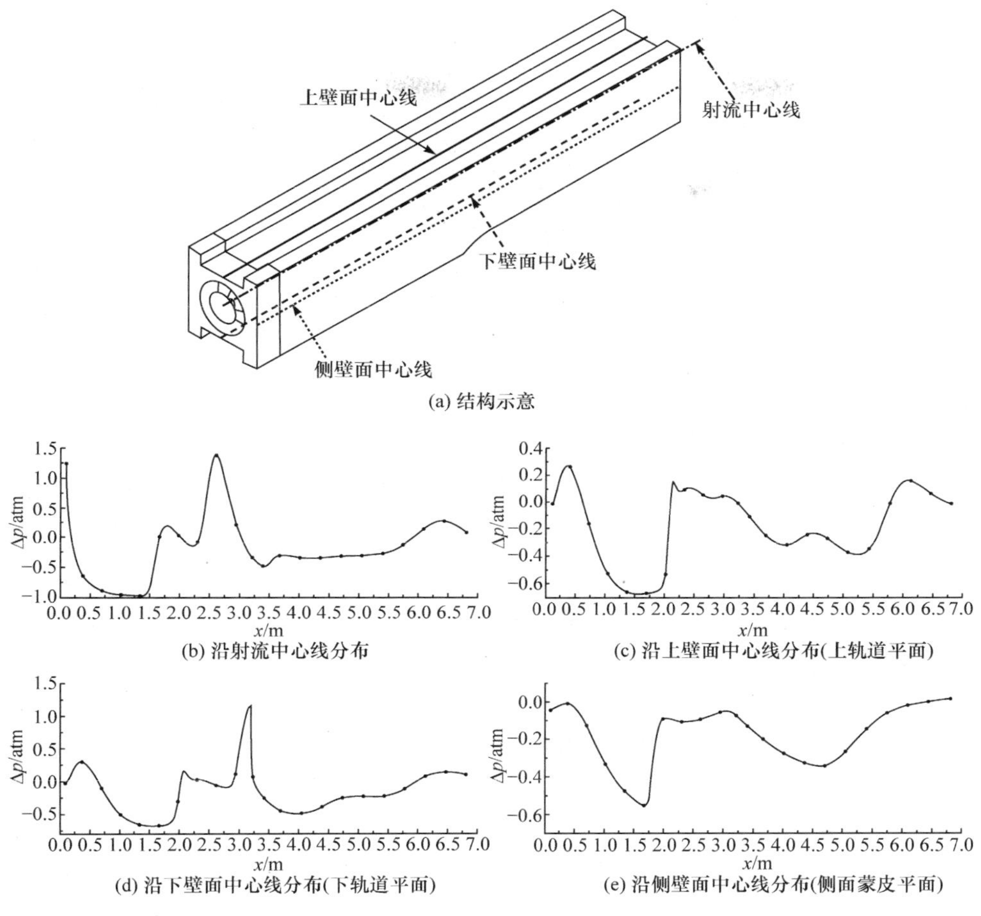

图 6.64　同时离轨发射箱壁压强沿典型平面的线分布

3. 压强分布规律在结构设计中的应用

图6.65给出了同时离轨发射箱内壁面的压强分布云图。由图6.65结合图6.63各图可以看出，箱体各处受到的压强普遍小于 1atm(即环境绝对压强)，意味着作用于箱体的超压使箱壁受到向内侧的“吸力”。因此，设计时不仅要关注结构所受力的大小，更须明确力的作用方向，这对于箱体支撑结构的设计至关重要。正如一根受力弯曲的梁的设计，如果受力方向判断错误，所设计的梁的抗弯特性必然相左。对于同时离轨发射箱内壁面由外向内的受力特点，尤须特别关注。

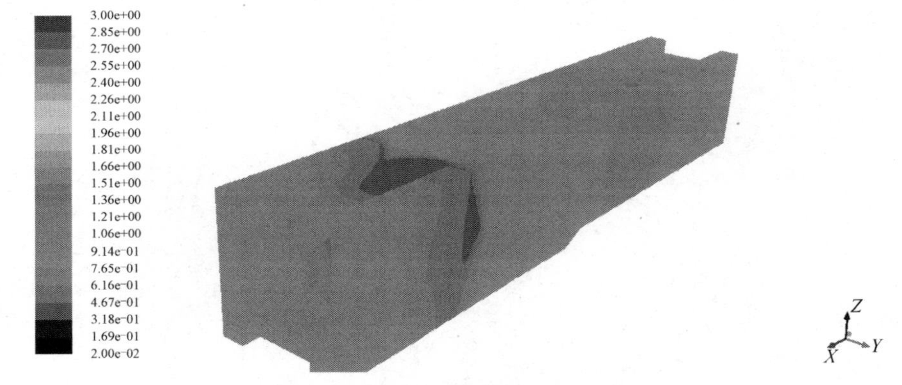

图 6.65　同时离轨发射箱内壁面压强分布云图

计算得到的发射箱壁面上的压强分布规律，对于发射箱的结构设计究竟有何帮助？下面以金属框架和钢板蒙皮焊接而成的箱体四壁为例，说明如何利用计算结果进行结构设计。

在设计时，通常必须思考的问题是：焊缝应该设计在什么位置，采取什么样的焊接方式，连续焊还是断续焊？断续焊接时，焊缝间隔如何确定？这些问题，都必须在得到发射箱壁面上的压强分布规律，明确箱壁各处所受的燃气冲击载荷的具体情况后，才能找到设计依据。

将图 6.65 中的壁面压强数据提取出来，施加到结构强度有限元分析模型中，如图 6.66 所示。通过计算即可获得在燃气射流冲击载荷作用下发射箱内壁面的受力和变形情况。

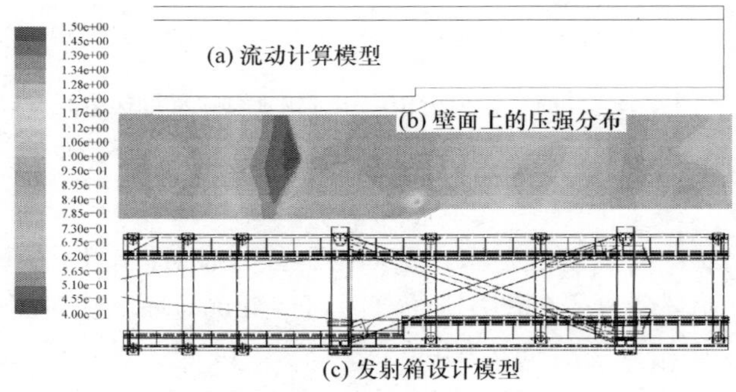

图 6.66　发射箱设计结构与压强分布

通过在有限元分析模型中尝试不同的焊接形式及结构，如图 6.67 中的单铆钉(A)、多铆钉+压条(B)以及连续焊接(C)等，可获得这些结构形式的计算结果，从而可预判各焊缝的情况，为设计提供选择依据。

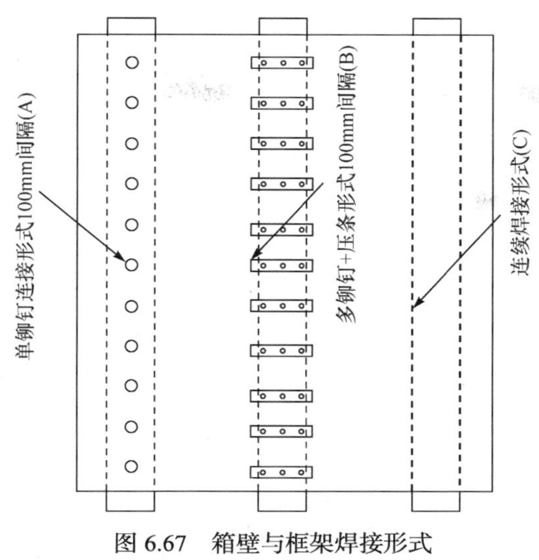

图 6.67 箱壁与框架焊接形式

本章小结

本章介绍了运用计算流体力学进行火箭炮发射系统燃气射流流动仿真的方法。为了帮助研究人员更合理地选择计算模型，利用计算结果进行结构辅助设计，总结说明几点。

(1) 数值分析在火箭发射系统受力分析中的作用。

通过计算获得流场的大致结构及压强场、速度场和温度场等流动参数的分布后，可为发射系统、定向器或发射箱的结构设计提供基础数据。例如，舰载火箭炮发射时，如何划定舰船夹板上的危险区域；战斗机机载火箭炮发射时，火箭导弹与飞机位置关系的确定等；定向器、发射箱内壁面上的压强值可积分转化为受作用面上的冲击力，继而为定向器管壁、发射箱壁等结构的刚强度设计提供依据；管口迎气面上的压强可用于计算发射系统受到的冲击力(该力是引起发射系统振动的主要载荷之一)。

(2) 燃气射流冲击流场数值分析的一般流程。

(a) 模型简化：在数值分析时，将模拟对象——实物样机或设计模型的所有细微结构都纳入计算模型中几乎是不可能的。原因是，模型中含有许多诸如倒角、螺纹牙型、电线电缆、凸起的焊缝、孔洞等细小结构，若将这些细微部位考虑在内，网格划分会变得复杂异常，计算量极大，甚至计算无法进行；而且，这些结构对计算精度的贡献并不大，其结果是以极大的计算量来获得极小的精度提高，这在数值分析中是性价比很低的做法，得不偿失。当然，也不能一概而论，当研究某一局部问题，如螺栓的拉断问题时，计算模型中必须保留螺纹牙型。所以，如何根据具体的研究对象合理地简化模型，是数值分析的关键步骤。

(b) 计算区域网格化：在实际计算中，计算区域的网格究竟应该划分为什么形状，多大尺寸，并没有统一的标准。从多年的实践经验中，我们总结出一些规律。在进行燃气舵射流冲击计算时，即使在同一计算模型中，每个部位的网格尺寸也不尽相同，发动机喷管出口截面上的网格长度尺寸可小至 0.5mm[30,31]，燃气射流冲击到管口迎气面时的网格长度可大至几个毫米，而发射箱其他部位的网格尺度则可达几十毫米。所以，通常需要依据不同对象，结合经验和试算等方法来决定网格形式和大小。

(c) 边界条件的设定：流场计算中主要的边界条件是固壁边界和远场模拟条件。固壁边界条件多用于结构件的表面；而压力远场条件则主要用于自由射流流场计算。真实的压力远场条件是指无穷远处压强为环境压强、流动速度为零的状态，但受计算量制约，这一条件在实际计算中是无法实现的。通常的做法是，将压力远场条件设定为半径方向约 30 倍喷管出口截面直径的位置，且满足压力出流条件(即流出时采用流场内压强等参数赋值边界点；流入时则采用已设定的边界条件赋值边界点)。

(d) 定常流与非定常流：在真实的火箭导弹发射过程中，燃气射流的流动都是非定常的，但实际计算与分析时，究竟应选择什么模型？通常，可根据具体的流动阶段来选择不同的模型：①燃烧开始至稳定燃烧阶段应采用非定常模型；②发动机稳定燃烧阶段应采用定常模型；③研究激波开盖等问题时必须采用非定常流动模型模拟；④研究燃气冲击效应时，由于仅关注最大冲击载荷，非定常过程仅持续几毫秒，则可忽略短暂的流动非定常性，采用定常模型；⑤如果仅关注局部问题，如管口的最大冲击载荷，也可将发动机固定于距离喷管的某一位置处，采用定常模型计算。

(e) 计算收敛条件：数值计算的收敛条件通常采用流量、动量和能量等参数来控制。单参数控制和多参数控制都是允许的。以密度参数为例

$$\varepsilon = \frac{\displaystyle\sum_{i,j=1}^{NI,NJ} \frac{\left(\rho_{i,j}^{n+1} - \rho_{i,j}^{n}\right)}{\rho_{i,j}^{n}}}{NI \times NJ} \tag{6.54}$$

式(6.54)表示密度 ρ 在所有结点和两个时间层上相对误差的平均值。将式(6.54)中的 ρ 换为压强、温度等参数，公式同样适用。式(6.54)中，ε 为计算控制的收敛精度；i、j 为二维坐标下的网格点坐标；n 为时间变量，表示已过去的时间；n+1 为新时间；NI、NJ 为 i、j 方向的网格总数。在计算的每一时间步，程序都会自

动检测 ε 值是否小于设定的数值(如 10^{-3})。如果小于，则计算满足收敛条件；否则将继续下一时间步计算，直至收敛。精度的收敛条件需根据希望得到的参数的精度而定，如希望得到小于 1‰的密度计算精度，则需设定 10^{-3} 的收敛条件。如果希望压强、密度等参数的计算精度控制在工程允许的±10%以内，则设定 10^{-2} 的收敛条件即可。过高的收敛条件会耗费不必要的计算成本，且未必能给出更好的计算结果。因为当迭代次数达到一定量时，截断误差累计越来越大，反而会降低计算精度，增大误差。

(f) 数据的提取与处理：将计算结果提取出来用于结构设计，是进行数值计算的重要目的之一。如何有效地提取和处理数值计算结果，直接关系到计算结果在设计中能发挥多大的价值；同样的模型和计算结果，数据提取和处理方法不同，得到的数据可能相差很大。以数值仿真结果作为输入数据进行结构的刚强度设计时，不仅需要压强的大小，还要考虑压强的作用时间。当 1atm 的压强差作用在 $1m^2$ 面积上时，产生的作用力约为 100 kN，相当于在 $1m^2$ 面积上静置 10t 的物体；但是，如果将 1atm 的压强差作用于发射箱的内壁面(箱壁厚约十几毫米)，作用时间仅为几十至上百毫秒，此时，箱壁在这种瞬间强冲击作用下被破坏的可能性就很小，这一现象与材料的应变量和应变速率下的动态响应特性有关。实际上，即使壁厚只有 2mm 的 122mm 火箭炮定向器，其管壁发生破坏的情况也从未发生过。因此，提取和处理数值计算结果时，应尽可能考虑作用时间，而不可仅关注冲击压强的大小。

(3) 如何理解数值计算中的温度。

发射系统的温度问题可分为两个方面：①各种结构件的壁面温度；②发射系统外围(一定范围内)的燃气温度。

(a) 结构件的壁面温度。温度是气体宏观运动动能的量度，是衡量能量大小的指标。能量的转换有许多形式，如动能与势能转换、热传导、辐射、对流等。在数值计算中，流场温度和壁面温度的提取方法是不一样的。流场中某点的温度是按照流动方程产生和转变的方法提取的，而壁面上的温度则需按照壁面边界条件来提取。例如，由于发动机燃烧室壳体内的壁面上有隔热涂层，且发动机工作时间有限，因此，通常将发动机燃烧室壳体内的壁面设定为绝热壁面，即没有壁面热量损失。但实际情况是，发射后的发动机壳体外表面还是有一定温升的，说明发生了壁厚方向的热传导和外壁面的热辐射，有热量传递出来，所以造成外表面温升，因此，当分析内容包括温度参数时，必须严格限制壁面边界条件，如将发动机燃烧室壳体壁厚作为固体区域，考虑热传导和热辐射等因素。Fluent 软件默认的固壁边界并不考虑热量损失，因此提取的温度参数普遍偏高，需要适当校正。

(b) 发射系统(火箭炮)外围的燃气温度。122mm、300mm 等中小口径火箭弹的发动机排出的燃气量较少，且在几秒内即扩散出去，所以发射系统外围的燃气温度不会骤升；而大口径(如喷管出口直径大于 500mm)火箭发动机的排气量较大，火箭弹发射后，火箭炮周围的燃气在几十秒内都难以扩散，此时的火箭炮如同沐浴在“桑拿”中，在几百摄氏度燃气温度的作用下，火箭炮结构件和密封防护装置被破坏的可能性激增，可能造成的危害有：①耐温性能不强的线缆会发生过脆化和粘连，严重影响装备的正常使用；②轮胎等裸露橡胶件的表面出现碳化。对于这样的“桑拿”情况，仅提高材料的耐烧蚀等级是有限的，必须对燃气射流进行有效的导流设计，使其快速离开火箭炮，以降低发射系统(火箭炮)外围的温度。

参 考 文 献

[1] 徐明友.火箭外弹道学[M]. 哈尔滨: 哈尔滨工业大学出版社, 2004.

[2] 张凤羽.流体力学[M]. 北京: 中国水利水电出版社, 2013.

[3] 左克罗 M J, 霍夫曼 J D. 气体动力学(下册)[M]. 北京: 国防工业出版社, 1984.

[4] 刘导治. 计算流体力学基础[M]. 北京: 北京航空航天大学出版社, 1989.

[5] Harten A. High resolution schemes for hyperbolic conservation laws [J]. Journal of Computational Physics, 1983, 135(3):357-393.

[6] 郑华盛, 赵宁. 一类高精度 TVD 差分格式及其应用[J]. 应用力学学报, 2005, 22(4): 550-554.

[7] 张福祥, 曹从咏. 火箭与导弹燃气射流流场的数值模拟[J]. 兵工学报: 弹箭分册, 1992, (1):1-2.

[8] 李军, 张福祥, 曹丛咏,等. 含有限速率化学反应火箭燃气伴随射流流场的数值模拟[J]. 弹道学报, 1995, 7(4): 54-61.

[9] 罗奇 P J. 计算流体力学[M]. 北京: 科学出版社, 1983.

[10] 李松波. TVD 格式计算一维 Euler 方程间断解存在的几个理论问题[J]. 空气动力学学报, 1993, 11(2): 149-158.

[11] Lighthill M J. On sound generated aerodynamically. I. General theory[J]. Proceedings of the Royal Society of London, 1952, 211(1107):564-587.

[12] Curle N. The influence of solid boundaries upon aerodynamic sound[J]. Proceedings of the Royal Society of London, 1955, 231(1187):505-514.

[13] Shen J P, Meecham W C. Quadrupole directivity of jet noise when impinging on a large rigid plate[J]. Journal of the Acoustical Society of America, 1993, 94(94):1415-1424.

[14] Powell A. Nature of the sound source in low speed jet impingement[J]. Journal of the Acoustical Society of America, 1994, 90(6): 3326-3331.

[15] Powell A. Nature of the sound sources in low-speed jet impingement—Further considerations[J]. Journal of the Acoustical Society of America, 1994, 90(6):3326-3331.

[16] Nosseir N S, Ho C M. Dynamics of an impinging jet. Part 2. The noise generation[J]. Journal of Fluid Mechanics, 1982, 11 (6):379-391.

[17] 孙忠良, 孙慧明, 刘江, 等. 对人体损伤的兵器噪声和冲击波的标准化测量[J]. 解放军医

学杂志, 2003, 28(1): 45-49.
[18] 国军标 GJB2A-96.常规兵器发射或爆炸时脉冲噪声和冲击波对人员听觉器官损伤的安全限值[S].
[19] 何喜营. 抑制火箭发射器发射噪声的装置和方法[J]. 空气动力学报, 1999, 17(4): 466-471.
[20] Farassat F, Myers M K. Extension of Kirchhoff's formula to radiation from moving surfaces[J]. Journal of Sound & Vibration, 1988, 123(3): 451-460.
[21] Williams J E F, Hawkings D L. Sound generation by turbulence and surfaces in arbitrary motion[J]. Philosophical Transaction of the Royal Society, 1969, 264(1151): 321-342.
[22] Farassat F. Linear acoustic formulas for calculation of rotating blade noise[R] AIAA Paper 830688, 1983.
[23] di Francescantonio P. A new boundary integral formulation for the prediction of sound radiation[J]. Journal of Sound and Vibration, 1997, 202(4): 491-509.
[24] Brentner K S, Farassat F. Analytical comparison of the acoustic analogy and Kirchhoff formulation for moving surfaces[J]. AIAA Journal, 1998, 36(8): 1379-1386.
[25] 尹坚平, 胡章伟. 由计算的三元非定常压力数据来预估旋翼辐射的桨涡干扰噪声[J]. 航空学报, 1996, 17(6): 99-102.
[26] 王东生. 兵器噪声的危害与防治[M]. 北京: 国防工业出版社, 1987.
[27] Mlay S, et al. A diagonal implicit scheme for computing flow with finite rate chemistry[R]. AAIA Paper 9021577, 1990.
[28] 张林. 噪声及其控制[M]. 哈尔滨: 哈尔滨工程大学出版社, 2002.
[29] 韩子鹏, 等. 弹箭外弹道学[M]. 北京: 北京理工大学出版社, 2008.
[30] 李军, 刘献伟, 赵瑞学. 推力矢量发动机燃气舵绕流场数值分析[J]. 南京理工大学学报, 2005, 29(5):532-535.
[31] 李军. 推力矢量发动机燃气舵气动性能分析[J]. 航空学报, 2006, 27(06):1005-1008.

后　　记

我与火箭武器结缘于 1982 年秋，大学开始的时候。

30 余年间，先后学习、参与和解决了火箭武器结构设计、燃气射流数值仿真和实验测量 3 个研究方向的多项学术和技术难题。回顾学术生涯，收获和感触良多。

火箭武器发射时产生的燃气射流，是影响武器系统设计质量的关键因素。燃气射流有什么特点，以怎样的方式作用于武器系统，作用结果又如何……，一直想写一本关于火箭燃气射流的书，对这些问题进行一一解答。2015 年寒假动笔，在科研和教学间隙累字码句，点滴成篇。至 2018 年暑假结束，终于将初稿交于科学出版社胡庆家编辑。其间，胡编辑多次询问和关心撰写情况，且提出许多有益建议，为更快更好地成书提供了很大帮助，在此顺致谢意！

书中曾多次提到，“得益于计算机软硬件水平的快速发展……”，对于燃气射流的数值仿真研究，这不是一句空话。30 年前，我们也有不少想法，但计算能力有限，一个模型跑一个多月还出不了结果。现在不一样了，多复杂的网格模型，一天一夜就给出有价值的结果，了不起！计算机真正成了我们的第二个大脑，和又一种实验手段。相信以后它会带给我们更多的惊喜！

燃气射流的实验测量本应包括压强和温度两个参数的测量。压强关系到力冲击，温度关系到热冲击。由于力冲击与火箭武器刚强度设计的相关性是目前更亟待解决的问题，因此着重介绍了压强参数的测量。当然，热冲击对材料性能的破坏也不容忽视，希望以后有机会可以讲清楚。另外，在压强测量中，对迎气面压强的测量总能得到精度较好的结果，而自由射流流场的测量精度则有待提高。

物质的真相从来都是云遮雾掩，科学研究也永远没有尽头。书中所呈现内容仅是阶段性的成果总结，若能对前人的工作承前启后、添砖加瓦，为后人的研究架桥铺路，我将略感心安。

2018 年秋于南京